计算机技术
开发与应用丛书

SageMath 程序设计

于红博 ◎ 编著

清華大学出版社
北京

内容简介

SageMath为GNU项目下的开源软件，旨在以数学思维并借助成熟的算法解决科学计算问题。本书囊括了大量实战内容，全面讲解基于SageMath的开发技术，更配合跨学科的用例，帮助读者尽快掌握SageMath的开发技巧。

本书共15章，层次分明，由浅入深地讲解SageMath开发技术，从基础到实战，内容循序渐进。本书遵循SageMath自身的设计理念，以数学学科为根基，将抽象代数中常用的群、环和域作为3个重点进行讲解，使读者既可以凭借编程思维又可以凭借数学思维快速上手SageMath开发技术。

本书适合各种基础的读者，没有接触过SageMath应用开发的读者可以通过本书快速入门，接触过SageMath应用开发的读者可以通过本书提升SageMath应用的开发能力。

图书在版编目（CIP）数据

SageMath程序设计 / 于红博编著. -- 北京 ：清华大学出版社，2025. 3.
（计算机技术开发与应用丛书）. -- ISBN 978-7-302-68523-4

Ⅰ. O245

中国国家版本馆CIP数据核字第2025NW2243号

责任编辑：赵佳霓
封面设计：吴　刚
责任校对：时翠兰
责任印制：丛怀宇

出版发行：清华大学出版社
网　　址：https://www.tup.com.cn，https://www.wqxuetang.com
地　　址：北京清华大学学研大厦A座　　**邮　　编**：100084
社 总 机：010-83470000　　**邮　　购**：010-62786544
投稿与读者服务：010-62776969，c-service@tup.tsinghua.edu.cn
质量反馈：010-62772015，zhiliang@tup.tsinghua.edu.cn
课件下载：https://www.tup.com.cn，010-83470236
印 装 者：三河市龙大印装有限公司
经　　销：全国新华书店
开　　本：186mm×240mm　　**印　　张**：36.5　　**字　　数**：823千字
版　　次：2025年5月第1版　　**印　　次**：2025年5月第1次印刷
印　　数：1～1500
定　　价：149.00元

产品编号：104702-01

序

FOREWORD

SageMath 从软件架构上就符合抽象代数的理论，配合现代的 Python 和 C++等编程语言，允许用户直接基于群、环、域和模等抽象代数的概念创建变量。用这种方式创建的变量也将直接继承在相应数学定义下的性质，不需要设计人员重新编写这部分运算函数。在进行复杂的工程计算时，使用 SageMath 这种严谨的科学计算软件可以开阔设计人员的视野，大胆地进行复杂的矩阵运算，配合理论研究，可大大减少在理论计算上耗费的时间。

SageMath 是一种开源软件，至今仍有开发者去开发和维护新的特性。目前国内开源软件的发展需要提速，开发者在学习优秀开源软件的同时也能提升自己的编程能力，这可以说是一种两全其美的做法。

SageMath 在理工学科有较高的知名度。每年有众多的数学家基于 SageMath 开发运算函数去证明自己的理论，并在会议和期刊上成功发表论文。同时，因为工程行业对前沿科技的重视，目前工程行业也在逐步地借助超级计算机和大型计算软件，配合以往的工程经验完成设计工作。

好用的工程计算软件在建筑行业中很少见，因此 SageMath 的优秀计算性能在建筑行业中脱颖而出。希望建筑行业和其他工程领域的同行能够熟练地使用 SageMath，这可以认为是一种新的潮流。

黄晴川

中建青岛投资建设有限公司项目经理

前言

PREFACE

本书从编程基础开始讲解 SageMath，内容涵盖 Python、Cython 和 C++语言等多种前置技术，讲解全面，可以当作入门书使用。此外，本书更以数学思维讲解 SageMath，按照群、环和域的分类提供了大量的实际用例，使读者可以轻松地对照书中的用例解决理工类学科的问题，可以当作工具书使用。

第 1 章和第 2 章讲解了 SageMath 的概述内容和安装相关的知识，读者可以根据自己的硬件环境确定自己的安装方式。

SageMath 本身就是一款非常优秀的科学计算软件，本书提供了其丰富的用例，并且覆盖面广，内容涵盖多个领域，适合初学者和研究人员使用。

第 3 章讲解了运算符与输入/输出。由于 SageMath 是一款面向科学计算的编程工具，所以 SageMath 支持更多的运算符号(如左除号)，这对没有进入科学计算领域的程序员而言可以说是一个不小的挑战，而对于输入/输出而言，SageMath 依托于 Python 的扩展性，拥有十余种输入/输出方式，用户可以在合适的场合中调用适当的输入/输出函数。

第 4 章讲解了基本数据结构。本章主要讲解在 Python 级别的数据结构，对于每种数据结构更配有相应的功能函数，读者可以配合不同种类的数据结构快速学会 SageMath 的基本数据处理。

第 5 章讲解了如何编写脚本。脚本有多种运行方式，主要分为在 SageMath 软件内运行和在操作系统的终端直接运行，更有 spyx 等需要编译的脚本，运行方式多样，读者可以根据实际的应用场景，使用不同的编写方式编写相应的脚本。脚本还支持传参，因此可以在运行脚本时增加相应的参数，编写功能更丰富的脚本。

第 6 章讲解了如何编写控制语句。控制语句决定了程序的运行流程，读者可以理解判断语句和循环语句等控制语句的编写方式。

第 7 章讲解了函数的相关知识。本章的顺序从创建函数开始，确保读者可以设计一个可用的函数。本章还包含函数的设计方法，真正教会读者如何设计函数逻辑。

第 8 章讲解了类的相关知识，读者可以学会如何创建并使用类。本章帮助读者使用面向对象的方式进行程序设计。本章还讲解了类的继承和方法重载，这些内容将帮助读者创建复用性强的类，使程序的可维护性进一步增强。

第 9～13 章讲解了常用向量、常用矩阵、常用群、常用环和常用域，读者可以根据数学学科的思维学习这几章，这也和 SageMath 的设计理念是一致的。读者可以根据数学中的变量特性直接创建对应的 SageMath 变量，用这种方式即可方便地使用相应的算法。

第 14 章讲解了绘图相关知识。本章讲解各种绘图函数的用法。SageMath 还支持先进的 three.js 三维绘图库，可以轻松地实现三维图像的可视化，并且具有优秀的显示效果。

第 15 章讲解了 SageMath 用例，主要讲解理工科的实际用例，配合实际的代码，方便读者快速上手对应领域内的科学计算知识。

扫描目录上方的二维码可下载本书源码。

限于本人的水平和经验，书中难免存在疏漏之处，恳请专家与读者批评指正。

于红博

2025 年 1 月于哈尔滨

目录

CONTENTS

本书源码

第1章 绪 论

CHAPTER 1

SageMath是一种开源的数学软件系统，在底层集成了众多强大的数学软件包，如Maxima、GAP、R、Octave、Singular等，集各种先进的科学计算软件于一身，现已支持代数、几何、数论、组合学、数值分析、统计学、微积分、线性代数等多个数学领域。SageMath还拥有数量丰富的数学运算函数，很多知名的算法包含于SageMath当中，在科学计算领域也可以直接调用各种科学计算函数，对用户非常友好。

SageMath可以在多种操作系统上运行，包括但不限于Windows、Linux和macOS，这使其成为不同平台用户的共同选择。此外，SageMath本身也是一种开源软件，提供源码，因此用户也可以通过交叉编译的方式将SageMath移植到其他平台上。

SageMath的扩展性较强，用户可通过高级编程语言的特性编写脚本、函数和类，以供其他程序调用。此外，SageMath还内置向量、矩阵、群、环和域等扩展类型，这些扩展类型均与数学有关，用户可以使用数学思维轻松地创建数学变量。

SageMath的符号表达式运算是一大优势。用户可以在创建符号表达式的同时指定自变量的符号，这些符号可以直接在之后的运算中使用，也可以作为运算结果的一部分。SageMath的符号表达式在很多运算中等效于函数，因此用户可以对符号表达式直接求解，也可以在需要函数的场合直接使用符号表达式，这有助于使用数学的思维编写程序。

SageMath的绘图能力较强，拥有高级绘图函数，用户可以使用SageMath直接将大多数运算结果绘制成图形和图表，并且生成的图形和图表种类丰富，这在数据分析等领域中非常有用。SageMath允许绘制图元、函数图像、数据图像和统计图等，并且绘图操作拥有多种可选参数，用户可以通过自定义可选参数的方式优化最终绘图的效果。

在继续阅读本书之前，必须先了解以下概念。

1. SageMath使用的编程语言

SageMath使用的编程语言主要是Python语言和C/C++语言。Python语言主要用于脚本编写，而C/C++语言的代码需要先通过Cython编译，最终被编译为Python可调用的变量和库，然后在Python的C语言底层中运行。理论上，使用C/C++语言配合Cython语法编写和编译的代码可以拥有更快的运行速度。

2. SageMath 版本

本书使用的 SageMath 版本为 10.3。SageMath 的某些特性会根据 SageMath 的版本变化而相应地改变。

3. Python 版本

本书使用的 Python 版本为 3.12.x。Python 的某些特性会根据 Python 的版本变化而相应地改变。

4. Cython 版本

本书使用的 Cython 版本为 3.x。Cython 的某些特性会根据 Cython 的版本变化而相应地改变。

5. 交叉学科中的名词混用

SageMath 是一款面向数学及其他学科的科学计算工具，在编程当中无法避免交叉学科中的名词混用情况，例如因为 generator 一词既代表数学中的生成元，又代表计算机中的生成器，所以"生成元"在 SageMath 中等价于"生成器"。于是，有时在可以使用"生成元"一词的场合中，"生成元"一词也可以使用"生成器"进行替代。

6. 命令提示符

因为 SageMath 支持交互操作，所以用户可以直接在 SageMath 的命令行窗口中输入命令，但 SageMath 的命令行窗口和终端有一个相同的特点：输入和输出打印在一起。所以，如果本书不对输入命令和输出内容加以区分，则本书将很难阅读。

为了解决这一问题，本书在代码部分严格引入命令提示符。只要看到命令提示符，就意味着需要将命令提示符所在行后面的内容当作一条命令输入 SageMath 的命令行窗口或终端、其他软件的终端或操作系统的终端。

在下面的代码中，每行都代表一种命令提示符。本书中使用的命令提示符包括但不限于以下种类的命令提示符：

```
>>>
...
sage:
....:
SageMath:1 >
$
#
In [1]:
```

此外，在使用 IPython 运行 Python 代码时，为了避免命令提示符中的编号发生变化，可修改默认的命令提示符。首先需要编写修改命令提示符的类，代码如下：

```
#!/usr/bin/python
#第 1 章/change_prompt.py
from IPython.terminal.prompts import Prompts, Token
```

```
import os

class MyPrompt(Prompts):
    def in_prompt_tokens(self, cli = None):
        return [(Token, ""),
                (Token.Prompt, ">>> ")]
    def out_prompt_tokens(self):
        return [(Token, ""),
                (Token.Prompt, "")]
    def continuation_prompt_tokens(self, width = 4):
        return [(Token, ""),
                (Token.Prompt, "    ")]

if __name__ == "__main__":
    ip = get_ipython()
    ip.prompts = MyPrompt(ip)
```

然后进入 IPython，并修改命令提示符，代码如下：

```
In [1]: from change_prompt import MyPrompt
In [2]: ip = get_ipython()
In [3]: ip.prompts = MyPrompt(ip)
```

修改前的效果如下：

```
In [1]: a = 1
In [2]: a
Out[2]: 1
```

修改后的效果如下：

```
>>> a = 1
>>> a
1
```

7. 命令提示符的灵活解释

有时，命令提示符会和其他符号含义冲突，此时，需要根据书中的具体场景，对符号的含义进行具体分析。

第 2 章

CHAPTER 2

SageMath 简介

SageMath 是一款免费的开源数学软件系统,基于 Python 编程语言开发,支持数学计算、数据分析、图形绘制和编程等多种功能,可在各种操作系统上运行。SageMath 可用于许多数学的研究领域,包括代数、组合数学、图论、计算数学、数论、微积分和统计等。

2.1 SageMath 的起源

SageMath 的第 1 个版本在 GNU 开源许可证下发布于 2005 年 2 月 24 日,最初的目标是创造一个 Maxima、Maple、Mathematica 和 MATLAB 的开源替代品。SageMath 的主导开发人员威廉·斯坦是华盛顿大学的数学家。因为在当时的互联网上已经出现了众多使用 C 、C++、FORTRAN 和 Python 等语言编写的开源数学软件,所以,SageMath 在开发时就直接将所有专用的数学软件集成到一个通用的 API 上,而不是从头开发。用户只需了解上层软件使用的 Python 语言便可调用底层的所有软件。

2.2 SageMath 的安装方式

在源码安装 SageMath 时,首先需要在操作系统中安装依赖。

2.2.1 源码安装

1. 源码安装的依赖

SageMath 推荐在编译时预留 2GB 以上的内存空间和 6GB 以上的硬盘空间。

只编译 SageMath 的基本功能需要安装依赖的代码如下:

```
$ sudo dnf install --setopt=tsflags=nodocs L-function L-function-devel Singular Singular-devel arb arb-devel binutils boost-devel brial brial-devel bzip2 bzip2-devel cddlib cliquer cliquer-devel cmake curl diffutils ecl eclib eclib-devel fflas-ffpack-devel findutils flint flint-devel gc gc-devel gcc gcc-c++ gcc-gfortran gd gd-devel gengetopt gf2x gf2x-devel gfan giac giac-devel givaro givaro-devel glpk glpk-devel glpk-
```

```
utils gmp gmp-devel gmp-ecm gmp-ecm-devel gsl gsl-devel iml iml-devel libatomic_ops
libatomic_ops-devel libbraiding libcurl-devel libffi libffi-devel libfplll libfplll-
devel libhomfly-devel libmpc libmpc-devel linbox lrcalc-devel m4 m4ri-devel m4rie-devel
make meson mpfr-devel nauty ncurses-devel ninja-build ntl-devel openblas-devel openssl
openssl-devel palp pari-devel pari-elldata pari-galdata pari-galpol pari-gp pari-
seadata patch pcre pcre-devel perl perl-ExtUtils-MakeMaker perl-IPC-Cmd pkg-config
planarity planarity-devel ppl ppl-devel primecount primecount-devel primesieve primesieve-
devel python3 python3-devel qhull qhull-devel readline-devel rw-devel sqlite sqlite-
devel suitesparse suitesparse-devel symmetrica-devel sympow tachyon tachyon-devel tar tox
which xz xz-devel zeromq zeromq-devel zlib-devel
```

2. 对 SageMath 软件进行二次开发的依赖

对 SageMath 进行二次开发需要安装依赖的代码如下：

```
$ sudo dnf install autoconf automake gh git gnupg2 libtool openssh pkg-config
```

3. 推荐安装的可选依赖

SageMath 推荐安装的可选依赖的代码如下：

```
$ sudo dnf install ImageMagick latexmk pandoc texlive texlive-collection-langcyrillic
texlive-collection-langeuropean texlive-collection-langfrench texlive-collection-
langgerman texlive-collection-langitalian texlive-collection-langjapanese texlive-
collection-langpolish texlive-collection-langportuguese texlive-collection-
langspanish texlive-collection-latexextra
```

4. 其他可选依赖

SageMath 的其他可选依赖如下：

```
$ sudo dnf install 4ti2 R R-devel clang coin-or-Cbc coin-or-Cbc-devel coxeter coxeter-
devel coxeter-tools graphviz igraph igraph-devel isl-devel libnauty-devel libxml2-devel
lrslib pari-alpol pari-seadata pdf2svg perl-ExtUtils-Embed perl-File-Slurp perl-JSON
perl-MongoDB perl-Term-ReadLine-Gnu perl-TermReadKey perl-XML-LibXML perl-XML-
LibXSLT perl-XML-Writer polymake tbb-devel texinfo
```

5. 使用 make 命令编译 SageMath 软件

SageMath 一般使用 make 命令编译，如果要以其他方式编译，则需要使用其他命令编译。常用的编译命令如表 2-1 所示。

表 2-1 常用的编译命令

命令	用途
make	编译 Sage 的各部分
make build	编译整个 Sage 软件，此时将编译全部的 Sage 软件包，不编译文档
make doc	编译 Sage 的文档并输出 HTML 格式的文档； 需要编译好 Sage 之后才会生成期望的文档，因此，make doc 命令在执行时会首先自动执行 make build 命令

续表

命　令	用　途
make doc-pdf	编译 Sage 的文档并输出 PDF 格式的文档； 需要编译好 Sage 之后才会生成期望的文档，因此，make doc-pdf 命令在执行时会首先自动执行 make build 命令
make doc-html-no-plot	编译 Sage 的文档，跳过文档中的绘图操作并输出 HTML 格式的文档
make ptest make ptestlong	运行 Sage 的测试套
make doc-uninstall make doc-clean	清理编译过的文档
make distclean	将除了.git 之外的目录恢复到编译之前的状态

6. 源码安装支持的环境变量

在使用 make 命令编译 SageMath 时，还可以额外指定 SageMath 的环境变量。SageMath 支持的环境变量如表 2-2 所示。

表 2-2　SageMath 支持的环境变量

环 境 变 量	用　途
SAGE_SERVER	指定 SageMath 镜像服务器的路径； 在指定了此环境变量时，将在编译时搜索 SAGE_SERVER/spkg/upstream 文件夹
MAKE	指定 SageMath 在编译时的并行任务数量； 例如，MAKE='make -j16'代表 Sage 在编译时的并行任务数量为 16
SAGE_NUM_THREADS	指定 SageMath 在编译文档、运行测试时或执行 sage -b 命令的并行任务数量； 一般而言，这类任务不需要太大的并行任务数量，设为 CPU 核心数量的 1/4 即可
SAGE_CHECK	在编译时或安装 SageMath 软件包时是否自动运行测试； SAGE_CHECK=yes 代表自动运行测试，并且在测试不通过时报错； SAGE_CHECK=warn 代表自动运行测试，但在测试不通过时只报警告
SAGE_CHECK_PACKAGES	在编译时或安装 SageMath 软件包时是否自动运行软件包之间的测试； SAGE_CHECK_PACKAGES 之后跟随的是一个逗号分隔列表，以 package-name 或！package-name 组成； 不带叹号的软件包名代表无论 SAGE_CHECK 的值是什么都运行包含对应软件包的测试； 带叹号的软件包名代表跳过对应软件包的测试
SAGE_INSTALL_GCC	弃用
SAGE_INSTALL_CCACHE	指定 SageMath 是否安装缓存； 如果不指定此参数，则默认不安装缓存； 指定 SAGE_INSTALL_CCACHE=yes 时将安装缓存； 默认的最大缓存为 4GB； 配合 CCACHE --max-size=SIZE 可以额外地修改安装可用的最大缓存

续表

环 境 变 量	用　　途
SAGE_DEBUG	控制调试选项； 不指定 SAGE_DEBUG 时编译 debug 符号但不编译 debug 版软件包； 指定 SAGE_DEBUG=no 时将不编译 debug 符号； 指定 SAGE_DEBUG=yes 时将编译 debug 版软件包； 可以在编译命令中指定--enable-debug={no|symbols|yes}以指定相同的行为
SAGE_PROFILE	控制性能分析支持； 指定 SAGE_PROFILE=yes 时将在性能分析支持可用的代码中启用性能分析支持； 这个选项只用于分析 cython 模块的性能
SAGE_SPKG_INSTALL_DOCS	安装 spkg 模块的文档； 指定 SAGE_SPKG_INSTALL_DOCS=yes 时将 spkg 模块的文档安装到 $SAGE_ROOT/local/share/doc/PACKAGE_NAME； 在安装文档时 sage 假定 latex 和 pdflatex 等软件包已经存在于系统上
SAGE_DOCBUILD_OPTS	进一步控制文档的安装行为； 当运行 make、make doc 或 make doc-pdf 时可以将此环境变量写为 sage --docbuild all html 或 sage --docbuild all pdf；可以将--no-plot 添加到此变量以避免构建来自 PLOT 指令中的文档；还可以添加--include-tests-block 以包含引用中的所有自动化测试代码。运行 sage --docbuild 命令可以查看完整的选项列表
SAGE_BUILD_DIR	设置构建文件夹； 如果不指定此参数，则默认在 $SAGE_ROOT/local/var/的 tmp/sage/build/子目录中构建每个 spkg
SAGE_KEEP_BUILT_SPKGS	保留编译后的 spkg 文件夹； 如果不指定此参数，则默认删除每个编译生成的文件夹
SAGE_FAT_BINARY	将 Sage 编译为巨型二进制文件
SAGE_SUDO	在 sudo 命令下运行编译命令； 不是所有的 Sage 软件包都支持 sudo 编译，因此不建议指定此参数
SAGE_MATPLOTLIB_GUI	在编译 matplotlib 时编译图形后端； 只要指定了此选项，无论值是什么，Sage 都会尝试在编译 matplotlib 时编译图形后端
PARI_CONFIGURE	将此选项的值传给 pari 的 configure 文件
SAGE_TUNE_PARI	是否启用 pari 的自动调节特性； 指定 SAGE_TUNE_PARI=yes 时将启用 pari 的自动调节特性； 建议在指定 SAGE_TUNE_PARI=yes 时同时指定 SAGE_CHECK=yes
PARI_MAKEFLAGS	指定在编译 pari 时的命令参数
CFLAGS、CXXFLAGS 和 FCFLAGS	分别指定 C 编译器、C++编译器和 Fortran 编译器的标志； 由于 SageMath 的安装过程非常复杂，所以不建议指定这些参数

续表

环境变量	用途
SAGE_TIMEOUT	指定文档测试的超时时长，即执行 sage -t 命令的超时时长； 如果不指定此参数，则默认值为 300s
SAGE_TIMEOUT_LONG	指定在计时之前允许文档测试的时长，即执行 sage -t --long 命令的超时时长； 如果不指定此参数，则默认值为 1800s
SAGE_TEST_GLOBAL_ITER 和 SAGE_TEST_ITER	用于代替 sage -t 命令中的--global-iterations 和--file-iterations 参数

7. 使用 Conda 编译 SageMath 软件

SageMath 还可以使用 Conda 命令编译。要使用 Conda 命令编译并安装 SageMath，首先需要进入 Bootstrap-conda 文件夹，代码如下：

```
$ ./Bootstrap - conda
```

创建新的 Conda 环境，代码如下：

```
$ conda env create -- file environment.yml -- name sage - build
```

激活 Conda 环境，代码如下：

```
$ conda activate sage - build
```

此外，在编译前还允许在 Conda 环境中通过配置 environment-optional.yml 和 environment.yml 文件中的内容来指定编译时的配置。

编译 SageMath，代码如下：

```
$ ./Bootstrap
$ ./configure -- with - python = $ CONDA_PREFIX/bin/python \
-- prefix = $ CONDA_PREFIX
$ make
```

然后使用 Conda 编译 SageMath 的库。

在编译前，可选设置 Conda 编译 SageMath 的库时的 CPU 数量，代码如下：

```
$ export SAGE_NUM_THREADS = 24
```

然后创建并激活新的 Conda 环境。

进入 Bootstrap 文件夹，代码如下：

```
$ ./Bootstrap
```

配置编译设置，代码如下：

```
$ ./configure -- with - python = $ CONDA_PREFIX/bin/python \
-- prefix = $ CONDA_PREFIX \
$ (for pkg in $ (./sage - package list :standard: \
```

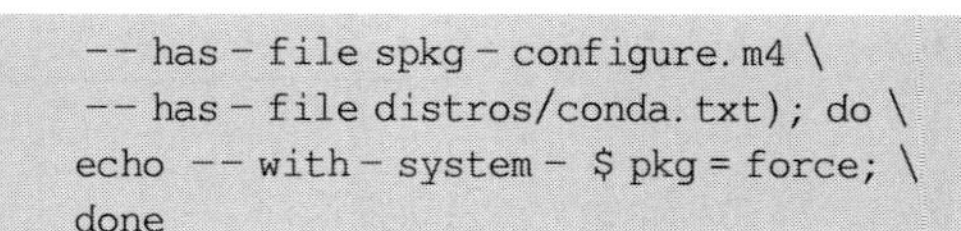

```
-- has - file spkg - configure.m4 \
-- has - file distros/conda.txt); do \
echo -- with - system - $pkg = force; \
done
```

最后,用 pip 命令安装 SageMath 的库并处理依赖关系,代码如下:

```
$ pip install -- no - build - isolation - v - v -- editable ./pkgs/sage - conf ./pkgs/sage - setup
$ pip install -- no - build - isolation - v - v -- editable ./src
```

用这种方式安装的 SageMath 的库无须执行 make 命令即可运行,其依赖全部由 Conda 负责处理。

用这种方式安装的 SageMath 的库在重新编译后需要重启才能生效。Cython 代码也需要重新编译,代码如下:

```
$ pip install -- no - build - isolation - v - v -- editable src
```

2.2.2 在 Linux 系统中安装 SageMath 软件

Linux 的多种发行版已经提供了二进制的 SageMath,安装后即可直接使用。以 Fedora 为例,使用 DNF 软件源安装 SageMath,命令如下:

```
$ sudo dnf install sagemath
```

以 Arch Linux 为例,使用 pacman 软件源安装 SageMath,命令如下:

```
$ sudo pacman - S sagemath
```

以 Arch Linux 为例,使用 AUR 软件源安装 SageMath,命令如下:

```
$ yay - S sagemath
```

以 Debian 为例,使用 apt 软件源安装 SageMath,命令如下:

```
$ sudo apt install sagemath
```

以 FreeBSD 为例,使用 FreeBSD Ports 软件源安装 SageMath,命令如下:

```
#cd /usr/ports/math/sage/ && make install clean
#pkg install math/sage
```

或者:

```
#cd /usr/ports/math/sage/ && make install clean
#pkg install sage - math
```

以 NixOS 为例,使用 nixpkgs 软件源安装 SageMath,命令如下:

```
$ nix - shell - p sageWithDoc
```

以 Slackware 为例,使用 SlackBuilds 软件源安装 SageMath,命令如下:

```
$ wget http://repo.pureos.net/pureos/pool/main/s/sagemath/sagemath_9.5.orig.tar.xz
$ tar -xvf sagemath_9.5.orig.tar.xz
```

以 Void Linux 为例，使用 XBPS 软件源安装 SageMath，命令如下：

```
$ sudo xbps-install sagemath
```

2.2.3 在 Windows 系统中安装 SageMath 软件

在 SageMath 9.3 版本之前，SageMath 提供适用于 Windows 操作系统的安装包，安装后即可直接使用。以 SageMath 9.3 为例，从 SageMath 官网上下载 SageMath-9.3-Installer-v0.6.3.exe，然后通过安装向导完成安装即可。

SageMath 的 Windows 安装向导如图 2-1 所示。

图 2-1 SageMath 的 Windows 安装向导

2.2.4 在 WSL 中安装 SageMath 软件

WSL 是 Windows 为了运行 Linux 软件而研发的一种兼容层技术。WSL 允许用户直接在 Windows 操作系统上运行 Linux 应用程序，而无须进行双系统安装或虚拟机设置。它提供了一个微软开发的 Linux 兼容内核接口（不包含 Linux 代码），使来自 Linux 的用户模式二进制文件能够在此子系统上原生运行。

以 Fedora WSL 为例，用户可以在 Microsoft Store 应用上搜索 Fedora WSL 并安装。在安装 Fedora WSL 后，单击“开始”菜单中的 Fedora 图标即可运行 Fedora WSL。

在第 1 次运行 Fedora WSL 时，应用会进行初始化，如图 2-2 所示。

在初始化完成后，需要配置 Fedora WSL 的账号和密码，完成 Fedora WSL 的安装，如图 2-3 所示。

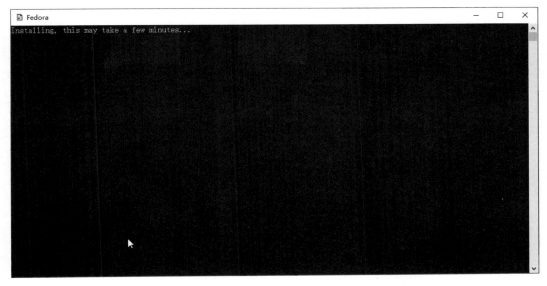

图 2-2　第 1 次运行 Fedora WSL

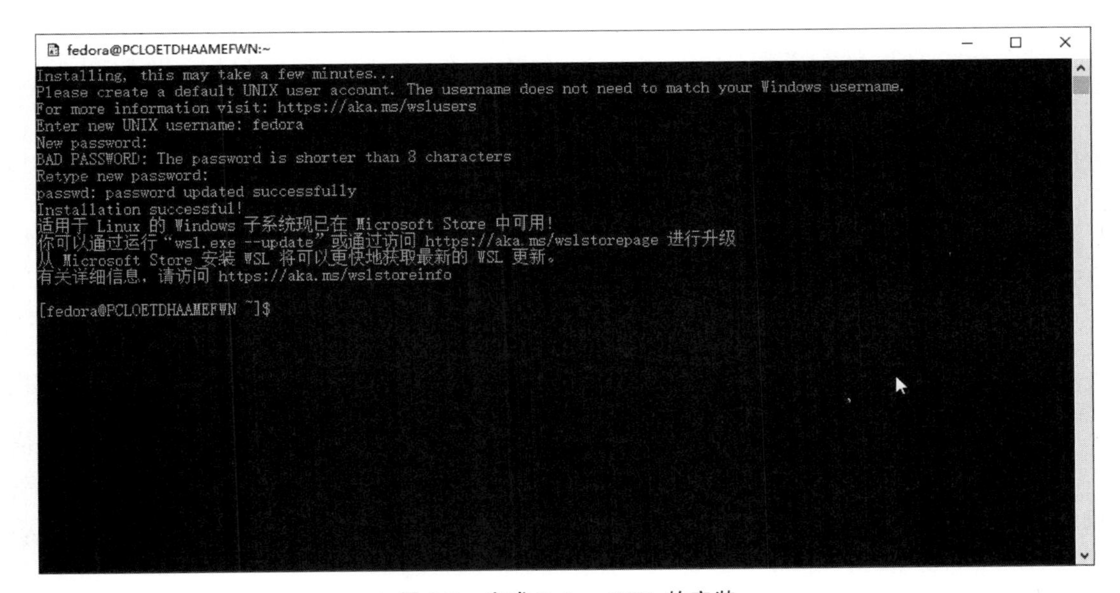

图 2-3　完成 Fedora WSL 的安装

再次运行 Fedora WSL，即可按照在 Linux 系统中安装 SageMath 软件的方式进行安装。

2.2.5　在 Cygwin 中安装 SageMath 软件

在 Cygwin 终端安装必选依赖，代码如下：

```
$ apt-cyg install binutils bzip2 cddlib-devel cddlib-tools cmake curl findutils gcc-core gcc-fortran gcc-g++ gengetopt glpk libatomic_ops-devel libboost-devel libbz2-devel libcrypt-devel libcurl-devel libffi-devel libflint-devel libfreetype-devel libgc-devel libgd-devel libglpk-devel libgmp-devel libgsl-devel libiconv-devel liblapack-devel liblzma-devel libmpc-devel libmpfr-devel libncurses-devel libntl-devel libopenblas libpcre-devel libreadline-devel libsqlite3-devel libssl-devel libsuitesparseconfig-devel libzmq-devel m4 make ninja patch perl perl-ExtUtils-MakeMaker python-pip-wheel python-setuptools-wheel python39 python39-devel python39-urllib3 qhull singular singular-devel sqlite3 tar which xz zlib-devel
```

在 Cygwin 终端安装可选依赖，代码如下：

```
$ apt-cyg install R clang graphviz info lib4ti2-devel lib4ti2_0 libisl-devel libtirpc-devel libxml2-devel perl-Term-ReadLine-Gnu
```

在 Cygwin 终端执行脚本 sage-rebaseall.sh 将调起 Cygwin 的 rebaseall 程序。

在 Cygwin 终端执行脚本 sage-rebase.sh 将调起 Cygwin 的 rebase 程序。

这些 sh 脚本还配有 bat 格式的版本，用于在 Windows 终端执行相同的功能。

2.2.6 在 macOS 系统中安装 SageMath 软件

要在 macOS 系统中安装 SageMath 软件，首先需要下载为 macOS 预编译的 SageMath 软件包，网址如下：

```
https://github.com/3-manifolds/Sage_macOS/releases
```

然后直接安装此软件包即可。

此外，SageMath 软件也可以通过 Homebrew Casks 软件源安装，命令如下：

```
$ brew install --cask sage
```

2.2.7 使用 conda-forge 安装 SageMath 软件

Conda 是一种流行的开源软件包管理工具，适用于多个平台，并支持 Python、R、Julia 等多种编程语言。conda-forge 是一个用于 Conda 的软件源。在 conda-forge 中，任何人都可以提交软件包的构建请求，并通过社区审核后加入共同仓库中。这种方式不仅能保证软件包的质量和稳定性，也便于用户快速地找到所需的软件包。

要安装来自 conda-forge 的软件包，首先需要安装 Conda，代码如下：

```
$ sudo dnf install conda
```

然后安装来自 conda-forge 的 SageMath 软件包，代码如下：

```
$ conda create -n sage sage python=X
```

2.2.8 使用 Mambaforge 安装 SageMath 软件

和 conda-forge 类似，Mambaforge 也是一个用于 Conda 的软件包管理器。安装 Mambaforge，代码如下：

```
$ curl -L -O https://github.com/conda-forge/miniforge/releases/latest/download/Mambaforge-$(uname)-$(uname -m).sh
$ sh Mambaforge-$(uname)-$(uname -m).sh
```

然后安装来自 Mambaforge 的 SageMath 软件包，代码如下：

```
$ mamba create -n sage sage python=X
```

2.2.9 可以编译也可以自行安装的外部软件

SageMath 软件推荐在系统内自行安装 texlive、dvipng、ImageMagick 和 LaTeX。如果在编译前已经安装了这些软件，则 Sage 将不再自行编译这些软件。

安装 texlive 的代码如下：

```
$ sudo dnf install texlive
```

安装 dvipng 的代码如下：

```
$ sudo dnf install texlive-dvipng
```

安装 ImageMagick 的代码如下：

```
$ sudo dnf install ImageMagick
```

安装 LaTeX 的代码如下：

```
$ sudo dnf install texlive-latex
```

此外，如果想要在 SageMath 中使用 Tcl/Tk 库，则需要在系统内自行安装 Tcl/Tk，代码如下：

```
$ sudo dnf install tk tk-devel
```

如果先安装 SageMath 再安装外部软件，则 SageMath 不会自动编译相关的库，此时需要手动编译相关的库。手动编译相关的库的代码如下：

```
$ sage -f python3
$ make
```

2.3 SageMath 的用户界面

SageMath 既支持在终端运行，也支持在 Jupyter 中运行。

2.3.1 SageMath 的终端

双击 SageMath 图标即可启动 SageMath 的终端，如图 2-4 所示。

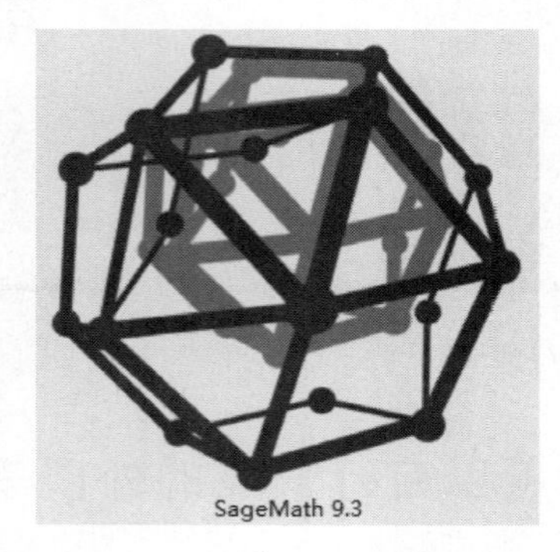

图 2-4 双击 SageMath 图标

此外，SageMath 的终端也可以通过命令启动。启动 SageMath 的终端的命令如下：

```
$ sage
```

SageMath 软件在启动时支持的环境变量如下：

(1) DOT_SAGE 指用户拥有读写权限的一个路径，用于 Sage 内部的文件存取操作，默认为 $HOME/.sage/。

(2) SAGE_STARTUP_FILE 指 Sage 在启动时自动执行的脚本文件，默认为 $DOT_SAGE/init.sage。

(3) BROWSER 指 Sage 在需要启动浏览器时启动的浏览器。

(4) TMPDIR 指 Python 使用的缓存文件夹。Sage 在运行 Python 代码时也使用此缓存文件夹。

在 Windows 系统下启动 SageMath 的终端的效果如图 2-5 所示。

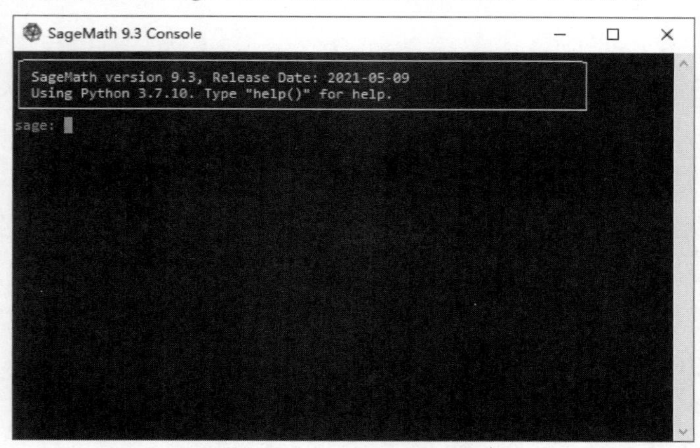

图 2-5 在 Windows 系统下启动 SageMath 的终端的效果

在 Linux 系统下启动 SageMath 的终端的效果如图 2-6 所示。

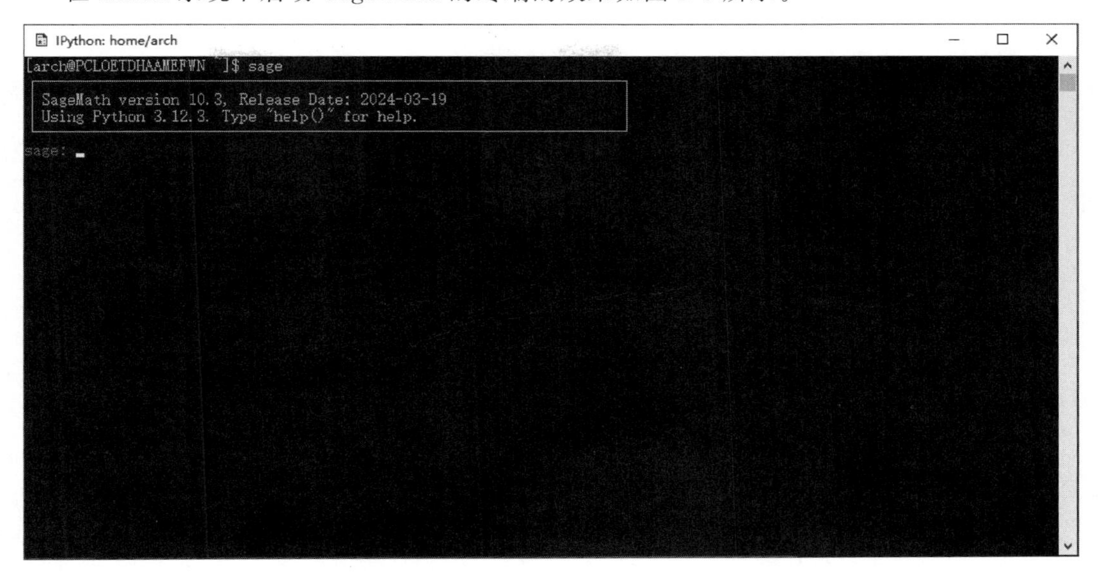

图 2-6 在 Linux 系统下启动 SageMath 的终端的效果

2.3.2 在 Jupyter 中运行 SageMath 代码

Jupyter 是一种用于分布执行 Python 的工具。Jupyter 采用前后端分离的设计，通过本地服务为网页前端提供输入功能。

启动 Jupyter 前端的代码如下：

```
$ sage -n jupyter
```

此外，用户还可以远程使用 Jupyter。如果想在其他机器上运行本机的 Jupyter，则可以用 ssh 方式访问本机的 Jupyter 服务，代码如下：

```
$ ssh -L localhost:8888:localhost:8888 -t USER@REMOTE sage -n jupyter --no-browser --
port=8888
```

如果 Jupyter 的当前内核不是 SageMath 内核，则必须将 Jupyter 的当前内核改为 SageMath 内核才能运行 SageMath，命令如下：

```
$ sage -sh -c 'ls -d $SAGE_VENV/share/jupyter/kernels/sagemath'
```

如果没有安装过 SageMath 内核，则需要额外安装 SageMath 内核，命令如下：

```
$ Jupyter kernelspec install --user $(sage -sh -c 'ls -d $SAGE_VENV/share/jupyter/
kernels/
sagemath') --name sagemath-dev
```

在安装 SageMath 内核后，将 SageMath 内核链接到 Jupyter 的内核目录当中，命令如下：

```
$ ln -s $(sage -sh -c 'ls -d $SAGE_ROOT/venv/share/jupyter/kernels/sagemath') $HOME/.
local/share/jupyter/kernels/sagemath-dev
```

在 Jupyter 中可以查看字符串格式的输出，如图 2-7 所示。

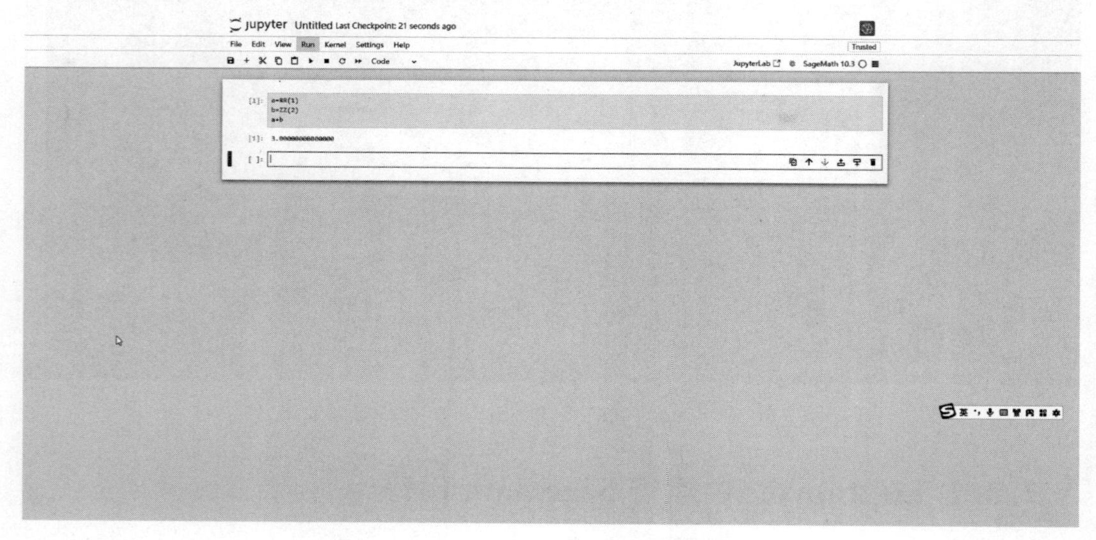

图 2-7　在 Jupyter 中查看字符串格式的输出

在 Jupyter 中可以查看图片格式的输出，如图 2-8 所示。

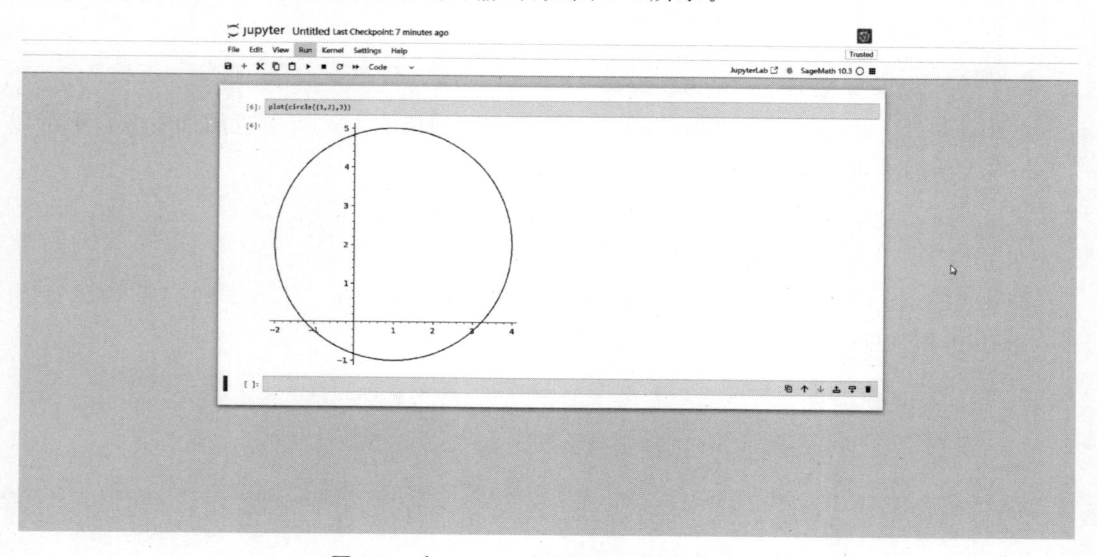

图 2-8　在 Jupyter 中查看图片格式的输出

在 Jupyter 中可以查看 three.js 的三维输出，如图 2-9 所示。

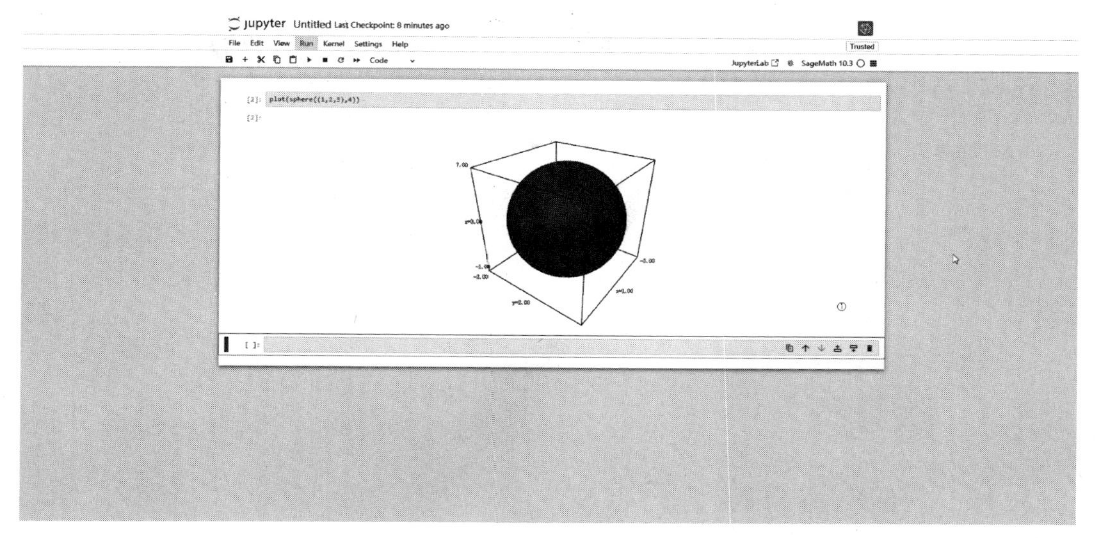

图 2-9　在 Jupyter 中查看 three.js 的三维输出

第 3 章

CHAPTER 3

运算符与输入/输出

3.1 运算符

3.1.1 布尔运算符

布尔运算符包括 or、and 和 not。

1. or

or 用于或运算,用法是 x or y,其中,如果 x 为真值,则结果为 x,否则结果为 y。

计算 2 或 3 的代码如下:

```
sage: 2 or 3
2
```

计算 2.1 或 3 的代码如下:

```
sage: 2.1 or 3
2.10000000000000
```

计算 0 或 3 的代码如下:

```
sage: 0 or 3
3
```

计算 0 或 3.1 的代码如下:

```
sage: 0 or 3.1
3.10000000000000
```

计算 True 或 3 的代码如下:

```
sage: True or 3
True
```

2. and

and 用于与运算,用法是 x and y,其中,如果 x 为假值,则结果为 x,否则结果为 y。

计算 2 与 3 的代码如下：

```
sage: 2 and 3
3
```

计算 2 与 3.1 的代码如下：

```
sage: 2 and 3.1
3.10000000000000
```

计算 0 与 3 的代码如下：

```
sage: 0 and 3
0
```

计算 0.0 与 3 的代码如下：

```
sage: 0.0 and 3
0.000000000000000
```

计算 False 与 3 的代码如下：

```
sage: False and 3
False
```

3. not

not 用于非运算，用法是 not x，其中，如果 x 为假值，则结果为 True，否则结果为 False。计算非 0 的代码如下：

```
sage: not 0
True
```

计算非 1 的代码如下：

```
sage: not 1
False
```

3.1.2　比较运算符

布尔运算符包括小于号、小于或等于号、大于号、大于或等于号、等号、不等号、is 和 is not。

1. 小于号

小于号的用法是 x<y，其中，如果 x 小于 y，则结果为 True，否则结果为 False。
判断 2 是否小于 3 的代码如下：

```
sage: 2 < 3
True
```

判断 3 是否小于 2 的代码如下：

```
sage: 3 < 2
False
```

2. 小于或等于号

小于或等于号的用法是 x<=y，其中，如果 x 小于或等于 y，则结果为 True，否则结果为 False。

判断 2 是否小于或等于 3 的代码如下：

```
sage: 2 <= 3
True
```

判断 3 是否小于或等于 2 的代码如下：

```
sage: 3 <= 2
False
```

3. 大于号

大于号的用法是 x>y，其中，如果 x 大于 y，则结果为 True，否则结果为 False。

判断 2 是否大于 3 的代码如下：

```
sage: 2 > 3
False
```

判断 3 是否大于 2 的代码如下：

```
sage: 3 > 2
True
```

4. 大于或等于号

大于或等于号的用法是 x>=y，其中，如果 x 大于或等于 y，则结果为 True，否则结果为 False。

判断 2 是否大于或等于 3 的代码如下：

```
sage: 2 >= 3
False
```

判断 3 是否大于或等于 2 的代码如下：

```
sage: 3 >= 2
True
```

5. 等号

等号的用法是 x==y，其中，如果 x 等于 y，则结果为 True，否则结果为 False。

判断 2 是否等于 3 的代码如下：

```
sage: 2 == 3
False
```

判断 3 是否等于 3 的代码如下：

```
sage: 3 == 3
True
```

6. 不等号

不等号的用法是 x!=y，其中，如果 x 不等于 y，则结果为 True，否则结果为 False。

判断 2 是否不等于 3 的代码如下：

```
sage: 2 != 3
True
```

判断 3 是否不等于 3 的代码如下：

```
sage: 3 != 3
False
```

7. is

is 的用法是 x is y，其中，如果 x 和 y 是同一个实例，则结果为 True，否则结果为 False。

判断 a = 1 和 b=1 是否为同一个实例的代码如下：

```
sage: a = 1
sage: b = 1
sage: a is b
False
```

判断 a="a"和 b="a"是否为同一个实例的代码如下：

```
sage: a = "a"
sage: b = "a"
sage: a is b
True
```

判断 a=["a"]和 b=["a"]是否为同一个实例的代码如下：

```
sage: a = ["a"]
sage: b = ["a"]
sage: a is b
False
```

8. is not

is not 的用法是 x is not y，其中，如果 x 和 y 不是同一个实例，则结果为 True，否则结果为 False。

9. 连续比较

比较运算符支持连续比较，等效于用 and 连接多次比较，例如 a<b<c 等效于 a<b and b<c。

设 a=["a"]、b=["a"]、c=2，判断 a<b<c 的结果的代码如下：

```
sage: a = ["a"]
sage: b = ["a"]
sage: c = 2
sage: a < b < c
False
```

3.1.3 算术运算符

算术运算符包括加号、减号、乘号、除号、整除号、求余数符号、一元减号、一元加号、abs()、int()、float()、complex()、conjugate()、divmod()、pow()和幂运算符。

1. 加号

加号的用法是 x+y，结果为 x 和 y 相加的值。

计算 2 加 3 的代码如下：

```
sage: 2 + 3
5
```

计算 2.1 加 3 的代码如下：

```
sage: 2.1 + 3
5.10000000000000
```

2. 减号

减号的用法是 x−y，结果为 x 和 y 相减的值。

计算 2 减 3 的代码如下：

```
sage: 2 - 3
-1
```

计算 2.1 减 3 的代码如下：

```
sage: 2.1 - 3
-0.900000000000000
```

3. 乘号

乘号的用法是 x*y，结果为 x 和 y 相乘的值。

计算 2 乘 3 的代码如下：

```
sage: 2 * 3
6
```

计算 2.1 乘 3 的代码如下：

```
sage: 2.1 * 3
6.30000000000000
```

4. 除号

除号的用法是 x/y，结果为 x 除以 y 的值。

计算 2 除以 3 的代码如下：

```
sage: 2 / 3
2/3
```

计算 2.1 除以 3 的代码如下：

```
sage: 2.1 / 3
0.700000000000000
```

5. 整除号

整除号的用法是 x//y，结果为 x 除以 y 的值的整数部分。

计算 2 整除 3 的代码如下：

```
sage: 2 //3
0
```

计算 2.1 整除 3 的代码如下：

```
sage: 2.1 //3
#报错
```

6. 求余数符号

求余数符号的用法是 x%y，结果为 x 除以 y 的值的余数。

计算 2 除以 3 的余数的代码如下：

```
sage: 2 % 3
2
```

7. 一元减号

一元减号的用法是－x，结果为 x 的相反数。

计算 2 的一元减法的代码如下：

```
sage: -2
-2
```

8. 一元加号

一元加号的用法是 ＋x，结果为 x 本身。

计算 2 的一元加法的代码如下：

```
sage: +2
2
```

计算－2 的一元加法的代码如下：

```
sage: +-2
-2
```

9. abs()

abs()运算符用于求绝对值。计算-2的绝对值的代码如下：

```
sage: abs(-2)
2
```

10. int()

int()运算符用于求整型。求2.3的整型表示的代码如下：

```
sage: int(2.3)
2
```

11. float()

float()运算符用于求浮点型。求2.3的浮点型表示的代码如下：

```
sage: float(2.3)
2.3
```

12. complex()

complex()运算符用于求复数。求2.3的复数表示的代码如下：

```
sage: complex(2.3)
(2.3+0j)
```

13. conjugate()

conjugate()运算符用于求复共轭。求2.3的复共轭的代码如下：

```
sage: conjugate(2.3)
2.30000000000000
```

14. divmod()

divmod()运算符用于求商和余数。求3和2的商和余数的代码如下：

```
sage: divmod(3, 2)
(1, 1)
```

15. pow()

pow()运算符用于幂运算。求3的2次幂的代码如下：

```
sage: pow(3, 2)
9
```

16. 幂运算符

幂运算符的用法是x ** y或x ^ y，值为x和自身相乘y次的结果。

计算 2 的 3 次幂的代码如下：

```
sage: 2 ** 3
8
sage: 2 ^ 3
8
```

计算 2 的 3.1 次幂的代码如下：

```
sage: 2 ** 3.1
8.57418770029035
sage: 2 ^ 3.1
8.57418770029035
```

3.1.4 位运算符

位运算符包括按位或、按位与、左移、右移和取倒数。

1. 按位或

按位或的用法是 x|y，值为 x 和 y 按位或运算的结果。

计算 2 和 3 按位或的代码如下：

```
sage: 2 | 3
3
```

2. 按位与

按位与的用法是 x&y，值为 x 和 y 按位与运算的结果。

计算 2 和 3 按位与的代码如下：

```
sage: 2 & 3
2
```

3. 左移

左移的用法是 x<<y，值为 x 按二进制左移 y 位的结果。

计算 2 左移 3 位的代码如下：

```
sage: 2 << 3
16
```

4. 右移

右移的用法是 x>>y，值为 x 按二进制右移 y 位的结果。

计算 2 右移 3 位的代码如下：

```
sage: 2 >> 3
0
```

5. 取倒数

取倒数符号的用法是～x,值为 1/x 的结果。

计算 2 的倒数的代码如下：

```
sage: ~2
1/2
```

3.1.5 赋值运算符

单个等号用于将等号右侧的值赋值给等号左侧的变量。

令 a 等于 1 的代码如下：

```
sage: a = 1
```

3.1.6 赋值表达式(海象运算符)

赋值表达式也称为命名表达式或海象运算符,将表达式赋值给标识符,同时返回表达式的值。

令 a 等于 1,计算(b := a + 2.1)的代码如下：

```
sage: a = 1
sage: (b := a + 2.1)
3.10000000000000
```

注意：原则上,所有的赋值表达式都需要加括号；SageMath 允许 if 和 while 等语句省略括号,赋值表达式在这类语句中使用时也同样允许省略括号。

3.1.7 条件表达式(三元运算符)

条件表达式的用法是 x if y else z。首先计算 y 表达式的值,如果 y 值为 True,则计算 x 并返回其值,否则将计算 y 并返回其值。

计算如果 a 是奇数则 a=1,否则 a=0 的代码如下：

```
sage: a = 1
sage: 1 if a % 2 == 1 else 0
1
sage: a = 2
sage: 1 if a % 2 == 1 else 0
0
```

3.1.8 Lambda 表达式

Lambda 表达式用于创建匿名函数。

令 a=2,用 Lambda 表达式计算 a+2.1 的代码如下：

```
sage: b = lambda a: a + 2.1
sage: b(2)
4.10000000000000
```

3.1.9　其他符号

1. 属性引用

属性引用的用法是 a.b,值默认为 a 的 b 属性。此外,属性引用的行为可以通过重写__getattr__()函数而改变,规则如下：

(1) 如果 b 可用,则生成的对象的类型和值由对象决定。

(2) 如果 b 不可用,则引发异常。

注意：对同一属性进行多次引用可能会返回不同的值。

---

2. 取下标

取下标的用法是 a[b],值默认为 a 中的 b 下标的元素。此外,取下标的行为可以通过重写__getitem__()函数和/或__class_getitem__()函数而改变。当 a 取下标时,b 的计算结果将传递给__getitem__()函数或__class_getitem__()函数之一。

此外,如果 b 至少包含一个逗号,则视为元组,否则表达式列表将计算为列表唯一成员的值。

对一个字典取下标的代码如下：

```
sage: A = {"a": 1}
sage: A["a"]
1
```

对一个字符串取下标的代码如下：

```
sage: A = "a"
sage: A[0]
'a'
```

对一个列表取下标的代码如下：

```
sage: A = ["a"]
sage: A[0]
'a'
```

对一个元组取下标的代码如下：

```
sage: A = ("a",)
sage: A[0]
'a'
```

对于某些序列而言，负索引可用于索引最后第几个元素的值。对一个字符串用负索引取下标的代码如下：

```
sage: A = "a"
sage: A[-1]
'a'
```

对一个列表用负索引取下标的代码如下：

```
sage: A = ["a"]
sage: A[-1]
'a'
```

对一个元组用负索引取下标的代码如下：

```
sage: A = ("a",)
sage: A[-1]
'a'
```

3. 切片

对一个字符串用索引 1：4 切片的代码如下：

```
sage: A = "abcdef"
sage: A[1:4]
'bcd'
```

对一个列表用索引 1：2：4 切片的代码如下：

```
sage: A = ["a"]
sage: A[1:2:4]
[]
```

对一个元组用负索引取下标的代码如下：

```
sage: A = ("a",)
sage: A[-1]
'a'
```

4. 可变参数列表

可变参数列表的用法是 * +形参或 ** +形参。 * +形参用于接收一个包含多余位置参数的元组；如果没有多余关键字参数，则接收一个新的空元组。 ** +形参用于接收一个包含多余位置参数的字典；如果没有多余关键字参数，则接收一个新的空字典。两种用法相当于接收一个或多个形参，常用于定义函数。

定义函数 a()接收可变元组 args 的代码如下：

```
#def a(*args):
```

定义函数 a()接收可变字典 kwargs 的代码如下：

```
#def a(**kwargs):
```

一个函数在接收形参时，先处理 * ＋形参，再处理关键字参数和 ** ＋形参。实际上，在同一个调用中同时使用关键字参数和 * ＋形参是不常见的，因此不建议在同一个函数定义中同时出现 * ＋形参和 ** ＋形参。

使用 ** ＋形参时，此映射中的每个键都必须是一个字符串，并且映射中的每个值都被分配给第 1 个符合关键字分配条件的形式参数，该参数的名称等于关键字。键可以不是标识符，例如允许使用 123 作为键，但这个键不是标识符，因此无法使用参数名匹配。

Python 在使用参数名查找形参时，先找单个形参，再找 ** ＋形参当中的形参。如果单个形参和 ** ＋形参当中的形参同时包含或同时不包含需要查找的形参，则将引发异常。

5. 解包

解包用于将可迭代对象中的每个元素赋值给单独的变量。

将一个列表中的第 0 个元素赋值给 a，将第 1 个元素赋值给 b 的代码如下：

```
sage: a, b = [0, 1]
sage: a
0
sage: b
1
```

3.1.10　运算符的优先级

运算符的优先级如表 3-1 所示（顺序号小的运算符的优先级高于顺序号大的运算符的优先级）。

表 3-1　运算符的优先级

顺序	运　算　符	描　　述
1	(expressions...), [expressions...], {key: value...}, {expressions...}	绑定或加圆括号的表达式，列表显示，字典显示，集合显示
2	x[index], x[index:index], x(arguments...), x.attribute	下标索引，切片，调用，属性引用
3	await x	await 表达式
4	**, ^	幂运算符
5	＋x, －x, ～x	一元加号，一元减号，取倒数
6	*, /, //, %	乘，除，整除，取余
7	＋, －	加，减
8	<<, >>	移位
9	&	按位与
10	|	按位或
11	in, notin, is, isnot, <, <=, >, >=, !=, ==	比较运算
12	not	not
13	and	and
14	or	or
15	if -- else	条件表达式
16	lambda	lambda 表达式
17	:=	赋值表达式

3.2 终端输入/输出

3.2.1 引用终端的方式

要引用终端，首先需要导入 sys 模块，代码如下：

```
import sys
```

引用终端的方式分为 sys. stdin、sys. stdout 和 sys. stderr，其中，sys. stdin 代表标准终端输入，sys. stdout 代表标准终端输出，sys. stderr 代表标准终端错误输出。

以 print()函数为例，print()函数引用标准终端输出的代码如下：

```
print(sys.stdout, "打印内容")
```

print()函数引用标准终端错误输出的代码如下：

```
print(sys.stderr, "打印内容")
```

3.2.2 终端输入

input()函数用于通过终端输入 1 个字符串。input()函数允许不传入参数调用，代码如下：

```
sage: input()
123
'123'
```

此外，input()函数允许追加传入 1 个参数，这个参数被认为是提示内容。通过终端输入 1 个字符串，并提示用户“请输入字符串”的代码如下：

```
sage: input("请输入字符串\n")
请输入字符串
123
'123'
```

3.2.3 输出到文本流

print()函数用于将对象输出到文本流文件中。print()函数允许不传入参数调用。向终端输出 123 的代码如下：

```
sage: print(123)
123
```

此外，print()函数也能指定分隔符，此时 print()函数需要传入 sep 参数。将分隔符指定为逗号的代码如下：

```
sage: print(123, sep = ",")
123
```

此外，print()函数也能指定字符串结束符号，此时 print()函数需要传入 end 参数。将字符串结束符号指定为逗号的代码如下：

```
sage: print(123, end = ",")
123,
```

此外，print()函数也能指定输出文件，此时 print()函数需要传入 file 参数。将输出文件指定为 123.txt 的代码如下：

```
sage: with open("123.txt", "w+") as fp:
....:     print(123, file = fp)
```

此外，print()函数也能指定是否刷新缓冲区，即将缓冲区中的内容立即写入文件，此时 print()函数需要传入 flush 参数。指定刷新缓冲区的代码如下：

```
sage: with open("123.txt", "w+") as fp:
....:     print(123, file = fp, flush = True)
```

3.2.4　存取变量

SageMath 支持使用 save()函数和 load()函数实现对象的存取。保存的变量位于工作目录中的文件"变量名.sobj"中。

将变量 a 保存至文件 b.sobj 中的代码如下：

```
sage: a = 1
sage: a.save('b')
```

此外，保存的 sobj 变量可以被重新读取。读取文件 b.sobj 中的变量并赋值给变量 a 的代码如下：

```
sage: a = load('b')
sage: a
1
```

3.2.5　存取整个会话

调用 save_session()函数可以保存当前会话中的所有变量作为一个字典。存储的会话位于工作目录中的文件"会话名.sobj"中。

将当前会话中的所有变量保存至文件 b.sobj 中的代码如下：

```
sage: save_session('b')
```

此外，保存的 sobj 会话可以被重新读取。从文件 b.sobj 读取当前会话中的所有变量的代码如下：

```
sage: load_session('b')
```

读取后，之前的会话和恢复的会话的变量合并在一起，共同组成新的会话。

3.3 格式化输入/输出

3.3.1 printf 风格的格式化字符串

printf 风格的格式化字符串对象使用百分号%作为格式化参数的一部分，因此百分号%也被称为字符串格式运算符。格式化字符串形如%values，百分号将替换为 0 个或多个值元素，其效果类似于在 C 语言中调用 sprintf()函数。

格式化 1 个字符串、1 个整型和 1 个浮点型变量的代码如下：

```
sage: my_str = "%s, %d, %f" % ("1", 2, 3.0)
sage: print(my_str)
1, 2, 3.000000
```

如果需要格式化单个字符串，则格式化参数可以是单个非元组对象，否则格式化参数必须是与字符串指定的项数相同的元组，或者单个映射对象(例如字典)。

对一个字典中的键-值对进行映射并格式化字符串的代码如下：

```
sage: my_str = "%(a)s, %(b)s" % ({"a": "1", "b": "2"})
sage: print(my_str)
1, 2
```

转换说明符包含两个或多个字符，并具有以下组成部分，这些组成部分的顺序如表 3-2 所示(顺序号越小的部分排列越靠前)。

表 3-2 转换说明符组成部分的顺序

顺序	组 成 部 分
1	百分号%
2	映射键(可选)； 由带括号的字符序列组成
3	转换标志(可选)； 某些转换类型支持转换标志，用于更精细地控制转换结果
4	最小宽度(可选)； 如果是 *，则从值中的元组的下一个元素读取实际宽度，而且要转换的对象位于最小宽度和可选精度之后
5	精度(可选)； 可以是. +精度
6	长度修改器(可选)
7	转换类型

将浮点型变量的精度指定为小数点后 5 位的代码如下：

```
sage: my_str = "%.5f" % (3.0)
sage: print(my_str)
3.00000
```

将浮点型变量的最小宽度指定为小数点前5位的代码如下：

```
sage: my_str = "%5.f" % (3.0)
sage: print(my_str)
    3
```

转换标志字符如表3-3所示。

表3-3　转换标志字符

转换标志字符	含　　义
#	值转换将使用替代形式
0	在转换数字时补零
-	转换后的字符串靠左，而不是默认靠右； 如果同时存在-和0，则不补零
" "	必须写在（最终的结果是一个）正数或空字符串之前； 只能用于带符号的数字转换； 强制去除正数之前的+
+	指定当前的转换是带符号的数字转换； 根据转换后的数字的实际大小，转换后的数字一定会带有+或-

将浮点型变量的最小宽度指定为小数点前5位且使用替代形式的代码如下：

```
sage: my_str = "%#5.f" % (3.0)
sage: print(my_str)
   3.
```

将浮点型变量的最小宽度指定为小数点前5位且补零的代码如下：

```
sage: my_str = "%05.f" % (3.0)
sage: print(my_str)
00003
```

将浮点型变量的最小宽度指定为小数点前5位且字符串靠左的代码如下：

```
sage: my_str = "%-5.f" % (3.0)
sage: print(my_str)
3
```

将浮点型变量的最小宽度指定为小数点前5位且正数带+号的代码如下：

```
sage: my_str = "%+5.f" % (3.0)
sage: print(my_str)
   +3
```

在百分号%之后允许携带长度修饰符（h、l或L），但长度修饰符会被忽略，例如，在SageMath中，%ld与%d的转换结果相同。

转换类型如表 3-4 所示。

表 3-4 转换类型

转换类型	含 义
d	带符号十进制整数格式
i	
o	带符号八进制值格式
u	已弃用； 含义与 d 相同
x	带符号的十六进制格式(小写)
X	带符号的十六进制格式(大写)
e	浮点指数格式(小写)
E	浮点指数格式(大写)
f	浮点十进制格式
F	
g	浮点格式； 如果指数小于－4 或不小于精度，则使用小写指数格式，否则使用十进制格式
G	浮点格式； 如果指数小于－4 或不小于精度，则使用大写指数格式，否则使用十进制格式
c	单个字符
r	字符串； 使用 repr()函数进行转换；可用于转换任何对象
s	字符串； 使用 str()函数进行转换；可用于转换任何对象
a	字符串； 使用 ascii()函数进行转换；可用于转换任何对象
%	百分号

将 100 格式化为十进制数字的代码如下：

```
sage: my_str = "%d" % (100)
sage: print(my_str)
100
sage: my_str = "%i" % (100)
sage: print(my_str)
100
```

将 100 格式化为八进制数字的代码如下：

```
sage: my_str = "%o" % (100)
sage: print(my_str)
144
```

将 100 格式化为十六进制数字的代码如下：

```
sage: my_str = "%x" % (100)
sage: print(my_str)
64
```

将 100 格式化为浮点指数格式的代码如下：

```
sage: my_str = "%e" % (100)
sage: print(my_str)
1.000000e+02
```

将 100 格式化为浮点指数的代码如下：

```
sage: my_str = "%f" % (100)
sage: print(my_str)
100.000000
```

如果指数小于－4 或不小于精度，则将 100 格式化为小写指数格式，否则格式化为十进制格式的代码如下：

```
sage: my_str = "%g" % (100)
sage: print(my_str)
100
```

将 100 格式化为字符串的代码如下：

```
sage: my_str = "%c" % (100)
sage: print(my_str)
d
```

3.3.2　textwrap

textwrap 模块用于格式化输出大段文本以适应给定的屏幕宽度。

在字符串过长时，可以为字符串调用 textwrap.fill()函数以折行显示。调用 textwrap.fill()函数将文本以每 10 个字符的方式折行输出的代码如下：

```
>>> import textwrap
>>> b='123456123456123456123456'
>>> print(textwrap.fill(b, width=10))
1234561234
5612345612
3456
```

3.3.3　Template

Template 类表示一种模板，可用于批量格式化字符串。模板的格式使用由 $ 组成的占位符名称和有效的标识符。Template 模板的语法如下：

（1）用 ${}指定占位文本。

（2）花括号中间的字符不允许出现空格。

(3) 模板中的＄＄代表字符＄。

substitute()函数用于输出格式化后的字符串。输出"收款 x 元"的代码如下：

```
>>> from string import Template
>>> t = Template('收款${received_amount}元')
>>> t.substitute(received_amount = '1,234.56')
'收款1,234.56元'
```

输出"收款＄x美元"的代码如下：

```
>>> from string import Template
>>> t = Template('收款$$${received_amount}美元')
>>> t.substitute(received_amount = '1,234.56')
'收款$1,234.56美元'
```

当字典或关键字参数中未提供占位符时，substitute()函数会引发 KeyError，而 safe_substitute()函数将保持占位符不变，代码如下：

```
>>> from string import Template
>>> t = Template('收款$$${received_amount}美元')
>>> t.safe_substitute()
>>> '收款$${received_amount}美元'
```

3.3.4 f 字符串

f 字符串也叫格式化字符串，在这种字符串中，可以在花括号{}之间编写一个表达式，该表达式既可以是变量，也可以是字面量。定义一个基于 a 和 b 的 f 字符串的代码如下：

```
sage: a = "1"
sage: b = "2"
sage: s = f"{a} is apple and {b} is ball"
sage: s
'1 is apple and 2 is ball'
```

表达式后面可以追加一个可选的格式说明符，用于控制值的格式。将 2/3 四舍五入到小数点后两位的代码如下：

```
>>> print(f'{2/3:.2f}')
0.67
```

将 200 格式化为 10 位字符宽度的代码如下：

```
>>> print(f'{200:10}')
       200
>>> print(f'{200:10d}')
       200
```

在格式化值之前，可以使用其他修饰符预先对字符串进行转换。调用 ascii()函数预先对字符串进行转换的代码如下：

```
>>> print(f'{200!a}')
200
```

调用 str()函数预先对字符串进行转换的代码如下：

```
>>> print(f'{200!s}')
200
```

调用 rep()函数预先对字符串进行转换的代码如下：

```
>>> print(f'{200!r}')
200
```

3.3.5 str.format()

字符串还拥有 str.format()函数，可用于格式化字符串，这种方法需要更多的参数配置。str.format()函数也使用{}来标记变量将被替换的位置，并且可以提供详细的格式化指令，但需要提供要格式化的信息。

首先将字符串模板中的要替换的部分用{}括起来，然后向 str.format()函数中传入一个元组，元组中的元素将被替换到字符串模板中，代码如下：

```
>>> "{} is apple and {} is ball".format('apple', 'babana')
'apple is apple and babana is ball'
```

此外，还可以在{ }中编写要替换的变量的顺序，代码如下：

```
>>> "{1} is apple and {0} is ball".format('apple', 'babana')
'babana is apple and apple is ball'
```

此外，还可以在{ }中编写要替换的变量的变量名，代码如下：

```
>>> a = 'apple'
>>> b = 'banana'
>>> "{} is apple and {} is ball".format(a, b)
'apple is apple and banana is ball'
```

此外，还可以同时指定位置参数和关键字参数，代码如下：

```
>>> "{1} is apple and {ball} is ball".format(a, b, ball = "coffee")
'banana is apple and coffee is ball'
```

此外，还可以用[ ]索引关键字中的元素，用于部分格式化字符串，代码如下：

```
>>> "{1[1]} is apple and {0} is ball".format('apple', ['banana', 'coffee'])
'coffee is apple and apple is ball'
```

3.3.6 手动格式化

str.ljust()函数用于返回一个原字符串左对齐，并使用空格填充至指定长度的新字符串。

如果指定的长度小于原字符串的长度，则返回原字符串。将 100 左对齐至 10 位的代码如下：

```
>>> "100".ljust(10)
'100       '
```

将 100 右对齐至 10 位的代码如下：

```
>>> "100".rjust(10)
'       100'
```

将 100 居中对齐至 10 位的代码如下：

```
>>> "100".center(10)
'   100    '
```

str.zfill()函数用于返回一个原字符串右补 0 填充至指定长度的新字符串。如果指定的长度小于原字符串的长度，则返回原字符串。将 100 补 0 填充至 10 位的代码如下：

```
>>> "100".zfill(10)
'0000000100'
```

3.3.7 以 LaTeX 格式输出

在 SageMath 中调用 Latex 类中的 latex()函数可以输出 LaTeX 格式的字符串。SageMath 支持将任意的对象输出为 LaTeX 格式。要输出 LaTeX 格式，对应的变量首先要实现_latex_()函数。用户可以通过调用 latex()函数输出这种形式。

输出 LaTeX 格式的整数域ℤ的代码如下：

```
sage: sage: latex(ZZ)
\Bold{Z}
```

blackboard_bold()函数用于控制 SageMath 是使用黑板报体还是普通黑体来排版ℤ和ℝ等特殊符号。

使用黑板报体输出 LaTeX 格式的整数域ℤ的代码如下：

```
sage: latex.blackboard_bold(False)
sage: latex.blackboard_bold()
False
sage: latex(ZZ)
\Bold{Z}
```

使用普通黑体输出 LaTeX 格式的整数域ℤ的代码如下：

```
sage: latex.blackboard_bold(True)
sage: latex.blackboard_bold()
True
sage: latex(ZZ)
\Bold{Z}
```

matrix_delimiters()函数用于更改矩阵的 LaTeX 表示的左右分隔符。分隔符用于使

LaTeX 理解如何改变矩阵的尺寸。LaTeX 常用的分隔符包括( )、[ ]、{ }、| |和< >。

将矩阵的 LaTeX 表示的左右分隔符更改为()的代码如下：

```
sage: latex.matrix_delimiters('(', ')')
sage: latex(matrix(2, 2))
\left(\begin{array}{rr}
0 & 0 \\
0 & 0
\end{array}\right)
```

将矩阵的 LaTeX 表示的左右分隔符更改为{}的代码如下：

```
sage: latex.matrix_delimiters('{', '}')
sage: latex(matrix(2, 2))
\left{\begin{array}{rr}
0 & 0 \\
0 & 0
\end{array}\right}
```

matrix_column_alignment()函数用于更改矩阵的 LaTeX 表示的列对齐方式。将矩阵的 LaTeX 表示的列对齐方式更改为右对齐的代码如下：

```
sage: latex.matrix_column_alignment('r')
sage: latex(matrix([[1, 10], [100, 1000]]))
\left{\begin{array}{rr}
1 & 10 \\
100 & 1000
\end{array}\right}
```

将矩阵的 LaTeX 表示的列对齐方式更改为居中对齐的代码如下：

```
sage: latex.matrix_column_alignment('c')
sage: latex(matrix([[1, 10], [100, 1000]]))
\left{\begin{array}{cc}
1 & 10 \\
100 & 1000
\end{array}\right}
```

将矩阵的 LaTeX 表示的列对齐方式更改为左对齐的代码如下：

```
sage: latex.matrix_column_alignment('l')
sage: latex(matrix([[1, 10], [100, 1000]]))
\left{\begin{array}{ll}
1 & 10 \\
100 & 1000
\end{array}\right}
```

has_file()函数用于查看本地 LaTeX 安装是否包含某个文件。查看本地 LaTeX 安装是否包含文件 123.txt 的代码如下：

```
sage: latex.has_file('123.txt')
False
```

check_file()函数用于查看本地 LaTeX 安装是否包含某个文件，并且如果不含有这个文件就发出警告。只有在第 1 次调用此方法时才会发出警告。查看本地 LaTeX 安装是否包含文件 123.txt 的代码如下：

```
sage: latex.check_file('123.txt')

Warning: '123.txt' is not part of this computer's TeX installation.
```

extra_macros()函数用于替换或清空包含要与%LaTeX 和%html 一起使用的额外 LaTeX 宏的字符串。替换额外 LaTeX 宏为\\newcommand{\\foo}{bar}的代码如下：

```
sage: latex.extra_macros("\\newcommand{\\foo}{bar}")
```

清空额外 LaTeX 宏的代码如下：

```
sage: latex.extra_macros("")
```

add_macros()函数用于追加包含要与%LaTeX 和%html 一起使用的额外 LaTeX 宏的字符串。追加额外 LaTeX 宏为\\newcommand{\\foo}{bar}的代码如下：

```
sage: latex.add_macros("\\newcommand{\\foo}{bar}")
```

extra_preamble()函数用于设置 LaTeX 的前导字符串。将 LaTeX 的前导字符串设置为 123 的代码如下：

```
sage: latex.extra_preamble('123')
```

add_to_preamble()函数用于将字符串追加到 LaTeX 的前导字符串之后。将字符串 123 追加到 LaTeX 的前导字符串之后的代码如下：

```
sage: latex.add_to_preamble('123')
```

add_package_to_preamble_if_available()函数用于将\usepackage{package_name}字符串追加到 LaTeX 的前导字符串之后，相当于导入 LaTeX 包。导入 amsmath 这一 LaTeX 包的代码如下：

```
sage: latex.add_package_to_preamble_if_available('amsmath')
```

engine()函数用于设置或查看 LaTeX 引擎。查看 LaTeX 引擎的代码如下：

```
sage: latex.engine()
'pdflatex'
```

将 LaTeX 引擎设置为 latex 的代码如下：

```
sage: latex.engine('latex')
sage: latex.engine()
'latex'
```

3.3.8　以数学公式写法输出

调用 show()函数可以输出数学公式写法的字符串。输出数学公式写法的函数 $x^2+2^{xy}+y^2$ 的代码如下：

```
sage: var('x y')
....: y = x^2 + 2^(x * y) + y ^ 2
....: show(y)
....:
(x, y)
x^2 + y^2 + 2^(x * y)
```

3.3.9　Jupyter 输出

在 Jupyter 中，SageMath 既可以直接将 LaTeX 格式的文本输出为排版的公式，也可以原样输出 LaTeX 格式的文本。

将 LaTeX 格式的文本输出为排版的公式的代码如下：

```
%display latex
var('x y')
y = x^2 + 2^(x * y) + y ^ 2
show(y)
```

原样输出 LaTeX 格式的文本的代码如下：

```
%display plain
var('x y')
y = x^2 + 2^(x * y) + y ^ 2
show(y)
```

3.3.10　MathJax

MathJax 是一种 HTML 库，常用于将 LaTeX 公式显示在网页上。MathJax 类以 MathJax 格式输出代码。输出公式 $y=x^2+2^{xy}+y^2$ 的代码如下：

```
sage: from sage.misc.html import MathJax
sage: mj = MathJax()
sage: mj('y = x^2 + 2^(x * y) + y^2')
<html><script type = "math/tex; mode = display">\newcommand{\Bold}[1]{\mathbf{#1}}\
phantom{\verb!x!}\verb|y|\phantom{\verb!x!}\verb| = |\phantom{\verb!x!}\verb|x^2|\phantom
{\verb!x!}\verb| + |\phantom{\verb!x!}\verb|2^(x * y)|\phantom{\verb!x!}\verb| + |\phantom
{\verb!x!}\verb|y^2|</script></html>
sage: mj('show(y)')
<html><script type = "math/tex; mode = display">\newcommand{\Bold}[1]{\mathbf{#1}}\verb|
show(y)|</script></html>
```

输出的公式用 MathJax 显示的效果如图 3-1 所示。

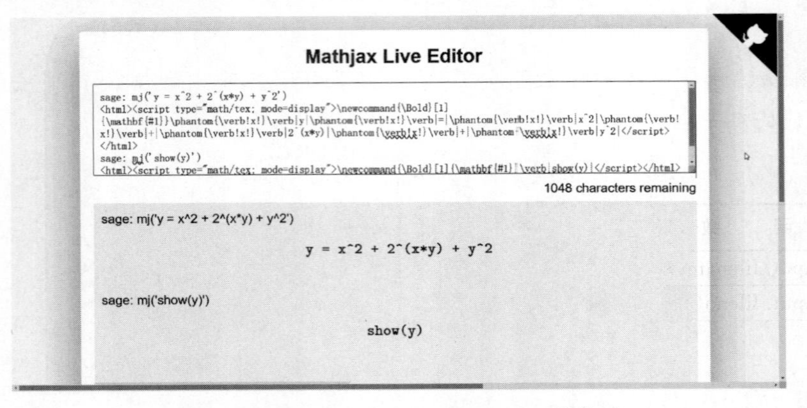

图 3-1 输出的公式用 MathJax 显示的效果

3.4 文件输入/输出

SageMath 提供了几种文件输入/输出函数,用于读取外部文件,例如在读取外部数据集时就可以调用文件输入/输出函数将数据集读入内存,然后程序将运算结果写入外部文件中。

3.4.1 文件输入流

fileinput 模块用于访问 stdin 或文件列表。fileinput 模块只能识别从 sys.argv 传入的参数。用 fileinput 模块输入文件 123.txt 中的内容,代码如下:

```
#第 3 章/my_fileinput.py
import fileinput
for line in fileinput.input(encoding = "utf - 8"):
    print(line)

$ python - m my_fileinput 123.txt
123
```

如果文件名是-,则代表从 stdin 输入。用 fileinput 模块输入 stdin 中的内容,代码如下:

```
$ python - m my_fileinput -
123
123
```

fileinput 模块不但可以访问一个文件,还可以访问多个文件。用 fileinput 模块输入文件 123.txt 和 456.txt 中的内容,代码如下:

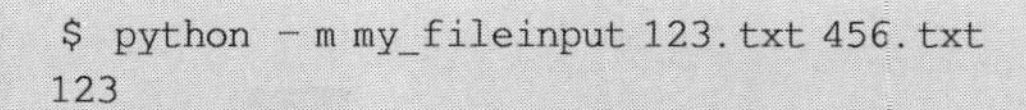

```
$ python -m my_fileinput 123.txt 456.txt
123

456
```

fileinput 模块除了用于输入文件外，还提供了其他函数，含义如表 3-5 所示。

表 3-5　fileinput 模块提供的函数

函　　数	含　　义
fileinput.filename()	返回当前读取的文件名
fileinput.fileno()	返回当前文件的文件描述符
fileinput.lineno()	返回已被读取的累计行号
fileinput.filelineno()	返回当前文件中的行号
fileinput.isfirstline()	判断刚读取的行是不是文件的第 1 行
fileinput.isstdin()	判断最后读取的行是不是来自 sys.stdin
fileinput.nextfile()	关闭当前文件，下次迭代将从下一个文件读取第 1 行
fileinput.close()	关闭序列

3.4.2　打开文件

open()函数用于打开一个文件并返回一个文件对象。open()函数至少需要传入两个参数，第 1 个参数代表文件路径，第 2 个参数代表读写模式。

open()函数支持的读写模式如表 3-6 所示。

表 3-6　open()函数支持的读写模式

读写模式	含　　义
'r'	读模式
'w'	写模式； 先截断文件
'x'	独占创建模式； 如果文件已经存在，则报错
'a'	写模式； 如果文件已经存在，则在文件末尾追加写入
'b'	二进制模式
't'	文本模式(默认)
'+'	读写模式

以读写模式打开文件 123.txt 的代码如下：

```
sage:fp = open('123.txt', 'w+')
```

此外，open()函数允许追加传入 encoding 参数，这个参数用于说明文件以哪种编码格式打开。以 GBK 编码格式和读写模式打开文件 123.txt 的代码如下：

```
sage:fp = open('123.txt', 'w+', encoding = 'gbk')
```

此外,在模式后附加 b 将以二进制模式打开文件。二进制模式数据作为字节对象进行读取和写入。以二进制模式打开文件时,不能指定编码。

以二进制模式和读写模式打开文件 123.txt 的代码如下:

```
sage:fp = open('123.txt', 'w+b')
```

3.4.3 文件和 with 关键字

在处理文件对象时推荐和 with 关键字一起使用,以保证程序报错后文件也能够正确关闭。

以读写模式打开文件 123.txt,并使用 with 关键字的代码如下:

```
sage:with open('123.txt', 'w+') as fp:
```

3.4.4 文件对象的方法

fp.read()函数用于读取文件的内容,允许不传入参数调用。读取文件 123.txt 的代码如下:

```
sage: with open('123.txt', 'w+') as fp:
....:     fp.read()
....:
```

fp.readline()函数用于从文件中读取一行。如果 fp.readline()函数返回一个空字符串,则表示已到达文件的末尾;fp.readline()函数读取的空行由换行符\n 表示,即读取的空行字符串只包含一个换行符。读取文件 123.txt 的一行的代码如下:

```
sage: with open('123.txt', 'w+') as fp:
....:     fp.readline()
....:
```

fp.write()函数用于将字符串的内容写入文件,返回写入的字符数。fp.write()函数需要 1 个参数,这个参数被认为是要写入的字符串。将字符串 Hello world!\n 写入文件 123.txt 的代码如下:

```
sage: with open('123.txt', 'w+') as fp:
....:     fp.write('Hello world!\n')
....:
```

fp.tell()函数会返回一个整数,用于查询文件对象在文件中的当前位置,表示为二进制模式下从文件开头开始的字节数,而文本模式下为不确定的数字。返回文件对象 fp 在文件 123.txt 中的位置的代码如下:

```
sage: with open('123.txt', 'w+') as fp:
....:     fp.tell()
....:
```

fp.seek()函数会返回一个整数，用于修改文件对象在文件中的当前位置。fp.seek()函数需要1个参数，这个参数被认为是要修改的偏移量。将文件对象fp在文件123.txt中的位置后移5字节的代码如下：

```
sage: with open('123.txt', 'w+') as fp:
....:     fp.seek(5)
....:
```

在文本文件中，只允许相对于文件开头进行查找，并且唯一有效的偏移值是从fp.tell()函数返回的偏移值或零。任何其他偏移值都会产生未定义的行为。

3.5　序列化和反序列化

Sage中的对象可能会较为复杂，只靠str()函数或repr()函数将对象转换为字符串往往不能满足代码的功能需求。将对象序列化为字符串后，这种字符串通过反序列化的方式又可以转换回原有的对象，实现对象交换的功能。

3.5.1　JSON

SageMath支持使用JSON格式进行序列化和反序列化。要使用JSON格式，首先需要导入json模块，代码如下：

```
sage: import json
```

将对象a序列化为JSON格式的代码如下：

```
sage: a = ["1"]
sage: json.dumps(a)
'["1"]'
```

将字符串{'a': 1}反序列化为对象a的代码如下：

```
sage: json.loads('{"a": 1}')
{'a': 1}
```

将对象a序列化为文件，并在文本文件中存放JSON格式的字符串的代码如下：

```
sage: with open('123.txt', 'w+') as fp:
....:     json.dump(a, fp)
....:
```

将存放字符串{'a': 1}的文件123.txt反序列化为对象a的代码如下：

```
sage: with open('123.txt', 'r', encoding = 'utf - 8') as fp:
....:     a = json.load(fp)
....:
```

3.5.2 pickle

SageMath 支持使用 pickle 字符串进行序列化和反序列化。pickle 是不安全的。在程序中，必须使用可信的 pickle 字符串进行反序列化。要使用 pickle，首先需要导入 pickle 模块，代码如下：

```
sage: import pickle
```

将对象 a 序列化为 pickle 格式的代码如下：

```
sage: a = ["1"]
sage: pickle.dumps(a)
b'\x80\x04\x95\x08\x00\x00\x00\x00\x00\x00\x00]\x94\x8c\x011\x94a.'
```

将二进制字符串 b'\x80\x04\x95\x08\x00\x00\x00\x00\x00\x00\x00]\x94\x8c\x011\x94a.'反序列化为对象 a 的代码如下：

```
sage: pickle.loads(b'\x80\x04\x95\x08\x00\x00\x00\x00\x00\x00\x00]\x94\x8c\x011\x94a.')
['1']
```

将对象 a 序列化为文件，并在文本文件中存放 pickle 格式的二进制字符串的代码如下：

```
sage: with open('123.txt', 'wb + ') as fp:
....:     pickle.dump(a, fp)
....:
```

将存放二进制字符串 b'\x80\x04\x95\x08\x00\x00\x00\x00\x00\x00\x00]\x94\x8c\x011\x94a.'的文件 123.txt 反序列化为对象 a 的代码如下：

```
sage: with open('123.txt', 'rb') as fp:
....:     a = pickle.load(fp)
....:
```

3.5.3 marshal

SageMath 支持使用 marshal 字符串进行序列化和反序列化。marshal 是不安全的。在程序中，必须使用可信的 marshal 字符串进行反序列化。要使用 marshal，首先需要导入 marshal 模块，代码如下：

```
sage: import marshal
```

将对象 a 序列化为 pickle 格式的代码如下：

```
sage: a = ["1"]
sage: marshal.dumps(a)
b'\xdb\x01\x00\x00\x00\xda\x011'
```

将二进制字符串 b'\xdb\x01\x00\x00\x00\xda\x011'反序列化为对象 a 的代码如下：

```
sage: marshal.loads(b'\xdb\x01\x00\x00\x00\xda\x011')
['1']
```

将对象 a 序列化为文件,并在文本文件中存放 pickle 格式的字符串的代码如下：

```
sage: with open('123.txt', 'wb + ') as fp:
....:     marshal.dump(a, fp)
....:
```

将存放二进制字符串 b'\xdb\x01\x00\x00\x00\xda\x011'的文件 123.txt 反序列化为对象 a 的代码如下：

```
sage: with open('123.txt', 'rb') as fp:
....:     a = marshal.load(fp)
....:
```

第 4 章

CHAPTER 4

基本数据结构

4.1 布尔值

布尔值包括 True 和 False，分别表示真值和假值，常见于判断条件真假的场合，代码如下：

```
sage: 1 >= 2
False
sage: 1 <= 2
True
```

在布尔值进行算术运算时，True 被自动转型为 1，False 被自动转型为 0，代码如下：

```
sage: True + 2
3
sage: False + 2
2
```

4.2 字符串

用单引号可以创建字符串，代码如下：

```
sage: a = '123'
sage: a
'123'
```

用单引号创建字符串时，字符串中的双引号不受影响，代码如下：

```
sage: a = '12"3'
sage: a
'12"3'
```

用单引号创建字符串时，可以配合反斜杠创建单引号，代码如下：

```
sage: a = '12\'3'
sage: a
"12'3"
```

用双引号可以创建字符串，代码如下：

```
sage: a = "123"
sage: a
'123'
```

用双引号创建字符串时，字符串中的单引号不受影响，代码如下：

```
sage: a = "12'3"
sage: a
"12'3"
```

用双引号创建字符串时，可以配合反斜杠创建双引号，代码如下：

```
sage: a = "12\"3"
sage: a
'12"3'
```

用三引号可以创建字符串。三引号既可以是 3 个单引号，又可以是 3 个双引号，代码如下：

```
sage: a = '''1'''
sage: a
'1'
sage: a = """2"""
sage: a
'2'
```

三引号适合用于多行的字符串。在定义三引号时可以自由换行，实际的三引号字符串也会保留换行。创建一个带换行的三引号字符串，代码如下：

```
sage: a = """2
....:  3
....:   4
....:     5"""
sage: a
'2\n 3\n  4\n    5'
```

如果将多个字符串写在一起，则这些字符串会被隐式地转换成单个字符串，代码如下：

```
sage: a = '1''2''3'
sage: a
'123'
```

r 字符串无视转义字符，代码如下：

```
sage: a = r'1\\\2'
sage: a
'1\\\\\\2'
```

u 字符串代表 Unicode 字符串，也是默认的字符串，代码如下：

```
sage: a = u'123'
sage: a
'123'
```

b 字符串代表二进制字符串。二进制字符串也叫字节流，代码如下：

```
sage: a = b'123'
sage: a
b'123'
```

二进制字符串不能表示在 ASCII 0～127 之外的字符。如果想要将不支持的字符转换为二进制字符串，则需要将对应的字符串调用 encode()函数转换为二进制字符串，代码如下：

```
sage: a = '123 我'.encode('utf - 8')
sage: a
b'123\xe6\x88\x91'
```

如果 str()函数只传入一个参数，则返回 Unicode 字符串，常用于将对象转换为字符串，代码如下：

```
sage: str(123)
'123'
```

如果 str()函数传入多个参数，则将二进制字符串按给定编码转换为字符串，代码如下：

```
sage: a = '123 我'.encode('utf - 8')
sage: b = str(a, encoding = 'utf - 8', errors = 'strict')
sage: b
'123 我'
```

所有的字符串都支持的函数如下。

1．capitalize()

capitalize()函数用于将首字母改为大写，代码如下：

```
sage: a = 'abc'
sage: a.capitalize()
'Abc'
```

2．casefold()

casefold()函数用于将所有字母改为小写，代码如下：

```
sage: a = 'abc'
sage: a.casefold()
'abc'
```

3．center()

center()函数用于将字符串用空格或其他字符填充为居中的字符串，代码如下：

```
sage: a = 'abc'
sage: a.center(9)
'   abc   '
```

4. count()

count()函数用于返回字符串中的某个子串的出现次数，代码如下：

```
sage: a = 'abc'
sage: a.count('a')
1
```

5. encode()

encode()函数用于将字符串编码为二进制字符串，代码如下：

```
sage: a = 'abc'
sage: a.encode(encoding = 'utf-8', errors = 'strict')
b'abc'
```

6. endswith()

endswith()函数用于判断字符串是不是以指定的后缀结尾，代码如下：

```
sage: a.endswith('c')
True
```

7. expandtabs()

expandtabs()函数用于将字符串中的制表符展开成若干空格，代码如下：

```
sage: a = '1\t2\t3'
sage: a.expandtabs(tabsize = 8)
'1       2       3'
```

8. find()

find()函数用于查找字符串中的某个子串的位置，如果找不到，则返回－1，代码如下：

```
sage: a = 'abc'
sage: a.find('b')
1
```

9. format()

format()函数用于格式化字符串，代码如下：

```
sage: a = 'ab{0}'
sage: a.format('c')
'abc'
```

10. format_map()

format_map()函数用于直接使用映射格式化字符串，代码如下：

```
sage: a = 'ab{rep}'
sage: a.format_map({'rep':'c'})
'abc'
```

11. index()

index()函数用于查找字符串中的某个子串的位置，如果找不到，则报错，代码如下：

```
sage: a = 'abc'
sage: a.index('c')
2
```

12. isalnum()

isalnum()函数用于判断字符串中的所有字符是不是都是字母或数字，代码如下：

```
sage: a.isalnum()
True
```

13. isalpha()

isalpha()函数用于判断字符串中的所有字符是不是都是字母，代码如下：

```
sage: a.isalpha()
True
```

14. isascii()

isascii()函数用于判断字符串中的所有字符是否都是 ASCII 字符，代码如下：

```
sage: a.isascii()
True
```

15. isdecimal()

isdecimal()函数用于判断字符串中的所有字符是否都代表十进制数字，代码如下：

```
sage: a.isdecimal()
False
```

16. isdigit()

isdigit()函数用于判断字符串中的所有字符是否都是数字 0～9，代码如下：

```
sage: a.isdigit()
False
```

17. isidentifier()

isidentifier()函数用于判断字符串中的所有字符能否都作为标识符，代码如下：

```
sage: a.isidentifier()
True
```

18. islower()

islower()函数用于判断字符串中的所有字符是否都是小写字母,代码如下:

```
sage: a.islower()
True
```

19. isnumeric()

isnumeric()函数用于判断字符串中的所有字符是否都代表数字,代码如下:

```
sage: a.isnumeric()
False
```

20. isprintable()

isprintable()函数用于判断字符串中的所有字符是否都可打印或字符串为空,代码如下:

```
sage: a.isprintable()
True
```

21. isspace()

isspace()函数用于判断字符串中的所有字符是否都是空白符,代码如下:

```
sage: a.isspace()
False
```

22. istitle()

istitle()函数用于判断字符串中的所有字符是否都是英文标题,代码如下:

```
sage: a.istitle()
False
```

23. isupper()

isupper()函数用于判断字符串中的所有字符是否都是小写字母,代码如下:

```
sage: a.isupper()
False
```

24. join()

join()函数用于连接字符串,代码如下:

```
sage: ','.join(a)
'a,b,c'
```

25. ljust()

ljust()函数用于返回左对齐的字符串,默认使用空格填充,代码如下:

```
sage: a.ljust(9)
'abc      '
```

26. lower()

lower()函数用于将字符串中的字母全部转换为小写,代码如下:

```
sage: a.lower()
'abc'
```

27. lstrip()

lstrip()函数用于删除前缀字符,代码如下:

```
sage: a.lstrip()
'abc'
```

28. str.maketrans()

str.maketrans()函数用于返回一个可用于 str.translate()函数的转换表,代码如下:

```
sage: str.maketrans({'a':'z'})
{97: 'z'}
sage: str.maketrans('abc','xyz')
{97: 120, 98: 121, 99: 122}
```

29. partition()

partition()函数用于在分隔符第 1 次出现时拆分字符串,代码如下:

```
sage: a.partition('b')
('a', 'b', 'c')
```

30. removeprefix()

removeprefix()函数用于删除前缀字符串,代码如下:

```
sage: a.removeprefix('b')
'abc'
```

31. removesuffix()

removesuffix()函数用于删除后缀字符串,代码如下:

```
sage: a.removesuffix('b')
'abc'
```

32. replace()

replace()函数用于替换字符,代码如下:

```
sage: a.replace('b', 'c')
'acc'
```

33. rfind()

rfind()函数用于从右到左查找字符串中的某个子串的位置，如果找不到，则返回－1，代码如下：

```
sage: a.rfind('b')
1
```

34. rindex()

rindex()函数用于从右到左查找字符串中的某个子串的位置，如果找不到，则报错，代码如下：

```
sage: a.rindex('c')
2
```

35. rjust()

rjust()函数用于返回右对齐的字符串，默认使用空格填充，代码如下：

```
sage: a.rjust(9)
'      abc'
```

36. rpartition()

rpartition()函数用于在分隔符最后一次出现时拆分字符串，代码如下：

```
sage: a.rpartition('b')
('a', 'b', 'c')
```

37. rsplit()

rsplit()函数用于从右到左拆分字符串，代码如下：

```
sage: a.rsplit('b')
['a', 'c']
```

38. rstrip()

rstrip()函数用于删除后缀字符，代码如下：

```
sage: a.rstrip()
'abc'
```

39. split()

split()函数用于拆分字符串，代码如下：

```
sage: a.split('b')
['a', 'c']
```

40. splitlines()

splitlines()函数用于返回分隔字符串的字符，代码如下：

```
sage: a.splitlines()
['abc']
```

41. startswith()

startswith()函数用于判断字符串是不是以某个字符开头，代码如下：

```
sage: a.startswith('b')
False
```

42. strip()

strip()函数用于删除前缀字符和后缀字符，代码如下：

```
sage: a.strip()
'abc'
```

43. swapcase()

swapcase()函数用于将字符串中的大写字母全部转换为小写，并将字符串中的小写字母全部转换为大写，代码如下：

```
sage: a.swapcase()
'ABC'
```

44. title()

title()函数用于将字符串的大小写转换为英文标题的格式，代码如下：

```
sage: a.title()
'Abc'
```

45. translate()

translate()函数用于按映射改变字符串，代码如下：

```
sage: a.translate(str.maketrans({'a':'z'}))
'zbc'
```

46. upper()

upper()函数用于将字符串中的小写字母全部转换为大写，代码如下：

```
sage: a.upper()
'ABC'
```

4.3 二进制数据

二进制数据多用于文件、底层通信等。在操作二进制数据时，可以配合 memoryview 使用，以获得更高的性能。

4.3.1 二进制字符串

二进制字符串可用 b 字符串表示，如 b'123'，代码如下：

```
sage: b'123'
b'123'
```

调用 bytes()函数可以创建一个二进制字符串。bytes()函数需要传入某种编码格式的字符串，并指定 encoding 参数，然后按这种编码格式转换为二进制字符串，代码如下：

```
sage: bytes('123', encoding = 'utf - 16 - le')
b'1\x002\x003\x00'
```

所有的二进制字符串都支持的函数如下。

1. bytes.fromhex()

bytes.fromhex()函数用于将十六进制的字符串转换为二进制字符串，代码如下：

```
sage: bytes.fromhex('ABCD a123')
b'\xab\xcd\xa1#'
```

2. hex()

hex()函数用于将二进制字符串转换为十六进制的字符串，代码如下：

```
sage: a.hex()
'313233e68891'
```

3. count()

count()函数用于返回二进制字符串中的某个子串的出现次数，代码如下：

```
sage: a.count(b'1')
1
```

4. decode()

decode()函数用于将二进制字符串转换为其他编码格式的字符串，代码如下：

```
sage: a.decode(encoding = 'utf - 8')
'123我'
```

5. endswith()

endswith()函数用于判断二进制字符串是不是以指定的后缀结尾，代码如下：

```
sage: a.endswith(b'b')
False
```

6. find()

find()函数用于从左到右查找二进制字符串中的某个子串的位置，如果找不到，则返回

－1，代码如下：

```
sage: a.find(b'b')
-1
```

7．index()

index()函数用于查找二进制字符串中的某个子串的位置，如果找不到，则报错，代码如下：

```
sage: a.index(b'c')
ValueError: subsection not found
```

8．bytes.maketrans()

bytes.maketrans()函数用于返回一个可用于 bytes.translate()函数的转换表，代码如下：

```
sage: bytes.maketrans(b'a', b'z')
b'\x00\x01\x02\x03\x04\x05\x06\x07\x08\t\n\x0b\x0c\r\x0e\x0f\x10\x11\x12\x13\x14\x15\x16
\x17\x18\x19\x1a\x1b\x1c\x1d\x1e\x1f !"#$%&\'()*+,-./0123456789:;<=>?@
ABCDEFGHIJKLMNOPQRSTUVWXYZ[\\]^_`zbcdefghijklmnopqrstuvwxyz{|}~\x7f\x80\x81\x82\x83\x84\
x85\x86\x87\x88\x89\x8a\x8b\x8c\x8d\x8e\x8f\x90\x91\x92\x93\x94\x95\x96\x97\x98\x99\x9a\
x9b\x9c\x9d\x9e\x9f\xa0\xa1\xa2\xa3\xa4\xa5\xa6\xa7\xa8\xa9\xaa\xab\xac\xad\xae\xaf\xb0\
xb1\xb2\xb3\xb4\xb5\xb6\xb7\xb8\xb9\xba\xbb\xbc\xbd\xbe\xbf\xc0\xc1\xc2\xc3\xc4\xc5\xc6\
xc7\xc8\xc9\xca\xcb\xcc\xcd\xce\xcf\xd0\xd1\xd2\xd3\xd4\xd5\xd6\xd7\xd8\xd9\xda\xdb\xdc\
xdd\xde\xdf\xe0\xe1\xe2\xe3\xe4\xe5\xe6\xe7\xe8\xe9\xea\xeb\xec\xed\xee\xef\xf0\xf1\xf2\
xf3\xf4\xf5\xf6\xf7\xf8\xf9\xfa\xfb\xfc\xfd\xfe\xff'
```

9．partition()

partition()函数用于在分隔符第 1 次出现时拆分二进制字符串，代码如下：

```
sage: a.partition(b'b')
(b'123\xe6\x88\x91', b'', b'')
```

10．replace()

replace()函数用于替换二进制字符，代码如下：

```
sage: a.replace(b'b', b'c')
b'123\xe6\x88\x91'
```

11．replace()

replace()函数用于替换二进制字符，代码如下：

```
sage: a.replace(b'b', b'c')
b'123\xe6\x88\x91'
```

12．rfind()

rfind()函数用于从右到左查找二进制字符串中的某个子串的位置，如果找不到，则返回－1,代码如下：

```
sage: a.rfind(b'b')
-1
```

13. rindex()

rindex()函数用于从右到左查找二进制字符串中的某个子串的位置,如果找不到,则报错,代码如下：

```
sage: a.rindex(b'c')
ValueError: subsection not found
```

14. rpartition()

rpartition()函数用于在分隔符最后一次出现时拆分二进制字符串,代码如下：

```
sage: a.rpartition(b'b')
(b'', b'', b'123\xe6\x88\x91')
```

15. startswith()

startswith()函数用于判断二进制字符串是不是以某个二进制字符开头,代码如下：

```
sage: a.startswith(b'b')
False
```

16. translate()

translate()函数用于按映射改变二进制字符串,代码如下：

```
sage: a.translate(bytes.maketrans(b'a', b'z'))
b'123\xe6\x88\x91'
```

17. center()

center()函数用于将字符串用空格或其他二进制字符填充为居中的二进制字符串,代码如下：

```
sage: a.center(9)
b'  123\xe6\x88\x91 '
```

18. ljust()

ljust()函数用于返回左对齐的二进制字符串,默认使用空格填充,代码如下：

```
sage: a.ljust(9)
'abc      '
```

19. lstrip()

lstrip()函数用于删除前缀二进制字符,代码如下：

```
sage: a.lstrip()
b'123\xe6\x88\x91'
```

20. rjust()

rjust()函数用于返回右对齐的二进制字符串，默认使用空格填充，代码如下：

```
sage: a.rjust(9)
b'   123\xe6\x88\x91'
```

21. rsplit()

rsplit()函数用于从右到左拆分二进制字符串，代码如下：

```
sage: a.rsplit(b'b')
[b'123\xe6\x88\x91']
```

22. rstrip()

rstrip()函数用于删除后缀二进制字符，代码如下：

```
sage: a.rstrip()
b'123\xe6\x88\x91'
```

23. split()

split()函数用于拆分二进制字符串，代码如下：

```
sage: a.split(b'b')
[b'123\xe6\x88\x91']
```

24. strip()

strip()函数用于删除前缀二进制字符和后缀二进制字符，代码如下：

```
sage: a.strip()
b'123\xe6\x88\x91'
```

25. capitalize()

capitalize()函数用于将首字母改为大写，代码如下：

```
sage: a.capitalize()
b'123\xe6\x88\x91'
```

26. expandtabs()

expandtabs()函数用于将二进制字符串中的制表符展开成若干空格，代码如下：

```
sage: a = b'1\t2\t3'
sage: a.expandtabs(tabsize = 8)
b'1       2       3'
```

27. isalnum()

isalnum()函数用于判断二进制字符串中的所有二进制字符是不是都是字母或数字，代码如下：

```
sage: a.isalnum()
False
```

28. isalpha()

isalpha()函数用于判断二进制字符串中的所有二进制字符是不是都是字母，代码如下：

```
sage: a.isalpha()
False
```

29. isascii()

isascii()函数用于判断二进制字符串中的所有二进制字符是不是都是 ASCII 字符，代码如下：

```
sage: a.isascii()
True
```

30. isdigit()

isdigit()函数用于判断二进制字符串中的所有二进制字符是不是都是数字 0～9，代码如下：

```
sage: a.isdigit()
False
```

31. islower()

islower()函数用于判断二进制字符串中的所有二进制字符是不是都是小写字母，代码如下：

```
sage: a.islower()
False
```

32. isspace()

isspace()函数用于判断二进制字符串中的所有二进制字符是不是都是空白符，代码如下：

```
sage: a.isspace()
False
```

33. istitle()

istitle()函数用于判断二进制字符串中的所有二进制字符是不是都是英文标题，代码如下：

```
sage: a.istitle()
False
```

34. isupper()

isupper()函数用于判断二进制字符串中的所有二进制字符是不是都是小写字母，代码如下：

```
sage: a.isupper()
False
```

35. splitlines()

splitlines()函数用于返回分隔字符串的二进制字符，代码如下：

```
sage: a.splitlines()
[b'1\t2\t3']
```

36. swapcase()

swapcase()函数用于将二进制字符串中的大写字母全部转换为小写字母，并将二进制字符串中的小写字母全部转换为大写字母，代码如下：

```
sage: a.swapcase()
b'1\t2\t3'
```

37. title()

title()函数用于将二进制字符串的大小写转换为英文标题的格式，代码如下：

```
sage: a.title()
b'1\t2\t3'
```

38. upper()

upper()函数用于将二进制字符串中的小写字母全部转换为大写字母，代码如下：

```
sage: a.upper()
b'1\t2\t3'
```

39. zfill()

zfill()函数用于将二进制字符串向左填充 b'0'数字，代码如下：

```
sage: a.zfill(9)
b'00001\t2\t3'
```

4.3.2 二进制列表

二进制列表是一种可变的对象，在进行追加、修改和删除等操作后不需要创建一个新的对象，因此在嵌入式开发等内存受限的场景下很常用。

调用 bytearray()函数可以创建一个二进制列表。bytearray()函数至少需要传入一个二进制字符串,生成的二进制列表可以按列表方式进行索引、赋值或切片等操作,代码如下:

```
sage: a = bytearray(b'123')
sage: a[0]
49
sage: a[0:2]
bytearray(b'12')
sage: a[0] = 50
sage: a
bytearray(b'223')
```

上面的代码按照 ASCII 码值对二进制列表中的元素进行操作。

4.3.3　memoryview

memoryview()函数使用缓冲协议访问其他二进制对象的内存,而无须进行复制。这种操作节省了时间,在操作二进制数据时非常高效。

下面给出一个例子,使用 memoryview()函数返回二进制字符串的十六进制表示,代码如下:

```
sage: a = '123我'.encode('utf-8')
sage: b = memoryview(a)
sage: b.hex()
'313233e68891'
```

memoryview 支持的方法如下。

1. tobytes()

tobytes()函数用于返回二进制字符串,代码如下:

```
sage: b.tobytes()
b'123\xe6\x88\x91'
```

2. hex()

hex()函数用于返回十六进制字符串,代码如下:

```
sage: b.hex()
'313233e68891'
```

3. tolist()

tolist()函数用于返回 ASCII 码值列表,代码如下:

```
sage: b.tolist()
[49, 50, 51, 230, 136, 145]
```

4. release()

release()函数用于释放 memoryview,代码如下:

```
sage: b.release()
sage: b
<released memory at 0x6ffdfd068870>
```

5. cast()

cast()函数用于将 memoryview 转换为新的格式或形状，代码如下：

```
sage: b.cast('c')
<memory at 0x6ffdfd0686d0>
```

memoryview 支持的属性如下。

1) readonly

readonly 用于判断 memoryview 是否为只读，代码如下：

```
sage: b.readonly
True
```

2) format

format 用于判断 memoryview 的格式，代码如下：

```
sage: b.format
'B'
```

3) itemsize

itemsize 用于判断 memoryview 的每个元素的大小（字节数），代码如下：

```
sage: b.itemsize
1
```

4) ndim

ndim 用于判断 memoryview 的每个元素的维度，代码如下：

```
sage: b.ndim
1
```

5) shape

shape 用于判断 memoryview 的形状，代码如下：

```
sage: b.shape
(6,)
```

6) strides

strides 用于判断 memoryview 的每个维度的每个元素的字节大小，代码如下：

```
sage: b.strides
(1,)
```

7) suboffsets

suboffsets 是内部属性，用于 PIL 列表，代码如下：

```
sage: b.suboffsets
()
```

8）c_contiguous

c_contiguous 用于判断 memoryview 是否 C 连续，代码如下：

```
sage: b.c_contiguous
True
```

9）f_contiguous

f_contiguous 用于判断 memoryview 是否 Fortran 连续，代码如下：

```
sage: b.f_contiguous
True
```

10）contiguous

contiguous 用于判断 memoryview 是否连续，代码如下：

```
sage: b.contiguous
True
```

4.4　序列

序列类型包括 list、tuple 和 range。此外，字符串和二进制字符串也支持序列的全部操作。

序列支持的符号运算和函数如下。

1. in

in 的用法是 x in y，用于判断一个元素是否在序列中。

判断 1 是否在序列[1,2,3]中的代码如下：

```
sage: 1 in [1,2,3]
True
```

判断 1 是否在序列(1,2,3,)中的代码如下：

```
sage: 1 in (1,2,3,)
True
```

判断 1 是否在序列 range(10)中的代码如下：

```
sage: 1 in range(10)
True
```

2. not in

not in 的用法是 x not in y，用于判断一个元素是否不在序列中。

判断 1 是否不在序列[1,2,3]中的代码如下：

```
sage: 1 not in [1,2,3]
False
```

判断 1 是否不在序列(1,2,3,)中的代码如下：

```
sage: 1 not in (1,2,3,)
False
```

判断 1 是否不在序列 range(10)中的代码如下：

```
sage: 1 not in range(10)
False
```

3. 加号

加号的用法是 x + y，用于连接两个序列。

连接序列[1,2,3]和[4,5,6]的代码如下：

```
sage: [1,2,3] + [4,5,6]
[1, 2, 3, 4, 5, 6]
```

连接序列(1,2,3,)和(1,2,3,)的代码如下：

```
sage: (1,2,3,) + (1,2,3,)
(1, 2, 3, 1, 2, 3)
```

连接序列 range(10)和 range(10)的代码如下：

```
sage: range(10) + range(10)
#报错
```

注意：两个范围不允许相加。

---

4. 乘号

乘号的用法是 x * y，用于复制 x 序列中的元素 y 次。

复制序列[1,2,3] 两次的代码如下：

```
sage: [1,2,3] * 2
[1, 2, 3, 1, 2, 3]
```

复制序列(1,2,3,)两次的代码如下：

```
sage: (1,2,3,) * 2
(1, 2, 3, 1, 2, 3)
```

复制序列 range(10)两次的代码如下：

```
sage: range(10) * 2
#报错
```

注意：范围不允许复制。

5. 下标索引

下标索引的用法是 x[i]，用于返回序列 x 中的第 i 个元素。

返回序列[1,2,3]的第 0 个元素的代码如下：

```
sage: [1,2,3][0]
1
```

返回序列(1,2,3,)的第 0 个元素的代码如下：

```
sage: (1,2,3,)[0]
1
```

返回序列 range(10)的第 0 个元素的代码如下：

```
sage: range(10)[0]
0
```

6. 二元范围

二元范围的用法是 x[i:j]，用于返回序列 x 中的第 i 个元素到第 j 个元素。

返回序列[1,2,3]的第 0 个元素到第 2 个元素的代码如下：

```
sage: [1,2,3][0:2]
[1, 2]
```

返回序列(1,2,3,)的第 0 个元素到第 2 个元素的代码如下：

```
sage: (1,2,3,)[0:2]
(1, 2)
```

返回序列 range(10)的第 0 个元素到第 2 个元素的代码如下：

```
sage: range(10)[0:2]
range(0, 2)
```

7. 三元范围

三元范围的用法是 x[i:j:k]，用于返回序列 x 中的第 i 个元素到第 j 个元素，跨度为 k。

返回序列[1,2,3]的第 0 个元素到第 2 个元素，跨度为 2 的代码如下：

```
sage: [1,2,3][0:2:2]
[1]
```

返回序列(1,2,3,)的第 0 个元素到第 2 个元素，跨度为 2 的代码如下：

```
sage: (1,2,3,)[0:2:2]
(1,)
```

返回序列 range(10)的第 0 个元素到第 2 个元素，跨度为 2 的代码如下：

```
sage: range(10)[0:2:2]
range(0, 2, 2)
```

所有的序列都支持的函数如下。

1) len()

len()函数用于返回序列的长度。

返回序列[1,2,3]的长度,代码如下:

```
sage: len([1,2,3])
3
```

返回序列(1,2,3,)的长度,代码如下:

```
sage: len((1,2,3,))
3
```

返回序列 range(10)的长度,代码如下:

```
sage: len(range(10))
10
```

2) min()

min()函数用于返回序列的最小值。

返回序列[1,2,3]的最小值,代码如下:

```
sage: min([1,2,3])
1
```

返回序列(1,2,3,)的最小值,代码如下:

```
sage: min((1,2,3,))
1
```

返回序列 range(10)的最小值,代码如下:

```
sage: min(range(10))
0
```

3) max()

max()函数用于返回序列的最大值。

返回序列[1,2,3]的最大值,代码如下:

```
sage: max([1,2,3])
3
```

返回序列(1,2,3,)的最大值,代码如下:

```
sage: max((1,2,3,))
3
```

返回序列 range(10)的最大值,代码如下:

```
sage: max(range(10))
9
```

4）index()

index()函数用于返回序列中的某个元素第1次出现的索引。

返回序列[1,2,3]中的元素2第1次出现的索引，代码如下：

```
sage: [1,2,3].index(2)
1
```

返回序列(1,2,3,)中的元素2第1次出现的索引，代码如下：

```
sage: (1,2,3,).index(2)
1
```

返回序列 range(10)中的元素2第1次出现的索引，代码如下：

```
sage: range(10).index(2)
2
```

5）count()

count()函数用于返回序列中的某个元素出现的次数。

返回序列[1,2,3]中的元素2出现的次数，代码如下：

```
sage: [1,2,3].count(2)
1
```

返回序列(1,2,3,)中的元素2出现的次数，代码如下：

```
sage: (1,2,3,).count(2)
1
```

返回序列 range(10)中的元素2出现的次数，代码如下：

```
sage: range(10).count(2)
1
```

4.4.1　列表

列表用于表示一组可变的数据。用方括号即可直接使用字面量创建列表，代码如下：

```
sage: a = [1,2]
sage: a
[1, 2]
```

用列表推导式也能创建列表，代码如下：

```
sage: a = [x^2 for x in [1,2]]
sage: a
[1, 4]
```

此外，用 list()函数也能从其他序列创建列表，代码如下：

```
sage: a = list((1,2,3))
sage: a
[1, 2, 3]
```

列表支持 sort()函数，用于列表排序，默认按字典顺序排序，代码如下：

```
sage: a = [1,2,3]
sage: a.sort()
sage: a
[1, 2, 3]
```

此外，sort()函数还可以按字典顺序倒序排序，代码如下：

```
sage: a.sort(reverse = True)
sage: a
[3, 2, 1]
```

4.4.2 元组

元组用于表示一组不可变的数据。用圆括号即可直接使用字面量创建元组，代码如下：

```
sage: a = (1,2)
sage: a
(1, 2)
```

要创建只有一个元素的元组，就必须在元素之后加上逗号，代码如下：

```
sage: a = (1,)
sage: a
(1,)
```

此外，用 tuple()函数也能从其他序列创建元组，代码如下：

```
sage: a = tuple([1,2,3])
sage: a
(1, 2, 3)
```

4.4.3 范围

调用 range()函数即可创建范围。range()函数传入 1 个参数即可创建 0 到这个数的范围，代码如下：

```
sage: range(2)
range(0, 2)
```

此外，range()函数还支持传入两个参数，此时创建第 1 个数到第 2 个数的范围，代码如下：

```
sage: range(1,2)
range(1, 2)
```

此外，range()函数还支持传入 3 个参数，此时创建第 1 个数到第 2 个数的范围，跨度为第 3 个数，代码如下：

```
sage: range(1,20,3)
range(1, 20, 3)
```

范围支持的属性如下。

1. start

start 代表范围的起始值，代码如下：

```
sage: a = range(1,20,3)
sage: a.start
1
```

2. stop

stop 代表范围的终止值，代码如下：

```
sage: a.stop
20
```

3. step

step 代表范围的跨度，代码如下：

```
sage: a.step
3
```

4.5 集合

集合对象是不同可哈希对象的无序集合。基本的集合类型有 set 和 frozenset，set 类型是可变的和可哈希的，而 frozenset 类型是不可变的和可哈希的。

创建 frozenset 类型的集合的代码如下：

```
sage: a = frozenset([1,2,3])
sage: a
frozenset({1, 2, 3})
```

创建 set 类型的集合的代码如下：

```
sage: b = set([1,2,3])
sage: b
{1, 2, 3}
```

集合的元素必须是可哈希的，否则在创建集合时将报错如下：

```
sage: a = set([[1],[2]])
TypeError: unhashable type: 'list'
```

set 和 frozenset 支持的符号运算和函数如下。

1. in

set 和 frozenset 支持 in 运算符，代码如下：

```
sage: 1 in a
True
```

2. not in

set 和 frozenset 支持 not in 运算符，代码如下：

```
sage: 1 not in a
False
```

3. len()

len()函数用于返回集合 s 中的元素数，代码如下：

```
sage: len(a)
3
```

4. isdisjoint()

isdisjoint()函数用于判断集合是不是没有与其他集合共同的元素，代码如下：

```
sage: a.isdisjoint(a)
False
```

5. issubset()

issubset()函数(或者小于或等于号<=)用于判断一个集合是不是另一个集合的子集，代码如下：

```
sage: a.issubset(a)
True
```

6. issuperset()

issuperset()函数用大于或等于号>=判断一个集合是不是另一个集合的超集，代码如下：

```
sage: a.issuperset(a)
True
```

7. union()

union()函数用于返回集合和另一个 iterable 的并集，代码如下：

```
sage: a.union([10])
frozenset({1, 2, 3, 10})
```

8. intersection()

intersection()函数用于返回集合和另一个 iterable 的交集，代码如下：

```
sage: a.intersection([1])
frozenset({1})
```

9. difference()

difference()函数用于返回集合和另一个 iterable 的不相交的部分，代码如下：

```
sage: a.difference([1])
frozenset({2, 3})
```

10. symmetric_difference()

symmetric_difference()函数（或者尖号^）用于返回集合和另一个 iterable 的不重复的元素集合，代码如下：

```
sage: a.symmetric_difference([1])
frozenset({2, 3})
```

11. copy()

copy()函数用于返回浅拷贝，代码如下：

```
sage: a.copy()
frozenset({1, 2, 3})
```

12. update()

update()函数（或者管道符|）用另一个 iterable 更新集合，添加所有其他元素，代码如下：

```
sage: a|set([10])
frozenset({1, 2, 3, 10})
```

13. intersection_update()

intersection_update()函数（或者与号 &）用另一个 iterable 更新集合，返回交集，代码如下：

```
sage: a&set([10])
frozenset()
```

14. difference_update()

difference_update()函数（或者减号－）用另一个 iterable 更新集合，返回差集，代码如下：

```
sage: a - set([1])
frozenset({2, 3})
```

15. symmetric_difference_update()

symmetric_difference_update()函数用另一个 iterable 更新集合,返回补集,代码如下:

```
sage: a.symmetric_difference_update(set([1]))
```

set 额外支持的函数如下。

1. add()

add()函数用于向集合中添加 1 个元素,代码如下:

```
sage: b.add(10)
sage: b
{1, 2, 3, 10}
```

2. remove()

remove()函数用于从集合中移除 1 个元素,代码如下:

```
sage: b.remove(10)
sage: b
{1, 2, 3}
```

3. discard()

discard()函数用于从集合中移除 1 个元素(如果这个元素存在),代码如下:

```
sage: b.discard(10)
sage: b
{1, 2, 3}
```

4. pop()

pop()函数用于从集合中移除并返回任意元素,代码如下:

```
sage: b.pop()
1
sage: b.pop()
2
sage: b
{3}
```

5. clear()

clear()函数用于从集合中删除所有元素,代码如下:

```
sage: b.clear()
sage: b
set()
```

4.6 字典

字典用于表示键-值对数据。用花括号即可直接使用字面量创建字典，代码如下：

```
sage: a = {'a':1, 'b':2}
sage: a
{'a': 1, 'b': 2}
```

调用 dict()函数也可以创建字典。dict()函数允许不传入参数进行调用，此时将创建空字典，代码如下：

```
sage: a = dict()
sage: a
{}
```

此外，dict()函数允许传入二维的列表进行调用，此时将按照键-值对的格式创建字典，代码如下：

```
sage: a = dict([['a',1],['b',2]])
sage: a
{'a': 1, 'b': 2}
```

字典支持下标索引，代码如下：

```
sage: a['a']
1
```

字典支持下标赋值，代码如下：

```
sage: a['a'] = 2
sage: a
{'a': 2, 'b': 2}
```

字典支持 in 运算符，代码如下：

```
sage: 'b' in a
True
```

字典支持 not in 运算符，代码如下：

```
sage: 'b' not in a
False
```

字典支持管道符，用于将两个字典合并为新的字典，代码如下：

```
sage: a|a
```

del 语句可以删除字典的 1 个键，代码如下：

```
sage: del a['a']
sage: a
{'b': 2}
```

字典支持的函数如下。

1. list()

list()函数用于返回字典的所有键,代码如下:

```
sage: list(a)
['a', 'b']
```

2. len()

len()函数用于返回字典的键的数量,代码如下:

```
sage: len(a)
2
```

3. iter()

iter()函数用于返回字典的迭代器,代码如下:

```
sage: iter(a)
<dict_keyiterator object at 0x6ffdfcdbaa10>
```

4. clear()

clear()函数用于从字典中删除所有键,代码如下:

```
sage: a.clear()
sage: a
{}
```

5. copy()

copy()函数用于返回浅拷贝,代码如下:

```
sage: a.copy()
{}
```

6. fromkeys()

fromkeys()函数用于返回由某些键组成的字典,代码如下:

```
sage: a.fromkeys(['a'])
{'a': None}
```

7. get()

get()函数用于根据键返回对应的值,代码如下:

```
sage: a.get('a')
```

8. items()

items()函数用于返回所有的键-值对,代码如下:

```
sage: a = {'a': 2, 'b': 2}
sage: a.items()
dict_items([('a', 2), ('b', 2)])
```

9. keys()

keys()函数用于返回所有的键,代码如下:

```
sage: a.keys()
dict_keys(['a', 'b'])
```

10. pop()

pop()函数用于从字典中移除任意键,并返回对应的值,代码如下:

```
sage: a.pop('a')
2
sage: a
{'b': 2}
```

11. popitem()

popitem()函数用于从字典中移除任意键-值对,并返回键-值对,代码如下:

```
sage: a.popitem()
('b', 2)
sage: a
{}
```

12. reversed()

reversed()函数用于翻转字典,代码如下:

```
sage: a = {'a': 2, 'b': 2}
sage: reversed(a)
```

13. setdefault()

setdefault()函数用于对 1 个键设置默认值,默认的默认值为 None,代码如下:

```
sage: a.setdefault('c','default')
'default'
sage: a
{'a': 2, 'b': 2, 'c': 'default'}
```

14. update()

update()函数用于按键-值对更新字典,代码如下:

```
sage: a.update([['a',1],['b',2]])
sage: a
{'a': 1, 'b': 2, 'c': 'default'}
```

15. values()

values()函数用于返回值的新视图，代码如下：

```
sage: a.values()
dict_values([1, 2, 'default'])
```

16. len()

len()函数用于返回字典中的键-值对数量，代码如下：

```
sage: len(a)
3
```

17. iter()

iter()函数用于返回迭代器，代码如下：

```
sage: iter(a)
<dict_keyiterator object at 0x6ffdfd0171d0>
```

4.7 迭代器

迭代器用于从容器内迭代。

调用 iter()函数可以从可迭代的对象中获取迭代器，代码如下：

```
sage: a = [1,2]
sage: b = iter(a)
sage: b
<list_iterator object at 0x6ffdfcde2cd0>
```

调用 next()函数可以迭代返回一个值，代码如下：

```
sage: next(b)
1
sage: next(b)
2
```

4.8 向量

vector()函数用于生成向量。vector()函数至少需要传入 1 个参数进行调用，这个参数被认为是向量中的元素，此时将创建 1 个向量，代码如下：

```
sage: a = vector([1,2,3])
sage: a
(1, 2, 3)
```

vector()函数允许传入两个参数进行调用,这两个参数被认为是向量中的元素和环,此时将在环上创建1个向量,代码如下:

```
sage: b = vector(ZZ, [1,2,3])
sage: b
(1, 2, 3)
```

vector()函数允许传入两个参数进行调用,这两个参数被认为是环和向量中的元素,此时将在环上创建1个向量,代码如下:

```
sage: c = vector([1,2,3], ZZ)
sage: c
(1, 2, 3)
```

vector()函数允许传入 sparse=True 参数进行调用,此时将创建1个稀疏向量,代码如下:

```
sage: d = vector([1,2,3], sparse = True)
sage: d
(1, 2, 3)
```

vector()函数允许传入 immutable=True 参数进行调用,此时将创建1个不可变的向量,代码如下:

```
sage: e = vector([1,2,3], immutable = True)
sage: e
(1, 2, 3)
```

所有的向量都支持符号运算。

(1) 下标索引的代码如下:

```
sage: a[0]
1
```

(2) 下标赋值的代码如下:

```
sage: a[0] = 1
sage: a
(1, 2, 3)
```

(3) 取模的代码如下:

```
sage: a % 2
(1, 0, 1)
```

(4) 一元加法的代码如下:

```
sage: +a
(1, 2, 3)
```

NumPy()函数用于返回 NumPy 格式的向量,代码如下:

```
sage: a.NumPy()
array([1, 2, 3], dtype = object)
```

numerical_approx()函数用于返回向量在某种精确度下的估计值。numerical_approx()函数允许不传入参数进行调用，默认值为 53 位精度，可近似认为是 16 位数字的输出，代码如下：

```
sage: a.numerical_approx()
(1.00000000000000, 2.00000000000000, 3.00000000000000)
```

numerical_approx()函数允许传入 prec 参数进行调用，用于指定输出的精度。输出 10 位精度的代码如下：

```
sage: a.numerical_approx(prec = 10)
(1.0, 2.0, 3.0)
```

numerical_approx()函数允许传入 digits 参数进行调用，用于指定输出的数字位数。输出 10 位数字的代码如下：

```
sage: a.numerical_approx(digits = 10)
(1.000000000, 2.000000000, 3.000000000)
```

row()函数用于返回向量的行矩阵表示，代码如下：

```
sage: a.row()
[1 2 3]
```

column()函数用于返回向量的列矩阵表示，代码如下：

```
sage: a.column()
[1]
[2]
[3]
```

copy()函数用于将向量复制到另一个变量，代码如下：

```
sage: a1 = copy(a)
sage: a1
(1, 2, 3)
```

change_ring()函数用于修改向量的环，代码如下：

```
sage: a.change_ring(ZZ)
(1, 2, 3)
```

coordinate_ring()函数用于返回向量系数的环，代码如下：

```
sage: a.coordinate_ring()
Integer Ring
```

additive_order()函数用于返回加法顺序，代码如下：

```
sage: a.additive_order()
+Infinity
```

items()函数用于返回向量元素的迭代器，代码如下：

```
sage: a.items()
<_cython_3_0_10.generator object at 0x7f487d68a290>
```

abs()函数用于返回向量元素的平方和的平方根，代码如下：

```
sage: abs(a)
sqrt(14)
```

norm()函数用于返回向量的范数，代码如下：

```
sage: a.norm()
sqrt(14)
```

set()函数用于下标赋值，但不进行类型和边界检查，代码如下：

```
sage: a.set(2, pi)
(0, 0, 0)
```

len()函数用于返回向量长度，代码如下：

```
sage: len(a)
3
```

Mod()函数用于取模并返回向量，代码如下：

```
sage: a.Mod(2)
(1, 0, 1)
```

list()函数用于返回列表格式的向量，代码如下：

```
sage: a.list()
[1, 2, 3]
```

list_from_positions()函数用于取一个或多个下标的元素并返回新的向量，代码如下：

```
sage: a.list_from_positions([1,1,2,2])
[2, 2, 3, 3]
```

list()函数用于返回提升，代码如下：

```
sage: a.lift()
(1, 2, 3)
```

degree()函数用于返回向量的元素数量，代码如下：

```
sage: a.degree()
3
```

denominator()函数用于返回分母，代码如下：

```
sage: a.denominator()
1
```

list()函数用于返回字典格式的向量，代码如下：

```
sage: a.list()
{0: 1, 1: 2, 2: 3}
```

plot()函数用于绘制向量，代码如下：

```
sage: a.plot()
Launched html viewer for Graphics3d Object
```

plot_step()函数用于绘制阶梯图，代码如下：

```
sage: a.plot_step()
Launched png viewer for Graphics object consisting of 1 graphics primitive
```

dot_product()函数用于返回两个向量的点积，代码如下：

```
sage: a.dot_product(b)
14
```

cross_product()函数用于返回两个向量的叉积，仅用于长度为3或7的向量，代码如下：

```
sage: a.cross_product(b)
(0, 0, 0)
```

cross_product_matrix()函数用于返回向量的反对称矩阵。两个向量的叉积运算等效于第1个向量的反对称矩阵和第2个向量相乘，仅用于长度为3或7的向量，代码如下：

```
sage: a.cross_product_matrix()
[ 0 -3  2]
[ 3  0 -1]
[-2  1  0]
```

pairwise_product()函数用于将两个向量按元素相乘，代码如下：

```
sage: a.pairwise_product(b)
(1, 4, 9)
```

div()函数用于返回散度，代码如下：

```
sage: R.<x,y,z> = QQ[]
sage: vector([x*y, y*z, z*x]).div([x, y, z])
x + y + z
```

curl()函数用于返回旋度，代码如下：

```
sage: vector([x*y, y*z, z*x]).curl([x, y, z])
(-y, -z, -x)
```

element()函数用于返回向量本身，代码如下：

```
sage: a.element()
(1, 2, 3)
```

monic()函数用于将向量中的所有元素都除以第1个元素，代码如下：

```
sage: a.monic()
(1, 2, 3)
```

normalized()函数用于将向量归一化，代码如下：

```
sage: a.normalized()
(1/14 * sqrt(14), 1/7 * sqrt(14), 3/14 * sqrt(14))
```

conjugate()函数用于返回复共轭向量，代码如下：

```
sage: a.conjugate()
(1, 2, 3)
```

inner_product()函数用于返回两个向量的内积。如果向量空间没有定义内积矩阵，则等效于cross_product()函数，代码如下：

```
sage: a.inner_product(b)
14
```

outer_product()函数用于返回两个向量的外积，代码如下：

```
sage: a.outer_product(b)
[1 2 3]
[2 4 6]
[3 6 9]
```

hermitian_inner_product()函数用于返回复向量内积。在复向量求内积时，hermitian_inner_product()函数和inner_product()函数返回的结果不同，代码如下：

```
sage: vector([1, i, i]).hermitian_inner_product(vector([i, i, 1]))
1
sage: vector([1, i, i]).inner_product(vector([i, i, 1]))
2 * I - 1
```

is_dense()函数用于判断向量是不是稠密向量，代码如下：

```
sage: a.is_dense()
True
```

is_sparse()函数用于判断向量是不是稀疏向量，代码如下：

```
sage: a.is_sparse()
False
```

向量是向量，代码如下：

```
sage: a.is_vector()
True
```

nonzero_positions()函数用于返回向量的非零元素的下标，代码如下：

```
sage: a.nonzero_positions()
[0, 1, 2]
```

support()函数等效于 nonzero_positions()函数，代码如下：

```
sage: a.support()
[0, 1, 2]
```

hamming_weight()函数用于返回汉明权重，代码如下：

```
sage: a.hamming_weight()
3
```

dense_vector()函数用于返回稠密的向量，代码如下：

```
sage: a.dense_vector()
(1, 2, 3)
```

sparse_vector()函数用于返回稀疏的向量，代码如下：

```
sage: a.sparse_vector()
(1, 2, 3)
```

apply_map()函数用于将向量中的每个元素映射到另一个元素，代码如下：

```
sage: a.apply_map(lambda x: x^2)
(1, 4, 9)
```

derivative()函数用于对向量求导，代码如下：

```
sage: vector([x,y,z]).derivative(x)
(1, 0, 0)
```

diff()函数等效于 derivative()函数，代码如下：

```
sage: vector([x,y,z]).diff(x)
(1, 0, 0)
```

integral()函数用于对向量积分，代码如下：

```
sage: vector([x,y,z]).integral(x)
(1/2 * x^2, x * y, x * z)
```

integrate()函数等效于 integral()函数，代码如下：

```
sage: vector([x,y,z]).integrate(x)
(1/2 * x^2, x * y, x * z)
```

nintegral()函数用于对向量求数值积分，代码如下：

```
sage: t = var('t')
sage: vector([t,2,3]).nintegral(t,0,1)
((0.5, 2.0, 3.0),
```

```
[(0.5, 5.551115123125784e-15, 21, 0),
  (2.0, 2.2204460492503137e-14, 21, 0),
  (3.0, 3.330669073875471e-14, 21, 0)])
```

nintegrate()函数等效于 nintegral()函数，代码如下：

```
sage: vector([t,2,3]).nintegrate(t,0,1)
((0.5, 2.0, 3.0),
 [(0.5, 5.551115123125784e-15, 21, 0),
  (2.0, 2.2204460492503137e-14, 21, 0),
  (3.0, 3.330669073875471e-14, 21, 0)])
```

4.9 矩阵

matrix()函数用于生成矩阵。matrix()函数允许不传入数字进行调用，此时将创建 1 个空矩阵，代码如下：

```
sage: matrix()
[]
```

matrix()函数允许传入 1 个数字，此时将创建 1 个 $n \times n$ 的零矩阵，代码如下：

```
sage: matrix(1)
[0]
```

matrix()函数允许传入 2 个数字，那么第 1 个数字代表行数，第 2 个数字代表列数，此时将创建 1 个 $m \times n$ 的零矩阵，代码如下：

```
sage: matrix(1,2)
[0 0]
```

matrix()函数允许指定数域，此时矩阵将带有对应矩阵空间的运算规则，代码如下：

```
sage: matrix(ZZ)
[]
sage: matrix(ZZ,1,2)
[0 0]
```

matrix()函数允许同时传入数字和范围，此时将按数字创建 1 个矩阵并使用范围中的值对矩阵赋初值，代码如下：

```
sage: matrix(1,2,[3,4])
[3 4]
sage: matrix(ZZ,1,2,[3,4])
[3 4]
```

如果不指定矩阵的列数，则矩阵的尺寸将通过范围中的值的个数自动确定，例如 range(8) 可以生成 1×8、2×4、4×2 或 8×1 的矩阵，代码如下：

```
sage: matrix(1,range(8))
[0 1 2 3 4 5 6 7]
sage: matrix(2,range(8))
[0 1 2 3]
[4 5 6 7]
sage: matrix(4,range(8))
[0 1]
[2 3]
[4 5]
[6 7]
sage: matrix(8,range(8))
[0]
[1]
[2]
[3]
[4]
[5]
[6]
[7]
```

matrix()函数在传入 sparse=True 参数时将初始化稀疏矩阵,代码如下:

```
sage: matrix(2,2,[1,2,3,4],sparse = True)
[1 2]
[3 4]
```

所有的矩阵都支持符号运算。

(1) 加法的代码如下:

```
sage: a = matrix(2,2,[1,2,3,4])
sage: b = matrix(2,2,[4,3,2,1])
sage: a + b
[5 5]
[5 5]
```

(2) 减法的代码如下:

```
sage: a - b
[-3 -1]
[ 1   3]
```

(3) 取模的代码如下:

```
sage: a % 3
[1 2]
[0 1]
```

(4) 标量乘法的代码如下:

```
sage: a * 3
[ 3  6]
[ 9 12]
```

（5）一元加法的代码如下：

```
sage: +a
[1 2]
[3 4]
```

（6）一元减法的代码如下：

```
sage: -a
[-1 -2]
[-3 -4]
```

（7）幂运算的代码如下：

```
sage: a^3
[ 37  54]
[ 81 118]
```

（8）求逆的代码如下：

```
sage: ~a
[   -2     1]
[ 3/2 -1/2]
```

此外，某些特殊的矩阵只能通过矩阵空间构造。矩阵空间中的每个的元素都是矩阵。MatrixSpace()函数用于构造1个矩阵空间。在整数域之下构造1个矩阵空间的代码如下：

```
sage: a = MatrixSpace(ZZ, 2)
sage: a
Full MatrixSpace of 2 by 2 dense matrices over Integer Ring
```

查看1个矩阵空间中所有矩阵的代码如下：

```
sage: a = MatrixSpace(ZZ, 2)
sage: list(a)
NotImplementedError: len() of an infinite set
```

索引矩阵空间的一个或多个下标均可以获取对应的矩阵。索引矩阵空间的一个下标的代码如下：

```
sage: a(1)
[1 0]
[0 1]
sage: a(2)
[2 0]
[0 2]
```

允许用多个下标索引矩阵空间，代码如下：

```
sage: a(1,5)
[1 0]
[0 1]
```

row()函数用于索引矩阵的一行。索引矩阵的第 1 行,代码如下:

```
sage: a = matrix(2,2,[1,2,3,4])
sage: a
[1 2]
[3 4]
sage: a.row(1)
(3, 4)
```

column()函数用于索引矩阵的一列。索引矩阵的第 1 列,代码如下:

```
sage: a.column(1)
(2, 4)
```

此外,不同的矩阵拥有不同的运算规则,详细的运算规则会在之后讲解。

4.10 群

在数学中,群是一个代数结构,它描述了一类具有特定对称性质的对象。群的概念捕捉了代数系统中最基本的加法或乘法运算特性,并将其推广到了更为广泛的情境中。一个群定义为一个集合,伴有满足 4 个公理(也称为群公理)的二元运算如下:

(1) 封闭性。

(2) 结合律。

(3) 单位元。

(4) 逆元。

is_abelian()函数用于判断是不是阿贝尔域扩张,代码如下:

```
sage: from sage.groups.group import AbelianGroup
sage: a = AbelianGroup()
sage: a.is_abelian()
True
```

is_commutative()函数用于判断是不是交换群,代码如下:

```
sage: a.is_commutative()
True
```

order()函数用于判断群中的元素数量,代码如下:

```
sage: a.order()
```

is_finite()函数用于判断是不是有限群,代码如下:

```
sage: a.is_finite()
```

is_trivial()函数用于判断结果是不是易证的,代码如下:

```
sage: a.is_trivial()
```

is_multiplicative()函数用于判断是不是乘法群,代码如下:

```
sage: a.is_multiplicative()
True
```

an_element()函数用于返回一个元素,代码如下:

```
sage: a.an_element()
```

quotient()函数用于返回商群,代码如下:

```
sage: a.quotient(a)
```

4.11　环

在数学中,环是一个代数结构,它扩展了群的概念,同时引入了第2种运算(通常称为乘法),并且要求这个结构满足额外的性质。一个环定义为一个集合,伴随着加法和乘法两种二元运算,需要满足的条件如下:

(1) 加法运算构成阿贝尔群,满足封闭性、结合律、单位元、逆元和交换律。

(2) 乘法运算满足封闭性和结合律。

(3) 分配律。

此外,环的乘法不一定需要满足的某些群性质如下:

(1) 乘法可能没有单位元。

(2) 乘法元素可能没有逆元。

(3) 乘法可能不满足交换律。

所有的环都支持乘法运算,用于返回 x * R 的理想,代码如下:

```
sage: R.<x,y> = ZZ[]
sage: (x + y) * R
Ideal (x + y) of Multivariate Polynomial Ring in x, y over Integer Ring
```

base_extend()函数用于返回环的基扩张,代码如下:

```
sage: ZZ.base_extend(QQ)
Rational Field
```

category()函数用于返回环的范畴,代码如下:

```
sage: ZZ.category()
Join of Category of Dedekind domains and Category of euclidean domains and Category of infinite
enumerated sets and Category of metric spaces
```

ideal_monoid()函数用于返回环的理想集合,代码如下:

```
sage: ZZ.ideal_monoid()
Monoid of ideals of Integer Ring
```

ideal()函数用于返回环的某个理想,代码如下:

```
sage: ZZ.ideal()
Principal ideal (0) of Integer Ring
sage: ZZ.ideal(1)
Principal ideal (1) of Integer Ring
```

principal_ideal()函数用于返回环的主理想,代码如下:

```
sage: ZZ.principal_ideal(1)
Principal ideal (1) of Integer Ring
```

unit_ideal()函数用于返回环的单位理想,代码如下:

```
sage: ZZ.unit_ideal()
Principal ideal (1) of Integer Ring
```

zero_ideal()函数用于返回环的零理想,代码如下:

```
sage: ZZ.zero_ideal()
Principal ideal (0) of Integer Ring
```

zero()函数用于返回 0,代码如下:

```
sage: ZZ.zero()
0
```

one()函数用于返回 1,代码如下:

```
sage: ZZ.one()
1
```

is_field()函数用于判断环是不是域,例如有理数环/有理数域既是环又是域,代码如下:

```
sage: RR.is_field()
True
```

is_exact()函数用于判断环的运算结果是否不会丢失精确度,代码如下:

```
sage: ZZ.is_exact()
True
```

is_subring()函数用于判断一个环是不是另一个环的子环,代码如下:

```
sage: ZZ.is_subring(RR)
True
```

is_prime_field()函数用于判断环是不是素域,代码如下:

```
sage: RR.is_prime_field()
False
```

order()函数用于返回环中的元素数量,代码如下:

```
sage: ZZ.order()
+ Infinity
```

zeta()函数用于计算 ζ 函数,代码如下:

```
sage: ZZ.zeta()
-1
```

zeta_order()函数用于返回 zeta order,代码如下:

```
sage: ZZ.zeta_order()
2
```

random_element()函数用于返回一个随机元素,代码如下:

```
sage: ZZ.random_element()
1
```

epsilon()函数用于返回环的计算误差,代码如下:

```
sage: ZZ.epsilon()
0
```

4.12　域

在数学中,域是具有加法、减法、乘法和除法运算的代数结构,它比环更加严格,要求所有的非零元素都有乘法逆元,并且乘法运算必须是交换环。一个域需要满足的条件如下:

(1) 加法运算构成阿贝尔群,满足封闭性、结合律、单位元、逆元和交换律。

(2) 除去零元素,乘法运算构成阿贝尔群,满足封闭性、结合律、单位元、逆元和交换律。

(3) 分配律。

第 5 章 CHAPTER 5 脚本

在编写程序时，直接向终端逐条输入命令的效率较低，此时可以在脚本中提前编写好需要的代码，然后直接运行脚本，即可节省大量时间。

SageMath 脚本分为多种，每种脚本的运行方式和编写方式均有区别。

5.1 Sage 文件

Sage 文件需要借助 load()函数运行。编写 Sage 文件 example.sage，代码如下：

```
#第 5 章/example.sage
print("Hello World")
print(2^3)
```

运行 Sage 文件 example.sage，代码如下：

```
sage: load("example.sage")
Hello World
8
```

5.2 spyx 文件

spyx 文件需要按照 Cython 语法编写，用于编译并运行 C 语言程序。

以 C 语言科学计算程序为例，首先编写文件 test.c，在这个文件中定义了一个 C 语言函数 add_one()，用于将一个数字加 1 并返回，代码如下：

```
/* 第 5 章/test.c */
#include <stdio.h>
int add_one(int n) {
   return n + 1;
}
```

然后编写文件 test.spyx，先在文件 test.c 中声明有 C 语言函数 add_one()，再编写 Python 语言函数 test()，用于从 Python 语言层面调用 C 语言函数 add_one()，代码如下：

```
#第 5 章/test.spyx
cdef extern from "test.c":
    int add_one(int n)

def test(n):
    return add_one(n)
```

编译文件 test.spyx,代码如下:

```
sage: attach("test.spyx")
Compiling ./test.spyx...
```

在编译成功后,即可调用编译后的 test()函数,代码如下:

```
sage: test(10)
11
```

5.3 可独立运行的脚本

SageMath 脚本可以不在命令行中运行,而直接在操作系统的终端运行。可独立运行的脚本在写法上略有不同。首先需要在脚本中写入#!/usr/bin/sage 以指定运行环境,然后还需要在脚本中写入 from sage.all import * 来导入 SageMath 的全部库,以访问 SageMath 中的变量、函数和类等属性。

编写一个独立的 SageMath 脚本,代码如下:

```
#!/usr/bin/sage
#第 5 章/standalone_script

import sys
from sage.all import *

print("hello world!")
```

然后在不借助 SageMath 的情况下运行此脚本,结果如下:

```
$ ./standalone_script
hello world!
```

5.4 脚本传参

一般而言,如果不使用其他模块处理传入的参数,就需要借助 sys.argv 参数来接收从命令行传入的变量。编写一个脚本,用于打印所有从命令行传入的变量,代码如下:

```
#!/usr/bin/sage
#第5章/print_argv.py
import sys
print(sys.argv)
```

在运行此脚本时传入参数1、2和3，运行结果如下：

```
$ sage print_argv.py 1 2 3
['print_argv.py', '1', '2', '3']
```

如果脚本需要以更复杂的方式处理传入的参数，则推荐使用argparse模块。argparse.ArgumentParser类用于解析命令行参数和选项，支持的参数如下。

（1）prog：指定程序的名称，默认为sys.argv[0]。

（2）usage：指定程序的用法信息。

（3）description：指定注释。

（4）epilog：指定程序的结尾信息。

（5）parents：指定一个ArgumentParser对象列表，用于共享参数。

（6）formatter_class：指定帮助信息的格式化类。

（7）prefix_chars：指定可接受的命令行选项前缀字符，默认为“-”。

（8）fromfile_prefix_chars：指定读取参数值的文件的前缀字符，默认为None。

（9）argument_default：指定参数的默认值，默认为None。

（10）conflict_handler：指定冲突处理策略，默认为"error"。

（11）add_help：指定是否添加"-h/--help"选项，默认值为True。

将程序的名称指定为test，将程序的用法信息指定为test usage，将注释指定为test description，将程序的结尾信息指定为test epilog，代码如下：

```
#!/usr/bin/sage
#第5章/arg_parser.py
import argparse
parser = argparse.ArgumentParser(
    prog = 'test',
    usage = 'test usage',
    description = 'test description',
    epilog = 'test epilog',
    )
```

使用argparse.ArgumentParser类创建一个ArgumentParser对象后，可以通过运行add_argument()函数来添加命令行参数和选项。add_argument()函数支持的参数如下。

（1）name or flags：指定参数的名称或选项列表。

（2）action：指定参数的动作，例如存储值、计数等。

（3）nargs：指定参数的数量。

（4）const：指定常量值。

（5）default：指定参数的默认值。

（6）type：指定参数的类型。

（7）choices：指定参数的可选值。

（8）required：指定参数是否是必需的。

（9）help：指定参数的帮助信息。

将一个参数的名称指定为 test，将参数的数量指定为+，代码如下：

```
#第 5 章/arg_parser_2.py
parser.add_argument('test', nargs = '+')
```

将一个参数的名称指定为-t 或--test，将参数的类型指定为 int 并将默认值指定为 10，代码如下：

```
#第 5 章/arg_parser_2.py
parser.add_argument('-t', '--test', type = int, default = 10)
```

此时在运行 arg_parser_2.py 脚本时必须传入 test 参数，代码如下：

```
$ sage arg_parser_2.py test
Namespace(test = ['test'])
```

在 test 参数之后还可以追加传入若干参数。追加传入 1、2 和 3 的代码如下：

```
$ sage arg_parser_2.py test 1 2 3
Namespace(test = ['test', '1', '2', '3'])
```

如果不传入 test 参数，则报错，代码如下：

```
$ sage arg_parser_2.py
usage: test [-h] [-t TEST] test [test ...]
test: error: the following arguments are required: test
```

由于-t 或--test 参数包含默认值，因此在不显式传入此参数时默认传入“-t 10”或“--test 10”参数。显式传入“-t 5”或“--test 5”参数，代码如下：

```
$ sage arg_parser_2.py -t 5 test
Namespace(test = ['test'])
$ sage arg_parser_2.py --test 5 test
Namespace(test = ['test'])
```

第6章 控制语句

CHAPTER 6

6.1 判断语句

SageMath 使用 if 关键字、elif 关键字和 else 关键字形成判断语句。判断语句使用 if 关键字开始，然后在 if 关键字之后编写判断条件，另起一行编写执行语句：

(1) 如果判断条件为真值，则执行执行语句并结束判断语句。

(2) 如果判断条件为假值，则跳过执行语句并结束判断语句。

此外，还可以选择加入 else 语句，然后另起一行编写其他执行语句：

(1) 如果判断条件为真值，则执行执行语句并结束判断语句。

(2) 如果判断条件为假值，则跳过执行语句，执行其他执行语句并结束判断语句。

此外，还可以选择加入 elif 关键字，然后在 elif 关键字之后编写额外判断条件，另起一行编写额外执行语句。

(1) 如果判断条件为真值，则执行执行语句并结束判断语句。

(2) 如果判断条件为假值，则跳过执行语句，并且判断额外判断条件。

(3) 如果额外判断条件为真值，则执行额外执行语句并结束判断语句。

(4) 如果额外判断条件为假值，则跳过额外执行语句，并且继续判断下一个额外判断条件。

(5) 如果所有的额外判断条件均为假值，则跳过额外执行语句，执行其他执行语句并结束判断语句。

这样就形成了完整的判断语句。

下面给出一个使用 if 关键字、elif 关键字和 else 关键字形成判断语句的代码如下：

```
#!/usr/bin/sage
#第6章/if_logic.py
import sys
arg = int(sys.argv[1])
if(arg == 1):
    a = 'a is equal to 1'
elif(arg > 1):
```

```
    a = 'a is greater than 1'
else:
    a = 'a is smaller than 1'
print(a)

$ sage if_logic.py 1
a is equal to 1
$ sage if_logic.py 2
a is greater than 1
$ sage if_logic.py 0
a is smaller than 1
```

6.2 循环语句

SageMath 支持 while 循环和 for 循环。

1. while 循环

while 循环使用 while 关键字开始，在 while 关键字后紧跟循环条件，中间部分编写循环体。在开始一轮 while 循环时，先检查是否满足循环条件：

（1）如果循环条件为真值，则执行一次循环体内的内容，再检查是否满足循环条件。

（2）如果循环条件为假值，则不再执行循环体内的内容，循环结束。

然后在执行一次循环体内的内容结束后，继续重复以上步骤判断循环条件。这样就形成了完整的循环语句。

下面给出一个 while 循环，代码如下：

```
#!/usr/bin/sage
#第 6 章/while_logic.py
i = 0
while i < 3:
    i += 1
print(i)

$ sage while_logic.py
}
```

2. for 循环

for 循环使用 for 关键字开始，在 for 关键字后紧跟循环变量，中间部分编写循环体。在开始一轮 for 循环时，先枚举循环变量：

（1）如果循环变量没有枚举完毕，则执行一次循环体内的内容，然后继续枚举循环变量。

（2）如果循环变量已经枚举完毕，则不再执行循环体内的内容，循环结束。

然后继续重复以上步骤枚举循环变量，这样就形成了完整的循环语句。

下面给出一个 for 循环，代码如下：

```
#!/usr/bin/sage
#第6章/for_logic.py
for i in [1, 2, 3]:
    print(i)

$ sage for_logic.py
1
2
3
```

此外,在对一个范围内的数字进行 for 循环时,可以先调用 range()函数快速创建一个范围,再配合 for 循环进行控制。

range()函数用于生成 range 对象。可由 range 对象迭代出来的数字可以认为是在左闭右开区间之内,例如 range(3)可以用 for 循环迭代生成 3 个值,即 0、1 和 2,代码如下:

```
>>> for index in range(3):
```

将迭代范围指定为[2, 4)的 for 循环的代码如下:

```
>>> for index in range(2, 4):
```

还可以指定范围的增量。将迭代范围指定为[2, 10),并将增量指定为 3 的 for 循环的代码如下:

```
>>> for index in range(2, 10, 3):
```

还可以将增量指定为负数。将迭代范围指定为[10, 2),并将增量指定为-3 的 for 循环,代码如下:

```
>>> for index in range(10, 2, -3):
```

range()函数还可以和 len()函数列表结合使用,用于以下标方式迭代序列。

迭代输出列表["a", "b", "c"]的代码如下:

```
>>> a = ["a", "b", "c"]

>>> for index in range(len(a)):
    print(a[index])
a
b
c
```

如果在 for 循环中迭代列表,并需要同时用到下标和元素,则可以调用 enumerate()函数。

迭代输出列表["a", "b", "c"]的下标和元素的代码如下:

```
>>> a = ["a", "b", "c"]
>>> for k, v in enumerate(a):
    print(k)
```

```
    print(v)
0
a
1
b
2
c
```

3. 循环配合 else 关键字

for 或 while 循环允许配合 else 关键字使用。当循环因 for 循环的迭代耗尽而终止时，或者当 while 循环的条件变为假值时，程序将执行 else 关键字之后的内容。

6.3 跳出语句

SageMath 允许在函数中包含 break 关键字作为跳出语句。SageMath 中的跳出语句的作用是跳出最内部的 for 或 while 循环。

跳出 1 个 for 循环和 1 个 while 循环的代码如下：

```
#!/usr/bin/sage
#第 6 章/break_logic.py
for i in [1, 2, 3]:
    print(i)
    while i > 0:
        print(i)
        break
    break

$ sage break_logic.py
1
1
```

6.4 继续语句

SageMath 允许在函数中包含 continue 关键字作为继续语句。SageMath 中的继续语句的作用是停止本轮循环并开始下一轮循环。

继续 1 个 for 循环和 1 个 while 循环的代码如下：

```
#!/usr/bin/sage
#第 6 章/continue_logic.py
for i in [1, 2, 3]:
    print(i)
    while i > 0:
        print(i)
```

```
        continue
    continue

$ sage continue_logic.py
1
1
1
#省略其他输出
```

6.5 空语句

SageMath 允许在函数中包含 pass 关键字作为空语句。SageMath 中空语句的作用是什么也不做。

当语法上需要语句,但程序不需要任何操作时需要使用空语句,代码如下:

```
sage:pass
```

6.6 匹配语句

SageMath 允许在函数中包含 match 作为匹配语句。SageMath 中的匹配语句的作用是选择性地执行某个语句块中的内容。

匹配语句以 match 开始,在 match 后紧跟匹配表达式,另起一行编写匹配条件语句。匹配条件语句以 case 开始,在 case 后紧跟匹配条件,另起一行编写匹配语句块。一个匹配语句可以由一个 match 和一个或多个 case 语句块组成。

在开始匹配时,按照代码顺序从上到下检查是否满足匹配条件:

(1) 如果匹配条件为真值,则匹配成功,执行对应匹配语句块内的内容,匹配结束。

(2) 如果匹配条件为假值,则匹配不成功,不执行匹配语句块内的内容。

(3) 匹配条件一定为真值,一般用作通配符。

若匹配不成功,则继续重复以上步骤判断其他的匹配条件。这样就形成了完整的匹配语句。

下面给出一个匹配文字的代码如下:

```
#!/usr/bin/sage
#第 6 章/match_logic.py
def eat_what(food):
    match food:
        case "apple":
            return "eat apple"
        case "pear":
```

```
            return "eat pear"
        case "grape":
            return "eat grape"
        case _:
            return "eat None"

sage: from 第 6 章.match_logic import *
sage: eat_what("pear")
'eat pear'
sage: eat_what("pear1")
'eat None'
```

case 一词后可以用|连接多个匹配条件,这些匹配条件只要至少有一个为真值,就匹配成功。同时匹配 1 和 2 的代码如下：

```
#第 6 章/match_logic.py
def match_one_and_two(number):
    match number:
        case 1 | 2:
            return True
```

case 一词后可以用( )连接多个匹配元素,这些匹配元素共同组成一个匹配条件。同时匹配 1 和另一个数字并共同组成一个匹配条件的代码如下：

```
#第 6 章/match_logic.py
def add_one_and_another(number_enumerable):
    match number_enumerable:
        case (1, x):
            return 1 + x
```

case 一词后可以使用类名后面跟着类似构造函数的参数列表,并可以将属性捕获到变量中。匹配 Point(1, 2)的代码如下：

```
#第 6 章/match_logic.py
class Point:
    def __init__(self, x, y):
        self.x = x
        self.y = y

#第 6 章/match_logic.py
def match_point_one_and_two(point):
    match point:
        case Point(1, 2):
            return True
```

匹配语句允许在匹配条件之后添加一个 if 子句,这个子句起到保护作用,可以进一步缩小匹配范围。如果不满足 if 子句的条件,则继续进行匹配。同时匹配 1 和另一个数字并共同组成一个匹配条件,并且指定另一个数字和 1 相等的 if 子句的代码如下：

```
#第6章/match_logic.py
def add_one_and_another(number_enumerable):
    match number_enumerable:
        case (1, x) if 1 == x:
            return 1 + x
```

匹配语句允许在匹配条件中拆包。同时匹配 1 和另外多个数字并共同组成一个匹配条件的代码如下：

```
#第6章/match_logic.py
def add_one_and_others(number_enumerable):
    match number_enumerable:
        case (1, *x):
            return x.append(1)
```

匹配语句允许使用 as 关键字为匹配条件取别名。为一个匹配条件取别名为 cond_1 的代码如下：

```
#第6章/match_logic.py
def match_one_and_two_cond_1(number):
    match number:
        case 1 | 2 as cond_1:
            return True
```

匹配语句允许配合枚举使用。匹配枚举 Digit. One 和 Digit. Two 的代码如下：

```
#第6章/match_logic.py
def match_digit(number):
    from enum import Enum
    class Digit(Enum):
        One = 1
        Two = 2

    match digit:
        case Digit.One:
            return True
        case Digit.Two:
            return False
```

第7章 函数

CHAPTER 7

7.1 创建函数

函数在创建时以关键字 def 开头，首先编写函数名和带括号的参数列表，然后另起一行并缩进，用于定义函数体。

创建空函数 empty_function()，代码如下：

```
#第7章/function.py
def empty_function():
    pass
```

7.2 函数的作用域

在执行函数时将引入一个新的本地作用域，然后在引用变量时，首先查找局部符号表，然后查找封闭函数的局部符号表，再查找全局符号表，最后查找内置名称表。

7.3 访问函数

直接使用函数名即可访问函数。访问函数 a 的代码如下：

```
sage:a
```

7.4 调用函数

以函数名+圆括号的方式即可调用函数。调用函数 a 的代码如下：

```
sage:a()
```

7.5 函数的返回值

return 语句用于返回一个函数中的值。如果函数体中没有编写 return 语句，则函数返回 None。

返回值为 True 的函数的代码如下：

```
#第 7 章/function.py
def return_true():
    return True
```

函数不但可以返回单个值，还可以返回多个值。创建返回两个值的函数 return_two()，代码如下：

```
#第 7 章/function.py
def return_two():
    return (1,2)
```

然后将函数的返回值赋值给两个变量，每个变量都能接收一个值，代码如下：

```
sage: from 第 7 章.function import *
sage: a,b = return_two()
sage: a
1
sage: b
2
```

7.6 方法

方法是属于对象的函数，因此有时并不严格区分函数和方法。

可以用“对象名.方法名”的格式访问方法。调用整数的 abs()函数的代码如下：

```
sage: a = Integer(1)
sage: a.abs()
1
```

可以用“类名.方法名”的格式访问方法。调用整数类的 abs()函数的代码如下：

```
sage: Integer.abs( - 1)
1
```

7.7 参数

7.7.1 指定参数的默认值

在参数列表中，可以用等号指定参数的默认值。创建函数 default_param()，并将

param 的默认值定义为 True 的代码如下：

```
#第 7 章/function.py
def default_param(param = True):
    return param
```

在调用函数时，如果没有传入对应参数，则这个参数的值就是默认值，代码如下：

```
sage: default_param()
True
```

如果传入了对应参数，则参数的值就是对应的值，而不受默认值影响，代码如下：

```
sage: default_param(1)
1
```

特别地，默认值只计算一次。如果默认值为可变的，则多次在调用函数时的参数的实际值可能不同。创建函数 var_list()，其参数的默认值可能会发生变化，代码如下：

```
#第 7 章/function.py
def var_list(k,v = []):
    v.append(k)
    return v
```

默认值在多次调用此函数后发生变化，结果如下：

```
sage: var_list(1)
[1]
sage: var_list(2)
[1, 2]
sage: var_list(3)
[1, 2, 3]
```

上面的函数有一个列表默认值。在多次调用函数后，列表的值发生了变化，因此，不建议将可变的参数设为参数的默认值。建议将 None 设为可变参数的默认值，配合额外的赋初值语句设置可变的值。创建函数 var_list_2()，其参数的默认值不会发生变化，代码如下：

```
#第 7 章/function.py
def var_list_2(k,v = None):
    if v is None:
        v = []
    v.append(k)
    return v
```

默认值在多次调用此函数后不发生变化，结果如下：

```
sage: var_list_2(1)
[1]
sage: var_list_2(2)
[2]
sage: var_list_2(3)
[3]
```

7.7.2 关键字参数

在调用函数时，可以使用关键字调用函数。创建函数 key_word()，其带有关键字参数 k，代码如下：

```
#第 7 章/function.py
def key_word(k = True):
    return k
```

函数带关键字调用的结果如下：

```
sage: key_word(k = 1)
1
```

函数不带关键字调用的结果如下：

```
sage: key_word(1)
1
```

如果一个函数有较多的可选参数，则非常适合使用关键字参数调用函数，例如，对于一个带有 10 个参数的函数而言，要想只传中间的某个参数而不传其他参数，就要使用关键字调用函数。

创建带有 10 个参数的函数 ten_params()，代码如下：

```
#第 7 章/function.py
def ten_params(a = 1,s = 2,d = 3,f = 4,g = 5,h = 6,j = 7,k = 8,l = 9,z = 10):
    return a + s + d + f + g + h + j + k + l + z
```

仅指定 1 个可选参数，调用函数的代码如下：

```
sage: ten_params(g = 100)
150
```

在调用函数时，关键字参数必须跟在位置参数后面，否则运行时将报错。创建函数 keyword_and_positional()，其接收两个参数，代码如下：

```
#第 7 章/function.py
def keyword_and_positional(key, positional):
    return (key, positional)
```

此时，如果仅指定 1 个可选参数，则调用函数时将报错如下：

```
sage: keyword_and_positional(key = 1, 2)
  File "< ipython - input - 48 - 96bfdb5b5929 >", line 1
    keyword_and_positional(key = Integer(1), Integer(2))
                                                       ^

SyntaxError: positional argument follows keyword argument
```

7.7.3 传参限制

如果参数列表中不存在单独的斜杠和星号，则不限制传参的形式。创建不限制传参的函数 unlimited()，代码如下：

```
#第 7 章/function.py
def unlimited(a,b):
    return a + b
```

只传位置参数的结果如下：

```
sage: unlimited(1,2)
3
```

同时传位置参数和关键字参数的结果如下：

```
sage: unlimited(1,b = 2)
3
```

只传关键字参数的结果如下：

```
sage: unlimited(a = 1,b = 2)
3
```

如果参数列表中存在单独的斜杠，则斜杠前的参数只允许传位置参数。创建参数列表中存在单独的斜杠的函数 slash()，代码如下：

```
#第 7 章/function.py
def slash(a,/,b):
    return a + b
```

只传位置参数的结果如下：

```
sage: slash(1,2)
3
```

同时传位置参数和关键字参数的结果如下：

```
sage: slash(1,b = 2)
3
```

只传关键字参数将报错，结果如下：

```
sage: slash(a = 1,b = 2)
#报错
```

如果参数列表中存在单独的星号，则星号后的参数只允许传关键字参数。创建参数列表中存在单独星号的函数 star()，代码如下：

```
#第 7 章/function.py
def star( * ,a,b):
    return a + b
```

只传位置参数将报错，结果如下：

```
sage: star(1,2)
#报错
```

只传关键字参数的结果如下：

```
sage: star(a = 1,b = 2)
3
```

斜杠和星号可以共同存在，此时要求先写斜杠后写星号，斜杠之前的参数必须是位置参数，斜杠和星号之间的参数不限制传参的形式，星号之后的参数必须是关键字参数。创建参数列表中同时存在斜杠和星号的函数 slash_and_star()，代码如下：

```
#第 7 章/function.py
def slash_and_star(a,/,b, * ,c):
    return a + b + c
```

同时传位置参数和关键字参数的结果如下：

```
sage: slash_and_star(1,2,c = 3)
6

sage: slash_and_star(1,b = 2,c = 3)
6
```

7.7.4 可变参数列表

如果最后一个参数以一个星号开头，则这个参数以键-值对的形式接收其他所有的位置参数。创建以一个星号开头的最后一个参数的函数 one_star()，代码如下：

```
#第 7 章/function.py
def one_star(a, * b):
    return str(a) + str(b)
```

函数调用的结果如下：

```
sage: one_star(a,b)
'1(2,)'
sage: one_star(1,2)
'1(2,)'
sage: one_star(1,2,3,4)
'1(2, 3, 4)'
```

如果最后一个参数以两个星号开头，则这个参数将以键-值对的形式接收其他所有的关键字参数。创建以两个星号开头的最后一个参数的函数 two_stars()，代码如下：

```
#第 7 章/function.py
def two_stars(a, ** b):
    return str(a) + str(b)
```

函数调用的结果如下：

```
sage: two_stars(1,b=2)
"1{'b': 2}"
sage: two_stars(1,b=2,c=3)
"1{'b': 2, 'c': 3}"
```

7.7.5　参数解包

允许将参数解包后在函数中调用。

可以将以一个星号开头的参数解包为多个值。创建函数 unpack_one_star()，其将参数解包并传入 sum()函数，代码如下：

```
#第 7 章/function.py
def unpack_one_star(*v):
    return sum(*v)
```

函数调用的结果如下：

```
sage: unpack_one_star([1,2,3])
6
```

可以将以两个星号开头的参数解包为多个值。创建函数 unpack_two_stars()，其将参数解包并传入 Integer()函数，代码如下：

```
#第 7 章/function.py
def unpack_two_stars(**kv):
    return Integer(**kv)
```

函数调用的结果如下：

```
sage: unpack_two_stars(x=1,base=2)
1
```

在编写适配器时常用解包。编写一个适配器函数和对应的类如下：

```
#第 7 章/function.py
def adapter(*v, **kv):
    return obj1(*v, **kv)

class obj1:
    def __init__(*v, **kv):
        pass
```

在调用适配器函数时，参数直接透传给新生成的对象，无须多余的判断语句，代码如下：

```
sage: adapter(1,2,c=3,d=4)
<__main__.obj1 object at 0x6ffdfc542350>
```

7.8 Lambda 函数

lambda 关键字用于创建 Lambda 函数。

Lambda 函数用冒号隔开返回变量和函数体。编写一个 x=x+1 的 Lambda 函数如下：

```
sage: a = lambda x:x + 1
sage: a
< function < lambda > at 0x6ffdfc53fa70 >
```

Lambda 函数和一般的函数调用方式类似，也可以用圆括号调用，代码如下：

```
sage: a(2)
3
```

7.9 文档字符串

函数体的第 1 条语句可以是字符串文字，这个字符串被认为是文档字符串。创建带有文档字符串的函数 documented_function()，代码如下：

```
#第 7 章/function.py
def documented_function():
    """line 1
    line2"""
    pass
```

调用 help()函数即可显示文档字符串作为帮助内容，代码如下：

```
sage: help(documented_function)
```

帮助内容如下：

```
Help on function documented_function in module __main__:

documented_function()
    line 1
    line2
```

第 8 章 类

CHAPTER 8

类提供了一种将数据和功能捆绑在一起的方法。创建一个新类会创建一种新类型的对象，允许创建该类型的新实例。每个类实例都可以附加一些属性以维护其状态。类实例还可以具有用于修改其状态的方法。

8.1 创建类

类在创建时以关键字 class 开头，首先编写类名，然后另起一行并缩进，用于定义属性。编写一个类，代码如下：

```
#第 8 章/myclass.py
class BasicClass:
    def __init__(self):
        pass
```

8.2 类的作用域

当输入一个类定义时将创建一个新的本地作用域，在类中对变量的所有赋值都将进入这个新作用域。

8.3 创建对象

类在加上圆括号调用时即可创建对象。创建对象的代码如下：

```
sage: a = BasicClass()
sage: a
<__main__.BasicClass object at 0x6ffdfc500150 >
```

在构造一个对象时，__init__()函数被自动调用。也允许手动调用__init__()函数创建新的对象，代码如下：

```
sage: a = BasicClass()
sage: b = a.__init__()
```

此外，__init__()函数也可以传入更多参数，用于初始化对象。编写一个类，其__init__()函数需要接收两个参数(a 和 b)，代码如下：

```
#第 8 章/myclass.py
class InitClass:
    def __init__(self,a,b):
        self.a = a
        self.b = b
```

上面的类在初始化对象时也要额外传入需要的参数。创建对象的代码如下：

```
sage: a = InitClass(1,2)
```

8.4 类变量和实例变量

类变量是同类的每个对象共享的属性，实例变量是每个对象单独管理的属性。

编写一个类，其含有实例变量(或对象属性)attr，代码如下：

```
#第 8 章/myclass.py
class AttrObj:
    def __init__(self, v):
        self.attr = v
```

创建有实例变量(或对象属性)的对象的代码如下：

```
sage: a = AttrObj(1)
sage: a
<__main__.AttrObj object at 0x6ffdfc50d790>
```

使用"对象.属性"的方式访问实例变量(或对象属性)，代码如下：

```
sage: a.attr
1
```

编写一个类，其含有类变量 attr，代码如下：

```
#第 8 章/myclass.py
class AttrClass:
    attr = 1
    def __init__(self):
        pass
```

使用"类.属性"的方式访问类变量，代码如下：

```
sage: AttrClass.attr
1
```

注意：实例变量不一定是对象属性。在实例中可以随时增加、修改、访问或删除实例变量。

向实例中增加或修改实例变量的代码如下：

```
sage: a.new_var = 1
```

访问实例变量的代码如下：

```
sage: a.new_var
1
```

从实例中删除实例变量的代码如下：

```
sage: del a.new_var
```

8.5 方法

编写一个类，其含有 method()方法，代码如下：

```
#第 8 章/myclass.py
class MethodClass:
    def __init__(self, var):
        self.var = var
    def method(self):
        return self.var
```

创建对象 a 并调用 method()方法的代码如下：

```
sage: a = MethodClass(1)
sage: a.method()
1
```

此外，方法也支持引用，代码如下：

```
sage: a.method
<bound method MethodClass.method of <__main__.MethodClass object at 0x6ffdfc4e9190>>
```

方法的特殊之处在于，方法的第 1 个参数代表对象实例本身，因此，如果一种方法需要额外的两个参数，则实际的参数列表就至少要有 3 个参数。

8.6 单继承

子类在继承一个父类时，需要在定义中用括号传入父类名称。编写一个子类 Children，其父类为 BasicClass，代码如下：

```
#第8章/myclass.py
class Children(BasicClass):
    def __init__(self):
        pass
    def __str__(self):
        return "Children"
```

在构造类对象时的逻辑如下：

(1) 构造父类。

(2) 如果在类中找不到请求的属性，则查找上一层父类。

(3) 如果父类本身是从其他类派生的，则递归应用此规则。

类似地，在引用方法时，先在类中搜索这种方法，如果没找到，则递归搜索。

8.7 多继承

子类在继承多个父类时，需要在定义中用括号传入所有的父类名称，这种继承也就是多继承。

编写一个多继承的子类 Direction，其第 1 个父类为 Left，第 2 个父类为 Right，代码如下：

```
#第8章/myclass.py
class Left:
    a = 'left'

class Right:
    a = 'right'

class Direction(Left, Right):
    def print(self):
        return super().a
```

多继承的搜索顺序有动态排序算法，任何有多个继承的情况都提供了多个到达对象的路径。

为了防止父类被多次访问，动态排序算法线性化了搜索顺序，保留了每个类中指定的从左到右的顺序，只调用每个父类一次，并且是单调的。在多继承的子类中访问父类的属性，可以按照从左到右的顺序推测出访问的是哪一个属性。

访问左侧父类的 a 属性的代码如下：

```
sage: a = Direction()
sage: a.a
'left'
```

8.8　方法重写

方法重写就是在子类中定义一个父类的同名函数。编写两个类 BaseMethod 和 NewMethod，均含有 print()方法，NewMethod 是 BaseMethod 的子类，此时 NewMethod 类就重写了 BaseMethod 类的 print()方法，代码如下：

```
#第 8 章/myclass.py
class BaseMethod:
    def print(self):
        print('BaseMethod')

class NewMethod(BaseMethod):
    def print(self):
        print('NewMethod')
```

调用重写的方法，输出重写后的结果，代码如下：

```
sage: a = NewMethod()
sage: a.print()
NewMethod
```

如果要在重写的方法中调用父类方法，则可以通过“父类.方法名”的方式调用父类方法。编写 BaseMethodPrint 类，重写 BaseMethod 类的 print()方法，并且此方法中也调用了父类 BaseMethod 的 print()方法，代码如下：

```
#第 8 章/myclass.py
class BaseMethodPrint(BaseMethod):
    def print(self):
        BaseMethod.print(self)

sage: a = BaseMethodPrint()
sage: a.print()
BaseMethod
```

8.9　继承判断

有两个内置函数可用于继承判断。

isistance()函数用于判断对象是不是某个类的对象，代码如下：

```
sage: isistance(a,BaseMethodPrint)
```

issubclass()函数用于判断对象是不是某个类或继承于某个类的对象，代码如下：

```
sage: issubclass(a, BaseMethodPrint)
```

8.10 名称篡改

在 SageMath 中,任何有至少两个前缀下画线和最多一个后缀下画线的标识符都会在文本上被替换为_classname__标识符,因此可以使用这种方式创建无法直接访问的属性。

注意:老版本 SageMath 允许使用_classname__+属性名的方式访问这种变量,但新版本 SageMath 不允许。

编写 ModifyAttr 类,其含有直接访问的属性__attr,代码如下:

```
#第 8 章/myclass.py
class ModifyAttr:
    __attr = 1

sage: a = ModifyAttr()
```

在直接访问属性__attr 时报错如下:

```
sage: a.__attr
---------------------------------------------------------------------------
AttributeError                            Traceback (most recent call last)
<ipython-input-145-d9595ec8592b> in <module>
----> 1 a.__attr

AttributeError: 'ModifyAttr' object has no attribute '__attr'
```

8.11 super

调用 super()函数可以调用父类方法。编写 Children 类,其调用父类的__init__()方法,代码如下:

```
#第 8 章/myclass.py
class Children(BasicClass):
    def __init__(self):
        super().__init__()
```

由于历史原因,super()函数还拥有一种等效的调用方式,代码如下:

```
#第 8 章/myclass.py
class Children(BasicClass):
    def __init__(self):
        super(Children, self).__init__()
```

8.12 装饰器

装饰器是返回另一个函数的函数，语法为@＋装饰器名。

装饰器语法只是语法糖，以下两个函数定义在语义上是等价的：

```
def f(arg):
    ...
f = staticmethod(f)

@staticmethod
def f(arg):
    ...
```

8.12.1 函数装饰器

函数定义可以由一个或多个装饰器表达式包装，代码如下：

```
@f1(arg)
@f2
def func(): pass
```

上述代码等效于：

```
def func(): pass
func = f1(arg)(f2(func))
```

8.12.2 类装饰器

就像装饰函数一样，类也可以进行装饰，代码如下：

```
@f1(arg)
@f2
class Foo: pass
```

等效代码如下：

```
class Foo: pass
Foo = f1(arg)(f2(Foo))
```

8.12.3 常用的装饰器

常用的装饰器如下。

1. classmethod

classmethod 装饰器用于表示类方法。向类方法中传入的第 1 个变量是类本身，并且必须按照“类.类方法”的写法调用。编写 Children 类，其含有类方法 get_class_name()，代码如下：

```
#第 8 章/myclass.py
class Children(BasicClass):
    @classmethod
    def get_class_name(cls):
        return str(cls.__name__)
```

此外，类方法可以被继承。编写 GrandChildren 类，其含有类方法 get_class_name()，并且调用了父类方法 get_class_name()，代码如下：

```
#第 8 章/myclass.py
class GrandChildren(Children):
    @classmethod
    def get_class_name(cls):
        return super().get_class_name(cls)
```

2. staticmethod

staticmethod 装饰器用于表示静态方法。静态方法没有实例的概念，并且必须按照“类.静态方法”的写法调用。编写 Static 类，其含有静态方法 get_class_name()，代码如下：

```
#第 8 章/myclass.py
class Static(BasicClass):
    @staticmethod
    def get_class_name():
        return Static.__name__
```

3. cached_method

cached_method 装饰器用于表示缓存方法。对缓存方法而言，每个实例都会为缓存方法分配不同的内存空间。cached_method 相对于将 functools.ru_cache 直接应用于方法的主要优点是类不需要是可散列的，并且类对象不被收集在全局缓存中，从而延长了它们的生存期。这使 cached_method 适用于持有对稀缺资源(如希望尽快释放的 GPU 内存)的引用的类。

如果要使用缓存方法，则必须先安装 cached_method 模块，代码如下：

```
pip install cached_method
```

然后导入 cached_method 模块，代码如下：

```
from cached_method import cached_method
```

编写 Static 类，其含有缓存方法 get_class_name()，代码如下：

```
#第 8 章/myclass.py
class CachedClass(BasicClass):
    @cached_method
    def get_class_name():
        return "Children"
```

4. lru_cache

lru_cache 装饰器用于表示 LRU 缓存方法。lru_cache 会检查输入，只要发现缓存中存在相同输入参数,就从缓存中返回结果。

如果要使用 LRU 缓存方法,则必须先导入 cached_method 模块,代码如下:

```
from functools import lru_cache
```

编写 LRUClass 类,其含有 LRU 缓存方法 multiply_by_five_times(),代码如下:

```
#第 8 章/myclass.py
class LRUClass(BasicClass):
    @lru_cache
    def multiply_by_five_times(self, input):
        return input * 5
```

此外,lru_cache 还拥有其他功能函数。multiply_by_five_times.cache_info()函数用于查看缓存报告,multiply_by_five_times.cache_clear()函数用于强制清除缓存内容。

5. functools.cache

functools.cache 装饰器用于表示基础缓存方法。functools.cache 相比 lru_cache 更轻量化,速度更快,并且线程安全,不同线程可以调用同一个函数,缓存值可以共享。

如果要使用基础缓存方法,则必须先导入 functools 模块,代码如下:

```
import functools
```

编写 BasicCacheClass 类,其含有基础缓存方法 multiply_by_five_times(),代码如下:

```
#第 8 章/myclass.py
class BasicCacheClass(BasicClass):
    @functools.cache
    def multiply_by_five_times(self, input):
        return input * 5
```

6. cached_property

cached_property 装饰器用于表示缓存属性方法。

cached_property 是一个装饰器,将类的方法转换为属性,这种属性方法的值仅计算一次,因此,只要实例持久存在,缓存的结果就可用。可以将属性方法当作类的属性一样来使用。一种方法在使用 cached_property 装饰器后,无须重新计算即可返回固定的结果。

如果要使用缓存属性方法,则必须先导入 cached_property 模块,代码如下:

```
from functools import cached_property
```

编写 BasicCacheClass 类,其含有缓存属性方法 cache_input(),代码如下:

```
#第 8 章/myclass.py
class CachedPropertyClass(BasicClass):
    @cached_property
    def cache_input(self, input):
        return input
```

第 9 章

CHAPTER 9

常用向量

9.1 整数向量

vector()函数在传入整数域时将创建 1 个整数向量，代码如下：

```
sage: a = vector(ZZ, [1,2,3,4])
sage: a
(1, 2, 3, 4)
sage: b = vector(ZZ, [4,3,2,1])
sage: b
(4, 3, 2, 1)
```

整数向量支持的符号运算。

（1）加法的代码如下：

```
sage: a + b
(5, 5, 5, 5)
```

（2）减法的代码如下：

```
sage: a - b
(-3, -1, 1, 3)
```

（3）点积的代码如下：

```
sage: a * b
20
```

（4）标量乘法的代码如下：

```
sage: a * 2
(2, 4, 6, 8)
sage: 2 * a
(2, 4, 6, 8)
```

（5）一元减法的代码如下：

```
sage: - a
(-1, -2, -3, -4)
```

singular()函数用于返回 Singular 格式的向量，代码如下：

```
sage: singular(a)
1,
2,
3,
4
```

9.2　实数 double 向量

vector()函数在传入实数 double 域时将创建 1 个实数 double 向量，代码如下：

```
sage: a = vector(RDF, [1,2,3,4])
sage: a
(1.0, 2.0, 3.0, 4.0)
sage: b = vector(RDF, [4,3,2,1])
sage: b
(4.0, 3.0, 2.0, 1.0)
```

实数 double 向量支持的符号运算。

（1）加法的代码如下：

```
sage: a + b
(5.0, 5.0, 5.0, 5.0)
```

（2）减法的代码如下：

```
sage: a - b
(-3.0, -1.0, 1.0, 3.0)
```

（3）点积的代码如下：

```
sage: a * b
20.0
```

（4）标量乘法的代码如下：

```
sage: a * 2
(2.0, 4.0, 6.0, 8.0)
sage: 2 * a
(2.0, 4.0, 6.0, 8.0)
```

（5）一元减法的代码如下：

```
sage: - a
(-1.0, -2.0, -3.0, -4.0)
```

inv_fft()函数用于计算反快速傅里叶逆变换，代码如下：

```
sage: a.inv_fft()
(2.5, -0.5 - 0.5*I, -0.5, -0.5 + 0.5*I)
```

fft()函数用于计算快速傅里叶变换，代码如下：

```
sage: a.fft()
(10.0, -2.0 + 2.0*I, -2.0, -2.0 - 2.0*I)
```

complex_vector()函数用于返回复向量，代码如下：

```
sage: a.complex_vector()
(1.0, 2.0, 3.0, 4.0)
```

zero_at()函数用于用零替换向量中的极小量，代码如下：

```
sage: a.zero_at(2)
(0.0, 0.0, 3.0, 4.0)
```

norm()函数用于返回范数，代码如下：

```
sage: a.norm()
5.477225575051661
```

mean()函数用于返回中值，代码如下：

```
sage: a.mean()
2.5
```

variance()函数用于返回方差，代码如下：

```
sage: a.variance()
1.6666666666666667
```

standard_deviation()函数用于返回标准差，代码如下：

```
sage: a.standard_deviation()
1.2909944487358056
```

stats_kurtosis()函数用于计算峰度，代码如下：

```
sage: a.stats_kurtosis()
-1.36
```

prod()函数用于计算向量内每个元素的乘积，代码如下：

```
sage: a.prod()
24.0
```

sum()函数用于计算向量内每个元素的和，代码如下：

```
sage: a.sum()
10.0
```

9.3 复数 double 向量

vector()函数在传入复数 double 域时将创建 1 个复数 double 向量，代码如下：

```
sage: a = vector(CDF,[(1,1), (2, -2), (3,3)])
sage: a
(1.0 + 1.0*I, 2.0 - 2.0*I, 3.0 + 3.0*I)
sage: b = vector(CDF,[(3,3), (-2,2), (1,1)])
sage: b
(3.0 + 3.0*I, -2.0 + 2.0*I, 1.0 + 1.0*I)
```

复数 double 向量支持符号运算。

(1) 加法的代码如下：

```
sage: a + b
(4.0 + 4.0*I, 0.0, 4.0 + 4.0*I)
```

(2) 减法的代码如下：

```
sage: a - b
(-2.0 - 2.0*I, 4.0 - 4.0*I, 2.0 + 2.0*I)
```

(3) 点积的代码如下：

```
sage: a * b
20.0*I
```

(4) 标量乘法的代码如下：

```
sage: a * 2
(2.0 + 2.0*I, 4.0 - 4.0*I, 6.0 + 6.0*I)
sage: 2 * a
(2.0 + 2.0*I, 4.0 - 4.0*I, 6.0 + 6.0*I)
```

(5) 一元减法的代码如下：

```
sage: -a
(-1.0 - 1.0*I, -2.0 + 2.0*I, -3.0 - 3.0*I)
```

9.4 二模向量

vector()函数在传入 GF(2)域时将创建 1 个二模向量，代码如下：

```
sage: a = VectorSpace(GF(2),3)
sage: b = a([0,1,0])
sage: b
(0, 1, 0)
```

```
sage: c = a([1,0,1])
sage: c
(1, 0, 1)
```

二模向量支持符号运算。

(1) 加法的代码如下：

```
sage: b + c
(1, 1, 1)
```

(2) 减法的代码如下：

```
sage: b - c
(1, 1, 1)
```

(3) 点积的代码如下：

```
sage: b * c
0
```

(4) 标量乘法的代码如下：

```
sage: b * 2
(0, 0, 0)
sage: 2 * b
(0, 0, 0)
```

(5) 一元减法的代码如下：

```
sage: - b
(0, 1, 0)
```

hamming_weight()函数用于返回汉明权重，代码如下：

```
sage: b.hamming_weight()
1
```

9.5 n 模向量

vector()函数在传入 GF(2^n)域时将创建 1 个 n 模向量，代码如下：

```
sage: a = VectorSpace(GF(11),3)
sage: b = a([10,11,20])
sage: b
(10, 0, 9)
sage: c = a([20,11,10])
sage: c
(9, 0, 10)
```

n 模向量支持符号运算。

（1）加法的代码如下：

```
sage: b + c
(8, 0, 8)
```

（2）减法的代码如下：

```
sage: b - c
(1, 0, 10)
```

（3）点积的代码如下：

```
sage: b * c
4
```

（4）标量乘法的代码如下：

```
sage: b * 2
(9, 0, 7)
sage: 2 * b
(9, 0, 7)
```

（5）一元减法的代码如下：

```
sage: - b
(1, 0, 2)
```

9.6　有理数向量

vector()函数在传入有理数域时将创建1个有理数向量，代码如下：

```
sage: a = vector(QQ, [1,2,3,4])
sage: a
(1, 2, 3, 4)
sage: b = vector(QQ, [4,3,2,1])
sage: b
(4, 3, 2, 1)
```

有理数向量支持符号运算。

（1）加法的代码如下：

```
sage: a + b
(5, 5, 5, 5)
```

（2）减法的代码如下：

```
sage: a - b
( - 3, - 1, 1, 3)
```

（3）点积的代码如下：

```
sage: a * b
20
```

（4）标量乘法的代码如下：

```
sage: a * 2
(2, 4, 6, 8)
sage: 2 * a
(2, 4, 6, 8)
```

（5）一元减法的代码如下：

```
sage: - a
(-1, -2, -3, -4)
```

第10章 常用矩阵

CHAPTER 10

10.1 符号矩阵

matrix()函数在传入符号域时将创建1个符号矩阵，代码如下：

```
sage: matrix(SR, 2, 2, range(4))
[0 1]
[2 3]
```

符号矩阵通常使用符号变量进行初始化，代码如下：

```
sage: a = matrix(SR, 2, var('a,b,c,d'))
sage: a
[a b]
[c d]
```

如果只使用1个符号变量进行初始化，则初始化的结果为一个对角阵，代码如下：

```
sage: a = matrix(SR, 2, var('a'))
sage: a
[a 0]
[0 a]
```

符号矩阵支持符号运算。

(1) 乘法的代码如下：

```
sage: m1 = matrix(SR, 2, var('a,b,c,d'))
sage: m2 = matrix(SR, 2, var('e,f,g,h'))
sage: m1 * m2
[a*e + b*g a*f + b*h]
[c*e + d*g c*f + d*h]
```

(2) 除法的代码如下：

```
sage: m1 / m2
[a/e + (b - a*f/e)*g/(e*(f*g/e - h))          -(b - a*f/e)/(f*g/e - h)]
[c/e + (d - c*f/e)*g/(e*(f*g/e - h))          -(d - c*f/e)/(f*g/e - h)]
```

(3) 左除的代码如下：

```
sage: m1 \ m2
< ipython - input - 49 - 5a85dc64302a >: 1: DeprecationWarning: the backslash operator has
been deprecated
See https://github.com/sagemath/sage/issues/36394 for details.
  m1   * BackslashOperator() * m2
< ipython - input - 49 - 5a85dc64302a >:1: DeprecationWarning: the backslash operator has been
deprecated; use A.solve_right(B) instead
See https://github.com/sagemath/sage/issues/36394 for details.
  m1   * BackslashOperator() * m2
[ - b * (c * e/a - g)/(a * (b * c/a - d)) + e/a - b * (c * f/a - h)/(a * (b * c/a - d)) + f/a]
[              (c * e/a - g)/(b * c/a - d)                (c * f/a - h)/(b * c/a - d)]
```

transpose()函数用于返回转置，代码如下：

```
sage: a.transpose()
[a c]
[b d]
```

antitranspose()函数用于返回反转置，代码如下：

```
sage: a.antitranspose()
[d b]
[c a]
```

eigenvalues()函数用于返回特征值，代码如下：

```
sage: a.eigenvalues()
[1/2 * a + 1/2 * d - 1/2 * sqrt(a^2 + 4 * b * c - 2 * a * d + d^2),
1/2 * a + 1/2 * d + 1/2 * sqrt(a^2 + 4 * b * c - 2 * a * d + d^2)]
```

eigenvectors_left()函数用于返回左特征向量，代码如下：

```
sage: a.eigenvectors_left()
[(1/2 * a + 1/2 * d - 1/2 * sqrt(a^2 + 4 * b * c - 2 * a * d + d^2),
  [(1, - 1/2 * (a - d + sqrt(a^2 + 4 * b * c - 2 * a * d + d^2))/c)],
  1),
(1/2 * a + 1/2 * d + 1/2 * sqrt(a^2 + 4 * b * c - 2 * a * d + d^2),
  [(1, - 1/2 * (a - d - sqrt(a^2 + 4 * b * c - 2 * a * d + d^2))/c)],
  1)]
```

eigenvectors_right()函数用于返回右特征向量，代码如下：

```
sage: a.eigenvectors_right()
[(1/2 * a + 1/2 * d - 1/2 * sqrt(a^2 + 4 * b * c - 2 * a * d + d^2),
  [(1, - 1/2 * (a - d + sqrt(a^2 + 4 * b * c - 2 * a * d + d^2))/b)],
  1),
(1/2 * a + 1/2 * d + 1/2 * sqrt(a^2 + 4 * b * c - 2 * a * d + d^2),
  [(1, - 1/2 * (a - d - sqrt(a^2 + 4 * b * c - 2 * a * d + d^2))/b)],
  1)]
```

exp()函数用于返回指数函数的结果，代码如下：

```
sage: a.exp()
[1/2*((a^2*e^(1/2*a) + 4*b*c*e^(1/2*a) - 2*a*d*e^(1/2*a) + d^2*e^(1/2*a))
*e^(1/2*d) + (a^2*e^(1/2*a) + 4*b*c*e^(1/2*a) - 2*a*d*e^(1/2*a) + d^2*e^
(1/2*a))*e^(1/2*d + sqrt(a^2 + 4*b*c - 2*a*d + d^2)) - sqrt(a^2 + 4*b*c - 2
*a*d + d^2)*((a*e^(1/2*a) - d*e^(1/2*a))*e^(1/2*d) - (a*e^(1/2*a) - d*e^
(1/2*a))*e^(1/2*d + sqrt(a^2 + 4*b*c - 2*a*d + d^2))))*e^(-1/2*sqrt(a^2 + 4
*b*c - 2*a*d + d^2))/(a^2 + 4*b*c - 2*a*d + d^2) (b*e^(1/2*a + 1/2*d + sqrt
(a^2 + 4*b*c - 2*a*d + d^2)) - b*e^(1/2*a + 1/2*d))*e^(-1/2*sqrt(a^2 + 4*b
*c - 2*a*d + d^2))/sqrt(a^2 + 4*b*c - 2*a*d + d^2)]
[

(c*e^(1/2*a + 1/2*d + sqrt(a^2 + 4*b*c - 2*a*d + d^2)) - c*e^(1/2*a + 1/2*
d))*e^(-1/2*sqrt(a^2 + 4*b*c - 2*a*d + d^2))/sqrt(a^2 + 4*b*c - 2*a*d + d^
2) 1/2*((a^2*e^(1/2*a) + 4*b*c*e^(1/2*a) - 2*a*d*e^(1/2*a) + d^2*e^(1/2*
a))*e^(1/2*d) + (a^2*e^(1/2*a) + 4*b*c*e^(1/2*a) - 2*a*d*e^(1/2*a) + d^2
*e^(1/2*a))*e^(1/2*d + sqrt(a^2 + 4*b*c - 2*a*d + d^2)) + sqrt(a^2 + 4*b*c -
2*a*d + d^2)*((a*e^(1/2*a) - d*e^(1/2*a))*e^(1/2*d) - (a*e^(1/2*a) - d*e^
(1/2*a))*e^(1/2*d + sqrt(a^2 + 4*b*c - 2*a*d + d^2))))*e^(-1/2*sqrt(a^2 + 4
*b*c - 2*a*d + d^2))/(a^2 + 4*b*c - 2*a*d + d^2)]
```

charpoly()函数用于计算特征多项式，代码如下：

```
sage: a.charpoly()
x^2 + (-a - d)*x - b*c + a*d
```

minpoly()函数用于计算最小多项式，代码如下：

```
sage: a.minpoly()
x^2 + (-a - d)*x - b*c + a*d
```

fcp()函数用于计算特征多项式的因子分解，代码如下：

```
sage: a.fcp()
-b*c + a*d - a*x - d*x + x^2
```

jordan_form()函数用于返回 Jordan 标准型，代码如下：

```
sage: a.jordan_form()
[1/2*a + 1/2*d - 1/2*sqrt(a^2 + 4*b*c - 2*a*d + d^2)|
0]
[-----------------------------------------------------+-----------------
-----------------------------------]
[                                                    0|1/2*a + 1/2*d + 1/2*sqrt(a^2 +
4*b*c - 2*a*d + d^2)]
```

simplify()函数用于化简符号矩阵，代码如下：

```
sage: a.simplify()
[a b]
[c d]
```

simplify_trig()函数用于将符号矩阵化简为三角矩阵，代码如下：

```
sage: a.simplify_trig()
[a b]
[c d]
```

simplify_rational()函数用于将符号矩阵化简为有理标准形，代码如下：

```
sage: a.simplify_rational()
[a b]
[c d]
```

simplify_full()函数用于将符号矩阵化简为最简形，代码如下：

```
sage: a.simplify_full()
[a b]
[c d]
```

canonicalize_radical()函数用于将符号矩阵化简为规范形，代码如下：

```
sage: a.canonicalize_radical()
[a b]
[c d]
```

factor()函数用于计算符号矩阵的合并式，代码如下：

```
sage: a.factor()
[a b]
[c d]
```

expand()函数用于计算符号矩阵的展开式，代码如下：

```
sage: a.expand()
[a b]
[c d]
```

variables()函数用于计算符号矩阵的变量，代码如下：

```
sage: a.variables()
(a, b, c, d)
```

arguments()函数用于返回矩阵的元素，代码如下：

```
sage: a.arguments()
(a, b, c, d)
```

number_of_arguments()函数用于返回矩阵的元素数量，代码如下：

```
sage: a.number_of_arguments()
4
```

10.2 稠密一元多项式矩阵

matrix()函数允许在有限域上创建1个稠密一元多项式矩阵，代码如下：

```
sage: gf7.<x> = GF(7)[]
sage: a = matrix(gf7, [[3 * x + 1, 1], [x^3 + 3, 1]])
sage: a
[3 * x + 1        1]
[x^3 + 3        1]
```

稠密一元多项式矩阵支持符号运算。

(1) 乘法的代码如下：

```
sage: m1 = matrix(gf7, [[3 * x + 1, 1], [x^3 + 3, 1]])
sage: m2 = matrix(gf7, [[1, 3 * x + 1], [1, x^3 + 3]])
sage: m1 * m2
[                3 * x + 2   x^3 + 2 * x^2 + 6 * x + 4]
[                x^3 + 4 3 * x^4 + 2 * x^3 + 2 * x + 6]
```

(2) 除法的代码如下：

```
sage: m1 / m2
[  (3 * x^4 + x^3 + 2 * x + 2)/(x^3 + 4 * x + 2)              (5 * x^2 + x)/(x^3 + 4 * x
+ 2)]
[          (x^6 + 6 * x^3 + 1)/(x^3 + 4 * x + 2) (4 * x^4 + 6 * x^3 + 5 * x + 5)/(x^3 + 4 *
x + 2)]
```

(3) 左除的代码如下：

```
sage: m1 \ m2
<ipython - input - 97 - 5a85dc64302a>: 1: DeprecationWarning: the backslash operator has
been deprecated
See https://github.com/sagemath/sage/issues/36394 for details.
  m1  * BackslashOperator() * m2
<ipython - input - 97 - 5a85dc64302a>:1: DeprecationWarning: the backslash operator has been
deprecated; use A.solve_right(B) instead
See https://github.com/sagemath/sage/issues/36394 for details.
  m1  * BackslashOperator() * m2
[0 1]
[1 0]
```

(4) 下标索引的代码如下：

```
sage: m1[0]
(3 * x + 1, 1)
```

(5) 下标赋值的代码如下：

```
sage: m1[0] = (1, 2)
```

```
sage: m1
[       1       2]
[x^3 + 3       1]
```

degree()函数用于计算稠密一元多项式矩阵的阶数(特别规定零矩阵的阶为－1),代码如下:

```
sage: a.degree()
3
```

degree_matrix()函数用于计算稠密一元多项式矩阵的偏移度矩阵,代码如下:

```
sage: a.degree_matrix()
[1 0]
[3 0]
```

constant_matrix()函数用于计算稠密一元多项式矩阵的常数系数,代码如下:

```
sage: a.constant_matrix()
[1 1]
[3 1]
```

is_constant()函数用于判断稠密一元多项式矩阵是不是常数矩阵,代码如下:

```
sage: a.is_constant()
False
```

coefficient_matrix()函数用于计算稠密一元多项式矩阵的系数矩阵,代码如下:

```
sage: a.coefficient_matrix(1)
[3 0]
[0 0]
```

truncate()函数用于指定一个精度,从此精度截断矩阵,计算截断后的矩阵,代码如下:

```
sage: a.truncate(1)
[1 1]
[3 1]
```

shift()函数用于指定一个移位,移除在此移位之后的所有元素,计算移位后的矩阵,代码如下:

```
sage: a.shift(1)
[3*x^2 + x          x]
[x^4 + 3*x          x]
```

reverse()函数用于翻转稠密一元多项式矩阵,代码如下:

```
sage: a.reverse(1)
[x + 3     x]
[  3*x     x]
```

row_degrees()函数用于计算稠密一元多项式矩阵的偏移行度数,代码如下:

```
sage: a.row_degrees()
[1, 3]
```

column_degrees()函数用于计算稠密一元多项式矩阵的偏移列度数，代码如下：

```
sage: a.column_degrees()
[3, 0]
```

leading_matrix()函数用于计算稠密一元多项式矩阵的前导矩阵，代码如下：

```
sage: a.leading_matrix()
[3 0]
[1 0]
```

is_reduced()函数用于判断稠密一元多项式矩阵是否为最简形，代码如下：

```
sage: a.is_reduced()
False
```

leading_positions()函数用于计算枢轴索引，代码如下：

```
sage: a.leading_positions()
[0, 0]
```

is_weak_popov()函数用于判断稠密一元多项式矩阵是否为弱 Popov 形式，代码如下：

```
sage: a.is_weak_popov()
False
```

is_popov()函数用于判断稠密一元多项式矩阵是否为 Popov 形式，代码如下：

```
sage: a.is_popov()
False
```

is_hermite()函数用于判断稠密一元多项式矩阵是否为 Hermite 形式，代码如下：

```
sage: a.is_hermite()
False
```

weak_popov_form()函数用于计算稠密一元多项式矩阵的弱 Popov 形式，代码如下：

```
sage: a.weak_popov_form()
[   3*x + 1           1]
[2*x^2 + 3 2*x^2 + 1]
```

reduced_form()函数用于计算稠密一元多项式矩阵的行最简形，代码如下：

```
sage: a.reduced_form()
[   3*x + 1           1]
[2*x^2 + 3 2*x^2 + 1]
```

hermite_form()函数用于计算稠密一元多项式矩阵的 Hermite 形式。Hermite 形式也被归一化，代码如下：

```
sage: a.hermite_form()
[              1 4 * x^2 + x + 4]
[              0 x^3 + 4 * x + 2]
```

minimal_approximant_basis()函数用于计算 n 阶弱 Popov 形式的近似基，代码如下：

```
sage: a.minimal_approximant_basis(1)
[  x   0]
[4 * x   x]
```

is_minimal_kernel_basis()函数用于判断稠密一元多项式矩阵是不是多项式矩阵的 n 阶弱 Popov 形式的左核基，代码如下：

```
sage: a.is_minimal_kernel_basis(a)
False
```

minimal_kernel_basis()函数用于计算一个 n 阶弱 Popov 形式的左核基，代码如下：

```
sage: a.minimal_kernel_basis()
[]
```

10.3 稠密多元多项式矩阵

matrix()函数允许在有限域上创建 1 个稠密多元多项式矩阵，代码如下：

```
sage: gf7.<x, y> = GF(7)[]
sage: a = matrix(gf7, [[3 * x + 1, 1], [y^3 + 3, 1]])
sage: a
[3 * x + 1         1]
[y^3 + 3           1]
```

稠密多元多项式矩阵支持符号运算。

(1) 乘法的代码如下：

```
sage: m1 = matrix(gf7, [[3 * x + 1, 1], [y^3 + 3, 1]])
sage: m2 = matrix(gf7, [[1, 3 * x + 1], [1, y^3 + 3]])
sage: m1 * m2
[                    3 * x + 2       y^3 + 2 * x^2 - x - 3]
[                    y^3 - 3 3 * x * y^3 + 2 * y^3 + 2 * x - 1]
```

(2) 除法的代码如下：

```
sage: m1 / m2
[ (3 * x * y^3 + y^3 + 2 * x + 2)/(y^3 - 3 * x + 2)                 (- 2 * x^2 + x)/(y^3 -
3 * x + 2)]
[            (y^6 - y^3 + 1)/(y^3 - 3 * x + 2) (- 3 * x * y^3 - y^3 - 2 * x - 2)/(y^3 - 3 *
x + 2)]
```

（3）左除的代码如下：

```
sage: m1 \ m2
< ipython - input - 146 - 5a85dc64302a >:1: DeprecationWarning: the backslash operator has
been deprecated
See https://github.com/sagemath/sage/issues/36394 for details.
  m1   * BackslashOperator() * m2
< ipython - input - 146 - 5a85dc64302a >:1: DeprecationWarning: the backslash operator has been
deprecated; use A.solve_right(B) instead
See https://github.com/sagemath/sage/issues/36394 for details.
  m1   * BackslashOperator() * m2
[0 1]
[1 0]
```

（4）下标索引的代码如下：

```
sage: m1[0]
(3 * x + 1, 1)
```

（5）下标赋值的代码如下：

```
sage: m1[0] = (1, 2)
sage: m1
[      1       2]
[y^3 + 3       1]
```

echelon_form()函数用于计算稠密多元多项式矩阵的行阶梯形，代码如下：

```
sage: a.echelon_form()
[      3 * x + 1               1]
[y^3 - 3 * x + 2               0]
```

echelonize()函数用另一种方式计算稠密多元多项式矩阵的行阶梯形，代码如下：

```
sage: a.echelonize()
sage: a
[      3 * x + 1               1]
[y^3 - 3 * x + 2               0]
```

pivots()函数用于计算稠密多元多项式矩阵的枢轴列位置，代码如下：

```
sage: a.pivots()
(0, 1)
```

echelon_form()函数在传入参数 bareiss 时使用 Gauss-Bareiss 算法，在与稠密多元多项式矩阵相同的基环上将该矩阵转换为上三角矩阵，代码如下：

```
sage: a.echelon_form('bareiss')
[              1       3 * x + 1]
[              0 y^3 - 3 * x + 2]
```

echelon_form()函数在传入参数 row_reduction 时会尽可能地将稠密多元多项式矩阵转换为行最简形，代码如下：

```
sage: a.echelon_form('row_reduction')
[       3*x + 1               1]
[y^3 - 3*x + 2               0]
```

determinant()函数用于返回行列式，代码如下：

```
sage: a.determinant()
-y^3 + 3*x - 2
```

10.4 稠密整数矩阵

matrix()函数在传入整数域时将创建1个稠密整数矩阵，代码如下：

```
sage: a = matrix(ZZ,4,range(16))
sage: a
[ 0  1  2  3]
[ 4  5  6  7]
[ 8  9 10 11]
[12 13 14 15]
```

稠密整数矩阵支持符号运算。

(1) 矩阵乘法的代码如下：

```
sage: m1 = matrix(ZZ, [[1, 2], [1, 3]])
sage: m2 = matrix(ZZ, [[2, 1], [3, 1]])
sage: m1 * m2
[ 8  3]
[11  4]
```

(2) 矩阵与向量相乘的代码如下：

```
sage: m1 * vector(ZZ, (3,4))
(11, 15)
```

(3) 除法的代码如下：

```
sage: m1 / m2
[ 5 -3]
[ 8 -5]
```

(4) 左除的代码如下：

```
sage: m1 \ m2
<ipython-input-10-5a85dc64302a>:1: DeprecationWarning: the backslash operator has been deprecated
See https://github.com/sagemath/sage/issues/36394 for details.
  m1  * BackslashOperator() * m2
<ipython-input-10-5a85dc64302a>:1: DeprecationWarning: the backslash operator has been deprecated; use A.solve_right(B) instead
See https://github.com/sagemath/sage/issues/36394 for details.
  m1  * BackslashOperator() * m2
```

```
[0 1]
[1 0]
```

（5）下标索引的代码如下：

```
sage: m1[0]
(1, 2)
```

（6）下标赋值的代码如下：

```
sage: m1[0] = (1, 2)
sage: m1
[1 2]
[1 3]
```

bool()函数用于判断稠密整数矩阵是否不是零矩阵，代码如下：

```
sage: bool(a)
True
```

is_one()函数用于判断稠密整数矩阵是否是恒等矩阵，代码如下：

```
sage: a.is_one()
False
```

is_primitive()函数用于判断稠密整数矩阵是否为基元，代码如下：

```
sage: a.is_primitive()
True
```

charpoly()函数用于计算稠密整数矩阵的特征多项式，代码如下：

```
sage: a.charpoly()
x^4 - 30 * x^3 - 80 * x^2
```

minpoly()函数用于计算稠密整数矩阵的最小多项式，代码如下：

```
sage: a.minpoly()
x^3 - 30 * x^2 - 80 * x
```

height()函数用于计算稠密整数矩阵的高度，即索引的最大值，代码如下：

```
sage: a.height()
15
```

symplectic_form()函数用于计算稠密整数矩阵的辛基，代码如下：

```
sage: a = matrix(ZZ,2,[0,1, -1,0])
sage: a.symplectic_form()
(
[  0  1]  [1 0]
[ -1  0], [0 1]
)
```

echelon_form()函数用于计算稠密整数矩阵的行阶梯形,代码如下:

```
sage: a = matrix(ZZ,4,range(16))
sage: a.echelon_form()
[ 4  0 -4 -8]
[ 0  1  2  3]
[ 0  0  0  0]
[ 0  0  0  0]
```

saturation()函数用于计算稠密整数矩阵的一组饱和矩阵,代码如下:

```
sage: a.saturation()
[0 1 2 3]
[1 1 1 1]
```

index_in_saturation()函数用于计算处于饱和状态的稠密整数矩阵的索引,代码如下:

```
sage: a.index_in_saturation()
4
```

pivots()函数用于返回稠密整数矩阵的枢轴列位置,代码如下:

```
sage: a.pivots()
(0, 1)
```

elementary_divisors()函数用于计算稠密整数矩阵的初等除数列表,代码如下:

```
sage: a.elementary_divisors()
[1, 4, 0, 0]
```

smith_form()函数用于计算稠密整数矩阵的 Smith 标准型,代码如下:

```
sage: a.smith_form()
(
[1 0 0 0] [  0  0  2 -1] [ -1  5  2  1]
[0 4 0 0] [  0  0 -1  1] [  1 -4 -3 -2]
[0 0 0 0] [  0  1 -2  1] [  0  0  0  1]
[0 0 0 0], [ -1  0  3 -2], [  0  0  1  0]
)
```

frobenius()函数用于计算稠密整数矩阵的 Frobenius 形式(有理正则形式),代码如下:

```
sage: a.frobenius()
[ 0  0  0  0]
[ 1  0 80  0]
[ 0  1 30  0]
[ 0  0  0  0]
```

adjugate()函数假设稠密整数矩阵是一个方阵,用于计算伴随矩阵,代码如下:

```
sage: a.adjugate()
[0 0 0 0]
[0 0 0 0]
[0 0 0 0]
[0 0 0 0]
```

BKZ()函数用于求解 BKZ 算法，代码如下：

```
sage: a.BKZ()
[ 0  0  0   0]
[ 0  0  0   0]
[ 0  1  2   3]
[ 4  2  0  -2]
```

LLL()函数用于求解 LLL 算法，代码如下：

```
sage: a.LLL()
[ 0  0  0  0]
[ 0  0  0  0]
[ 0  1  2  3]
[ 4  2  0 -2]
```

prod_of_row_sums()函数给定若干列，用于计算稠密整数矩阵的这些列的所有元素的乘积，代码如下：

```
sage: a.prod_of_row_sums([1,2,3])
136080
```

rational_reconstruction()函数会尽可能地使用有理重构将稠密整数矩阵提升到有理数域，代码如下：

```
sage: a.rational_reconstruction(2)
[0 1 0 1]
[0 1 0 1]
[0 1 0 1]
[0 1 0 1]
```

randomize()函数用于将稠密整数矩阵中的元素的密度比例随机化，其余部分保持不变，代码如下：

```
sage: a.randomize()
sage: a
[  0   5   0  -1]
[ -2   4   0   0]
[ -2  -1   6   5]
[ -2   0  -1   2]
```

rank()函数用于返回秩，代码如下：

```
sage: a.rank()
2
```

determinant()函数用于返回行列式，代码如下：

```
sage: a.determinant()
0
```

inverse_of_unit()函数用于计算单位矩阵的逆作为整数矩阵，代码如下：

```
sage: a.inverse_of_unit()
[-5  2]
[ 3 -1]
```

decomposition()函数用于计算稠密整数矩阵的自由模的分解，代码如下：

```
sage: a.decomposition()
[
(Ambient free module of rank 2 over the principal ideal domain Integer Ring, True)
]
```

stack()函数用于将两个稠密整数矩阵上下堆叠，代码如下：

```
sage: a = matrix(ZZ,4,range(16))
sage: b = matrix(ZZ,4,range(16, 32))
sage: a.stack(b)
[ 0  1  2  3]
[ 4  5  6  7]
[ 8  9 10 11]
[12 13 14 15]
[16 17 18 19]
[20 21 22 23]
[24 25 26 27]
[28 29 30 31]
```

augment()函数用于将两个稠密整数矩阵左右堆叠，代码如下：

```
sage: a.augment(b)
[ 0  1  2  3 16 17 18 19]
[ 4  5  6  7 20 21 22 23]
[ 8  9 10 11 24 25 26 27]
[12 13 14 15 28 29 30 31]
```

insert_row()函数用于给定一个下标和一行，稠密整数矩阵在这个下标插入这一行，代码如下：

```
sage: a.insert_row(1,[0, -1, -2, -3])
[ 0  1  2  3]
[ 0 -1 -2 -3]
[ 4  5  6  7]
[ 8  9 10 11]
[12 13 14 15]
```

gcd()函数用于计算稠密整数矩阵中的所有元素的最小公倍数，代码如下：

```
sage: a.gcd()
1
```

singular()函数用于返回Singular格式的矩阵，代码如下：

```
sage: singular(a)
     0     1     2     3
     4     5     6     7
```

```
   8    9   10   11
  12   13   14   15
```

transpose()函数稠密整数矩阵支持转置，代码如下：

```
sage: a.transpose()
[ 0  4  8 12]
[ 1  5  9 13]
[ 2  6 10 14]
[ 3  7 11 15]
```

antitranspose()函数稠密整数矩阵支持反转置，代码如下：

```
sage: a.antitranspose()
[15 11  7  3]
[14 10  6  2]
[13  9  5  1]
[12  8  4  0]
```

p_minimal_polynomials()函数用于计算稠密整数矩阵的 p 阶最小多项式，代码如下：

```
sage: a.p_minimal_polynomials(2)
{3: x^2 + 2 * x}
```

null_ideal()函数用于计算系数多项式的理想，代码如下：

```
sage: a.null_ideal()
Principal ideal (x^3 - 30 * x^2 - 80 * x) of Univariate Polynomial Ring in x over Integer Ring
```

integer_valued_polynomials_generators()函数用于计算稠密整数矩阵上整数值多项式环的生成元，代码如下：

```
sage: a.integer_valued_polynomials_generators()
(x^3 - 30 * x^2 - 80 * x, [1, 1/8 * x^2 + 1/4 * x])
```

10.5 稀疏整数矩阵

matrix()函数在传入整数域和 sparse=True 参数时将创建 1 个稀疏整数矩阵，代码如下：

```
sage: a = matrix(ZZ,4,range(16), sparse = True)
sage: a
[ 0  1  2  3]
[ 4  5  6  7]
[ 8  9 10 11]
[12 13 14 15]
```

稀疏整数矩阵支持符号运算。

（1）矩阵乘法的代码如下：

```
sage: m1 = matrix(ZZ, [[1, 2], [1, 3]], sparse = True)
sage: m2 = matrix(ZZ, [[2, 1], [3, 1]], sparse = True)
sage: m1 * m2
[ 8  3]
[11  4]
```

（2）矩阵与向量相乘的代码如下：

```
sage: m1 * vector(ZZ, (3,4))
(11, 15)
```

（3）除法的代码如下：

```
sage: m1 / m2
[ 5 -3]
[ 8 -5]
```

（4）左除的代码如下：

```
sage: m1 \ m2
<ipython-input-10-5a85dc64302a>:1: DeprecationWarning: the backslash operator has
been deprecated
See https://github.com/sagemath/sage/issues/36394 for details.
  m1  * BackslashOperator() * m2
<ipython-input-10-5a85dc64302a>:1: DeprecationWarning: the backslash operator has been
deprecated; use A.solve_right(B) instead
See https://github.com/sagemath/sage/issues/36394 for details.
  m1  * BackslashOperator() * m2
[0 1]
[1 0]
```

（5）下标索引的代码如下：

```
sage: m1[0]
(1, 2)
```

（6）下标赋值的代码如下：

```
sage: m1[0] = (1, 2)
sage: m1
[1 2]
[1 3]
```

rational_reconstruction()函数会尽可能地使用有理重构将当前矩阵提升到有理数域，代码如下：

```
sage: a.rational_reconstruction(2)
[0 1 0 1]
[0 1 0 1]
[0 1 0 1]
[0 1 0 1]
```

elementary_divisors()函数用于计算稀疏整数矩阵的初等除数列表，代码如下：

```
sage: a.elementary_divisors()
[1, 4, 0, 0]
```

smith_form()函数用于计算稀疏整数矩阵的 Smith 标准型，代码如下：

```
sage: a.smith_form()
(
[1 0 0 0]  [ 0  0  2 -1]  [-1  5  2  1]
[0 4 0 0]  [ 0  0 -1  1]  [ 1 -4 -3 -2]
[0 0 0 0]  [ 0  1 -2  1]  [ 0  0  0  1]
[0 0 0 0], [-1  0  3 -2], [ 0  0  1  0]
)
```

rank()函数用于计算稀疏整数矩阵的秩，代码如下：

```
sage: a.rank()
2
```

charpoly()函数用于计算稀疏整数矩阵的特征多项式，代码如下：

```
sage: a.charpoly()
x^4 - 30 * x^3 - 80 * x^2
```

minpoly()函数用于计算稀疏整数矩阵的最小多项式，代码如下：

```
sage: a.minpoly()
x^3 - 30 * x^2 - 80 * x
```

10.6　稠密有理数矩阵

matrix()函数在传入有理数域时将创建 1 个稠密有理数矩阵，代码如下：

```
sage: matrix(QQ,4,range(16))
[ 0  1  2  3]
[ 4  5  6  7]
[ 8  9 10 11]
[12 13 14 15]
```

稠密有理数矩阵支持符号运算。

(1) 矩阵乘法的代码如下：

```
sage: m1 = matrix(QQ, [[1, 2], [1, 3]])
sage: m2 = matrix(QQ, [[2, 1], [3, 1]])
sage: m1 * m2
[ 8  3]
[11  4]
```

（2）矩阵与向量相乘的代码如下：

```
sage: m1 * vector(ZZ, (3,4))
(11, 15)
```

（3）除法的代码如下：

```
sage: m1 / m2
[ 5 -3]
[ 8 -5]
```

（4）左除的代码如下：

```
sage: m1 \ m2
<ipython-input-10-5a85dc64302a>:1: DeprecationWarning: the backslash operator has
been deprecated
See https://github.com/sagemath/sage/issues/36394 for details.
  m1  * BackslashOperator() * m2
<ipython-input-10-5a85dc64302a>:1: DeprecationWarning: the backslash operator has been
deprecated; use A.solve_right(B) instead
See https://github.com/sagemath/sage/issues/36394 for details.
  m1  * BackslashOperator() * m2
[0 1]
[1 0]
```

（5）下标索引的代码如下：

```
sage: m1[0]
(1, 2)
```

（6）下标赋值的代码如下：

```
sage: m1[0] = (1, 2)
sage: m1
[1 2]
[1 3]
```

matrix_from_columns()函数给定若干列，用于计算由这些列组成的矩阵，代码如下：

```
sage: a.matrix_from_columns([1,2])
[ 1  2]
[ 5  6]
[ 9 10]
[13 14]
```

add_to_entry()函数用于在指定行和列处加一个数，以便修改原矩阵，代码如下：

```
sage: a.add_to_entry(1,1,10)
sage: a
[ 0  1  2  3]
[ 4 15  6  7]
[ 8  9 10 11]
[12 13 14 15]
```

inverse()函数用于求逆,代码如下:

```
sage: a.inverse()
[ -3/2  1/2]
[    1    0]
```

determinant()函数用于返回行列式,代码如下:

```
sage: a = matrix(QQ,4,range(16))
sage: a.determinant()
0
```

denominator()函数用于计算稠密有理数矩阵的分母,代码如下:

```
sage: a.denominator()
1
```

charpoly()函数用于计算稠密有理数矩阵的特征多项式,代码如下:

```
、sage: a.charpoly()
x^4 - 30 * x^3 - 80 * x^2
```

minpoly()函数用于计算稠密有理数矩阵的最小多项式,代码如下:

```
sage: a.minpoly()
x^3 - 30 * x^2 - 80 * x
```

height()函数用于计算稠密有理数矩阵的高度,即索引的最大值,代码如下:

```
sage: a.height()
15
```

adjugate()函数用于返回伴随矩阵,代码如下:

```
sage: a.adjugate()
[0 0 0 0]
[0 0 0 0]
[0 0 0 0]
[0 0 0 0]
```

change_ring()函数用于修改稠密有理数矩阵的环,代码如下:

```
sage: a.change_ring(RDF)
[ 0.0  1.0  2.0  3.0]
[ 4.0  5.0  6.0  7.0]
[ 8.0  9.0 10.0 11.0]
[12.0 13.0 14.0 15.0]
```

echelonize()函数用于计算稠密有理数矩阵的行阶梯形,代码如下:

```
sage: a.echelonize()
sage: a
[ 1  0 -1 -2]
[ 0  1  2  3]
[ 0  0  0  0]
[ 0  0  0  0]
```

echelon_form()函数用于以另一种方式计算稠密有理数矩阵的行阶梯形,代码如下：

```
sage: a.echelon_form()
[ 1  0 -1 -2]
[ 0  1  2  3]
[ 0  0  0  0]
[ 0  0  0  0]
```

decomposition()函数用于计算稠密有理数矩阵的自由模的分解,代码如下：

```
sage: a.decomposition()
[
(Vector space of degree 4 and dimension 2 over Rational Field
Basis matrix:
[ 1  0 -3  2]
[ 0  1 -2  1], False),
(Vector space of degree 4 and dimension 2 over Rational Field
Basis matrix:
[ 1  0 -1 -2]
[ 0  1  2  3], True)
]
```

randomize()函数用于将稠密有理数矩阵中的元素的密度比例随机化,其余部分保持不变,代码如下：

```
sage: a.randomize()
sage: a
[    0   -2   -2     0]
[    0    1    0   -2]
[    1    1    2     0]
[    0    0 -1/2   -1]
```

rank()函数用于返回秩,代码如下：

```
sage: a.rank()
2
```

transpose()函数用于返回转置,代码如下：

```
sage: a.transpose()
[ 0  4  8 12]
[ 1  5  9 13]
[ 2  6 10 14]
[ 3  7 11 15]
```

antitranspose()函数用于返回反转置,代码如下：

```
sage: a.antitranspose()
[15 11  7  3]
[14 10  6  2]
[13  9  5  1]
[12  8  4  0]
```

set_row_to_multiple_of_row()函数用于给定两个索引和一个常数，将第1行设置为常数乘以第2行，代码如下：

```
sage: a.set_row_to_multiple_of_row(1,2,10)
sage: a
[  0   1   2   3]
[ 80  90 100 110]
[  8   9  10  11]
[ 12  13  14  15]
```

LLL()函数用于求解LLL算法，代码如下：

```
sage: a.LLL()
[ 0  0  0   0]
[ 0  0  0   0]
[ 0  1  2   3]
[ 4  2  0  -2]
```

10.7　稀疏有理数矩阵

matrix()函数在传入有理数域和sparse=True参数时将创建1个稀疏有理数矩阵，代码如下：

```
sage: matrix(QQ,4,range(16), sparse = True)
[ 0  1  2  3]
[ 4  5  6  7]
[ 8  9 10 11]
[12 13 14 15]
```

稀疏有理数矩阵支持符号运算。

(1) 矩阵乘法的代码如下：

```
sage: m1 = matrix(QQ, [[1, 2], [1, 3]], sparse = True)
sage: m2 = matrix(QQ, [[2, 1], [3, 1]], sparse = True)
sage: m1 * m2
[ 8  3]
[11  4]
```

(2) 矩阵与向量相乘的代码如下：

```
sage: m1 * vector(ZZ, (3,4))
(11, 15)
```

(3) 除法的代码如下：

```
sage: m1 / m2
[ 5 -3]
[ 8 -5]
```

（4）左除的代码如下：

```
sage: m1 \ m2
< ipython - input - 10 - 5a85dc64302a >:1: DeprecationWarning: the backslash operator has
been deprecated
See https://github.com/sagemath/sage/issues/36394 for details.
  m1  * BackslashOperator() * m2
< ipython - input - 10 - 5a85dc64302a >:1: DeprecationWarning: the backslash operator has been
deprecated; use A.solve_right(B) instead
See https://github.com/sagemath/sage/issues/36394 for details.
  m1  * BackslashOperator() * m2
[0 1]
[1 0]
```

（5）下标索引的代码如下：

```
sage: m1[0]
(1, 2)
```

（6）下标赋值的代码如下：

```
sage: m1[0] = (1, 2)
sage: m1
[1 2]
[1 3]
```

add_to_entry()函数用于在稀疏有理数矩阵的指定行和列处加一个数，以便修改原矩阵，代码如下：

```
sage: a.add_to_entry(1,1,10)
sage: a
[ 0  1  2  3]
[ 4 15  6  7]
[ 8  9 10 11]
[12 13 14 15]
```

nonzero_positions()函数用于计算稀疏有理数矩阵中的所有非零元素的下标，代码如下：

```
sage: a.nonzero_positions()
[(0, 1),
(0, 2),
(0, 3),
(1, 0),
(1, 1),
(1, 2),
(1, 3),
(2, 0),
(2, 1),
(2, 2),
(2, 3),
(3, 0),
```

```
(3, 1),
(3, 2),
(3, 3)]
```

height()函数用于计算稀疏有理数矩阵的高度，即索引的最大值，代码如下：

```
sage: a.height()
15
```

denominator()函数用于计算稀疏有理数矩阵的分母，代码如下：

```
sage: a.denominator()
1
```

echelonize()函数用于计算稀疏有理数矩阵的行阶梯形，代码如下：

```
sage: a.echelonize()
sage: a
[ 1  0 -1 -2]
[ 0  1  2  3]
[ 0  0  0  0]
[ 0  0  0  0]
```

echelon_form()函数用另一种方式计算稀疏有理数矩阵的行阶梯形，代码如下：

```
sage: a.echelon_form()
[ 1  0 -1 -2]
[ 0  1  2  3]
[ 0  0  0  0]
[ 0  0  0  0]
```

set_row_to_multiple_of_row()函数用于给定两个索引和一个常数，将第 1 个索引的行设置为常数乘以第 2 个索引的行，代码如下：

```
sage: a.set_row_to_multiple_of_row(1,2,10)
sage: a
[   0   1   2   3]
[  80  90 100 110]
[   8   9  10  11]
[  12  13  14  15]
```

dense_matrix()函数用于返回稀疏有理数矩阵的稠密版本，代码如下：

```
sage: a.dense_matrix()
[ 0  1  2  3]
[ 4  5  6  7]
[ 8  9 10 11]
[12 13 14 15]
```

10.8 稠密 double 矩阵

matrix()函数在传入 RDF 或 CDF 域时将创建 1 个稠密 double 矩阵,代码如下:

```
sage: a = matrix(RDF,4,range(16))
sage: a
[ 0.0  1.0  2.0  3.0]
[ 4.0  5.0  6.0  7.0]
[ 8.0  9.0 10.0 11.0]
[12.0 13.0 14.0 15.0]
sage: b = matrix(CDF,4,range(16))
sage: b
[ 0.0  1.0  2.0  3.0]
[ 4.0  5.0  6.0  7.0]
[ 8.0  9.0 10.0 11.0]
[12.0 13.0 14.0 15.0]
```

稠密 double 矩阵支持符号运算。

(1) 矩阵乘法的代码如下:

```
sage: m1 = matrix(RDF, [[1, 2], [1, 3]])
sage: m2 = matrix(RDF, [[2, 1], [3, 1]])
sage: m1 * m2
[ 8.0  3.0]
[11.0  4.0]
```

(2) 矩阵与向量相乘的代码如下:

```
sage: m1 * vector(RDF, (3,4))
(11.0, 15.0)
```

(3) 除法的代码如下:

```
sage: m1 / m2
[ 5.0 -3.0]
[ 8.0 -5.0]
```

(4) 左除的代码如下:

```
sage: m1 \ m2
<ipython-input-61-5a85dc64302a>:1: DeprecationWarning: the backslash operator has
been deprecated
See https://github.com/sagemath/sage/issues/36394 for details.
  m1  * BackslashOperator() * m2
<ipython-input-61-5a85dc64302a>:1: DeprecationWarning: the backslash operator has been
deprecated; use A.solve_right(B) instead
See https://github.com/sagemath/sage/issues/36394 for details.
  m1  * BackslashOperator() * m2
[0.0 1.0]
[1.0 0.0]
```

（5）下标索引的代码如下：

```
sage: m1[0]
(1.0, 2.0)
```

（6）下标赋值的代码如下：

```
sage: m1[0] = (1, 2)
sage: m1
[1.0 2.0]
[1.0 3.0]
```

condition()函数用于计算非奇异稠密 double 方阵的条件数，代码如下：

```
sage: a.condition()
38.999999999999986
```

norm()函数用于计算稠密 double 矩阵的范数，代码如下：

```
sage: a.norm()
6.242943383865535
```

singular_values()函数用于计算稠密 double 矩阵的奇异值，代码如下：

```
sage: a.singular_values()
[6.2429433838655335, 0.16018085356731426]
```

LU()函数用于计算稠密 double 矩阵的 LU 分解，代码如下：

```
sage: a = matrix(RDF,4,range(16))
sage: a.LU()
(
[0.0 1.0 0.0 0.0]  [                1.0                 0.0                 0.0
0.0]  [                12.0                13.0                14.0
15.0]
[0.0 0.0 0.0 1.0]  [                0.0                 1.0                 0.0
0.0]  [                0.0                 1.0                 2.0
3.0]
[0.0 0.0 1.0 0.0]  [0.6666666666666666 0.3333333333333339                   1.0
0.0]  [                0.0                 0.0                 0.0
-1.7763568394002505e-15]
[1.0 0.0 0.0 0.0], [0.3333333333333333  0.666666666666667                   0.0
1.0], [                0.0                 0.0                 0.0
-8.881784197001252e-16]
)
```

eigenvalues()函数用于返回特征值，代码如下：

```
sage: a = matrix(RDF,2,[1,2,3,5])
sage: a.eigenvalues()
[-0.16227766016837908, 6.16227766016837 9]
```

left_eigenvectors()函数用于返回广义左特征向量，代码如下：

```
sage: a.left_eigenvectors()
[(-0.16227766016837908, [(-0.9324647464816358, 0.36126098124339223)], 1),
(6.162277660168379, [(-0.5024546905753132, -0.8646035414679183)], 1)]
```

right_eigenvectors()函数用于返回普通或广义右特征向量，代码如下：

```
sage: a.right_eigenvectors()
[(-0.16227766016837908, [(-0.8646035414679183, 0.5024546905753132)], 1),
(6.162277660168379, [(-0.3612609812433923, -0.9324647464816358)], 1)]
```

determinant()函数用于返回行列式，代码如下：

```
sage: a.determinant()
-1.0
```

log_determinant()函数用于使用 LU 分解计算行列式的绝对值的对数，代码如下：

```
sage: a.log_determinant()
4.440892098500626e-16
```

transpose()函数用于返回转置，代码如下：

```
sage: a.transpose()
[1.0 3.0]
[2.0 5.0]
```

conjugate()函数用于返回共轭转置，代码如下：

```
sage: a.conjugate()
[1.0 2.0]
[3.0 5.0]
```

SVD()函数用于返回 SVD 分解，代码如下：

```
sage: a.SVD()
(
[-0.3573727461303603  -0.9339618409352949]
[ -0.933961840935295   0.35737274613036013],

[ 6.2429433838655335                   0.0]
[                0.0 0.16018085356731426],

[-0.5060526861578042   0.8625025674352922]
[-0.8625025674352922  -0.5060526861578042]
)
```

QR()函数用于返回 QR 分解，代码如下：

```
sage: a.QR()
(
[  -0.316227766016838  -0.9486832980505138]
[-0.9486832980505138   0.31622776601683805],
```

```
[ -3.1622776601683795   -5.375872022286245]
[                0.0   -0.31622776601683744]
)
```

is_symmetric()函数用于判断稠密 double 矩阵是否对称到给定的公差，代码如下：

```
sage: a.is_symmetric()
False
sage: a.is_symmetric(tol = 0.5)
False
sage: a.is_symmetric(tol = 20)
True
```

is_unitary()函数用于判断稠密 double 矩阵的列是不是正交基。对于实数矩阵，这代表矩阵是否正交；对于复数矩阵，这代表矩阵是不是酉矩阵，代码如下：

```
sage: a.is_unitary()
False
sage: a.is_unitary(tol = 0.5)
False
sage: a.is_unitary(tol = 20)
True
```

is_hermitian()函数用于判断稠密 double 矩阵是否等于其共轭转置矩阵，代码如下：

```
sage: a.is_hermitian()
False
sage: a.is_hermitian(0.5)
False
sage: a.is_hermitian(20)
True
```

is_skew_hermitian()函数用于判断稠密 double 矩阵是否等于其共轭转置矩阵的负数，代码如下：

```
sage: a.is_skew_hermitian()
False
sage: a.is_skew_hermitian(0.5)
False
sage: a.is_skew_hermitian(20)
True
```

is_normal()函数用于判断稠密 double 矩阵与其共轭转置矩阵是否可交换，代码如下：

```
sage: a.is_normal()
False
sage: a.is_normal(0.5)
False
sage: a.is_normal(20)
True
```

schur()函数用于计算稠密 double 矩阵的 Schur 分解，代码如下：

```
sage: a.schur()
(
[-0.8646035414679183 -0.5024546905753132]
[ 0.5024546905753132 -0.8646035414679183],

[-0.16227766016837908                 -1.0]
[                 0.0    6.162277660168379]
)
```

cholesky()函数用于计算稠密 double 矩阵的 Cholesky 因子分解，代码如下：

```
sage: a = matrix(RDF,2,[2,1,1,2])
sage: a.cholesky()
[1.4142135623730951                0.0]
[0.7071067811865475  1.224744871391589]
```

is_positive_definite()函数用于判断稠密 double 矩阵是否为正定矩阵，代码如下：

```
sage: a.is_positive_definite()
True
```

NumPy()函数用于返回 NumPy 格式的矩阵，代码如下：

```
sage: a.NumPy()
array([[2., 1.],
       [1., 2.]])
```

exp()函数用于返回指数，代码如下：

```
sage: a.exp()
[11.401909375823374  8.683627547364328]
[ 8.683627547364328 11.401909375823374]
```

zero_at()函数用于将小于或等于某个值的矩阵元素替换为 0，代码如下：

```
sage: a.zero_at(0.5)
[2.0 1.0]
[1.0 2.0]
sage: a.zero_at(20)
[0.0 0.0]
[0.0 0.0]
```

round()函数用于将矩阵中的每个元素四舍五入到指定小数点位数，代码如下：

```
sage: a = matrix(RDF,2,[2,1,1,2.1234])
sage: a.round(0)
[2.0 1.0]
[1.0 2.0]
sage: a.round(2)
[ 2.0  1.0]
[ 1.0 2.12]
```

10.9　稠密二模矩阵

matrix()函数在传入 GF(2)域时将创建 1 个稠密二模矩阵，代码如下：

```
sage: a = matrix(GF(2),4,range(16))
sage: a
[0 1 0 1]
[0 1 0 1]
[0 1 0 1]
[0 1 0 1]
```

稠密二模矩阵支持符号运算。

（1）矩阵乘法的代码如下：

```
sage: m1 = matrix(GF(2), [[1, 2], [1, 3]])
sage: m2 = matrix(GF(2), [[2, 1], [3, 1]])
sage: m1 * m2
[0 1]
[1 0]
```

（2）矩阵与向量相乘的代码如下：

```
sage: m1 * vector(GF(2), (3,4))
(1, 1)
```

（3）除法的代码如下：

```
sage: m1 / m2
[1 1]
[0 1]
```

（4）左除的代码如下：

```
sage: m1 \ m2
< ipython - input - 70 - 5a85dc64302a >: 1: DeprecationWarning: the backslash operator has been deprecated
See https://github.com/sagemath/sage/issues/36394 for details.
  m1   * BackslashOperator() * m2
< ipython - input - 70 - 5a85dc64302a >:1: DeprecationWarning: the backslash operator has been deprecated; use A.solve_right(B) instead
See https://github.com/sagemath/sage/issues/36394 for details.
  m1   * BackslashOperator() * m2
[0 1]
[1 0]
```

（5）下标索引的代码如下：

```
sage: m1[0]
(1, 0)
```

（6）下标赋值的代码如下：

```
sage: m1[0] = (1, 2)
sage: m1
[1 0]
[1 1]
```

echelonize()函数用于返回行阶梯形，代码如下：

```
sage: a = matrix(GF(2),4,range(16))
sage: a.echelonize()
sage: a
[0 1 0 1]
[0 0 0 0]
[0 0 0 0]
[0 0 0 0]
```

echelon_form()函数用于以另一种方式返回行阶梯形，代码如下：

```
sage: a.echelon_form()
[0 1 0 1]
[0 0 0 0]
[0 0 0 0]
[0 0 0 0]
```

randomize()函数用于将稠密二模矩阵中的元素的密度比例随机化，其余部分保持不变，代码如下：

```
sage: a.randomize(0.5)
sage: a
[0 1 1 1]
[0 1 0 0]
[0 0 0 1]
[0 1 0 1]
```

rescale_row()函数用于给定一个缩放倍数和两行的索引，缩放稠密二模矩阵的第 1 行为第 2 行的缩放倍数，代码如下：

```
sage: a.rescale_row(1,2,3)
sage: a
[0 1 0 1]
[0 0 0 1]
[0 1 0 1]
[0 1 0 1]
```

add_multiple_of_row()函数用于给定一个倍数和两行的索引，将第 1 个索引的行加上第 2 个索引的行的倍数，代码如下：

```
sage: a.add_multiple_of_row(1,2,3)
sage: a
[0 1 0 1]
```

```
[0 0 0 0]
[0 1 0 1]
[0 1 0 1]
```

swap_rows()函数用于交换两行，代码如下：

```
sage: a.swap_rows(1,2)
sage: a
[0 1 0 1]
[0 1 0 1]
[0 1 0 1]
[0 1 0 1]
```

swap_columns()函数用于交换两列，代码如下：

```
sage: a.swap_columns(1,2)
sage: a
[0 0 1 1]
[0 0 1 1]
[0 0 1 1]
[0 0 1 1]
```

determinant()函数用于返回行列式，代码如下：

```
sage: a.determinant()
0
```

transpose()函数用于返回转置，代码如下：

```
sage: a.transpose()
[0 0 0 0]
[1 1 1 1]
[0 0 0 0]
[1 1 1 1]
```

stack()函数用于将两个稠密二模矩阵上下堆叠，代码如下：

```
sage: a.stack(b)
[0 1 0 1]
[0 1 0 1]
[0 1 0 1]
[0 1 0 1]
[0 1 0 1]
[0 1 0 1]
[0 1 0 1]
[0 1 0 1]
```

augment()函数用于将两个稠密二模矩阵左右堆叠，代码如下：

```
sage: a.augment(b)
[0 1 0 1 0 1 0 1]
[0 1 0 1 0 1 0 1]
[0 1 0 1 0 1 0 1]
[0 1 0 1 0 1 0 1]
```

submatrix()函数用于给定开始行的索引、结束行的索引、开始列的索引和结束列的索引,计算子矩阵,代码如下:

```
sage: a.submatrix(1,1,2,2)
[1 0]
[1 0]
```

density()函数用于计算稠密二模矩阵的密度,代码如下:

```
sage: a.density()
1/2
```

rank()函数稠密二模矩阵支持秩运算,代码如下:

```
sage: a.rank()
1
```

pluq()函数用于计算稠密二模矩阵的 PLUQ 分解,代码如下:

```
sage: from sage.matrix.matrix_mod2_dense import pluq
sage: LU, P, Q = pluq(a)
sage: LU
[1 0 0 1]
[1 0 0 0]
[1 0 0 0]
[1 0 0 0]
sage: P
[0, 1, 2, 3]
sage: Q
[1, 1, 2, 3]
```

ple()函数用于计算稠密二模矩阵的 PLE 因子分解,代码如下:

```
sage: LU, P, Q = ple(a)
sage: LU
[1 0 0 1]
[1 0 0 0]
[1 0 0 0]
[1 0 0 0]
sage: P
[0, 1, 2, 3]
sage: Q
[1, 1, 2, 3]
```

10.10 稠密 n 模矩阵

matrix()函数在传入 GF(2^n)域时将创建 1 个稠密 n 模矩阵,代码如下:

```
sage: a = matrix(GF(256), [[1, 2], [1, 3]])
a
sage: a
[1 0]
[1 1]
```

稠密 n 模矩阵支持符号运算。

（1）矩阵乘法的代码如下：

```
sage: m1 = matrix(GF(256), [[1, 2], [1, 3]])
sage: m2 = matrix(GF(256), [[2, 1], [3, 1]])
sage: m1 * m2
[0 1]
[1 0]
```

（2）矩阵与向量相乘的代码如下：

```
sage: m1 * vector(GF(256), (3,4))
(1, 1)
```

（3）除法的代码如下：

```
sage: m1 / m2
[1 1]
[0 1]
```

（4）左除的代码如下：

```
sage: m1 \ m2
< ipython - input - 70 - 5a85dc64302a >: 1: DeprecationWarning: the backslash operator has
been deprecated
See https://github.com/sagemath/sage/issues/36394 for details.
  m1  * BackslashOperator() * m2
< ipython - input - 70 - 5a85dc64302a >:1: DeprecationWarning: the backslash operator has been
deprecated; use A.solve_right(B) instead
See https://github.com/sagemath/sage/issues/36394 for details.
  m1  * BackslashOperator() * m2
[0 1]
[1 0]
```

（5）下标索引的代码如下：

```
sage: m1[0]
(1, 0)
```

（6）下标赋值的代码如下：

```
sage: m1[0] = (1, 2)
sage: m1
[1 0]
[1 1]
```

minpoly()函数用于计算稠密 n 模矩阵的最小多项式，代码如下：

```
sage: a.minpoly()
x^2 + 1
```

charpoly()函数用于计算稠密 n 模矩阵的特征多项式，代码如下：

```
sage: a.charpoly()
x^2 + 1
```

echelonize()函数用于返回行阶梯形，代码如下：

```
sage: a.echelonize()
sage: a
[1 0]
[0 1]
```

right_kernel_matrix()函数用于计算一个稠密 n 模矩阵的右核的基向量矩阵，所有的行构成右核的基，代码如下：

```
sage: a.right_kernel_matrix()
[]
```

hessenbergize()函数用于尽可能地计算稠密 n 模矩阵的 Hessenberg 形式，代码如下：

```
sage: a.hessenbergize()
sage: a
[1 0]
[0 1]
```

rank()函数用于返回秩，代码如下：

```
sage: a.rank()
2
```

determinant()函数用于返回行列式，代码如下：

```
sage: a.determinant()
1
```

rescale_row()函数用于给定一个缩放倍数和两行的索引，缩放矩阵的第 1 个索引的行为第 2 个索引的行的缩放倍数，代码如下：

```
sage: a.rescale_row(0,1,3)
sage: a
[1 0]
[0 1]
```

add_multiple_of_row()函数用于给定一个倍数和两行的索引，将第 1 个索引的行加上第 2 个索引的行的倍数，代码如下：

```
sage: a.add_multiple_of_row(0,1,3)
sage: a
[1 1]
[0 1]
```

add_multiple_of_column()函数用于给定一个倍数和两列的索引，将第1个索引的列加上第2个索引的列的倍数，代码如下：

```
sage: a.add_multiple_of_column(0,1,3)
sage: a
[0 1]
[1 1]
```

swap_rows()函数用于交换两行，代码如下：

```
sage: a.swap_rows(0,1)
sage: a
[1 1]
[0 1]
```

swap_columns()函数用于交换两列，代码如下：

```
sage: a.swap_columns(0,1)
sage: a
[1 1]
[1 0]
```

randomize()函数用于将稠密 n 模矩阵中的元素的密度比例随机化，其余部分保持不变，代码如下：

```
sage: a.randomize(0.5)
sage: a
[                        z8^7 + z8^6 + z8                              1]
[z8^7 + z8^6 + z8^5 + z8^4 + z8^3 + z8 + 1       z8^6 + z8^4 + z8^3 + z8^2]
```

lift()函数用升阶法计算矩阵，代码如下：

```
sage: a.lift()
[                        z8^7 + z8^6 + z8                              1]
[z8^7 + z8^6 + z8^5 + z8^4 + z8^3 + z8 + 1       z8^6 + z8^4 + z8^3 + z8^2]
```

transpose()函数用于返回转置，代码如下：

```
sage: a.transpose()
[                        z8^7 + z8^6 + z8 z8^7 + z8^6 + z8^5 + z8^4 + z8^3 + z8 + 1]
[                                       1               z8^6 + z8^4 + z8^3 + z8^2]
```

stack()函数用于将两个稠密 n 模矩阵上下堆叠，代码如下：

```
sage: a.stack(a)
[                        z8^7 + z8^6 + z8                              1]
[z8^7 + z8^6 + z8^5 + z8^4 + z8^3 + z8 + 1       z8^6 + z8^4 + z8^3 + z8^2]
[                        z8^7 + z8^6 + z8                              1]
[z8^7 + z8^6 + z8^5 + z8^4 + z8^3 + z8 + 1       z8^6 + z8^4 + z8^3 + z8^2]
```

augment()函数用于将两个稠密 n 模矩阵左右堆叠，代码如下：

```
sage: a.augment(a)
[                    z8^7 + z8^6 + z8                                   1
z8^7 + z8^6 + z8                          1]
[z8^7 + z8^6 + z8^5 + z8^4 + z8^3 + z8 + 1          z8^6 + z8^4 + z8^3 + z8^2
z8^7 + z8^6 + z8^5 + z8^4 + z8^3 + z8 + 1          z8^6 + z8^4 + z8^3 + z8^2]
```

10.11 稀疏 *n* 模矩阵

matrix()函数在传入 GF(2^n)域和 sparse＝True 参数时将创建 1 个稀疏 n 模矩阵，代码如下：

```
sage: a = matrix(GF(256), [[1, 2], [1, 3]], sparse = True)
sage: a
[1 0]
[1 1]
```

稀疏 n 模矩阵支持符号运算。

(1) 矩阵乘法的代码如下：

```
sage: m1 = matrix(GF(256), [[1, 2], [1, 3]], sparse = True)
sage: m2 = matrix(GF(256), [[2, 1], [3, 1]], sparse = True)
sage: m1 * m2
[0 1]
[1 0]
```

(2) 矩阵与向量相乘的代码如下：

```
sage: m1 * vector(GF(256), (3,4))
(1, 1)
```

(3) 除法的代码如下：

```
sage: m1 / m2
[1 1]
[0 1]
```

(4) 左除的代码如下：

```
sage: m1 \ m2
< ipython - input - 70 - 5a85dc64302a >: 1: DeprecationWarning: the backslash operator has
been deprecated
See https://github.com/sagemath/sage/issues/36394 for details.
  m1   * BackslashOperator() * m2
< ipython - input - 70 - 5a85dc64302a >:1: DeprecationWarning: the backslash operator has been
deprecated; use A.solve_right(B) instead
See https://github.com/sagemath/sage/issues/36394 for details.
  m1   * BackslashOperator() * m2
[0 1]
[1 0]
```

（5）下标索引的代码如下：

```
sage: m1[0]
(1, 0)
```

（6）下标赋值的代码如下：

```
sage: m1[0] = (1, 2)
sage: m1
[1 0]
[1 1]
```

density()函数用于计算稀疏 n 模矩阵的密度，代码如下：

```
sage: a.density()
3/4
```

transpose()函数用于返回转置，代码如下：

```
sage: a.transpose()
[1 1]
[0 1]
```

matrix_from_rows()函数用于给定若干行的索引，计算子矩阵，代码如下：

```
sage: a.matrix_from_rows([0])
[1 0]
```

matrix_from_columns()函数用于给定若干列的索引，计算子矩阵，代码如下：

```
sage: a.matrix_from_columns([0])
[1]
[1]
```

rank()函数用于返回秩，代码如下：

```
sage: a.rank()
2
```

determinant()函数用于返回行列式，代码如下：

```
sage: a.determinant()
1
```

10.12　GAP 矩阵

MatrixSpace()函数在传入 implementation='gap'参数时可用于创建 1 个 GAP 矩阵，代码如下：

```
sage: a = MatrixSpace(ZZ, 2, implementation = 'gap')
sage: a2 = a(2)
sage: a2
[2 0]
[0 2]
sage: a3 = a(3)
sage: a3
[3 0]
[0 3]
```

GAP 矩阵支持符号运算。

（1）矩阵乘法的代码如下：

```
sage: m1 = a2
sage: m2 = a3
sage: m1 * m2
[6 0]
[0 6]
```

（2）矩阵与向量相乘的代码如下：

```
sage: m1 * vector(ZZ, (3,4))
(6, 8)
```

（3）除法的代码如下：

```
sage: m1 / m2
[2/3   0]
[  0 2/3]
```

（4）左除的代码如下：

```
sage: m1 \ m2
< ipython - input - 157 - 5a85dc64302a >: 1: DeprecationWarning: the backslash operator has
been deprecated
See https://github.com/sagemath/sage/issues/36394 for details.
  m1  * BackslashOperator() * m2
< ipython - input - 157 - 5a85dc64302a >:1: DeprecationWarning: the backslash operator has been
deprecated; use A.solve_right(B) instead
See https://github.com/sagemath/sage/issues/36394 for details.
  m1  * BackslashOperator() * m2
[3/2   0]
[  0 3/2]
```

（5）下标索引的代码如下：

```
sage: m1[0]
(2, 0)
```

（6）下标赋值的代码如下：

```
sage: m1[0] = (1, 2)
sage: m1
```

```
[1 2]
[0 2]
```

gap()函数用于返回 GAP 格式的矩阵，代码如下：

```
sage: a2.gap()
[ [ 2, 0 ], [ 0, 2 ] ]
```

transpose()函数用于返回转置，代码如下：

```
sage: a2.transpose()
[2 0]
[0 2]
```

determinant()函数用于返回行列式，代码如下：

```
sage: a2.determinant()
4
```

trace()函数用于返回迹，代码如下：

```
sage: a2.trace()
4
```

rank()函数用于返回秩，代码如下：

```
sage: a2.rank()
2
```

elementary_divisors()函数用于计算 GAP 矩阵的初等除数列表，代码如下：

```
sage: a2.elementary_divisors()
[2, 2]
```

第11章 常用群

CHAPTER 11

11.1 阿贝尔群

AbelianGroup 即阿贝尔群。创建一个阿贝尔群，代码如下：

```
sage: from sage.groups.group import AbelianGroup
sage: a = AbelianGroup()
```

判断是否是阿贝尔群，代码如下：

```
sage: a.is_abelian()
True
```

11.2 有限群

FiniteGroup 即有限群。创建一个有限群，代码如下：

```
sage: from sage.groups.group import FiniteGroup
sage: a = FiniteGroup()
sage: a
<sage.groups.group.FiniteGroup object at 0x6ffdb7b005f0>
```

有限群一定是有限群，代码如下：

```
sage: a.is_finite()
True
```

11.3 Artin 群

ArtinGroup 即 Artin 群。ArtinGroup()函数至少需要传入 1 个参数进行调用，这个参数被认为是 Coxeter 矩阵，代码如下：

```
sage: a = ArtinGroup(['B',3])
```

此外，ArtinGroup()函数还允许传入第2个参数，这个参数被认为是生成器的名称或者生成器的前缀，默认为s，代码如下：

```
sage: ArtinGroup(['B',2]).generators()
(s1, s2)
sage: ArtinGroup(['B',2], 'g').generators()
(g1, g2)
sage: ArtinGroup(['B',2], 'x,y').generators()
(x, y)
```

cardinality()函数用于返回集合中的元素个数，代码如下：

```
sage: a.cardinality()
+Infinity
```

as_permutation_group()函数用于返回同构的置换群，代码如下：

```
sage: a.as_permutation_group()
ValueError: the group is infinite
```

coxeter_type()函数用于返回群的Coxeter类型，代码如下：

```
sage: a.coxeter_type()
Coxeter type of ['B', 3]
```

coxeter_matrix()函数用于返回Coxeter矩阵，代码如下：

```
sage: a.coxeter_matrix()
[1 3 2]
[3 1 4]
[2 4 1]
```

coxeter_group()函数用于返回Coxeter群，代码如下：

```
sage: a.coxeter_group()
Finite Coxeter group over Number Field in a with defining polynomial x^2 - 2 with a =
1.414213562373095? with Coxeter matrix:
[1 3 2]
[3 1 4]
[2 4 1]
```

index_set()函数用于返回指标集，代码如下：

```
sage: a.index_set()
(1, 2, 3)
```

an_element()函数用于返回群的元素，代码如下：

```
sage: a.an_element()
s1
```

some_elements()函数用于返回群的某些元素的列表，代码如下：

```
sage: a.some_elements()
[s1, s1 * s2 * s3, (s1 * s2 * s3)^3]
```

11.4 Artin 群中的元素

创建一个 Artin 群中的元素，代码如下：

```
sage: a = ArtinGroup(['B',3])
sage: b = a([1,2,3])
sage: b
s1 * s2 * s3
```

exponent_sum()函数用于返回元素的指数和，代码如下：

```
sage: b.exponent_sum()
3
```

coxeter_group_element()函数在自然投影下用于返回相应的 Coxeter 群元素，代码如下：

```
sage: b.coxeter_group_element()
[ 0  1 -a]
[ 1  1 -a]
[ 0  a -1]
```

left_normal_form()函数用于返回元素的左正规形式，代码如下：

```
sage: b.left_normal_form()
(1, s1 * s2 * s3)
```

11.5 Braid 群

BraidGroup 即 Braid 群。BraidGroup()函数允许不传入参数而进行调用，代码如下：

```
sage: a = BraidGroup()
sage: a
Braid group on 2 strands
```

此外，BraidGroup()函数还允许传入 1 个参数，这个参数被认为是生成器的名称或者生成器的前缀，默认为 s，代码如下：

```
sage: a = BraidGroup(4)
sage: a
Braid group on 4 strands
sage: a = BraidGroup('a,b,c,d,e,f')
sage: a
Braid group on 7 strands
```

cardinality()函数用于返回集合中的元素个数，代码如下：

```
sage: a.cardinality()
+Infinity
```

as_permutation_group()函数用于返回同构的置换群，代码如下：

```
sage: a.as_permutation_group()
ValueError: the group is infinite
```

strands()函数用于返回线束的数量，代码如下：

```
sage: a.strands()
4
```

an_element()函数用于返回 Braid 群的一个元素，代码如下：

```
sage: a.an_element()
s0
```

some_elements()函数用于返回 Braid 群的一些元素的列表，代码如下：

```
sage: a.some_elements()
[s0, s0*s1*s2, (s0*s1*s2)^4]
```

dimension_of_TL_space()函数用于返回特定 Temperley-Lieb 表示 Braid 群的被加数的维数，代码如下：

```
sage: a.dimension_of_TL_space(2)
3
```

TL_basis_with_drain()函数用于返回 Braid 群的 Temperley-Lieb 表示的求和的基，代码如下：

```
sage: a.TL_basis_with_drain(2)
[[2, 3, 2, 1, 0], [2, 1, 2, 1, 0], [2, 1, 0, 1, 0]]
```

TL_representation()函数用于返回标准 Braid 群生成器的 Temperley-Lieb 表示的矩阵和 Braid 群的逆，代码如下：

```
sage: a.TL_representation(2)
[(
[-A^4  A^2    0] [-A^-4  A^-2     0]
[   0    1    0] [    0     1     0]
[   0    0    1], [    0     0     1]
),
(
[   1    0    0] [    1     0     0]
[ A^2 -A^4  A^2] [ A^-2 -A^-4  A^-2]
[   0    0    1], [    0     0     1]
),
(
```

```
[    1    0    0] [    1    0    0]
[    0    1    0] [    0    1    0]
[    0  A^2 - A^4], [    0  A^ - 2 - A^ - 4]
)]
```

mapping_class_action()函数用于返回群在自由群中的 action 作为映射类，代码如下：

```
sage: a.mapping_class_action(FreeGroup(3))
Right action by Braid group on 4 strands on Free Group on generators {x0, x1, x2}
```

11.6 Braid 群中的元素

创建一个 Braid 群中的元素，代码如下：

```
sage: a = BraidGroup(4)
sage: b = a([1,2,3])
sage: b
s0 * s1 * s2
```

strands()函数用于返回当前元素的辫子数量，代码如下：

```
sage: b.strands()
4
```

components_in_closure()函数用于返回当前元素的闭合辫子的数量，代码如下：

```
sage: b.components_in_closure()
1
```

burau_matrix()函数用于返回当前元素的 Burau 矩阵，代码如下：

```
sage: b.burau_matrix()
[1 - t     t     0     0]
[1 - t     0     t     0]
[1 - t     0     0     t]
[    1     0     0     0]
```

alexander_polynomial()函数用于返回辫子闭合的亚历山大多项式，代码如下：

```
sage: b.alexander_polynomial()
1
```

permutation()函数用于返回编织线在其辫子中的排列，代码如下：

```
sage: b.permutation()
[2, 3, 4, 1]
```

LKB_matrix()函数用于返回 LKB 矩阵，代码如下：

```
sage: b.LKB_matrix()
[       0       0       0     x^2       0       0]
[       0       0       0       0     x^2       0]
[-x^2*y         0       0       0       0       0]
[       0       0       0       0       0     x^2]
[       0  -x^2*y       0       0       0       0]
[       0       0  -x^2*y       0       0       0]
```

TL_matrix()函数用于返回 TL 矩阵，代码如下：

```
sage: b.TL_matrix(2)
[-A^4  A^2    0]
[-A^6    0  A^2]
[-A^8    0    0]
```

tropical_coordinates()函数用于返回当前元素的热带坐标，代码如下：

```
sage: b.tropical_coordinates()
[3, 0, 0, 1, 0, 1, 0, 2]
```

markov_trace()函数用于返回当前元素的马尔可夫轨迹，代码如下：

```
sage: b.markov_trace()
1/(A^12 + 3*A^8 + 3*A^4 + 1)
```

jones_polynomial()函数用于返回辫子的迹闭包的琼斯多项式，代码如下：

```
sage: b.jones_polynomial()
1
```

right_normal_form()函数用于返回右正规型，代码如下：

```
sage: b.right_normal_form()
(s2*s1*s0, 1)
```

centralizer()函数用于返回当前元素的中心化子列表，代码如下：

```
sage: b.centralizer()
[s2*s1*s0]
```

super_summit_set()函数用于返回一个包含辫子的 super summit 集合列表，代码如下：

```
sage: b.super_summit_set()
[s2*s1*s0, s1*s0*s2, s0*s2*s1, s0*s1*s2]
```

gcd()函数用于返回两条辫子的最大公约数，代码如下：

```
sage: gcd(b,c)
s2*s1*s0
```

lcm()函数用于返回两条辫子的最小公倍数，代码如下：

```
sage: lcm(b,c)
s2 * s1 * s0
```

conjugating_braid()函数用于尽可能地返回一个共轭的元素，代码如下：

```
sage: b.conjugating_braid(c)
1
```

is_conjugated()函数用于检查两个 Braid 群的元素是否共轭，代码如下：

```
sage: b.is_conjugated(c)
True
```

ultra_summit_set()函数用于返回一个包含辫子的 ultra summit 集合列表，代码如下：

```
sage: b.ultra_summit_set()
[[s2 * s1 * s0], [s0 * s1 * s2], [s1 * s0 * s2], [s0 * s2 * s1]]
```

thurston_type()函数用于返回当前元素的 Thurston 类型，代码如下：

```
sage: b.thurston_type()
'periodic'
```

is_reducible()函数用于检查当前元素是否可以化简，代码如下：

```
sage: b.is_reducible()
False
```

is_periodic()函数用于检查当前元素是否有周期性，代码如下：

```
sage: b.is_periodic()
True
```

is_pseudoanosov()函数用于检查当前元素是否为伪 Anosov，代码如下：

```
sage: b.is_pseudoanosov()
False
```

rigidity()函数用于返回当前元素的刚性，代码如下：

```
sage: b.rigidity()
0
```

sliding_circuits()函数用于返回当前元素的滑动回路，代码如下：

```
sage: b.sliding_circuits()
[[s0 * s2 * s1], [s1 * s0 * s2]]
```

11.7 三阶 Braid 群

CubicBraidGroup 即三阶 Braid 群。CubicBraidGroup()函数至少需要传入 1 个参数进行调用，这个参数被认为是辫子数，代码如下：

```
sage: a = CubicBraidGroup(4)
sage: a
Cubic Braid group on 4 strands
```

此外,CubicBraidGroup()函数还允许传入第 2 个参数,这个参数被认为是生成器的名称或者生成器的前缀,默认为 c,代码如下:

```
sage: a = CubicBraidGroup(4, 'g')
sage: a
Cubic Braid group on 4 strands
```

strands()函数用于返回三阶 Braid 群的线束数,代码如下:

```
sage: a.strands()
4
```

braid_group()函数用于返回一个具有相同生成器的三阶 Braid 群的实例,以作为三阶 Braid 群的同构,代码如下:

```
sage: a.braid_group()
Braid group on 4 strands
```

as_matrix_group()函数使用 Burau 表示将三阶 Braid 群创建为矩阵群的同构,代码如下:

```
sage: a.as_matrix_group()
Matrix group over Cyclotomic Field of order 3 and degree 2 with 3 generators
[    - zeta3 zeta3  + 1           0          0]
[          1          0           0          0]
[          0          0           1          0]
[          0          0           0          1],

[          1          0           0          0]
[          0     - zeta3 zeta3  + 1          0]
[          0          1           0          0]
[          0          0           0          1],

[          1          0           0          0]
[          0          1           0          0]
[          0          0       - zeta3 zeta3  + 1]
[          0          0           1          0]
```

as_permutation_group()函数用于返回同构于三阶 Braid 群的置换群并作为三阶 Braid 群的同构,代码如下:

```
sage: a.as_permutation_group()
Permutation Group with generators [(3,5,8)(6,9,14)(7,11,16)(10,15,19)(12,17,22)(23,24,
26), (2,3,6)(4,7,12)(8,13,9)(15,20,24)(16,21,17)(19,23,25), (1,2,4)(6,10,7)(9,15,11)
(13,18,20)(14,19,16)(21,25,27)]
```

as_classical_group()函数根据 Coxeter 矩阵代表的构造创建三阶 Braid 群,作为典型群的同构，代码如下：

```
sage: a.as_classical_group()
Subgroup with 3 generators (
[  E(3)^2         0           0]  [         1 - E(12)^7         0]
[ - E(12)^7       1           0]  [         0   E(3)^2          0]
[       0         0           1], [         0 - E(12)^7         1],

[       1         0           0]
[       0         1 - E(12)^ 7]
[       0         0   E(3)^  2]
) of General Unitary Group of degree 3 over Universal Cyclotomic Field with respect to positive
definite hermitian form
[ - E(12)^7 + E(12)^11                     - 1                    0]
[                    - 1 - E(12)^7 + E(12)^11                  - 1]
[                     0                   - 1 - E(12)^7 + E(12)^11]
```

classical_invariant_form()函数用于返回三阶 Braid 群的典型不变形式，代码如下：

```
sage: a.classical_invariant_form()
[ - E(12)^7 + E(12)^11                    - 1]
[                    - 1 - E(12)^7 + E(12)^11]
```

order()函数用于返回三阶 Braid 群的阶数，代码如下：

```
sage: a.order()
24
```

is_finite()函数用于判断三阶 Braid 群是不是有限群，代码如下：

```
sage: a.is_finite()
True
```

cubic_braid_subgroup()函数用于在一个或多个线束上创建一个三阶 Braid 群作为三阶 Braid 群的子群，代码如下：

```
sage: a.cubic_braid_subgroup()
Cubic Braid group on 2 strands
```

11.8 三阶 Braid 群中的元素

创建一个三阶 Braid 群中的元素，代码如下：

```
sage: a = CubicBraidGroup(4)
sage: b = a([1,2,3])
sage: c = a([1,1,2,3])
sage: b
```

```
c0 * c1 * c2
sage: c
c0^ - 1 * c1 * c2
```

braid()函数用于将三阶 Braid 群的元素转换为 Braid 群的对象，代码如下：

```
sage: b.braid()
c0 * c1 * c2
```

burau_matrix()函数用于返回三阶 Braid 群陪集的 Burau 矩阵，代码如下：

```
sage: b.burau_matrix()
[    - zeta3           1 zeta3  + 1         - 1]
[          1           0          0           0]
[          0           1          0           0]
[          0           0          1           0]
```

11.9 有限呈示群

有限呈示群要通过自由群构造，代码如下：

```
sage: a = FreeGroup(3)
sage: b = a/[[1,2,3], [ - 1, - 2, - 3]]
sage: b
Finitely presented group < x0, x1, x2 | x0 * x1 * x2, x0^ - 1 * x1^ - 1 * x2^ - 1 >
```

free_group()函数用于返回自由群，代码如下：

```
sage: b.free_group()
Free Group on generators {x0, x1, x2}
```

relations()函数用于返回有限呈示群的关系，代码如下：

```
sage: b.relations()
(x0 * x1 * x2, x0^ - 1 * x1^ - 1 * x2^ - 1)
```

cardinality()函数用于返回集合中的元素个数，代码如下：

```
sage: b.cardinality()
 + Infinity
```

as_permutation_group()函数用于返回同构的置换群，代码如下：

```
sage: b.as_permutation_group()
ValueError: Coset enumeration exceeded limit, is the group finite?
```

direct_product()函数用于返回有限呈示群和有限群的直积，代码如下：

```
sage: b.direct_product(b)
```

```
Finitely presented group < a, b, c, d, e, f | a * b * c, a^ - 1 * b^ - 1 * c^ - 1, d * e * f, d^ - 1 *
e^ - 1 * f^ - 1, a^ - 1 * d^ - 1 * a * d, a^ - 1 * e^ - 1 * a * e, a^ - 1 * f^ - 1 * a * f, b^ - 1 * d^ - 1
* b * d, b^ - 1 * e^ - 1 * b * e, b^ - 1 * f^ - 1 * b * f, c^ - 1 * d^ - 1 * c * d, c^ - 1 * e^ - 1 * c * e,
c^ - 1 * f^ - 1 * c * f >
```

abelian_invariants()函数用于返回有限呈示群的阿贝不变量，代码如下：

```
sage: b.abelian_invariants()
(0, 0)
```

simplification_isomorphism()函数用于尽可能简单地将有限呈示群的同构返回有限呈示群，代码如下：

```
sage: b.simplification_isomorphism()
Generic morphism:
  From: Finitely presented group < x0, x1, x2 | x0 * x1 * x2, x0^ - 1 * x1^ - 1 * x2^ - 1 >
  To:   Finitely presented group < x0, x1 | x0^ - 1 * x1^ - 1 * x0 * x1 >
  Defn: x0 | -- > x0
      x1 | -- > x1
      x2 | -- > x1^ - 1 * x0^ - 1
```

simplified()函数用于返回一个同构的群，并尽可能地给出更简单的表示，代码如下：

```
sage: b.simplified()
Finitely presented group < x0, x1 | x0^ - 1 * x1^ - 1 * x0 * x1 >
```

alexander_matrix()函数用于返回有限呈示群的亚历山大矩阵，代码如下：

```
sage: b.alexander_matrix()
[                 1                    x0                    x0 * x1]
[            - x0^ - 1         - x0^ - 1 * x1^ - 1    - x0^ - 1 * x1^ - 1 * x2^ - 1]
```

rewriting_system()函数用于返回与有限呈示群相对应的重写系统，代码如下：

```
sage: b.rewriting_system()
Rewriting system of Finitely presented group < x0, x1, x2 | x0 * x1 * x2, x0^ - 1 * x1^ - 1 * x2^ -
1 >
with rules:
   x0^ - 1 * x1^ - 1 * x2^ - 1      --- >     1
   x0 * x1 * x2      --- >     1
```

11.10 有限呈示群中的元素

有限呈示群中的元素具有知名的表示形式如下：

(1) DihedralPresentation。

(2) CyclicPresentation。

(3) DiCyclicPresentation。

（4）FinitelyGeneratedAbelianPresentation。

（5）FinitelyGeneratedHeisenbergPresentation。

（6）KleinFourPresentation。

（7）SymmetricPresentation。

（8）QuaternionPresentation。

（9）AlternatingPresentation。

（10）BinaryDihedralPresentation。

返回一个 CyclicPresentation 的代码如下：

```
sage: groups.presentation.Cyclic(10)
Finitely presented group < a | a^10 >
```

返回一个 FinitelyGeneratedAbelianPresentation 的代码如下：

```
sage: groups.presentation.FGAbelian([2,2])
Finitely presented group < a, b | a^2, b^2, a^ - 1 * b^ - 1 * a * b >
```

返回一个 FinitelyGeneratedHeisenbergPresentation 的代码如下：

```
sage: groups.presentation.Heisenberg()
Finitely presented group < x1, y1, z | x1 * y1 * x1^ - 1 * y1^ - 1 * z^ - 1, z * x1 * z^ - 1 * x1^ - 1,
z * y1 * z^ - 1 * y1^ - 1 >
```

返回一个 DihedralPresentation 的代码如下：

```
sage: groups.presentation.Dihedral(7)
Finitely presented group < a, b | a^7, b^2, (a * b)^2 >
```

返回一个 DiCyclicPresentation 的代码如下：

```
sage: groups.presentation.DiCyclic(9)
Finitely presented group < a, b | a^18, b^2 * a^ - 9, b^ - 1 * a * b * a >
```

返回一个 SymmetricPresentation 的代码如下：

```
sage: groups.presentation.Symmetric(4)
Finitely presented group < a, b | b^2, a^4, (a * b)^3 >
```

返回一个 QuaternionPresentation 的代码如下：

```
sage: groups.presentation.Quaternion()
Finitely presented group < a, b | a^4, b^2 * a^ - 2, a * b * a * b^ - 1 >
```

返回一个 AlternatingPresentation 的代码如下：

```
sage: groups.presentation.Alternating(6)
Finitely presented group < a, b | a^3, b^5, (a^ - 1 * b^ - 1)^4, (b * a^ - 1 * b^ - 1 * a)^2, (a *
b * a * b^ - 1)^3, (b^2 * a^ - 1 * b^ - 1 * a^ - 1)^3 >
```

返回一个 KleinFourPresentation 的代码如下：

```
sage: groups.presentation.KleinFour()
Finitely presented group < a, b | a^2, b^2, a^-1*b^-1*a*b >
```

返回一个 BinaryDihedralPresentation 的代码如下：

```
sage: groups.presentation.BinaryDihedral(9)
Finitely presented group < x, y, z | x^-2*y^2, x^-2*z^9, x^-1*y*z >
```

11.11 自由群

FreeGroup 即自由群。FreeGroup()函数允许不传入参数进行调用，代码如下：

```
sage: a = FreeGroup()
sage: a
Free Group on generators {x}
```

FreeGroup()函数还允许传入 1 个参数进行调用，这个参数被认为是生成器的数量，或者生成器的名称或者生成器的前缀，代码如下：

```
sage: a = FreeGroup(4)
sage: a
Free Group on generators {x0, x1, x2, x3}

sage: a = FreeGroup('s')
sage: a
Free Group on generators {s}
```

FreeGroup()函数还允许传入 index_set 参数进行调用，这个参数被认为是索引的集合，代码如下：

```
sage: a = FreeGroup(index_set = ZZ)
sage: a
Free group indexed by Integer Ring
```

FreeGroup()函数还允许传入 abelian 参数进行调用，这个参数用于控制是否生成阿贝尔自由群，代码如下：

```
sage: a = FreeGroup(index_set = ZZ, abelian = True)
sage: a
Free abelian group indexed by Integer Ring
```

rank()函数用于返回自由群的生成器数，代码如下：

```
sage: a.<b,c> = FreeGroup()
sage: a
Free Group on generators {b, c}
sage: a.rank()
2
```

abelian_invariants()函数用于返回自由群的阿贝不变量,代码如下:

```
sage: a.abelian_invariants()
(0, 0)
```

quotient()函数用于返回自由群与给定元素生成的正规子群的商,代码如下:

```
sage: a.quotient([1])
Finitely presented group < b, c | 1 >
```

11.12 自由群中的元素

创建一个自由群中的元素,代码如下:

```
sage: a.<b,c> = FreeGroup()
sage: b
b
```

Tietze()函数用于返回元素的 Tietze 列表,代码如下:

```
sage: b.Tietze()
(1,)
```

fox_derivative()函数用于返回元素相对于自由群的给定生成器的 Fox 导数,代码如下:

```
sage: b.fox_derivative(b)
1
```

syllables()函数用于返回元素的音节,代码如下:

```
sage: b.syllables()
((b, 1),)
```

11.13 伽罗瓦群

伽罗瓦群要通过数域构造。在数域上调用 galois_group()函数即可创建伽罗瓦群,代码如下:

```
sage: a.<x> = ZZ[]
sage: b.<a> = NumberField(x^3 + 2 * x + 2)
sage: c = b.galois_group()
sage: c
Galois group 3T2 (S3) with order 6 of x^3 + 2 * x + 2
```

top_field()函数用于返回定义此伽罗瓦群的扩张中的两个域中的较大的域,代码如下:

```
sage: c.top_field()
Number Field in a with defining polynomial x^3 + 2*x + 2
```

transitive_label()函数用于返回传递标签，代码如下：

```
sage: c.transitive_label()
'3T2'
```

is_galois()函数用于判断是否可以视为某个伽罗瓦扩张的伽罗瓦群，代码如下：

```
sage: c.is_galois()
False
```

splitting_field()函数用于返回顶部域的伽罗瓦闭包，代码如下：

```
sage: c.splitting_field()
Number Field in ac with defining polynomial x^6 + 12*x^4 + 36*x^2 + 140
```

ngens()函数用于返回生成器的数量，代码如下：

```
sage: c.ngens()
2
```

11.14 交换群

GroupExp 即交换群。可以只通过 GroupExp()函数创建函子，代码如下：

```
sage: a = GroupExp()
sage: a
Functor from Category of commutative additive groups to Category of groups
```

此外，还可以通过 GroupExp()函数创建交换群，代码如下：

```
sage: a = GroupExp()(ZZ)
sage: a
Multiplicative form of Integer Ring
```

one()函数用于返回恒等元素，代码如下：

```
sage: a.one()
0
```

an_element()函数用于返回一个元素，代码如下：

```
sage: a.an_element()
1
```

group_generators()函数用于返回群的生成器，代码如下：

```
sage: a.group_generators()
(1,)
```

11.15 交换群中的元素

交换群中的元素要通过交换群和 GroupExpElement()函数创建，代码如下：

```
sage: G = QQ^2
sage: EG = GroupExp()(G)
sage: a = GroupExpElement(EG, vector(QQ, (1, -3)))
sage: a
(1, -3)
```

交换群中的元素支持乘法运算，代码如下：

```
sage: b = GroupExpElement(EG, vector(QQ, (1, -3)))
sage: a * b
(2, -6)
```

inverse()函数用于返回倒数，代码如下：

```
sage: a.inverse()
(-1, 3)
```

11.16 增长群

GenericGrowthGroup 即增长群，代码如下：

```
sage: from sage.rings.asymptotic.growth_group import GenericGrowthGroup
sage: a = GenericGrowthGroup(ZZ)
sage: a
Growth Group Generic(ZZ)
```

some_elements()函数用于返回增长群的多个元素，代码如下：

```
sage: a.some_elements()
<generator object GenericGrowthGroup.some_elements.<locals>.<genexpr> at 0x6ffdb73a4ad0>
```

le()函数用于返回一个群的增长是否小于或等于另一个群的增长，代码如下：

```
sage: a = GrowthGroup('x^ZZ')
sage: a.le(x, x^2)
True
```

is_compatible()函数用于返回两个增长群是否兼容，即两个增长群属于同一类型、具有相同的变量，但可能有不同的基，代码如下：

```
sage: a.is_compatible(a)
True
```

gens_monomial()函数用于返回一个元组，该元组包含增长群的一元生成器，代码

如下：

```
sage: a.gens_monomial()
(x,)
```

gens()函数用于返回增长群的所有生成器的元组，代码如下：

```
sage: a.gens()
(x,)
```

gen()函数用于返回增长群的某个生成器，代码如下：

```
sage: a.gen()
x
```

ngens()函数用于返回增长群的生成器数，代码如下：

```
sage: a.ngens()
1
```

variable_names()函数用于返回增长群的变量的名称，代码如下：

```
sage: a.variable_names()
('x',)
```

extended_by_non_growth_group()函数将增长群扩张为一个增长群和一个非增长群的笛卡儿积，代码如下：

```
sage: a.extended_by_non_growth_group()
Growth Group x^ZZ * x^(ZZ * I)
```

non_growth_group()函数用于返回与增长群兼容的非增长群，代码如下：

```
sage: a.non_growth_group()
Growth Group x^(ZZ * I)
```

11.17 一元增长群

MonomialGrowthGroup 即一元增长群，代码如下：

```
sage: a = MonomialGrowthGroup(QQ, log(x))
sage: a
Growth Group log(x)^QQ
```

gens_monomial()函数用于返回一个元组，该元组包含增长群的一元生成器，代码如下：

```
sage: a.gens_monomial()
()
```

gens_logarithmic()函数用于返回包含增长群的对数生成器的元组，代码如下：

```
sage: a.gens_logarithmic()
(log(x),)
```

construction()函数用于返回构造,代码如下：

```
sage: a.construction()
(MonomialGrowthGroup[log(x)], Rational Field)
```

non_growth_group()函数用于返回一个与一元增长群兼容的非增长群,代码如下：

```
sage: a.non_growth_group()
Growth Group log(x)^(QQ * I)
```

11.18　一元增长群中的元素

创建一个一元增长群中的元素,代码如下：

```
sage: from sage.rings.asymptotic.growth_group import MonomialGrowthGroup
sage: a = MonomialGrowthGroup(ZZ, 'x')
sage: b = a(1)
sage: b
1
```

11.19　指数增长群

ExponentialGrowthGroup 即指数增长群,代码如下：

```
sage: from sage.rings.asymptotic.growth_group import ExponentialGrowthGroup
sage: a = ExponentialGrowthGroup(QQ, 'x')
sage: a
Growth Group QQ^x
```

some_elements()函数用于返回指数增长群的多个元素,代码如下：

```
sage: a.some_elements()
< generator object ExponentialGrowthGroup. some _ elements. < locals >. < genexpr > at
0x6ffdb5ef4950 >
```

gens()函数用于返回指数增长群的所有生成器的元组,代码如下：

```
sage: a.gens()
()
```

construction()函数用于返回构造,代码如下：

```
sage: a.construction()
(ExponentialGrowthGroup[x], Rational Field)
```

non_growth_group()函数用于返回一个与指数增长群兼容的非增长群,代码如下:

```
sage: a.non_growth_group()
Growth Group Signs^x
```

11.20 指数增长群中的元素

创建一个指数增长群中的元素,代码如下:

```
sage: from sage.rings.asymptotic.growth_group import GrowthGroup
sage: a = GrowthGroup('(ZZ_ + )^x')
sage: b = a(raw_element = 2)
sage: b
2^x
```

指数增长群中的元素支持的符号运算。

(1) 乘法的代码如下:

```
sage: a(42^x) * a(42^x)
1764^x
```

(2) 乘法逆的代码如下:

```
sage: ~a(42^x)
(1/42)^x
```

(3) 幂运算的代码如下:

```
sage: a(42^x)^3
74088^x
```

base()函数用于返回指数增长群中的元素的基,代码如下:

```
sage: a(42^x).base
42
```

11.21 一元非增长群

MonomialNonGrowthGroup 即一元非增长群,代码如下:

```
sage: from sage.groups.misc_gps.imaginary_groups import ImaginaryGroup
sage: from sage.rings.asymptotic.growth_group import MonomialNonGrowthGroup
sage: a = MonomialNonGrowthGroup(ImaginaryGroup(ZZ), 'n')
sage: a
Growth Group n^(ZZ * I)
```

11.22 一元非增长群中的元素

创建一个一元非增长群中的元素，代码如下：

```
sage: from sage.groups.misc_gps.imaginary_groups import ImaginaryGroup
sage: from sage.rings.asymptotic.growth_group import MonomialNonGrowthGroup
sage: a = MonomialNonGrowthGroup(ImaginaryGroup(ZZ), 'n')
sage: a
sage: a(1)
1
```

11.23 指数非增长群

ExponentialNonGrowthGroup 即指数非增长群，代码如下：

```
sage: from sage.groups.misc_gps.argument_groups import RootsOfUnityGroup
sage: from sage.rings.asymptotic.growth_group import ExponentialNonGrowthGroup
sage: a = ExponentialNonGrowthGroup(RootsOfUnityGroup(), 'n')
sage: a
Growth Group UU^n
```

11.24 指数非增长群中的元素

创建一个指数非增长群中的元素，代码如下：

```
sage: from sage.groups.misc_gps.argument_groups import RootsOfUnityGroup
sage: from sage.rings.asymptotic.growth_group import ExponentialNonGrowthGroup
sage: a = ExponentialNonGrowthGroup(RootsOfUnityGroup(), 'n')
sage: a
Growth Group UU^n
sage: a(1)
1
```

11.25 带索引的群

在创建带索引的群时，必须指定 index_set 参数，这个参数指的是索引生成器的集合。index_set 参数可以是一个环，代码如下：

```
sage: a = Groups().free(index_set = ZZ)
sage: a
Free group indexed by Integer Ring
```

index_set 参数可以是生成器的名称或者生成器的前缀,代码如下:

```
sage: a = Groups().free(index_set = 'abc')
sage: a
Free group indexed by {'a', 'b', 'c'}
```

index_set 参数可以是空列表,代码如下:

```
sage: a = Groups().free(index_set = [])
sage: a
Free group indexed by {}
```

order()函数用于返回阶数,它是正无穷大的,代码如下:

```
sage: a.order()
+ Infinity
```

rank()函数用于返回秩,代码如下:

```
sage: a.rank()
+ Infinity
```

group_generators()函数用于返回群的生成器,代码如下:

```
sage: a.group_generators()
Lazy family (Generator map from Integer Ring to Free group indexed by Integer Ring(i))_{i in
Integer Ring}
```

11.26 带索引的自由群

在创建带索引的自由群时,必须指定 index_set 参数,这个参数指的是索引生成器的集合。index_set 参数可以是一个环,代码如下:

```
sage: a = Groups().free(index_set = ZZ)
sage: a
Free group indexed by Integer Ring
```

one()函数用于返回恒等元素,代码如下:

```
sage: a.one()
1
```

gen()函数用于返回某个带索引的生成器,代码如下:

```
sage: a.gen(3)
F[3]
```

11.27　带索引的自由阿贝尔群

在创建带索引的自由阿贝尔群时，必须指定 index_set 参数，这个参数指的是索引生成器的集合。index_set 参数可以是一个环，代码如下：

```
sage: a = Groups().Commutative().free(index_set = ZZ)
sage: a
Free abelian group indexed by Integer Ring
```

one()函数用于返回恒等元素，代码如下：

```
sage: a.one()
1
```

gen()函数用于返回某个带索引的生成器，代码如下：

```
sage: a.gen(3)
F[3]
```

第 12 章

CHAPTER 12

常 用 环

12.1 无穷大和无限环

12.1.1 无穷大

AnInfinity 即无穷大，包括正无穷大和负无穷大，简写为 oo 或一oo。

lcm()函数用于返回无穷大和一个数的最小公倍数。根据定义，要么为 0，要么为无穷大，代码如下：

```
sage: oo.lcm(2)
 + Infinity
sage: oo.lcm(oo)
 + Infinity
sage: oo.lcm(0)
0
```

无穷大支持的符号运算。

(1) 加法的代码如下：

```
sage: oo + oo
 + Infinity
```

(2) 减法的代码如下：

```
sage: oo - oo
SignError: cannot add infinity to minus infinity
```

(3) 乘法的代码如下：

```
sage: oo * oo
 + Infinity
```

(4) 除法的代码如下：

```
sage: oo/oo
SignError: cannot multiply infinity by zero
```

12.1.2　正无穷大

PlusInfinity 即正无穷大，简写为 oo，代码如下：

```
sage: oo
+ Infinity
```

正无穷大支持一元减法，代码如下：

```
sage: - oo
- Infinity
```

sqrt()函数用于返回平方根，代码如下：

```
sage: oo.sqrt()
+ Infinity
```

12.1.3　负无穷大

MinusInfinity 即负无穷大，简写为－oo，代码如下：

```
sage: - oo
- Infinity
```

负无穷大支持一元减法，代码如下：

```
sage: - ( - oo)
+ Infinity
```

12.1.4　无限数

UnsignedInfinity 即无限数，简写为 unsigned_infinity，代码如下：

```
sage: unsigned_infinity
Infinity
```

无限数支持乘法，代码如下：

```
sage: unsigned_infinity * unsigned_infinity
Infinity
sage: unsigned_infinity * 0
ValueError: unsigned oo times smaller number not defined
class LessThanInfinity(_uniq, RingElement):
```

12.1.5　有限数

有限数要通过无穷大环创建，代码如下：

```
sage: a = UnsignedInfinityRing(5)
sage: a
A number less than infinity
sage: b = UnsignedInfinityRing(5)
sage: b
A number less than infinity
```

有限数支持的符号运算。

（1）加法的代码如下：

```
sage: b = UnsignedInfinityRing(5)
sage: a + b
A number less than infinity
```

（2）减法的代码如下：

```
sage: a - b
A number less than infinity
```

（3）乘法的代码如下：

```
sage: a * b
A number less than infinity
```

（4）除法的代码如下：

```
sage: a/b
ValueError: quotient of number < oo by number < oo not defined
```

sign()函数用于返回符号，代码如下：

```
sage: a = UnsignedInfinityRing(5)
sage: a.sign()
NotImplementedError: sign of number < oo is not well defined
```

12.1.6 区分正负的有限数

FiniteNumber 即区分正负的有限数，代码如下：

```
sage: from sage.rings.infinity import FiniteNumber
sage: a = FiniteNumber(InfinityRing, 1)
sage: a
A positive finite number
sage: b = FiniteNumber(InfinityRing, 1)
sage: b
A positive finite number
```

区分正负的有限数支持的符号运算。

（1）加法的代码如下：

```
sage: a + b
A positive finite number
```

（2）乘法的代码如下：

```
sage: a * b
A positive finite number
```

（3）除法的代码如下：

```
sage: a/b
A positive finite number
```

（4）一元减法的代码如下：

```
sage: - a
A negative finite number
```

sign()函数用于返回符号，代码如下：

```
sage: a.sign()
1
```

12.1.7　无限环

InfinityRing 即无限环，代码如下：

```
sage: a = InfinityRing
sage: a
The Infinity Ring
```

无限环不是一个积分域，代码如下：

```
sage: a.fraction_field()
TypeError: infinity 'ring' has no fraction field
```

ngens()函数用于返回生成器的总数，代码如下：

```
sage: a.ngens()
2
```

gen()函数用于返回某个生成器，代码如下：

```
sage: a.gen(0)
 + Infinity
```

gens()函数用于返回全部生成器，代码如下：

```
sage: a.gens()
[ + Infinity, - Infinity]
```

无限环不是零，代码如下：

```
sage: a.is_zero()
False
```

无限环是交换环，代码如下：

```
sage: a.is_commutative()
True
```

12.1.8 无穷大环

UnsignedInfinityRing 即无穷大环，代码如下：

```
sage: UnsignedInfinityRing
The Unsigned Infinity Ring
```

ngens()函数用于返回生成器的总数，代码如下：

```
sage: UnsignedInfinityRing.ngens()
1
```

无穷大环不是一个积分域，代码如下：

```
age: UnsignedInfinityRing.fraction_field()
TypeError: infinity 'ring' has no fraction field
```

gen()函数用于返回某个生成器，代码如下：

```
sage: UnsignedInfinityRing.gen()
Infinity
```

gens()函数用于返回全部生成器，代码如下：

```
sage: UnsignedInfinityRing.gens()
[Infinity]
```

less_than_infinity()函数用于返回有限数，代码如下：

```
sage: UnsignedInfinityRing.less_than_infinity()
A number less than infinity
```

12.2 渐进环和渐进展开

12.2.1 渐进环

AsymptoticRing 即渐近环，代码如下：

```
sage: a.<x> = AsymptoticRing(growth_group = 'x^QQ', coefficient_ring = QQ)
sage: a
Asymptotic Ring <x^QQ> over Rational Field
```

growth_group()函数用于返回渐近环的增长群，代码如下：

```
sage: a.growth_group()
Growth Group x^QQ
```

coefficient_ring()函数用于返回渐近环的系数环，代码如下：

```
sage: a.coefficient_ring()
Rational Field
```

default_prec()函数用于返回渐近环的默认精度，代码如下：

```
sage: a.default_prec()
20
```

term_monoid_factory()函数用于返回渐近环的 term monoid 工厂函数，代码如下：

```
sage: a.term_monoid_factory()
Term Monoid Factory 'sage.rings.asymptotic.term_monoid.DefaultTermMonoidFactory'
```

term_monoid()函数用于返回指定类型的渐近环的 term monoid，代码如下：

```
sage: a.term_monoid('O')
O-Term Monoid x^QQ with implicit coefficients in Rational Field
```

change_parameter()函数用于返回一个渐近环，并修改一个或多个参数，代码如下：

```
sage: a.change_parameter()
Asymptotic Ring <x^QQ> over Rational Field
```

some_elements()函数用于返回一些元素，代码如下：

```
sage: a.some_elements()
<generator object AsymptoticRing.some_elements.<locals>.<genexpr> at 0x6ffdb4e7db50>
```

gens()函数用于返回全部生成器，代码如下：

```
sage: a.gens()
(x,)
```

gen()函数用于返回某个生成器，代码如下：

```
sage: a.gen()
x
```

ngens()函数用于返回生成器的总数，代码如下：

```
sage: a.ngens()
1
```

create_summand()函数用于创建一个由单个被加列表的渐进展开，代码如下：

```
sage: a.create_summand('exact', data='12*x^13')
12*x^13
```

variable_names()函数用于返回渐进展开的变量的名称，代码如下：

```
sage: a.variable_names()
('x',)
```

construction()函数用于返回构造，代码如下：

```
sage: a.construction()
(AsymptoticRing<x^QQ>, Rational Field)
```

12.2.2 渐进展开

AsymptoticExpansion 即渐进环的元素，即渐进展开，代码如下：

```
sage: a.<x> = AsymptoticRing(growth_group = 'x^QQ', coefficient_ring = QQ)
sage: b.<y> = AsymptoticRing(growth_group = 'y^QQ', coefficient_ring = QQ)
sage: c = x^2 + 1
sage: c
x^2 + 1
sage: d = x^3 + 1
sage: d
x^3 + 1
```

渐进展开支持的符号运算。

(1) 加法的代码如下：

```
sage: c + d
x^3 + x^2 + 2
```

(2) 减法的代码如下：

```
sage: c - d
-x^3 + x^2
```

(3) 乘法的代码如下：

```
sage: c * d
x^5 + x^3 + x^2 + 1
```

(4) 除法的代码如下：

```
sage: c/d
x^(-1) + x^(-3) - x^(-4) - x^(-6) + x^(-7) + x^(-9) - x^(-10) - x^(-12) + x^
(-13) + x^(-15) - x^(-16) - x^(-18) + x^(-19) + x^(-21) - x^(-22) - x^(-24) +
x^(-25) + x^(-27) - x^(-28) - x^(-30) + x^(-31) + x^(-33) - x^(-34) - x^(-36) +
x^(-37) + x^(-39) - x^(-40) - x^(-42) + x^(-43) + x^(-45) - x^(-46) - x^(-48) +
x^(-49) + x^(-51) - x^(-52) - x^(-54) + x^(-55) + x^(-57) - x^(-58) - x^(-60) +
O(x^(-61))
```

(5) 乘法逆的代码如下：

```
sage: ~c
x^(-2) - x^(-4) + x^(-6) - x^(-8) + x^(-10) - x^(-12) + x^(-14) - x^(-16) +
x^(-18) - x^(-20) + x^(-22) - x^(-24) + x^(-26) - x^(-28) + x^(-30) - x^(-32) +
x^(-34) - x^(-36) + x^(-38) - x^(-40) + O(x^(-42))
```

（6）幂运算的代码如下：

```
sage: c^3
x^6 + 3*x^4 + 3*x^2 + 1
```

has_same_summands()函数用于返回两个渐进展开是否具有相同的被加数，代码如下：

```
sage: c.has_same_summands(d)
False
```

monomial_coefficient()函数用于返回渐进展开中给定的单项式的基环中的系数，代码如下：

```
sage: c.monomial_coefficient(x)
0
```

truncate()函数用某个精度截断，代码如下：

```
sage: c.truncate(2)
x^2 + 1
```

exact_part()函数用于返回包含渐进展开的所有精确项的展开，代码如下：

```
sage: c.exact_part()
x^2 + 1
```

sqrt()函数用于返回平方根，代码如下：

```
sage: c.sqrt()
x + 1/2*x^(-1) - 1/8*x^(-3) + 1/16*x^(-5) - 5/128*x^(-7) + 7/256*x^(-9) -
21/1024*x^(-11) + 33/2048*x^(-13) - 429/32768*x^(-15) + 715/65536*x^(-17) -
2431/262144*x^(-19) + 4199/524288*x^(-21) - 29393/4194304*x^(-23) + 52003/
8388608*x^(-25) - 185725/33554432*x^(-27) + 334305/67108864*x^(-29) - 9694845/
2147483648*x^(-31) + 17678835/4294967296*x^(-33) - 64822395/17179869184*x^(-35) +
119409675/34359738368*x^(-37) + O(x^(-39))
```

O()函数用于将渐进展开中的所有项转换为O项，代码如下：

```
sage: c.O()
O(x^2)
```

is_exact()函数用于返回是否精确，代码如下：

```
sage: c.is_exact()
True
```

is_little_o_of_one()函数用于返回渐进展开是否符合O(1)的顺序，代码如下：

```
sage: c.is_little_o_of_one()
False
```

exp()函数用于计算指数,代码如下:

```
sage: exp(c)
ValueError: Cannot construct the power of e to the exponent x^2 + 1 in Asymptotic Ring <x^QQ>
over Rational Field.
> * previous * TypeError: unable to convert 'e' to a rational
```

symbolic_expression()函数用于将渐进展开作为符号表达式返回,代码如下:

```
sage: c.symbolic_expression()
x^2 + 1
```

map_coefficients()函数用于返回通过将一个函数应用于渐进展开的每个系数而获得的渐进展开,代码如下:

```
sage: c.map_coefficients(lambda x: x + 1)
2 * x^2 + 2
```

variable_names()函数用于返回渐进展开的变量的名称,代码如下:

```
sage: c.variable_names()
('x',)
```

limit()函数用于计算渐进展开的极限,代码如下:

```
sage: (1/x).limit()
0
```

12.3 布尔多项式环和布尔重构

12.3.1 布尔多项式环

BooleanPolynomialRing 即布尔多项式环,代码如下:

```
sage: a = BooleanPolynomialRing()
sage: a
Boolean PolynomialRing in None
```

ngens()函数用于返回生成器的总数,代码如下:

```
sage: a.ngens()
1
```

gen()函数用于返回某个生成器,代码如下:

```
sage: a.gen()
None
```

gens()函数用于返回全部生成器,代码如下:

```
sage: a.gens()
(None,)
```

change_ring()函数用于更改基环，代码如下：

```
sage: a.change_ring()
Boolean PolynomialRing in None
sage: a.change_ring(ZZ)
Multivariate Polynomial Ring in None over Integer Ring
```

remove_var()函数用于从环中删除一个变量或一个列表的变量，代码如下：

```
sage: a.<b> = BooleanPolynomialRing()
sage: a.remove_var(b)
Finite Field of size 2
```

ideal()函数用于在环上创建一个理想，代码如下：

```
sage: a.ideal()
Ideal (0) of Boolean PolynomialRing in None
```

random_element()函数用于返回一个随机元素，代码如下：

```
sage: a.random_element()
None
```

cover_ring()函数用于返回覆盖环，代码如下：

```
sage: a.cover_ring()
Multivariate Polynomial Ring in None over Finite Field of size 2
```

defining_ideal()函数用于返回定义理想，代码如下：

```
sage: a.defining_ideal()
Ideal (None^2 + None) of Multivariate Polynomial Ring in None over Finite Field of size 2
```

id()函数用于返回布尔多项式环的ID，代码如下：

```
sage: a.id()
34416469840
```

variable()函数用于返回布尔多项式环的某个生成器，代码如下：

```
sage: a.variable()
None
```

get_order_code()函数用于返回顺序码，代码如下：

```
sage: a.get_order_code()
0
```

get_base_order_code()函数用于返回基本顺序码，代码如下：

```
sage: a.get_base_order_code()
0
```

has_degree_order()函数用于判断阶数是否与阶排序相对应,代码如下:

```
sage: a.has_degree_order()
False
```

one()函数用于返回1,代码如下:

```
sage: a.one()
1
```

zero()函数用于返回0,代码如下:

```
sage: a.zero()
0
```

n_variables()函数用于返回布尔多项式环中的变量数,代码如下:

```
sage: a.n_variables()
1
```

12.3.2 一元布尔同构

在给定布尔多项式环的情况下可以构造一元布尔同构,代码如下:

```
sage: from sage.rings.polynomial.pbori.pbori import BooleanMonomialMonoid
sage: a = BooleanPolynomialRing(2)
sage: b = BooleanMonomialMonoid(a)
sage: b
MonomialMonoid of Boolean PolynomialRing in None0, None1
```

ngens()函数用于返回生成器的总数,代码如下:

```
sage: b.ngens()
2
```

gen()函数用于返回某个生成器,代码如下:

```
sage: b.gen()
None0
```

gens()函数用于返回全部生成器,代码如下:

```
sage: b.gens()
(None0, None1)
```

12.3.3 布尔单项式

布尔单项式要通过一元布尔同构和BooleanMonomialMonoid()函数创建,代码如下:

```
sage: from sage.rings.polynomial.pbori.pbori import BooleanMonomialMonoid, BooleanMonomial
sage: a = BooleanPolynomialRing(3)
```

```
sage: b = BooleanMonomialMonoid(a)
sage: c = b(1)
sage: c
1
```

ring()函数用于返回对应的环，代码如下：

```
sage: c.ring()
Boolean PolynomialRing in None0, None1, None2
```

deg()函数用于返回阶，代码如下：

```
sage: c.deg()
0
```

degree()函数用于返回阶，代码如下：

```
sage: c.degree()
0
```

divisors()函数用于返回一组布尔单项式及其所有除数，代码如下：

```
sage: c.divisors()
{{}}
```

multiples()函数用于返回两个布尔单项式的乘积，代码如下：

```
sage: c.multiples(c)
{{}}
```

reducible_by()函数用于返回两个布尔单项式的消去结果，代码如下：

```
sage: c.reducible_by(c)
True
```

set()函数用于返回布尔单项式中的一组布尔变量，代码如下：

```
sage: c.set()
{{}}
```

variables()函数用于返回布尔单项式中变量的元组，代码如下：

```
sage: c.variables()
()
```

iterindex()函数用于在布尔单项式中的变量的索引上返回迭代器，代码如下：

```
sage: c.iterindex()
<sage.rings.polynomial.pbori.pbori.BooleanMonomialIterator object at 0x6ffe2c0cf8c0>
```

navigation()函数提供了一个接口，可以访问它们的索引及相应的 then-else 分支，代码如下：

```
sage: c.navigation()
<sage.rings.polynomial.pbori.pbori.CCuddNavigator object at 0x6ffe2be9aad0>
```

gcd()函数用于返回最大公约数,代码如下:

```
sage: c.gcd(c)
1
```

12.3.4 布尔多项式

BooleanPolynomial 即布尔多项式,代码如下:

```
sage: from sage.rings.polynomial.pbori.pbori import BooleanPolynomial
sage: a.<b,c,d> = BooleanPolynomialRing(3)
sage: e = b + c * d
sage: e
b + c*d
```

布尔多项式支持的符号运算。

(1) 加法的代码如下:

```
sage: e + e
0
```

(2) 减法的代码如下:

```
sage: e - e
0
```

(3) 乘法的代码如下:

```
sage: e * e
b + c*d
```

(4) 除法的代码如下:

```
sage: e/e
1
```

(5) 幂运算的代码如下:

```
sage: e^3
b + c*d
```

(6) 一元减法的代码如下:

```
sage: -e
b + c*d
```

total_degree()函数用于返回布尔多项式的总阶数,代码如下:

```
sage: e.total_degree()
2
```

degree()函数用于返回阶,代码如下:

```
sage: e.degree()
2
```

lm()函数用于返回布尔多项式的一个前导项，代码如下：

```
sage: e.lm()
b
```

lt()函数用于返回布尔多项式的多个前导项，代码如下：

```
sage: e.lt()
b
```

is_singleton()函数用于判断布尔多项式是否最多有一项，代码如下：

```
sage: e.is_singleton()
False
```

is_singleton_or_pair()函数用于判断布尔多项式是否最多有两项，代码如下：

```
sage: e.is_singleton_or_pair()
True
```

is_pair()函数用于判断布尔多项式是否正好有两项，代码如下：

```
sage: e.is_pair()
True
```

is_zero()函数用于判断布尔多项式是否为0，代码如下：

```
sage: e.is_zero()
False
```

bool()函数用于判断是否不等于0，代码如下：

```
sage: bool(e)
True
```

is_one()函数用于判断是否等于1，代码如下：

```
sage: e.is_one()
False
```

is_unit()函数用于判断是不是一个单位，代码如下：

```
sage: e.is_unit()
False
```

is_constant()函数用于判断布尔多项式是否为常量，代码如下：

```
sage: e.is_constant()
False
```

lead_deg()函数用于返回布尔多项式的前导单项式的总阶数，代码如下：

```
sage: e.lead_deg()
1
```

vars_as_monomial()函数用于返回一个布尔单项式，代码如下：

```
sage: e.vars_as_monomial()
b*c*d
```

variables()函数用于返回布尔多项式中出现的所有变量的元组，代码如下：

```
sage: e.variables()
(b, c, d)
```

nvariables()函数用于返回形成布尔多项式的变量数，代码如下：

```
sage: e.nvariables()
3
```

is_univariate()函数用于判断多项式是不是一元的，代码如下：

```
sage: e.is_univariate()
False
```

monomials()函数用于返回出现在布尔多项式中的单项式列表，代码如下：

```
sage: e.monomials()
[b, c*d]
```

variable()函数用于返回布尔多项式中出现的第 i 个变量，代码如下：

```
sage: e.variable()
b
```

terms()函数用于返回出现在多项式中的单项式列表，代码如下：

```
sage: e.terms()
[b, c*d]
```

monomial_coefficient()函数用于返回布尔多项式中的一个单项式的系数，代码如下：

```
sage: e.monomial_coefficient(b)
1
```

constant_coefficient()函数用于返回布尔多项式的常数系数，代码如下：

```
sage: e.constant_coefficient()
0
```

is_homogeneous()函数用于返回布尔多项式是不是齐次多项式，代码如下：

```
sage: e.is_homogeneous()
False
```

set()函数用于返回一个集合，其中所有单项式都出现在其中，代码如下：

```
sage: e.set()
{{b}, {c,d}}
```

deg()函数用于返回布尔多项式的阶数，代码如下：

```
sage: e.deg()
2
```

elength()函数用于返回 SlimGB 算法中使用的消除长度，代码如下：

```
sage: e.elength()
3
```

lead()函数用于返回布尔多项式的前导单项式相对于父环的顺序，代码如下：

```
sage: e.lead()
b
```

lex_lead()函数用于返回布尔多项式的前导单项式，关于字典术语排序，代码如下：

```
sage: e.lex_lead()
b
```

lex_lead_deg()函数用于返回前导单项式相对于字典序的阶，代码如下：

```
sage: e.lex_lead_deg()
1
```

constant()函数用于判断元素是不是常量，代码如下：

```
sage: e.constant()
False
```

navigation()函数提供了一个接口，可以访问它们的索引及相应的 then-else 分支，代码如下：

```
sage: e.navigation()
<sage.rings.polynomial.pbori.pbori.CCuddNavigator object at 0x6ffe5ded9bd0>
```

map_every_x_to_x_plus_one()函数用于将多项式中的每个变量 x 映射到 x+1，代码如下：

```
sage: e.map_every_x_to_x_plus_one()
b + c*d + c + d
```

lead_divisors()函数用于返回前导单项式的所有除数，代码如下：

```
sage: e.lead_divisors()
{{b}, {}}
```

first_term()函数用于返回关于字典术语排序的第 1 个术语，代码如下：

```
sage: e.first_term()
b
```

reducible_by()函数用于返回一个布尔多项式是否可被另一个多项式化简，代码如下：

```
sage: e.reducible_by(b)
True
```

n_nodes()函数用于返回实现多项式的 ZDD 中的节点数，代码如下：

```
sage: e.n_nodes()
3
```

n_vars()函数用于返回用于形成布尔多项式的变量数，代码如下：

```
sage: e.n_vars()
3
```

graded_part()函数用于返回 n 阶布尔多项式的分次部分，代码如下：

```
sage: e.graded_part(1)
b
```

has_constant_part()函数用于返回布尔多项式是否拥有常数项，代码如下：

```
sage: e.has_constant_part()
False
```

stable_hash()函数用于返回跨进程的哈希值，代码如下：

```
sage: e.stable_hash()
-1439817564907352652
```

ring()函数用于返回对应的环，代码如下：

```
sage: e.ring()
Boolean PolynomialRing in b, c, d
```

12.3.5 布尔多项式的理想

在布尔多项式上调用 ideal()函数即可创建布尔多项式的理想，代码如下：

```
sage: a.<b,c,d> = BooleanPolynomialRing(3)
sage: e = a.ideal(b + c * d)
sage: e
Ideal (b + c * d) of Boolean PolynomialRing in b, c, d
```

布尔多项式的理想的比较规则如下：

```
sage: e == e
True
sage: e!= e
False
```

dimension()函数用于返回 BooleanPolynomialIdeal 的维度，该维度始终为 0，代码如下：

```
sage: e.dimension()
0
```

groebner_basis()函数用于返回一个 Groebner 基上的理想,代码如下:

```
sage: e.groebner_basis()
[b + c*d]
```

variety()函数用于返回布尔理想的各种表示形式,代码如下:

```
sage: e.variety()
[{d: 0, c: 0, b: 0},
{d: 0, c: 1, b: 0},
{d: 1, c: 0, b: 0},
{d: 1, c: 1, b: 1}]
```

reduce()函数用于将一个元素模化为理想的 Groebner 缩减基,代码如下:

```
sage: e.reduce(b)
c*d
```

interreduced_basis()函数用于返回缩减基,代码如下:

```
sage: e.interreduced_basis()
[b + c*d]
```

12.4 C-有限序列环和 C-有限序列

12.4.1 C-有限序列环

CFiniteSequences 是 C-有限序列环,代码如下:

```
sage: a = CFiniteSequences(QQ)
sage: a
The ring of C-Finite sequences in x over Rational Field
```

ngens()函数用于返回生成器的总数,代码如下:

```
sage: a.ngens()
1
```

gen()函数用于返回某个生成器,代码如下:

```
sage: a.gen()
x
```

gen()函数用于返回某个元素,代码如下:

```
sage: a.an_element()
C-finite sequence, generated by (x - 2)/(x^2 + x - 1)
```

fraction_field()函数用于返回分数域,代码如下:

```
sage: a.fraction_field()
Fraction Field of Univariate Polynomial Ring in x over Rational Field
```

polynomial_ring()函数用于返回用于表示 C-有限序列环的多项式环,代码如下:

```
sage: a.polynomial_ring()
Univariate Polynomial Ring in x over Rational Field
```

from_recurrence()函数用于给定齐次线性递归的系数和起始值,创建一个 C-有限序列,代码如下:

```
sage: a.from_recurrence([2,3], [2,3])
C-finite sequence, generated by (3/2*x - 1)/(x^2 + 3/2*x - 1/2)
```

guess()函数用于返回生成序列的最小 C-有限序列,假设第 1 个值的索引为 0,代码如下:

```
sage: a.guess([1,2,3,4,5,6,7,8])
C-finite sequence, generated by 1/(x^2 - 2*x + 1)
```

12.4.2 C-有限序列

CFiniteSequence 是 C-有限序列,代码如下:

```
sage: x = var('x')
sage: a = CFiniteSequence(x^3/(x+2))
sage: a
C-finite sequence, generated by x^3/(x + 2)
```

C-有限序列支持的符号运算。

(1) 加法的代码如下:

```
sage: a + b
C-finite sequence, generated by (2*x^4 + x^3)/(x^2 + x - 2)
```

(2) 减法的代码如下:

```
sage: a - b
C-finite sequence, generated by -3*x^3/(x^2 + x - 2)
```

(3) 乘法的代码如下:

```
sage: a * b
C-finite sequence, generated by x^6/(x^2 + x - 2)
```

(4) 除法的代码如下:

```
sage: a/b
C-finite sequence, generated by (x - 1)/(x + 2)
```

coefficients()函数用于返回 C-有限序列的递归表示的系数，代码如下：

```
sage: a.coefficients()
[-1/2]
```

ogf()函数用于返回与 C-有限序列有关的普通生成函数，代码如下：

```
sage: a.ogf()
x^3/(x + 2)
```

numerator()函数用于返回分子，代码如下：

```
sage: a.numerator()
x^3
```

denominator()函数用于返回分母，代码如下：

```
sage: a.denominator()
x + 2
```

recurrence_repr()函数用于返回一个具有 C-有限序列递归表示的字符串，代码如下：

```
sage: a.recurrence_repr()
'homogeneous linear recurrence with constant coefficients of degree 1: a(n+1) = -1/2*a(n),
starting a(3...) = [1/2, -1/4, 1/8, -1/16]'
```

series()函数用于返回与 C-有限序列相关的 Laurent 级数，并指定精度，代码如下：

```
sage: a.series(4)
1/2*x^3 - 1/4*x^4 + 1/8*x^5 - 1/16*x^6 + O(x^7)
```

closed_form()函数用于返回序列中的第 n 项中的符号表达式，代码如下：

```
sage: a.closed_form()
-4*(-1/2)^n
```

12.5 无穷多项式环

12.5.1 稀疏无穷多项式环

调用 InfinitePolynomialRing 函数时加上 implementation='sparse'参数将生成稀疏无穷多项式环，代码如下：

```
sage: a.<b> = InfinitePolynomialRing(QQ, implementation = 'sparse')
sage: a
Infinite polynomial ring in b over Rational Field
```

one()函数用于返回 1，代码如下：

```
sage: a.one()
1
```

construction()函数用于返回构造，代码如下：

```
sage: a.construction()
[InfPoly{[b], "lex", "sparse"}, Rational Field]
```

tensor_with_ring()函数用于返回无穷多项式环与另一个环的张量积，代码如下：

```
sage: a.tensor_with_ring(RDF)
Infinite polynomial ring in b over Real Double Field
```

无穷多项式环不是诺瑟环，代码如下：

```
sage: a.is_noetherian()
False
```

无穷多项式环不是域，代码如下：

```
sage: a.is_field()
False
```

varname_key()函数用于比较变量名称的键，代码如下：

```
sage: a.varname_key('b_1')
(0, 1)
```

ngens()函数用于返回生成器的总数，代码如下：

```
sage: a.ngens()
1
```

gen()函数用于返回某个生成器，代码如下：

```
sage: a.gen()
b_*
```

gens()函数用于返回全部生成器，代码如下：

```
sage: a.gens_dict()
GenDict of Infinite polynomial ring in b over Rational Field
```

characteristic()函数用于返回特征，代码如下：

```
sage: a.characteristic()
0
```

无穷多项式环是积分域，代码如下：

```
sage: a.is_integral_domain()
True
```

krull_dimension()函数用于返回 Krull 维数，代码如下：

```
sage: a.krull_dimension()
+Infinity
```

order()函数用于返回阶,代码如下:

```
sage: a.order()
+ Infinity
```

12.5.2 稀疏无穷多项式

创建一个稀疏无穷多项式,代码如下:

```
sage: a.<b> = InfinitePolynomialRing(QQ, implementation = 'sparse')
sage: c = b[1]
sage: c
b_1
```

稀疏无穷多项式支持求解,求解结果如下:

```
sage: c(1)
1
```

稀疏无穷多项式支持的符号运算。

(1) 加法的代码如下:

```
sage: c + c
2 * b_1
```

(2) 减法的代码如下:

```
sage: c - c
0
```

(3) 乘法的代码如下:

```
sage: c * c
b_1^2
```

(4) 除法的代码如下:

```
sage: c/c
b_1/b_1
```

(5) 幂运算的代码如下:

```
sage: c^2
b_1^2
```

polynomial()函数用于返回多项式,代码如下:

```
sage: c.polynomial()
b_1
```

ring()函数用于返回对应的环,代码如下:

```
sage: c.ring()
Infinite polynomial ring in b over Rational Field
```

is_unit()函数用于判断是不是一个单位，代码如下：

```
sage: c.is_unit()
False
```

is_nilpotent()函数用于返回无穷多项式是不是幂零的，代码如下：

```
sage: c.is_nilpotent()
False
```

variables()函数用于返回出现在无穷多项式环中的变量，代码如下：

```
sage: c.variables()
(b_1,)
```

max_index()函数用于返回出现在无穷多项式环中的变量的最大索引，代码如下：

```
sage: c.max_index()
1
```

lm()函数用于返回前导单项式，代码如下：

```
sage: c.lm()
b_1
```

lc()函数用于返回前导项的系数，代码如下：

```
sage: c.lc()
1
```

lt()函数用于返回前导项，代码如下：

```
sage: c.lt()
b_1
```

tail()函数用于返回尾项，代码如下：

```
sage: c.tail()
0
```

squeezed()函数用于缩减多项式，代码如下：

```
sage: c.squeezed()
b_1
```

footprint()函数用于返回多项式中的变量索引，代码如下：

```
sage: c.footprint()
{1: [1]}
```

coefficient()函数用于返回系数，代码如下：

```
sage: c.coefficient(c)
1
```

stretch()函数用于返回按给定因式拉伸的无穷多项式，代码如下：

```
sage: c.stretch(3)
b_3
```

12.5.3 稠密无穷多项式环

调用 InfinitePolynomialRing 函数时不加 implementation='sparse'参数将生成稠密无穷多项式环，代码如下：

```
sage: a.<b> = InfinitePolynomialRing(QQ)
sage: a
Infinite polynomial ring in b over Rational Field
```

construction()函数用于返回构造，代码如下：

```
sage: a.construction()
[InfPoly{[b], "lex", "dense"}, Rational Field]
```

tensor_with_ring()函数用于返回无穷多项式环与另一个环的张量积，代码如下：

```
sage: a.tensor_with_ring(CDF)
Infinite polynomial ring in b over Complex Double Field
```

polynomial_ring()函数用于返回有穷多项式环，代码如下：

```
sage: a.polynomial_ring()
Multivariate Polynomial Ring in b_1, b_0 over Rational Field
```

12.5.4 稠密无穷多项式

创建一个稠密无穷多项式，代码如下：

```
sage: a.<b> = InfinitePolynomialRing(QQ)
sage: c = b[1]
sage: c
b_1
```

稠密无穷多项式支持求解，求解结果如下：

```
sage: c(1,2)
1
```

稠密无穷多项式额外支持的符号运算。

(1) 加法的代码如下：

```
sage: c + c
2 * b_1
```

(2) 减法的代码如下：

```
sage: c - c
0
```

(3) 乘法的代码如下：

```
sage: c * c
b_1^2
```

(4) 除法的代码如下：

```
sage: c/c
b_1/b_1
```

(5) 幂运算的代码如下：

```
sage: c^2
b_1^2
```

gcd()函数用于返回最大公约数，代码如下：

```
sage: gcd(c,c)
b_1
```

12.6 洛朗多项式环和洛朗多项式

12.6.1 一元洛朗多项式环

在 1 个变量上调用 LaurentPolynomialRing()函数即可创建一元洛朗多项式环，代码如下：

```
class LaurentPolynomialRing_univariate(LaurentPolynomialRing_generic):
sage: a = LaurentPolynomialRing(QQ,'x')
sage: a
Univariate Laurent Polynomial Ring in x over Rational Field
```

12.6.2 多元洛朗多项式环

在多个变量上调用 LaurentPolynomialRing()函数即可创建多元洛朗多项式环，代码如下：

```
class LaurentPolynomialRing_mpair(LaurentPolynomialRing_generic):
sage: a = LaurentPolynomialRing(QQ,2,'x')
sage: a
Multivariate Laurent Polynomial Ring in x0, x1 over Rational Field
```

一元洛朗多项式环和多元洛朗多项式环的比较规则如下：

```
sage: a == a
True
sage: a!= a
False
```

ngens()函数用于返回生成器的总数，代码如下：

```
sage: a.ngens()
2
```

gen()函数用于返回某个生成器，代码如下：

```
sage: a.gen()
b
```

variable_names_recursive()函数用于返回洛朗多项式环及其基环的变量名列表，代码如下：

```
sage: a.variable_names_recursive()
('b', 'c')
```

一元洛朗多项式环和多元洛朗多项式环是积分域，代码如下：

```
sage: a.is_integral_domain()
True
```

construction()函数用于返回构造，代码如下：

```
sage: a.construction()
(LaurentPolynomialFunctor,
Univariate Laurent Polynomial Ring in b over Integer Ring)
```

completion()函数用于返回在 p 处的完备，代码如下：

```
sage: LaurentPolynomialRing(ZZ, 'x').completion(x)
Laurent Series Ring in x over Integer Ring
```

remove_var()函数用于从洛朗多项式环中移除变量，代码如下：

```
sage: LaurentPolynomialRing(ZZ, 'x,y').remove_var(x)
Univariate Laurent Polynomial Ring in y over Integer Ring
```

ideal()函数用于返回洛朗多项式环的理想，代码如下：

```
sage: a.ideal([1])
Ideal (1) of Multivariate Laurent Polynomial Ring in b, c over Integer Ring
```

term_order()函数用于返回洛朗多项式环的术语顺序，代码如下：

```
sage: a.term_order()
Degree reverse lexicographic term order
```

is_finite()函数用于判断是不是有穷的，代码如下：

```
sage: a.is_finite()
False
```

is_field()函数用于判断是不是域，代码如下：

```
sage: a.is_field()
False
```

polynomial_ring()函数用于返回与洛朗多项式环关联的多项式环，代码如下：

```
sage: a.polynomial_ring()
Multivariate Polynomial Ring in b, c over Integer Ring
```

characteristic()函数用于返回特征，代码如下：

```
sage: a.characteristic()
0
```

is_exact()函数用于判断是否精确，代码如下：

```
sage: a.is_exact()
True
```

change_ring()函数用于更改基环，代码如下：

```
sage: a.change_ring(QQ)
Multivariate Laurent Polynomial Ring in b, c over Rational Field
```

fraction_field()函数用于返回分数域，代码如下：

```
sage: a.fraction_field()
Fraction Field of Multivariate Polynomial Ring in b, c over Integer Ring
```

12.6.3 洛朗多项式

洛朗多项式分为一元洛朗多项式和多元洛朗多项式。

一元洛朗多项式和多元洛朗多项式均支持符号运算。

（1）加法的代码如下：

```
sage: c + 1
2 + b^2
```

（2）乘法的代码如下：

```
sage: c * c
1 + 2 * b^2 + b^4
```

（3）整除的代码如下：

```
sage: c//c
1
```

change_ring()函数用于更改基环，代码如下：

```
sage: c.change_ring(CDF)
1.0 + 0.0*b + 1.0*b^2
```

hamming_weight()函数用于返回洛朗多项式的汉明权重，代码如下：

```
sage: c.hamming_weight()
2
```

map_coefficients()函数用于将共域应用于洛朗多项式的系数，代码如下：

```
sage: c.map_coefficients(lambda x:x+1)
2 + 2*b^2
```

12.6.4　一元洛朗多项式

在一元洛朗多项式环上生成的多项式即一元洛朗多项式，代码如下：

```
sage: a.<b> = LaurentPolynomialRing(ZZ)
sage: c = b^2 + 1
sage: c
1 + b^2
```

一元洛朗多项式支持求解，求解结果如下：

```
sage: c(1)
2
```

一元洛朗多项式支持的符号运算。

（1）加法的代码如下：

```
sage: c + c
2 + 2*b^2
```

（2）减法的代码如下：

```
sage: c - c
0
```

（3）一元减法的代码如下：

```
sage: -c
-1 - b^2
```

（4）乘法的代码如下：

```
sage: c*c
1 + 2*b^2 + b^4
```

（5）幂运算的代码如下：

```
sage: c^3
1 + 3 * b^2 + 3 * b^4 + b^6
```

（6）整除的代码如下：

```
sage: c//3
0
```

（7）左移的代码如下：

```
sage: c << 2
b^2 + b^4
```

（8）右移的代码如下：

```
sage: c >> 2
b^ - 2 + 1
```

（9）乘法逆的代码如下：

```
sage: ~c
1/(b^2 + 1)
```

is_unit()函数用于判断是不是一个单位，代码如下：

```
sage: c.is_unit()
False
```

is_zero()函数用于判断洛朗多项式是否为非零，代码如下：

```
sage: c.is_zero()
False
```

number_of_terms()函数用于返回洛朗多项式的非零系数数，也称为权重、汉明权重或稀疏度，代码如下：

```
sage: c.number_of_terms()
2
```

coefficients()函数用于返回洛朗多项式的非零系数，代码如下：

```
sage: c.coefficients()
[1, 1]
```

exponents()函数用于返回洛朗多项式中出现的具有非零系数的指数，代码如下：

```
sage: c.exponents()
[0, 2]
```

degree()函数用于返回阶，代码如下：

```
sage: c.degree()
2
```

is_monomial()函数用于判断洛朗多项式是不是单项式，代码如下：

```
sage: c.is_monomial()
False
```

如果洛朗多项式是单位，则 inverse_of_unit()函数将返回洛朗多项式的翻转，代码如下：

```
sage: c.inverse_of_unit()
ArithmeticError: element is not a unit
```

gcd()函数用于返回最大公约数，代码如下：

```
sage: gcd(c,c)
1 + b^2
```

quo_rem()函数用于辗转相除，代码如下：

```
sage: c.quo_rem(3)
(0, 1 + b^2)
```

valuation()函数用于返回估计，代码如下：

```
sage: c.valuation()
0
```

truncate()函数用某个精度截断，代码如下：

```
sage: c.truncate(2)
1
```

variable_name()函数用于返回洛朗多项式变量的名称，代码如下：

```
sage: c.variable_name()
'b'
```

variables()函数用于返回洛朗多项式中出现的变量，代码如下：

```
sage: c.variables()
(b,)
```

polynomial_construction()函数用于返回用于构造洛朗多项式的多项式和幂的偏移，代码如下：

```
sage: c.polynomial_construction()
(b^2 + 1, 0)
```

is_constant()函数用于返回洛朗多项式是否为常数，代码如下：

```
sage: c.is_constant()
False
```

is_square()函数用于判断洛朗多项式是否为平方数，代码如下：

```
sage: c.is_square()
False
```

derivative()函数用于对某个或多个变量求导，代码如下：

```
sage: c.derivative()
2 * b
```

residue()函数用于返回残差，代码如下：

```
sage: c.residue()
0
```

constant_coefficient()函数用于返回洛朗多项式常量项的系数，代码如下：

```
sage: c.constant_coefficient()
1
```

shift()函数用于移位运算，代码如下：

```
sage: c.shift(2)
b^2 + b^4
```

12.6.5 多元洛朗多项式

在多元洛朗多项式环上生成的多项式即多元洛朗多项式，代码如下：

```
sage: a.<b,c> = LaurentPolynomialRing(ZZ)
sage: d = b^2 + c + 1
sage: d
b^2 + c + 1
```

多元洛朗多项式支持求解，求解结果如下：

```
sage: d(1,2)
4
```

多元洛朗多项式支持的符号运算。

(1) 乘法逆的代码如下：

```
sage: ~d
1/(b^2 + c + 1)
```

(2) 幂运算的代码如下：

```
sage: d^2
b^4 + 2 * b^2 * c + 2 * b^2 + c^2 + 2 * c + 1
```

(3) 加法的代码如下：

```
sage: d + d
2 * b^2 + 2 * c + 2
```

(4) 减法的代码如下：

```
sage: d - d
0
```

(5) 除法的代码如下：

```
sage: d/d
1
```

(6) 一元减法的代码如下：

```
sage: - d
- b^2 - c - 1
```

(7) 乘法的代码如下：

```
sage: d * d
b^4 + 2 * b^2 * c + 2 * b^2 + c^2 + 2 * c + 1
```

(8) 整除的代码如下：

```
sage: d//d
1
```

is_unit()函数用于判断是不是一个单位，代码如下：

```
sage: d.is_unit()
False
```

number_of_terms()函数用于返回洛朗多项式的非零系数数，也称为权重、汉明权重或稀疏度，代码如下：

```
sage: d.number_of_terms()
3
```

iterator_exp_coeff()函数用于返回迭代器，可用于生成(ETuple，coefficient)数对，代码如下：

```
sage: d.iterator_exp_coeff()
<generator object at 0x6ffdb55c3a50>
```

monomials()函数用于返回洛朗多项式中的单项式列表，代码如下：

```
sage: d.monomials()
[b^2, c, 1]
```

constant_coefficient()函数用于返回洛朗多项式的常数系数，代码如下：

```
sage: (b^2 + c).constant_coefficient()
0
```

coefficients()函数用于返回列表中洛朗多项式的非零系数,代码如下:

```
sage: d.coefficients()
1
```

variables()函数用于返回洛朗多项式中出现的所有变量的元组,代码如下:

```
sage: d.variables()
(c, b)
```

is_monomial()函数用于判断洛朗多项式是不是单项式,代码如下:

```
sage: d.is_monomial()
False
```

quo_rem()函数用于辗转相除,代码如下:

```
sage: d.quo_rem(3)
(0, b^2 + c + 1)
```

exponents()函数用于返回洛朗多项式的指数列表,代码如下:

```
sage: d.exponents()
[(2, 0), (0, 1), (0, 0)]
```

degree()函数用于返回阶,代码如下:

```
sage: d.degree()
2
```

has_inverse_of()函数用于判断洛朗多项式是否包含第 i 个逆项的单项式,代码如下:

```
sage: d.has_inverse_of(0)
False
```

has_inverse_of()函数用于判断洛朗多项式是否包含任意逆项的单项式,代码如下:

```
sage: d.has_any_inverse()
False
```

subs()函数用于替换变量,代码如下:

```
sage: d.subs()
b^2 + c + 1
```

is_constant()函数用于返回洛朗多项式是否为常数,代码如下:

```
sage: d.is_constant()
False
```

derivative()函数用于对某个或多个变量求导,代码如下:

```
sage: d.derivative(b)
2*b
```

is_univariate()函数用于判断多项式是不是一元的，代码如下：

```
sage: d.is_univariate()
False
```

factor()函数用于返回因式分解，代码如下：

```
sage: d.factor()
b^2 + c + 1
```

is_square()函数用于判断是不是平方数，代码如下：

```
sage: d.is_square()
False
```

rescale_vars()函数用于重新缩放洛朗多项式中的变量，代码如下：

```
sage: d.rescale_vars({0: 2, 1: 3})
4*b^2 + 3*c + 1
```

toric_coordinate_change()函数用于矩阵映射，代码如下：

```
sage: d.toric_coordinate_change(Matrix([[1,-3],[1,1]]))
b^2*c^2 + 1 + b^-3*c
```

toric_substitute()函数用于执行单个变量替换，代码如下：

```
sage: d.toric_substitute((2,3), (-1,1), 1)
b^6*c^6 + 1 + b^-2*c^-2
```

12.7　洛朗级数环和洛朗级数

12.7.1　洛朗级数环

LaurentSeriesRing 即洛朗级数环，代码如下：

```
sage: a.<b> = LaurentSeriesRing(QQ)
sage: a
Laurent Series Ring in b over Rational Field
```

base_extend()函数在与洛朗级数环相同的变量中，返回某个环上的洛朗级数环，假设存在从洛朗级数环的基环到某个环的正则映射，代码如下：

```
sage: a.base_extend(RR)
Laurent Series Ring in b over Real Field with 53 bits of precision
```

fraction_field()函数用于返回分数域，代码如下：

```
sage: a.fraction_field()
Laurent Series Ring in b over Rational Field
```

is_sparse()函数用于判断是不是稀疏的，代码如下：

```
sage: a.is_sparse()
False
```

is_field()函数用于判断是不是域，代码如下：

```
sage: a.is_field()
True
```

random_element()函数用于返回一个随机元素，代码如下：

```
sage: a.random_element()
-1/2 + 22*b + b^2 + b^3 + 3*b^4 - b^5 + b^6 + 5/3*b^9 + b^10 - 4*b^12 + b^13 +
b^14 - b^15 + 2*b^18 + 5*b^19 + O(b^20)
```

construction()函数用于返回构造，代码如下：

```
sage: a.construction()
(Completion[b, prec=20],
Univariate Laurent Polynomial Ring in b over Rational Field)
```

residue_field()函数用于返回洛朗级数环的残差环，代码如下：

```
sage: a.residue_field()
Rational Field
```

default_prec()函数用于获取精确元素在必要时截断的精度，代码如下：

```
sage: a.default_prec()
20
```

is_exact()函数用于返回是否精确，代码如下：

```
sage: a.is_exact()
False
```

uniformizer()函数用于返回一个正规化子，代码如下：

```
sage: a.uniformizer()
b
```

ngens()函数用于返回生成器的总数，代码如下：

```
sage: a.ngens()
1
```

polynomial_ring()函数用于返回多项式环 $R[t]$，代码如下：

```
sage: a.polynomial_ring()
Univariate Polynomial Ring in b over Rational Field
```

laurent_polynomial_ring()函数用于返回洛朗多项式环 $R[t,1/t]$，代码如下：

```
sage: a.laurent_polynomial_ring()
Univariate Laurent Polynomial Ring in b over Rational Field
```

power_series_ring()函数用于返回幂级数环 $R[[t]]$，代码如下：

```
sage: a.power_series_ring()
Power Series Ring in b over Rational Field
```

12.7.2 洛朗级数

洛朗级数要在洛朗级数环上创建，代码如下：

```
sage: a.<b> = LaurentSeriesRing(ZZ)
sage: c = a([1,2,3])
sage: c
1 + 2*b + 3*b^2
```

洛朗级数支持求解，求解结果如下：

```
sage: c(1)
6
```

洛朗级数支持的符号运算。

（1）加法的代码如下：

```
sage: d = a([2,3,4])
sage: c + d
3 + 5*b + 7*b^2
```

（2）减法的代码如下：

```
sage: c - d
-1 - b - b^2
```

（3）一元减法的代码如下：

```
sage: -c
-1 - 2*b - 3*b^2
```

（4）乘法的代码如下：

```
sage: c*d
2 + 7*b + 16*b^2 + 17*b^3 + 12*b^4
```

（5）乘方的代码如下：

```
sage: c^3
1 + 6*b + 21*b^2 + 44*b^3 + 63*b^4 + 54*b^5 + 27*b^6
```

（6）除法的代码如下：

```
sage: c/2
1/2 + b + 3/2 * b^2
```

change_ring()函数用于更改基环，代码如下：

```
sage: c.change_ring(RR)
1.00000000000000 + 2.00000000000000 * b + 3.00000000000000 * b^2
```

is_unit()函数用于判断是不是一个单位，代码如下：

```
sage: c.is_unit()
True
```

is_monomial()函数用于判断洛朗级数是不是单项式，代码如下：

```
sage: c.is_monomial()
False
```

verschiebung()函数用于返回洛朗级数的第 n 个 Verschiebung，代码如下：

```
sage: c.verschiebung(1)
1 + 2 * b + 3 * b^2
```

coefficients()函数用于返回洛朗级数的非零系数，代码如下：

```
sage: c.coefficients()
[1, 2, 3]
```

residue()函数用于返回洛朗级数的残差，代码如下：

```
sage: c.residue()
0
```

exponents()函数用于返回洛朗级数中出现的具有非零系数的指数，代码如下：

```
sage: c.exponents()
[0, 1, 2]
```

laurent_polynomial()函数用于返回相应的洛朗多项式，代码如下：

```
sage: c.laurent_polynomial()
1 + 2 * b + 3 * b^2
```

lift_to_precision()函数用于返回提升精度后的元素，代码如下：

```
sage: c.lift_to_precision()
1 + 2 * b + 3 * b^2
```

add_bigoh()函数用于返回带 $O(n)$ 的洛朗级数，代码如下：

```
sage: c.add_bigoh(10)
1 + 2 * b + 3 * b^2 + O(b^10)
```

O()函数用于返回带 $O(n)$ 的洛朗级数，代码如下：

```
sage: c.O(10)
1 + 2*b + 3*b^2 + O(b^10)
```

degree()函数用于返回阶，代码如下：

```
sage: c.degree()
2
```

shift()函数用于移位运算，代码如下：

```
sage: c.shift(2)
b^2 + 2*b^3 + 3*b^4
```

truncate()函数用某个精度截断，代码如下：

```
sage: c.truncate(2)
1 + 2*b
```

truncate_laurentseries()函数用于截断洛朗级数并加上对应精度的 O，代码如下：

```
sage: c.truncate_laurentseries(2)
1 + 2*b + O(b^2)
```

truncate_neg()函数用于返回等价于洛朗级数的洛朗级数，但不包含任何 n 阶项，代码如下：

```
sage: c.truncate_neg(2)
3*b^2
```

common_prec()函数用于返回两个洛朗级数的最小精度，代码如下：

```
sage: c.common_prec(d)
+Infinity
```

common_valuation()函数用于返回两个洛朗级数共同的估计，代码如下：

```
sage: c.common_valuation(d)
0
```

prec()函数用于返回精度，代码如下：

```
sage: c.prec()
+Infinity
```

precision_absolute()函数用于返回绝对精度，代码如下：

```
sage: c.precision_absolute()
+Infinity
```

precision_relative()函数用于返回相对精度，代码如下：

```
sage: c.precision_relative()
+Infinity
```

derivative()函数用于返回洛朗级数的形式导数，代码如下：

```
sage: c.derivative()
2 + 6 * b
```

integral()函数用于返回洛朗级数的形式积分，代码如下：

```
sage: c.integral()
b + b^2 + b^3
```

nth_root()函数用于返回第 n 个根，代码如下：

```
sage: c.nth_root(1)
1 + 2 * b + 3 * b^2 + O(b^20)
```

power_series()函数用于将洛朗级数转换为幂级数，代码如下：

```
sage: c.power_series()
1 + 2 * b + 3 * b^2
```

inverse()函数用于返回洛朗级数的乘法逆，代码如下：

```
sage: c.inverse()
1 - 2 * b + b^2 + 4 * b^3 - 11 * b^4 + 10 * b^5 + 13 * b^6 - 56 * b^7 + 73 * b^8 + 22 * b^9 -
263 * b^10 + 460 * b^11 - 131 * b^12 - 1118 * b^13 + 2629 * b^14 - 1904 * b^15 - 4079 * b^
16 + 13870 * b^17 - 15503 * b^18 - 10604 * b^19 + O(b^20)
```

12.8 多项式环

12.8.1 稀疏多项式

稀疏多项式要在多项式环上创建，代码如下：

```
sage: a.<b> = PolynomialRing(Integers(5),sparse = True)
sage: c = b^2 + b
sage: c
b^2 + b
```

稀疏多项式支持求解，求解结果如下：

```
sage: c(1)
2
```

稀疏多项式支持的符号运算。

(1) 下标索引的代码如下：

```
sage: c[1]
1
```

（2）加法的代码如下：

```
sage: c + c
2 * b^2 + 2 * b
```

（3）减法的代码如下：

```
sage: c - c
0
```

（4）乘法的代码如下：

```
sage: c * c
b^4 + 2 * b^3 + b^2
```

dict()函数用于返回多项式的基本元素的字典的新副本，代码如下：

```
sage: c.dict()
{2: 1, 1: 1}
```

coefficients()函数用于返回出现在多项式中的单项式的系数，代码如下：

```
sage: c.coefficients()
[1, 1]
```

exponents()函数用于返回出现在多项式中的单项式的指数，代码如下：

```
sage: c.exponents()
[1, 2]
```

valuation()函数用于返回估计，代码如下：

```
sage: c.valuation()
1
```

integral()函数用于返回形式积分，代码如下：

```
sage: c.integral()
2 * b^3 + 3 * b^2
```

degree()函数用于返回阶，代码如下：

```
sage: c.degree()
2
```

shift()函数用于移位运算，代码如下：

```
sage: c.shift(3)
b^5
```

quo_rem()函数用于辗转相除，代码如下：

```
sage: c.quo_rem(d)
(0, b^2)
```

gcd()函数用于返回最大公约数，代码如下：

```
sage: c.gcd(d)
b
```

reverse()函数用于将系数翻转，代码如下：

```
sage: c.reverse(3)
b
```

truncate()函数用某个精度截断，代码如下：

```
sage: c.truncate(2)
0
```

number_of_terms()函数用于返回多元多项式的非零系数数，也称为权重、汉明权重或稀疏度，代码如下：

```
sage: c.number_of_terms()
1
```

12.8.2 用 FLINT 库实现的稠密整数多项式

用 FLINT 库实现的稠密整数多项式，专用于整数域之上。创建用 FLINT 库实现的稠密整数多项式，代码如下：

```
sage: a = ZZ['x'].random_element()
sage: b = a^2 + 1
sage: b
1
```

用 FLINT 库实现的稠密整数多项式支持求解，求解结果如下：

```
sage: b(1)
2
```

用 FLINT 库实现的稠密整数多项式支持的符号运算。

(1) 下标索引的代码如下：

```
sage: b[1]
0
```

(2) 加法的代码如下：

```
sage: c = a^3 + 1
sage: b + c
2
```

(3) 减法的代码如下：

```
sage: b - c
0
```

(4) 一元减法的代码如下：

```
sage: - b
- 1
```

(5) 乘法的代码如下：

```
sage: b * c
1
```

(6) 幂运算的代码如下：

```
sage: b^1000
1
```

(7) 整除的代码如下：

```
sage: b//c
1
```

content()函数用于返回多项式的系数的最大公约数，代码如下：

```
sage: b.content()
1
```

quo_rem()函数用于辗转相除，代码如下：

```
sage: b.quo_rem(c)
(1, 0)
```

is_zero()函数用于判断是否等于 0，代码如下：

```
sage: b.is_zero()
False
```

is_one()函数用于判断是否等于 1，代码如下：

```
sage: b.is_one()
True
```

bool()函数用于判断是否不等于 0，代码如下：

```
sage: bool(b)
True
```

gcd()函数用于返回最大公约数，代码如下：

```
sage: b.gcd(c)
1
```

lcm()函数用于返回最小公倍数，代码如下：

```
sage: b.lcm(c)
1
```

xgcd()函数用于返回扩张最大公约数，代码如下：

```
sage: b.xgcd(c)
(1, 0, 1)
```

inverse_series_trunc()函数是基于截断多项式实现的幂级数展开，代码如下：

```
sage: b.inverse_series_trunc(c)
1
```

real_root_intervals()函数用于返回多项式实根的孤立区间，代码如下：

```
sage: b = a^2 + 1
sage: b.real_root_intervals()
[]
```

degree()函数用于返回阶，代码如下：

```
sage: b.degree()
0
```

pseudo_divrem()函数用于计算非原版的 divrem 算法，代码如下：

```
sage: b.pseudo_divrem(c)
(1, 0, 0)
```

discriminant()函数用于返回判别式，代码如下：

```
sage: b.discriminant()
0
```

squarefree_decomposition()函数用于返回无平方分解，代码如下：

```
sage: b.squarefree_decomposition()
1
```

factor()函数用于返回因式分解，代码如下：

```
sage: b.factor()
1
```

factor_mod()函数用于返回自模素数 p 的因式分解，代码如下：

```
sage: b.factor_mod(3)
1
```

factor_padic()函数用于将 p 进数因式分解到给定的精度，代码如下：

```
sage: b.factor_padic(2)
1 + O(2^10)
```

resultant()函数用于返回两个多项式共同的结果，代码如下：

```
sage: b.resultant(c)
1
```

reverse()函数用于将系数翻转，代码如下：

```
sage: b.reverse()
1
```

12.8.3 用 NTL 库实现的稠密整数多项式

用 NTL 库实现的稠密整数多项式，专用于整数域之上。创建用 NTL 库实现的稠密整数多项式，代码如下：

```
sage: a.<b> = PolynomialRing(ZZ, implementation = 'NTL')
sage: c = b^2 + 1
sage: c
b^2 + 1
```

用 NTL 库实现的稠密整数多项式支持求解，求解结果如下：

```
sage: c(1)
2
```

用 NTL 库实现的稠密多项式支持的符号运算。

(1) 下标索引的代码如下：

```
sage: c[1]
0
```

(2) 加法的代码如下：

```
sage: d = b^3 + 1
sage: c + d
b^3 + b^2 + 2
```

(3) 减法的代码如下：

```
sage: c - d
-b^3 + b^2
```

(4) 一元减法的代码如下：

```
sage: -c
-b^2 - 1
```

(5) 乘法的代码如下：

```
sage: c * d
b^5 + b^3 + b^2 + 1
```

(6) 整除的代码如下：

```
sage: c//d
0
```

content()函数用于返回多项式的系数的最大公约数，代码如下：

```
sage: c.content()
1
```

quo_rem()函数用于辗转相除，代码如下：

```
sage: c.quo_rem(d)
(0, b^2 + 1)
```

gcd()函数用于返回最大公约数，代码如下：

```
sage: c.gcd(d)
1
```

lcm()函数用于返回最小公倍数，代码如下：

```
sage: c.lcm(d)
b^5 + b^3 + b^2 + 1
```

xgcd()函数用于返回扩张最大公约数，代码如下：

```
sage: c.xgcd(d)
(2, -b^2 - b + 1, b + 1)
```

real_root_intervals()函数用于返回多项式实根的孤立区间，代码如下：

```
sage: c.real_root_intervals()
[]
```

degree()函数用于返回阶，代码如下：

```
sage: c.degree()
2
```

discriminant()函数用于返回判别式，代码如下：

```
sage: c.discriminant()
-4
```

squarefree_decomposition()函数用于返回无平方分解，代码如下：

```
sage: c.squarefree_decomposition()
b^2 + 1
```

factor()函数用于返回因式分解，代码如下：

```
sage: c.factor()
b^2 + 1
```

factor_mod()函数用于返回自模素数 p 的因式分解，代码如下：

```
sage: c.factor_mod(3)
b^2 + 1
```

factor_padic()函数用于将 p 进数因式分解返回给定的精度，代码如下：

```
sage: c.factor_padic(3)
(1 + O(3^10)) * b^2 + O(3^10) * b + 1 + O(3^10)
```

resultant()函数用于返回两个多项式共同的结果，代码如下：

```
sage: c.resultant(d)
2
```

12.8.4　用 FLINT 库实现的稠密有理数多项式

用 FLINT 库实现的稠密有理数多项式，专用于有理数域之上。创建用 FLINT 库实现的稠密有理数多项式，代码如下：

```
sage: a = polygen(QQ)
sage: a
x
```

用 FLINT 库实现的稠密有理数多项式支持求解，求解结果如下：

```
sage: a(1)
1
```

用 FLINT 库实现的稠密有理数多项式支持的符号运算。

（1）下标索引的代码如下：

```
sage: a[1]
1
```

（2）左移的代码如下：

```
sage: a << 2
x^3
```

（3）右移的代码如下：

```
sage: a >> 2
0
```

（4）加法的代码如下：

```
sage: a + a
2 * x
```

（5）减法的代码如下：

```
sage: a - a
0
```

（6）一元减法的代码如下：

```
sage: -a
-x
```

（7）乘法的代码如下：

```
sage: a * a
x^2
```

（8）幂运算的代码如下：

```
sage: a^3
x^3
```

（9）整除的代码如下：

```
sage: a//2
1/2 * x
```

（10）模运算的代码如下：

```
sage: a % 2
0
```

degree()函数用于返回阶，代码如下：

```
sage: a.degree()
1
```

truncate()函数用于某个精度截断，代码如下：

```
sage: a.truncate(2)
x
```

reverse()函数用于翻转系数，代码如下：

```
sage: a.reverse()
10
```

is_zero()函数用于判断多项式是否等于 0，代码如下：

```
sage: a.is_zero()
False
```

is_one()函数用于判断多项式是否等于 1，代码如下：

```
sage: a.is_one()
False
```

bool()函数用于判断多项式是否不等于 0，代码如下：

```
sage: bool(a)
True
```

quo_rem()函数用于辗转相除，代码如下：

```
sage: a.quo_rem(a)
(1, 0)
```

gcd()函数用于返回最大公约数，代码如下：

```
sage: a.gcd(a)
x
```

lcm()函数用于返回最小公倍数，代码如下：

```
sage: a.lcm(a)
x
```

xgcd()函数用于返回扩张最大公约数，代码如下：

```
sage: a.xgcd(a)
(x, 0, 1/10)
```

inverse_series_trunc()函数用于返回多项式的逆级数的精度的多项式近似值，代码如下：

```
sage: a.inverse_series_trunc(2)
ValueError: constant term is zero
```

numerator()函数用于返回分子，代码如下：

```
sage: a.numerator()
10 * x
```

denominator()函数用于返回分母，代码如下：

```
sage: a.denominator()
1
```

real_root_intervals()函数用于返回多项式的实根的区间，代码如下：

```
sage: a.real_root_intervals()
[((-119/1024, 393/2048), 1)]
```

resultant()函数用于返回两个多项式共同的结果，代码如下：

```
sage: a.resultant(a)
0
```

is_irreducible()函数用于返回多项式是否不可约，代码如下：

```
sage: a.is_irreducible()
True
```

factor_mod()函数用于返回自模素数 p 的因式分解，代码如下：

```
sage: a.factor_mod(2)
ZeroDivisionError: inverse of Mod(0, 2) does not exist
```

factor_padic()函数用于将 p 进数因式分解返回给定的精度,代码如下:

```
sage: a.factor_padic(2)
(2 + 2^3 + O(2^11)) * ((1 + O(2^10)) * x + O(2^10))
```

hensel_lift()函数用于返回 Hensel 提升,代码如下:

```
sage: a.hensel_lift(2,1)
[0]
```

discriminant()函数用于返回判别式,代码如下:

```
sage: a.discriminant()
1
```

12.8.5 用 FLINT 库实现的 n 模多项式

用 FLINT 库实现的 n 模多项式,专用于 n 模环之上。创建用 FLINT 库实现的 n 模多项式,代码如下:

```
sage: a.<b> = GF(5)[]
sage: c = b^2 + 1
sage: c
b^2 + 1
```

用 FLINT 库实现的 n 模多项式支持求解,求解结果如下:

```
sage: c(1)
2
```

resultant()函数用于返回两个多项式共同的结果,代码如下:

```
sage: c.resultant(c)
0
```

small_roots()函数用于返回小根,代码如下:

```
sage: c.small_roots()
[]
```

is_irreducible()函数用于判断多项式是否不可约,代码如下:

```
sage: c.is_irreducible()
False
```

squarefree_decomposition()函数用于返回多项式的平方数分解,代码如下:

```
sage: c.squarefree_decomposition()
b^2 + 1
```

factor()函数用于返回因式分解,代码如下:

```
sage: c.factor()
(b + 2) * (b + 3)
```

monic()函数用于返回首一多项式，代码如下：

```
sage: c.monic()
b^2 + 1
```

reverse()函数用于将系数翻转，代码如下：

```
sage: c.reverse()
b^2 + 1
```

12.8.6　用 FLINT 库实现的稠密实数多项式

用 FLINT 库实现的稠密实数多项式，专用于实数域之上。创建用 FLINT 库实现的稠密实数多项式，代码如下：

```
sage: from sage.rings.polynomial.polynomial_real_mpfr_dense import PolynomialRealDense
sage: a = PolynomialRealDense(RR['x'], range(5))
sage: a
4.00000000000000 * x^4 + 3.00000000000000 * x^3 + 2.00000000000000 * x^2 + x
```

用 FLINT 库实现的稠密实数多项式支持求解，求解结果如下：

```
sage: a(1)
10.0000000000000
```

用 FLINT 库实现的稠密实数多项式支持的符号运算。

（1）加法的代码如下：

```
sage: a + a
8.00000000000000 * x^4 + 6.00000000000000 * x^3 + 4.00000000000000 * x^2 +
2.00000000000000 * x
```

（2）减法的代码如下：

```
sage: a - a
0
```

（3）乘法的代码如下：

```
sage: a * a
16.0000000000000 * x^8 + 24.0000000000000 * x^7 + 25.0000000000000 * x^6 +
20.0000000000000 * x^5 + 10.0000000000000 * x^4 + 4.00000000000000 * x^3 + x^2
```

（4）一元减法的代码如下：

```
sage: -a
-4.00000000000000 * x^4 - 3.00000000000000 * x^3 - 2.00000000000000 * x^2 - x
```

degree()函数用于返回阶，代码如下：

```
sage: a.degree()
4
```

truncate()函数用某个精度截断，代码如下：

```
sage: a.truncate(2)
x
```

truncate_abs()函数用于截断上界以下的所有高阶系数，代码如下：

```
sage: a.truncate_abs(RR(2))
4.00000000000000*x^4 + 3.00000000000000*x^3 + 2.00000000000000*x^2 + x
```

shift()函数用于移位运算，代码如下：

```
sage: a.shift(2)
4.00000000000000*x^6 + 3.00000000000000*x^5 + 2.00000000000000*x^4 + x^3
```

list()函数用于返回系数的列表，代码如下：

```
sage: a.list()
[0.000000000000000,
1.00000000000000,
2.00000000000000,
3.00000000000000,
4.00000000000000]
```

integral()函数用于返回形式积分，代码如下：

```
sage: a.integral()
0.800000000000000*x^5 + 0.750000000000000*x^4 + 0.666666666666667*x^3 +
0.500000000000000*x^2
```

reverse()函数用于将系数翻转，代码如下：

```
sage: a.reverse()
x^3 + 2.00000000000000*x^2 + 3.00000000000000*x + 4.00000000000000
```

quo_rem()函数用于辗转相除，代码如下：

```
sage: a.quo_rem(b)
(0, 4.00000000000000*x^4 + 3.00000000000000*x^3 + 2.00000000000000*x^2 + x)
```

change_ring()函数用于更改基环，代码如下：

```
sage: a.change_ring(ZZ)
4*x^4 + 3*x^3 + 2*x^2 + x
```

12.8.7 交换环上的多项式环

在交换环上创建多项式环，代码如下：

```
sage: a.<b> = QQ[]
sage: c = (b^2 + 1) * a
sage: c
Principal ideal (b^2 + 1) of Univariate Polynomial Ring in b over Rational Field
```

quotient_by_principal_ideal()函数用于返回多项式环与主理想的商,代码如下:

```
sage: a.quotient_by_principal_ideal(b)
Univariate Quotient Polynomial Ring in bbar over Rational Field with modulus b
```

weyl_algebra()函数用于返回从多项式环生成的 Weyl 代数,代码如下:

```
sage: a.weyl_algebra()
Differential Weyl algebra of polynomials in b over Rational Field
```

12.8.8　一元多项式环

一元多项式环在创建时只能有一个变量,代码如下:

```
sage: a = ZZ['x']
sage: a
Univariate Polynomial Ring in x over Integer Ring
```

多项式环是积分域,代码如下:

```
sage: a.is_integral_domain()
True
```

is_unique_factorization_domain()函数用于判断是不是完全因式分解的域,代码如下:

```
sage: a.is_unique_factorization_domain()
True
```

is_noetherian()函数用于判断是不是诺瑟环,代码如下:

```
sage: a.is_noetherian()
True
```

some_elements()函数用于返回一些元素,代码如下:

```
sage: a.some_elements()
[x, 0, 1, 1, x^2 + 2 * x + 1, x^3, x^2 - 1, x^2 + 1, 2 * x^2 + 2]
```

flattening_morphism()函数用于返回多项式环的平坦态射,代码如下:

```
sage: a.flattening_morphism()
Identity endomorphism of Univariate Polynomial Ring in x over Integer Ring
```

construction()函数用于返回构造,代码如下:

```
sage: a.construction()
(Poly[x], Integer Ring)
```

completion()函数用于返回在 p 处的完备，代码如下：

```
sage: a.completion(x)
Power Series Ring in x over Integer Ring
```

base_extend()函数用于将多项式环的基扩张返回某个环，代码如下：

```
sage: a.base_extend(a)
Univariate Polynomial Ring in x over Univariate Polynomial Ring in x over Integer Ring
```

change_ring()函数用于更改基环，代码如下：

```
sage: a.change_ring(a)
Univariate Polynomial Ring in x over Univariate Polynomial Ring in x over Integer Ring
```

change_var()函数用于在相同的基环上返回某个变量中的多项式环，代码如下：

```
sage: a.change_var(x)
Univariate Polynomial Ring in x over Integer Ring
```

extend_variables()函数用于返回一个多元多项式环，环具有相同的基环，但具有另一个变量名作为附加变量，代码如下：

```
sage: a.extend_variables('b')
Multivariate Polynomial Ring in x, b over Integer Ring
```

variable_names_recursive()函数用于返回环及其基环的变量名列表，就好像它是一个多元多项式一样，代码如下：

```
sage: a.variable_names_recursive()
('x',)
```

characteristic()函数用于返回特征，代码如下：

```
sage: a.characteristic()
0
```

cyclotomic_polynomial()函数用于返回第 n 个分圆多项式作为多项式环中的多项式，代码如下：

```
sage: a.cyclotomic_polynomial(2)
x + 1
```

gen()函数用于返回某个生成器，代码如下：

```
sage: a.gen()
x
```

gens()函数用于返回全部生成器，代码如下：

```
sage: a.gens_dict()
{'x': x}
```

parameter()函数用于返回多项式环的生成器，代码如下：

```
sage: a.parameter()
x
```

is_exact()函数用于返回是否精确，代码如下：

```
sage: a.is_exact()
True
```

多项式环不是域，代码如下：

```
sage: a.is_field()
False
```

is_sparse()函数用于判断是不是稀疏的，代码如下：

```
sage: a.is_sparse()
False
```

monomial()函数用于返回单项式，代码如下：

```
sage: a.monomial(3)
x^3
```

krull_dimension()函数用于返回 Krull 维数，代码如下：

```
sage: a.krull_dimension()
2
```

ngens()函数用于返回生成器的总数，代码如下：

```
sage: a.ngens()
1
```

random_element()函数用于返回一个随机元素，代码如下：

```
sage: a.random_element()
-15*x^2 + 5*x
```

karatsuba_threshold()函数用于返回 Karatsuba 阈值，代码如下：

```
sage: a.karatsuba_threshold()
8
```

set_karatsuba_threshold()函数用于更改 Karatsuba 阈值，代码如下：

```
sage: a.set_karatsuba_threshold(2)
```

12.8.9 一元多项式

一元多项式要在一元多项式环上创建，代码如下：

```
sage: a.<b> = QQ['b']
sage: c = a([1,2,3])
```

```
sage: c
3*b^2 + 2*b + 1
```

一元多项式支持求解，求解结果如下：

```
sage: c(1)
6
```

一元多项式支持的符号运算。

（1）下标索引的代码如下：

```
sage: c[1]
2
```

（2）加法的代码如下：

```
sage: c+d
9*b^2 + 7*b + 5
```

（3）一元减法的代码如下：

```
sage: -c
-3*b^2 - 2*b - 1
```

（4）乘法的代码如下：

```
sage: c*d
18*b^4 + 27*b^3 + 28*b^2 + 13*b + 4
```

（5）除法的代码如下：

```
sage: c/d
(1/2*b^2 + 1/3*b + 1/6)/(b^2 + 5/6*b + 2/3)
```

（6）整除的代码如下：

```
sage: c//d
1/2
```

（7）取模的代码如下：

```
sage: c%d
-1/2*b - 1
```

（8）左移的代码如下：

```
sage: e<<2
b*d^3
```

（9）右移的代码如下：

```
sage: e>>2
0
```

pow()函数用于先对第 1 个数进行幂运算,再对第 2 个数取余,代码如下:

```
sage: pow(c,2,3)
9 * b^4 + 12 * b^3 + 10 * b^2 + 4 * b + 1
```

subs()函数用于多项式求解,代码如下:

```
sage: c.subs(2)
17
```

bool()函数用于判断是否不等于 0,代码如下:

```
sage: bool(c)
True
```

is_zero()函数用于判断是否等于 0,代码如下:

```
sage: c.is_zero()
False
```

is_one()函数用于判断是否等于 1,代码如下:

```
sage: c.is_one()
False
```

multiplication_trunc()函数用于计算截断乘法,代码如下:

```
sage: c.multiplication_trunc(c,3)
10 * b^2 + 4 * b + 1
```

square()函数用于返回平方,代码如下:

```
sage: c.square()
9 * b^4 + 12 * b^3 + 10 * b^2 + 4 * b + 1
```

is_square()函数用于判断是不是平方数,代码如下:

```
sage: c.is_square()
False
```

any_root()函数用于返回给定环中多项式的根,代码如下:

```
sage: c.any_root()
IndexError: list index out of range
```

power_trunc()函数用于将多项式截断到 n 次,需要指定精确度,代码如下:

```
sage: c.power_trunc(2,3)
10 * b^2 + 4 * b + 1
```

base_ring()函数用于返回基环,代码如下:

```
sage: c.base_ring()
Rational Field
```

base_extend()函数用于返回基扩张，代码如下：

```
sage: c.base_extend(a)
3 * b^2 + 2 * b + 1
```

change_variable_name()函数用于修改变量名，代码如下：

```
sage: c.change_variable_name('z')
3 * z^2 + 2 * z + 1
```

degree()函数用于返回阶，代码如下：

```
sage: c.degree()
2
```

denominator()函数用于返回分母，代码如下：

```
sage: c.denominator()
1
```

numerator()函数用于返回分子，代码如下：

```
sage: c.numerator()
3 * b^2 + 2 * b + 1
```

derivative()函数用于返回多项式的形式导数，代码如下：

```
sage: c.derivative()
6 * b + 2
```

gradient()函数用于返回多项式相对于多元多项式的变量的偏导数列表，代码如下：

```
sage: c.gradient()
[6 * b + 2]
```

integral()函数用于返回形式积分，代码如下：

```
sage: c.integral()
b^3 + b^2 + b
```

dict()函数用于返回多元多项式的稀疏字典表示形式，代码如下：

```
sage: c.dict()
{0: 1, 1: 2, 2: 3}
```

factor()函数用于返回因式分解，代码如下：

```
sage: c.factor()
(3) * (b^2 + 2/3 * b + 1/3)
```

pseudo_quo_rem()函数用于计算两个多项式的伪除法，代码如下：

```
sage: c.pseudo_quo_rem(c)
(3, 0)
```

gcd()函数用于返回最大公约数，代码如下：

```
sage: c.gcd(c)
b^2 + 2/3 * b + 1/3
```

lcm()函数用于返回两个多项式的最小公倍数，代码如下：

```
sage: c.lcm(c)
b^2 + 2/3 * b + 1/3
```

is_primitive()函数用于判断多项式是不是基元，代码如下：

```
sage: c.is_primitive()
NotImplementedError: is_primitive() not defined for polynomials over infinite fields.
```

is_constant()函数用于判断多项式是不是常数多项式，代码如下：

```
sage: c.is_constant()
False
```

is_monomial()函数用于判断多项式是不是单项式，代码如下：

```
sage: c.is_monomial()
False
```

is_term()函数用于判断多项式是不是术语，代码如下：

```
sage: c.is_term()
False
```

sylvester_matrix()函数用于返回两个多项式的 Sylvester 矩阵，代码如下：

```
sage: c.sylvester_matrix(c)
[3 2 1 0]
[0 3 2 1]
[3 2 1 0]
[0 3 2 1]
```

constant_coefficient()函数用于返回多项式的常系数，代码如下：

```
sage: c.constant_coefficient()
1
```

is_monic()函数用于判断是不是首一多项式，代码如下：

```
sage: c.is_monic()
False
```

is_unit()函数用于判断是不是单位，代码如下：

```
sage: c.is_unit()
False
```

is_nilpotent()函数用于判断多项式是不是幂零多项式，代码如下：

```
sage: c.is_nilpotent()
False
```

is_gen()函数用于判断多项式是不是父环的生成器，代码如下：

```
sage: c.is_gen()
False
```

lc()函数用于返回多项式的前导系数，代码如下：

```
sage: c.lc()
3
```

leading_coefficient()函数用于返回多项式的前导系数，代码如下：

```
sage: c.leading_coefficient()
3
```

lm()函数用于返回多项式的前导单项式，代码如下：

```
sage: c.lm()
b^2
```

lt()函数用于返回多项式的前导项，代码如下：

```
sage: c.lt()
3 * b^2
```

monic()函数用于返回首一多项式，代码如下：

```
sage: c.monic()
b^2 + 2/3 * b + 1/3
```

coefficients()函数用于返回多项式中出现的单项式的系数，代码如下：

```
sage: c.coefficients()
[1, 2, 3]
```

exponents()函数用于返回多项式中出现的单项式的指数，代码如下：

```
sage: c.exponents()
[0, 1, 2]
```

prec()函数用于返回精度，代码如下：

```
sage: c.prec()
+ Infinity
```

padded_list()函数用于返回多项式到(但不包括)q^n 的系数列表，代码如下：

```
sage: c.padded_list()
[1, 2, 3]
```

monomial_coefficient()函数用于返回多项式在单项式的基环中的系数，其中单项式必须与多项式具有相同的父级，代码如下：

```
sage: c.monomial_coefficient(c)
3
```

monomials()函数用于返回多项式中的单项式列表，代码如下：

```
sage: c.monomials()
[b^2, b, 1]
```

polynomial()函数用于返回多项式，代码如下：

```
sage: c.polynomial(c)
ValueError: given variable is not the generator of parent.
```

newton_slopes()函数用于返回自身的牛顿多边形的 p 进数斜率，代码如下：

```
sage: c.newton_slopes(2)
[0, 0]
```

resultant()函数用于返回两个多项式的合向量，代码如下：

```
sage: c.resultant(c)
0
```

subresultants()函数用于返回两个多项式的非零 Subresultant 多项式，代码如下：

```
sage: c.subresultants(c)
[]
```

composed_op()函数用于返回多项式与另一个多项式的组合和、差、乘积或商，代码如下：

```
sage: c.composed_op(c, operator.add)
81 * b^4 + 216 * b^3 + 288 * b^2 + 192 * b + 48
sage: c.composed_op(c, operator.mul)
81 * b^4 - 36 * b^3 + 6 * b^2 - 4 * b + 1
```

adams_operator()函数用于返回其根为其根的 n 次方的多项式，代码如下：

```
sage: c.adams_operator(2)
9 * b^2 + 2 * b + 1
```

symmetric_power()函数用于返回其根是第 k 个不同根的乘积的多项式，代码如下：

```
sage: c.symmetric_power(1)
3 * b^2 + 2 * b + 1
```

discriminant()函数用于返回判别式，代码如下：

```
sage: c.discriminant()
-8
```

reverse()函数用于翻转系数，代码如下：

```
sage: c.reverse()
b^2 + 2*b + 3
```

roots()函数用于返回多项式的根,代码如下:

```
sage: c.roots()
[]
```

reciprocal_transform()函数用于将一般多项式变换为自倒易多项式,代码如下:

```
sage: c.reciprocal_transform()
3*b^4 + 2*b^3 + 7*b^2 + 2*b + 3
```

variable_name()函数用于以字符串形式返回多项式中使用的变量的名称,代码如下:

```
sage: c.variable_name()
'b'
```

rational_reconstruct()函数用于返回有理函数重建,代码如下:

```
sage: c.rational_reconstruct(b)
(1, 1)
```

variables()函数用于返回多项式中出现的变量元组,代码如下:

```
sage: c.variables()
(b,)
```

args()函数用于返回多项式环的全部入参,代码如下:

```
sage: c.args()
(b,)
```

valuation()函数用于返回估计,代码如下:

```
sage: c.valuation()
0
```

ord()函数用于返回多项式的估计,代码如下:

```
sage: c.ord()
0
```

add_bigoh()函数用于返回添加 O 的多项式,代码如下:

```
sage: c.add_bigoh(3)
1 + 2*b + 3*b^2 + O(b^3)
```

is_irreducible()函数用于返回多项式是否不可约,代码如下:

```
sage: c.is_irreducible()
True
```

shift()函数用于移位运算,代码如下:

```
sage: c.shift(2)
3 * b^4 + 2 * b^3 + b^2
```

is_square()函数用于判断是不是非平方，代码如下：

```
sage: c.is_squarefree()
True
```

radical()函数如果多项式是无平方的，则直接返回本身，否则开平方，代码如下：

```
sage: c.radical()
3 * b^2 + 2 * b + 1
```

content_ideal()函数用于返回多项式的内容理想，定义为由其系数生成的理想，代码如下：

```
sage: c.content_ideal()
Principal ideal (1) of Rational Field
```

number_of_terms()函数用于返回多项式的非零系数数，也称为权重、汉明权重或稀疏性，代码如下：

```
sage: c.number_of_terms()
3
```

map_coefficients()函数用于返回通过将函数应用于多项式的非零系数而获得的多项式，代码如下：

```
sage: c.map_coefficients(lambda x: x + 1)
4 * b^2 + 3 * b + 2
```

is_cyclotomic()函数用于判断多项式是否是一个分圆多项式，代码如下：

```
sage: c.is_cyclotomic()
False
```

is_cyclotomic_product()函数用于判断多项式是否是分圆多项式的乘积，代码如下：

```
sage: c.is_cyclotomic_product()
False
```

cyclotomic_part()函数用于返回多项式的不可约因式的乘积，代码如下：

```
sage: c.cyclotomic_part()
1
```

homogenize()函数用于返回齐次多项式，代码如下：

```
sage: c.homogenize()
3 * b^2 + 2 * b * h + h^2
```

is_homogeneous()函数用于判断多项式是不是齐次的，代码如下：

```
sage: c.is_homogeneous()
False
```

nth_root()函数用于返回第 n 个根，代码如下：

```
sage: c.nth_root(1)
3*b^2 + 2*b + 1
```

divides()函数用于判断多项式能不能除 p，代码如下：

```
sage: c.divides(c)
True
```

specialization()函数用于返回多项式的特殊化，代码如下：

```
sage: c.specialization({b:1})
6
```

truncate()函数用某个精度截断，代码如下：

```
sage: c.truncate(3)
3*b^2 + 2*b + 1
```

12.8.10 用 Arb 库实现的一元多项式

创建用 Arb 库实现的一元多项式，代码如下：

```
sage: a.<b> = CBF[]
sage: b
b
```

用 Arb 库实现的一元多项式支持求解，求解结果如下：

```
sage: b(1)
1.000000000000000
```

用 Arb 库实现的一元多项式支持的符号运算。

(1) 加法的代码如下：

```
sage: e+f
b*d^2 + b*d
```

(2) 一元减法的代码如下：

```
sage: -e
-b*d
```

(3) 减法的代码如下：

```
sage: e-f
-b*d^2 + b*d
```

（4）乘法的代码如下：

```
sage: e * f
b^2 * d^3
```

（5）左移的代码如下：

```
sage: e << 2
b * d^3
```

（6）右移的代码如下：

```
sage: e >> 2
0
```

degree()函数用于返回阶，代码如下：

```
sage: b.degree()
1
```

list()函数用于返回系数的列表，代码如下：

```
sage: b.list()
[0, 1.000000000000000]
```

bool()函数用于判断是否不等于0，代码如下：

```
sage: bool(b)
True
```

quo_rem()函数用于辗转相除，代码如下：

```
sage: b.quo_rem(3)
(([0.3333333333333333 +/- 7.04e-17]) * b, 0)
```

truncate()函数用某个精度截断，代码如下：

```
sage: b.truncate(2)
b
```

_mul_trunc_()函数用于计算截断乘法，代码如下：

```
sage: b._mul_trunc_(b,2)
0
```

inverse_series_trunc()函数是基于截断多项式实现的幂级数展开，代码如下：

```
sage: b.inverse_series_trunc(2)
(nan + nan * I) * b + nan
```

compose_trunc()函数用于返回两个多项式的组合并截断，代码如下：

```
sage: b.compose_trunc(b,3)
b
```

revert_series()函数是基于截断多项式实现的级数翻转，代码如下：

```
sage: b.revert_series(2)
b
```

12.8.11 多元多项式环

多元多项式在创建时需要多个变量，代码如下：

```
sage: a.<b,c> = RR[]
sage: a
Multivariate Polynomial Ring in b, c over Real Field with 53 bits of precision
```

多元多项式环是积分域，代码如下：

```
sage: a.is_integral_domain()
True
```

is_noetherian()函数用于判断是不是诺瑟环，代码如下：

```
sage: a.is_noetherian()
True
```

flattening_morphism()函数用于返回多元多项式环的平坦态射，代码如下：

```
sage: a.flattening_morphism()
Identity endomorphism of Multivariate Polynomial Ring in b, c over Real Field with 53 bits
of precision
```

construction()函数用于返回构造，代码如下：

```
sage: a.construction()
(MPoly[b,c], Real Field with 53 bits of precision)
```

completion()函数用于返回在 p 处的完备，代码如下：

```
sage: a.completion('b')
Power Series Ring in b over Univariate Polynomial Ring in c over Real Field with 53 bits
of precision
```

remove_var()函数用于从多元多项式环中移除变量或变量序列，代码如下：

```
sage: a.remove_var('b')
Univariate Polynomial Ring in c over Real Field with 53 bits of precision
```

univariate_ring()函数用于返回一个一元多项式环，其基环包含多项式环的除一个变量外的所有变量，代码如下：

```
sage: a.univariate_ring(b)
Univariate Polynomial Ring in b over Univariate Polynomial Ring in c over Real Field with 53 bits
of precision
```

is_exact()函数用于判断所有元素是不是都精确，代码如下：

```
sage: a.is_exact()
False
```

is_field()函数用于判断是不是域，代码如下：

```
sage: a.is_field()
False
```

term_order()函数用于返回多项式环的术语顺序，代码如下：

```
sage: a.term_order()
Degree reverse lexicographic term order
```

characteristic()函数用于返回特征，代码如下：

```
sage: a.characteristic()
0
```

gen()函数用于返回某个生成器，代码如下：

```
sage: a.gen()
b
```

variable_names_recursive()函数用于返回多项式环及其基环的变量名列表，代码如下：

```
sage: a.variable_names_recursive()
('b', 'c')
```

krull_dimension()函数用于返回 Krull 维数，代码如下：

```
sage: a.krull_dimension()
2
```

ngens()函数用于返回生成器的总数，代码如下：

```
sage: a.ngens()
2
```

random_element()函数用于返回一个随机元素，代码如下：

```
sage: a.random_element()
-0.811167888923119 * b^2 + 0.0586583237740919 * b * c + 0.0963056536299827 * c^2 +
0.167687560891311 * b + 0.554548368008076
```

change_ring()函数用于更改基环，代码如下：

```
sage: a.change_ring()
Multivariate Polynomial Ring in b, c over Real Field with 53 bits of precision
```

monomial()函数用于返回具有给定指数的单项式，代码如下：

```
sage: a.monomial()
1.00000000000000
```

macaulay_resultant()函数用于返回麦考利结果的一个实现，可计算通用多项式和常系数多项式的结果，代码如下：

```
sage: a.macaulay_resultant(b,c)
1.00000000000000
```

weyl_algebra()函数用于返回从多项式环生成的 Weyl 代数，代码如下：

```
sage: a.weyl_algebra()
Differential Weyl algebra of polynomials in 1.00000000000000 * b, 1.00000000000000 * c over
Real Field with 53 bits of precision
```

12.8.12 多元多项式

多元多项式要在多元多项式环上创建，代码如下：

```
sage: a.<b,c> = RR[]
sage: d = b^2 + c
sage: d
b^2 + c
```

多元多项式支持求解，求解结果如下：

```
sage: d(2,3)
7.00000000000000
```

多元多项式支持的符号运算。

（1）加法的代码如下：

```
sage: d + d
2.00000000000000 * b^2 + 2.00000000000000 * c
```

（2）减法的代码如下：

```
sage: d - d
0
```

（3）乘法的代码如下：

```
sage: d * d
b^4 + 2.00000000000000 * b^2 * c + c^2
```

（4）除法的代码如下：

```
sage: d/d
(b^2 + c)/(b^2 + c)
```

（5）模运算的代码如下：

```
sage: d % b
c
```

coefficients()函数用于返回多项式的非零系数，代码如下：

```
sage: d.coefficients()
[1.00000000000000, 1.00000000000000]
```

truncate()函数用某个精度截断,代码如下:

```
sage: d.truncate(b,2)
c
```

derivative()函数用于对某个或多个变量求导,代码如下:

```
sage: d.derivative(b)
2.00000000000000 * b
```

polynomial()函数用于返回多项式,代码如下:

```
sage: d.polynomial(b)
b^2 + c
```

args()函数用于返回所有入参列表的元组,代码如下:

```
sage: d.args()
(b, c)
```

homogenize()函数用于返回齐次多项式,代码如下:

```
sage: d.homogenize()
b^2 + c*h
```

is_homogeneous()函数用于判断多项式是不是齐次多项式,代码如下:

```
sage: d.is_homogeneous()
False
```

change_ring()函数用于更改基环,代码如下:

```
sage: d.change_ring(RR)
b^2 + c
```

is_symmetric()函数用于判断多项式是否对称,代码如下:

```
sage: d.is_symmetric()
False
```

gradient()函数用于返回多项式的偏导数列表,代码如下:

```
sage: d.gradient()
[2.00000000000000 * b, 1.00000000000000]
```

jacobian_ideal()函数用于返回多项式的雅可比理想,代码如下:

```
sage: d.jacobian_ideal()
Ideal (2.00000000000000 * b, 1.00000000000000) of Multivariate Polynomial Ring in b, c over
Real Field with 53 bits of precision
```

newton_polytope()函数用于返回多项式的牛顿多面体,代码如下:

```
sage: d.newton_polytope()
A 1 - dimensional polyhedron in ZZ^2 defined as the convex hull of 2 vertices
```

iterator_exp_coeff()函数用于返回迭代器,可用于生成(ETuple,coefficient)数对,代码如下:

```
sage: d.iterator_exp_coeff()
<generator object MPolynomial_polydict.iterator_exp_coeff at 0x6ffe3ba3e050>
```

content()函数用于返回多项式的基环中系数的最大公约数,代码如下:

```
sage: d.content()
1.00000000000000
```

content_ideal()函数用于返回由多项式的系数生成的理想,代码如下:

```
sage: d.content_ideal()
Principal ideal (1.00000000000000) of Real Field with 53 bits of precision
```

is_generator()函数用于判断多项式是不是其父多项式的生成器,代码如下:

```
sage: d.is_generator()
False
```

map_coefficients()函数用于返回通过将函数应用于多项式的非零系数而获得的多项式,代码如下:

```
sage: d.map_coefficients(lambda a:a + 3)
4.00000000000000 * b^2 + 4.00000000000000 * c
```

sylvester_matrix()函数用于返回两个非零多项式相对于给定变量的 Sylvester 矩阵,代码如下:

```
sage: d.sylvester_matrix(2)
[2.00000000000000                0]
[               0 2.00000000000000]
```

discriminant()函数用于返回判别式,代码如下:

```
sage: d.discriminant(b)
- 4.00000000000000 * c
```

subresultants()函数用于返回两个多项式的非零 Subresultant 多项式,代码如下:

```
sage: d.subresultants(2,b)
[]
```

denominator()函数用于返回分母,代码如下:

```
sage: d.denominator()
1.00000000000000
```

numerator()函数用于返回分子，代码如下：

```
sage: d.numerator()
b^2 + c
```

lift()函数用于给定一个理想并提升，代码如下：

```
sage: d.lift(ideal([d]))
[1.00000000000000]
```

weighted_degree()函数用于返回多项式的加权度，代码如下：

```
sage: d.weighted_degree(1,2,3)
2
```

gcd()函数用于返回最大公约数，代码如下：

```
sage: d.gcd(b)
1.00000000000000
```

nth_root()函数用于返回第 n 个根，代码如下：

```
sage: d.nth_root(1)
b^2 + c
```

is_square()函数用于判断是不是平方数，代码如下：

```
sage: d.is_square()
False
```

specialization()函数用于多项式的特殊化，代码如下：

```
sage: d.specialization({b:2})
c + 4.00000000000000
```

is_unit()函数用于判断是不是一个单位，代码如下：

```
sage: d.is_unit()
False
```

is_nilpotent()函数用于判断多项式是不是幂零的，代码如下：

```
sage: d.is_nilpotent()
False
```

number_of_terms()函数用于返回多元多项式的非零系数数，也称为权重、汉明权重或稀疏度，代码如下：

```
sage: d.number_of_terms()
3
```

element()函数用于返回多元多项式，代码如下：

```
sage: d.element()
PolyDict with representation {(0, 0): 1.00000000000000, (0, 1): 1.00000000000000 * I, (2, 0):
1.00000000000000}
```

change_ring()函数用于更改基环，代码如下：

```
sage: d.change_ring(CDF)
b^2 + 1.0 * I * c + 1.0
```

12.8.13 用 libsingular 库实现的多元多项式环

用 libsingular 库实现的多元多项式环，专用于实数域。创建用 libsingular 库实现的多元多项式环，代码如下：

```
sage: a.<b,c> = QQ[]
sage: a
Multivariate Polynomial Ring in b, c over Rational Field
```

ngens()函数用于返回生成器的总数，代码如下：

```
sage: a.ngens()
2
```

gen()函数用于返回某个生成器，代码如下：

```
sage: a.gen()
b
```

ideal()函数用于在多项式环中创建一个理想，代码如下：

```
sage: a.ideal()
Ideal (0) of Multivariate Polynomial Ring in b, c over Rational Field
```

monomial_quotient()函数用于返回 f/g，其中 f 和 g 都被视为单项式，代码如下：

```
sage: a.monomial_quotient(b,c)
b * c^65535
```

monomial_quotient()函数用于判断一个多项式是否能按项整除另一个多项式，代码如下：

```
sage: a.monomial_divides(b,c)
False
```

monomial_quotient()函数用于判断多项式的按项的最大公约数，代码如下：

```
sage: a.monomial_lcm(b,c)
b * c
```

monomial_reduce()函数用于返回多项式的按项化简结果，代码如下：

```
sage: a.monomial_reduce(b,c)
(0, 0)
```

monomial_reduce()函数用于按项判断多项式是不是成对素数，代码如下：

```
sage: a.monomial_pairwise_prime(b,c)
True
```

monomial_all_divisors()函数用于返回所有除 t 的单项式的列表，代码如下：

```
sage: a.monomial_all_divisors(b)
[b]
```

12.8.14 用 libsingular 库实现的多元多项式

用 libsingular 库实现的多元多项式要在用 libsingular 库实现的多元多项式环上创建。创建用 libsingular 库实现的多元多项式，代码如下：

```
sage: a.<b,c> = QQ[]
sage: d = b^2 + c
sage: e = b^2 + c
sage: d
b^2 + c
```

用 libsingular 库实现的多元多项式支持求解，求解结果如下：

```
sage: d(2,3)
7
```

用 libsingular 库实现的多元多项式支持的符号运算。

（1）加法的代码如下：

```
sage: d + e
2 * b^2 + 2 * c
```

（2）减法的代码如下：

```
sage: d - e
0
```

（3）乘法的代码如下：

```
sage: d * e
b^4 + 2 * b^2 * c + c^2
```

（4）除法的代码如下：

```
sage: d * e
b^4 + 2 * b^2 * c + c^2
```

(5) 幂运算的代码如下：

```
sage: d^3
b^6 + 3*b^4*c + 3*b^2*c^2 + c^3
```

(6) 一元减法的代码如下：

```
sage: -d
-b^2 - c
```

(7) 下标索引的代码如下：

```
sage: d[1,1]
0
```

(8) 整除的代码如下：

```
sage: d//e
1
```

degree()函数用于返回阶，代码如下：

```
sage: d.degree()
2
```

total_degree()函数用于返回多项式的总度，也就是多项式中所有单项式的最大度，代码如下：

```
sage: d.total_degree()
2
```

degrees()函数用于返回一个元组，该元组具有多项式中每个变量的最大次数，代码如下：

```
sage: d.degrees()
(2, 1)
```

monomial_coefficient()函数用于返回多项式中单项式的基环中的系数，其中单项式必须与多项式具有相同的父级，代码如下：

```
sage: d.monomial_coefficient(e)
1
```

iterator_exp_coeff()函数用于返回迭代器，可用于生成(ETuple，coefficient)数对，代码如下：

```
sage: d.iterator_exp_coeff()
<generator object at 0x6ffe4ba41870>
```

number_of_terms()函数用于返回多元多项式的非零系数，也称为权重、汉明权重或稀疏度，代码如下：

```
sage: d.number_of_terms()
2
```

exponents()函数用于返回多项式中出现的单项式的指数,代码如下:

```
sage: d.exponents()
[(2, 0), (0, 1)]
```

is_homogeneous()函数用于判断多项式是不是齐次的,代码如下:

```
sage: d.is_homogeneous()
False
```

is_monomial()函数用于判断多项式是不是单项式,代码如下:

```
sage: d.is_monomial()
False
```

is_term()函数用于判断多项式是不是一个术语,即系数必须相同但不必为1,代码如下:

```
sage: d.is_term()
False
```

subs()函数用于在给定的多项式中固定一些给定的变量,并返回改变后的多项式,代码如下:

```
sage: d.subs()
b^2 + c
```

monomials()函数用于返回多项式中的单项式列表,代码如下:

```
sage: d.monomials()
[b^2, c]
```

constant_coefficient()函数用于返回多项式的常数系数,代码如下:

```
sage: d.constant_coefficient()
0
```

is_univariate()函数用于判断多项式是不是一元的,代码如下:

```
sage: d.is_univariate()
False
```

variables()函数用于返回多项式中出现的所有变量的元组,代码如下:

```
sage: d.variables()
(b, c)
```

variable()函数用于返回多项式中出现的第 i 个变量,代码如下:

```
sage: d.variable()
b
```

nvariables()函数用于返回多项式中的数字变量，代码如下：

```
sage: d.nvariables()
2
```

is_constant()函数用于判断多项式是不是常数，代码如下：

```
sage: d.is_constant()
False
```

lm()函数用于返回多项式相对于父项顺序的前导单项式，代码如下：

```
sage: d.lm()
b^2
```

lc()函数用于返回多项式相对于父项顺序的前导系数，代码如下：

```
sage: d.lc()
1
```

lc()函数用于返回多项式相对于父项顺序的前导项，代码如下：

```
sage: d.lt()
b^2
```

is_zero()函数用于判断多项式是否为0，代码如下：

```
sage: d.is_zero()
False
```

bool()函数用于判断多项式是否不等于0，代码如下：

```
sage: bool(d)
True
```

factor()函数用于返回因式分解，代码如下：

```
sage: d.factor()
b^2 + c
```

lift()函数用于给定一个理想并提升，代码如下：

```
sage: d.lift(ideal([d]))
[1]
```

reduce()函数用于返回多项式的余数，将理想中的多项式取模，代码如下：

```
sage: d.reduce(ideal([d]))
0
```

divides()函数用于判断两个多项式是否整除，代码如下：

```
sage: d.divides(e)
True
```

gcd()函数用于返回最大公约数，代码如下：

```
sage: d.lcm(e)
b^2 + c
```

lcm()函数用于返回两个多项式的最小公倍数，代码如下：

```
sage: d.lcm(e)
b^2 + c
```

is_square()函数用于判断是不是非平方，代码如下：

```
sage: d.is_squarefree()
True
```

quo_rem()函数用于辗转相除，代码如下：

```
sage: d.quo_rem(e)
(1, 0)
```

sub_m_mul_q()函数用于返回减 m 乘 q 的结果，其中 m 必须是单项式，q 必须是多项式，代码如下：

```
sage: d.sub_m_mul_q(b,e)
-b^3 + b^2 - b*c + c
```

add_m_mul_q()函数用于返回加 m 乘 q 的结果，其中 m 必须是单项式，q 必须是多项式，代码如下：

```
sage: d.add_m_mul_q(b,e)
b^3 + b^2 + b*c + c
```

integral()函数用于返回形式积分，代码如下：

```
sage: d.integral(b)
1/3*b^3 + b*c
```

resultant()函数用于返回多项式的 resultant，代码如下：

```
sage: d.resultant(b)
c
```

coefficients()函数用于返回多项式的非零系数，代码如下：

```
sage: d.coefficients()
[1, 1]
```

gradient()函数用于返回多项式的偏导数列表，按父项的变量排序，代码如下：

```
sage: d.gradient()
[2*b, 1]
```

numerator()函数用于返回分子，代码如下：

```
sage: d.numerator()
b^2 + c
```

12.9 多项式商环及其元素

12.9.1 多项式商环

在多项式上调用 quotient()函数即可创建多项式商环，代码如下：

```
sage: a.<b> = PolynomialRing(Integers(4))
sage: c.<d> = a.quotient(b^2 + 1)
sage: c
Univariate Quotient Polynomial Ring in d over Ring of integers modulo 4 with modulus b^2 + 1
```

lift()函数用于返回提升，代码如下：

```
sage: c.lift(d)
b
```

construction()函数用于返回构造，代码如下：

```
sage: c.construction()
(QuotientFunctor,
Univariate Polynomial Ring in b over Ring of integers modulo 4)
```

base_ring()函数用于返回基环，代码如下：

```
sage: c.base_ring()
Ring of integers modulo 4
```

cardinality()函数用于返回商环的元素数，代码如下：

```
sage: c.cardinality()
16
```

is_finite()函数用于判断是不是有穷的，代码如下：

```
sage: c.is_finite()
True
```

characteristic()函数用于返回特征，代码如下：

```
sage: c.characteristic()
4
```

degree()函数用于返回阶，代码如下：

```
sage: c.degree()
2
```

discriminant()函数用于返回判别式，代码如下：

```
sage: c.discriminant()
0
```

gen()函数用于返回某个生成器,代码如下:

```
sage: c.gen()
d
```

is_field()函数用于判断是不是域,代码如下:

```
sage: c.is_field()
False
```

krull_dimension()函数用于返回 Krull 维数,代码如下:

```
sage: c.krull_dimension()
0
```

modulus()函数用于返回商环的多项式模,代码如下:

```
sage: c.modulus()
b^2 + 1
```

ngens()函数用于返回生成器的总数,代码如下:

```
sage: c.ngens()
1
```

polynomial_ring()函数用于返回多项式环,代码如下:

```
sage: c.polynomial_ring()
Univariate Polynomial Ring in b over Ring of integers modulo 4
```

random_element()函数用于返回一个随机元素,代码如下:

```
sage: c.random_element()
2*d + 3
```

12.9.2 多项式商环的元素

多项式商环的元素需要在多项式商环上创建,代码如下:

```
sage: a.<b> = PolynomialRing(Integers(4))
sage: c.<d> = a.quotient(b^2 - 1)
sage: e = d^2 + 2*d + 1
sage: e
2*d + 2
```

多项式商环的元素支持的符号运算。

(1) 乘法的代码如下:

```
sage: e*e
0
```

（2）减法的代码如下：

```
sage: e - e
0
```

（3）加法的代码如下：

```
sage: e + e
0
```

（4）除法的代码如下：

```
sage: e/1
2 * d + 2
```

（5）一元减法的代码如下：

```
sage: - e
2 * d + 2
```

（6）下标索引的代码如下：

```
sage: e[1]
2
```

charpoly()函数用于返回特征多项式，代码如下：

```
sage: e.charpoly('z')
z^2
```

lift()函数用于返回提升，代码如下：

```
sage: e.lift()
2 * b + 2
```

list()函数用于返回系数的列表，代码如下：

```
sage: e.list()
[2, 2]
```

matrix()函数用于返回右乘矩阵，代码如下：

```
sage: e.matrix()
[2 2]
[2 2]
```

norm()函数用于返回范数，代码如下：

```
sage: e.norm()
0
```

trace()函数用于返回迹，代码如下：

```
sage: e.trace()
0
```

12.10 幂级数环和幂级数

12.10.1 一元幂级数环

调用 PowerSeriesRing()函数即可创建一元幂级数环。一元幂级数环在创建时只能有一个变量。创建一元幂级数环的代码如下：

```
sage: a.<b> = PowerSeriesRing(GF(3),5)
sage: a
Power Series Ring in b over Finite Field of size 3
```

variable_names_recursive()函数用于返回幂级数环及其基环的变量名列表，代码如下：

```
sage: a.variable_names_recursive()
('b',)
```

construction()函数用于返回构造，代码如下：

```
sage: a.construction()
(Completion[b, prec = 5],
Univariate Polynomial Ring in b over Finite Field of size 3)
```

base_extend()函数用于返回某个基环上的幂级数环，代码如下：

```
sage: a.base_extend(a)
Power Series Ring in b over Power Series Ring in b over Finite Field of size 3
```

change_ring()函数用于更改基环，代码如下：

```
sage: a.change_ring(a)
Power Series Ring in b over Power Series Ring in b over Finite Field of size 3
```

change_var()函数用于将幂级数更改到另外的基环，代码如下：

```
sage: a.change_var('x')
Power Series Ring in x over Finite Field of size 3
```

is_exact()函数用于返回是否精确，代码如下：

```
sage: a.is_exact()
False
```

gen()函数用于返回某个生成器，代码如下：

```
sage: a.gen()
b
```

uniformizer()函数用于返回一个正规化子，代码如下：

```
sage: a.uniformizer()
b
```

ngens()函数用于返回生成器的总数，代码如下：

```
sage: a.ngens()
1
```

random_element()函数用于返回一个随机元素，代码如下：

```
sage: a.random_element()
2*b + b^2 + 2*b^4 + O(b^5)
```

在任何环上的幂级数环都不是域，代码如下：

```
sage: a.is_field()
False
```

is_finite()函数用于判断是不是有穷的，代码如下：

```
sage: a.is_finite()
False
```

characteristic()函数用于返回特征，代码如下：

```
sage: a.characteristic()
3
```

residue_field()函数用于返回残差环，代码如下：

```
sage: a.residue_field()
Finite Field of size 3
```

laurent_series_ring()函数用于返回洛朗级数环，代码如下：

```
sage: a.laurent_series_ring()
Laurent Series Ring in b over Finite Field of size 3
```

12.10.2 一元幂级数

一元幂级数要在一元幂级数环中创建。创建一元幂级数，代码如下：

```
sage: a.<b> = PowerSeriesRing(GF(3),5)
sage: c = b^2 + 1
sage: c
1 + b^2
```

一元幂级数支持求解，求解结果如下：

```
sage: c(1)
2
```

一元幂级数支持的符号运算。

下标索引的代码如下：

```
sage: c[2]
1
```

is_gen()函数用于返回幂级数是不是幂级数环的生成器，代码如下：

```
sage: c.is_gen()
False
```

change_ring()函数用于更改基环，代码如下：

```
sage: c.change_ring(ZZ)
1 + b^2
```

coefficients()函数用于返回幂级数的非零系数，代码如下：

```
sage: c.coefficients()
[1, 1]
```

exponents()函数用于返回出现在幂级数中的单项式的指数，代码如下：

```
sage: c.exponents()
[0, 2]
```

lift_to_precision()函数用于返回提升精度后的元素，代码如下：

```
sage: c.lift_to_precision()
1 + b^2
```

base_ring()函数用于返回基环，代码如下：

```
sage: c.base_ring()
Finite Field of size 3
```

list()函数用于返回系数的列表，代码如下：

```
sage: c.padded_list()
[1, 0, 1]
```

prec()函数用于返回精度，代码如下：

```
sage: c.prec()
+Infinity
```

precision_absolute()函数用于返回绝对精度，代码如下：

```
sage: c.precision_absolute()
+Infinity
```

precision_relative()函数用于返回相对精度，代码如下：

```
sage: c.precision_relative()
+Infinity
```

truncate()函数用某个精度截断，代码如下：

```
sage: c.truncate(2)
1
```

add_bigoh()函数用于返回带 $O(n)$ 的级数，代码如下：

```
sage: c.add_bigoh(2)
1 + O(b^2)
```

common_prec()函数用于返回两个幂级数共同的精度，代码如下：

```
sage: c.common_prec(d)
+Infinity
```

bool()函数用于判断是否不等于 0，代码如下：

```
sage: bool(c)
True
```

is_unit()函数用于判断是不是一个单位，代码如下：

```
sage: c.is_unit()
True
```

inverse()函数用于返回幂级数的乘法逆，代码如下：

```
sage: c.inverse()
1 + 2*b^2 + b^4 + O(b^5)
```

valuation_zero_part()函数用于返回因式分解，代码如下：

```
sage: c.valuation_zero_part()
1 + b^2
```

shift()函数用于移位运算，代码如下：

```
sage: c.shift(2)
b^2 + b^4
```

is_monomial()函数用于判断幂级数是不是单项式，代码如下：

```
sage: c.is_monomial()
False
```

map_coefficients()函数用于将共域应用于幂级数，代码如下：

```
sage: c.map_coefficients(d)
2 + 2*b^2
```

jacobi_continued_fraction()函数用于返回幂级数的 Jacobi 连分式，代码如下：

```
sage: c.jacobi_continued_fraction()
((0, 2), (0, 1))
```

is_square()函数用于判断是不是平方数，代码如下：

```
sage: c.is_square()
True
```

sqrt()函数用于返回平方根，代码如下：

```
sage: c.sqrt()
1 + 2*b^2 + b^4 + O(b^5)
```

square_root()函数用于返回平方根，代码如下：

```
sage: c.square_root()
1 + 2*b^2 + b^4 + O(b^5)
```

nth_root()函数用于返回第 n 个根，代码如下：

```
sage: c.nth_root(2)
1 + 2*b^2 + b^4 + O(b^5)
```

cos()函数用于返回余弦值，代码如下：

```
sage: e = b^2
sage: e.cos()
1 + b^4 + O(b^5)
```

sin()函数用于返回正弦值，代码如下：

```
sage: e.sin()
b^2 + O(b^5)
```

tan()函数用于返回正切值，代码如下：

```
sage: e.tan()
b^2 + O(b^5)
```

sinh()函数用于返回双曲正弦值，代码如下：

```
sage: e.sinh()
b^2 + O(b^5)
```

cosh()函数用于返回双曲余弦值，代码如下：

```
sage: e.cosh()
1 + 2*b^4 + O(b^5)
```

tanh()函数用于返回双曲正切值，代码如下：

```
sage: e.tanh()
b^2 + O(b^5)
```

O()函数用于返回带 $O(n)$ 的级数，代码如下：

```
sage: e.O(2)
O(b^2)
```

solve_linear_de()函数用于计算非齐次线性微分方程的幂级数解，代码如下：

```
sage: e.solve_linear_de(2)
1 + O(b^2)
```

V()函数用于计算幂级数的 V 函数，代码如下：

```
sage: e.V(2)
b^4
```

valuation()函数用于返回估计，代码如下：

```
sage: e.valuation()
2
```

variable()函数用于返回一个字符串，其中包含幂级数的变量的名称，代码如下：

```
sage: e.variable()
'b'
```

degree()函数用于返回阶，代码如下：

```
sage: e.degree()
2
```

derivative()函数用于返回幂级数的形式导数，代码如下：

```
sage: e.derivative()
2 * b
```

laurent_series()函数用于返回与该幂级数相关联的洛朗级数，代码如下：

```
sage: e.laurent_series()
b^2
```

egf_to_ogf()函数用于返回普通生成函数幂级数，代码如下：

```
sage: e.egf_to_ogf()
2 * b^2
```

ogf_to_egf()函数用于返回指数生成函数幂级数，代码如下：

```
sage: e.ogf_to_egf()
2 * b^2
```

12.10.3 多元幂级数环

调用 PowerSeriesRing()函数即可创建多元幂级数环。多元幂级数环在创建时需要多个变量。创建多元幂级数环的代码如下：

```
sage: a.<b,c,d> = PowerSeriesRing(GF(3),5)
sage: a
Multivariate Power Series Ring in b, c, d over Finite Field of size 3
```

is_integral_domain()函数用于判断是不是积分域，代码如下：

```
sage: a.is_integral_domain()
True
```

is_noetherian()函数用于判断是不是诺瑟环，代码如下：

```
sage: a.is_noetherian()
True
```

term_order()函数用于返回术语顺序，代码如下：

```
sage: a.term_order()
Negative degree lexicographic term order
```

characteristic()函数用于返回特征，代码如下：

```
sage: a.characteristic()
3
```

construction()函数用于返回构造，代码如下：

```
sage: a.construction()
(Completion[('b', 'c', 'd'), prec = 12],
Multivariate Polynomial Ring in b, c, d over Finite Field of size 3)
```

change_ring()函数用于更改基环，代码如下：

```
sage: a.change_ring(ZZ)
Multivariate Power Series Ring in b, c, d over Integer Ring
```

remove_var()函数用于删除一个变量或一个列表的变量，代码如下：

```
sage: a.remove_var()
Multivariate Power Series Ring in b, c, d over Finite Field of size 3
```

is_sparse()函数用于判断是不是稀疏的，代码如下：

```
sage: a.is_sparse()
False
```

is_dense()函数用于判断是不是稠密的，代码如下：

```
sage: a.is_dense()
True
```

gen()函数用于返回某个生成器，代码如下：

```
sage: a.gen()
b
```

ngens()函数用于返回生成器的总数，代码如下：

```
sage: a.ngens()
3
```

prec_ideal()函数用于返回回归决定精度的理想，代码如下：

```
sage: a.prec_ideal()
Ideal (b, c, d) of Multivariate Polynomial Ring in b, c, d over Finite Field of size 3
```

bigoh()函数用于返回带 $O(n)$ 的级数，代码如下：

```
sage: a.bigoh(10)
0 + O(b, c, d)^10
```

O()函数用于返回带 $O(n)$ 的级数，代码如下：

```
sage: a.O(10)
0 + O(b, c, d)^10
```

12.10.4 多元幂级数

多元幂级数要在多元幂级数环中创建。创建多元幂级数，代码如下：

```
sage: a.<b,c,d> = PowerSeriesRing(GF(3),5)
sage: e = b + c + d
sage: e
b + c + d
```

多元幂级数支持求解，求解结果如下：

```
sage: e(1,2,3)
0
```

多元幂级数支持的符号运算。

(1) 下标索引的代码如下：

```
sage: e[2]
0
```

(2) 加法的代码如下：

```
sage: e + e
-b - c - d
```

(3) 减法的代码如下：

```
sage: e - e
0
```

（4）乘法的代码如下：

```
sage: e * e
b^2 - b*c - b*d + c^2 - c*d + d^2
```

（5）除法的代码如下：

```
sage: e/e
1 + O(b, c, d)^11
```

trailing_monomial()函数用于返回最高次幂的项，代码如下：

```
sage: e.trailing_monomial()
b
```

quo_rem()函数用于辗转相除，代码如下：

```
sage: e.quo_rem(e)
(1 + O(b, c, d)^11, 0 + O(b, c, d)^12)
```

dict()函数用于返回幂级数的字典形式，代码如下：

```
sage: e.dict()
{(1, 0, 0): 1, (0, 1, 0): 1, (0, 0, 1): 1}
```

polynomial()函数用于返回多项式，代码如下：

```
sage: e.polynomial()
b + c + d
```

variables()函数用于返回变量的元组，代码如下：

```
sage: e.variables()
(b, c, d)
```

monomials()函数用于返回单项式列表，代码如下：

```
sage: e.monomials()
[b, c, d]
```

coefficients()函数用于返回递归表示的系数，代码如下：

```
sage: e.coefficients()
{b: 1, c: 1, d: 1}
```

constant_coefficient()函数用于返回常数系数，代码如下：

```
sage: e.constant_coefficient()
0
```

exponents()函数用于返回指数，代码如下：

```
sage: e.exponents()
[(1, 0, 0), (0, 1, 0), (0, 0, 1)]
```

V()函数用于计算幂级数的 V 函数,代码如下:

```
sage: e.V(2)
b^2 + c^2 + d^2
```

prec()函数用于返回精度,代码如下:

```
sage: e.prec()
+ Infinity
```

add_bigoh()函数用于返回带 $O(n)$ 的级数,代码如下:

```
sage: e.add_bigoh(10)
b + c + d + O(b, c, d)^10
```

O()函数用于返回带 $O(n)$ 的级数,代码如下:

```
sage: e.O(10)
b + c + d + O(b, c, d)^10
```

truncate()函数用某个精度截断,代码如下:

```
sage: e.truncate()
b + c + d
```

valuation()函数用于返回估计,代码如下:

```
sage: e.valuation()
1
```

is_nilpotent()函数用于判断是不是幂零的,代码如下:

```
sage: e.is_nilpotent()
False
```

degree()函数用于返回阶,代码如下:

```
sage: e.degree()
1
```

is_unit()函数用于判断是不是一个单位,代码如下:

```
sage: e.is_unit()
False
```

derivative()函数用于返回导数,代码如下:

```
sage: e.derivative(e,6)
0
```

integral()函数用于返回积分,代码如下:

```
sage: e.integral(c,1)
b*c - c^2 + c*d
```

12.10.5　基于 PARI 库的幂级数

调用 PowerSeriesRing()函数并传入 implementation='pari'参数即可创建基于 PARI 库的幂级数，代码如下：

```
sage: a.<b> = PowerSeriesRing(ZZ, implementation = 'pari')
sage: c.<d> = a[[]]
sage: e = d * b + d
sage: e
(1 + b) * d
```

基于 PARI 库的幂级数支持求解，求解结果如下：

```
sage: e(2)
2 + 2 * b
```

polynomial()函数用于返回多项式，代码如下：

```
sage: e.polynomial()
(1 + b) * d
```

valuation()函数用于返回估计，代码如下：

```
sage: e.valuation()
1
```

bool()函数用于判断是不是非 0，代码如下：

```
sage: bool(e)
True
```

list()函数用于返回系数的列表，代码如下：

```
sage: e.list()
[0, 1 + b]
```

padded_list()函数用于返回补零的系数列表，代码如下：

```
sage: e.padded_list(10)
[0, 1 + b, 0, 0, 0, 0, 0, 0, 0, 0]
```

dict()函数用于返回系数字典，代码如下：

```
sage: e.dict()
{1: 1 + b}
```

integral()函数用于返回形式积分，代码如下：

```
sage: e.integral(d)
TypeError: no conversion of this rational to integer
```

reverse()函数用于翻转系数，代码如下：

```
sage: e.reverse()
(1 - b + b^2 - b^3 + b^4 - b^5 + b^6 - b^7 + b^8 - b^9 + b^10 - b^11 + b^12 - b^13 +
b^14 - b^15 + b^16 - b^17 + b^18 - b^19 + O(b^20)) * d + O(d^20)
```

12.10.6 幂级数多项式

幂级数多项式要在幂级数上创建，代码如下：

```
sage: a.<b> = PowerSeriesRing(GF(3),5)
sage: c = b^2 + 1
sage: c
1 + b^2
sage: d = c^2 - c + 1
sage: d
1 + b^2 + b^4
```

幂级数多项式支持求解，求解结果如下：

```
sage: d(3)
1
```

幂级数多项式支持的符号运算。

(1) 下标索引的代码如下：

```
sage: d[0]
1
```

(2) 一元减法的代码如下：

```
sage: -d
2 + 2*b^2 + 2*b^4
```

(3) 加法的代码如下：

```
sage: d + d
2 + 2*b^2 + 2*b^4
```

(4) 减法的代码如下：

```
sage: d - d
0
```

(5) 乘法的代码如下：

```
sage: d * d
1 + 2*b^2 + 2*b^6 + b^8
```

(6) 左移的代码如下：

```
sage: d << 2
b^2 + b^4 + b^6
```

(7) 右移的代码如下:

```
sage: d>>2
1 + b^2
```

(8) 乘法逆的代码如下:

```
sage: ~d
1 + 2*b^2 + O(b^5)
```

polynomial()函数用于返回多项式,代码如下:

```
sage: d.polynomial()
b^4 + b^2 + 1
```

valuation()函数用于返回估计,代码如下:

```
sage: d.valuation()
0
```

degree()函数用于返回阶,代码如下:

```
sage: d.degree()
4
```

bool()函数用于判断是否不等于 0,代码如下:

```
sage: bool(d)
True
```

truncate()函数用某个精度截断,代码如下:

```
sage: d.truncate(2)
5
```

truncate_powerseries()函数用于截断幂级数,代码如下:

```
sage: d.truncate_powerseries(2)
5 + O(b^2)
```

list()函数用于返回系数的列表,代码如下:

```
sage: d.list()
[5, 0, 1, 0, 1]
```

dict()函数用于返回系数字典,代码如下:

```
sage: d.dict()
{0: 5, 2: 1, 4: 1}
```

integral()函数用于返回形式积分,代码如下:

```
sage: d.integral()
TypeError: no conversion of this rational to integer
```

reverse()函数用于将系数翻转,代码如下:

```
sage: d.reverse()
ValueError: Series must have valuation one for reversion
```

pade()函数用于返回 Padé 估计,代码如下:

```
sage: d.pade(1,2)
-25/(b^2 - 5)
```

12.11 商环及其元素

12.11.1 商环

QuotientRing 即商环,代码如下:

```
sage: a = QuotientRing(ZZ,7 * ZZ)
sage: a
Quotient of Integer Ring by the ideal (7)
```

construction()函数用于返回构造,代码如下:

```
sage: a.construction()
(QuotientFunctor, Integer Ring)
```

商环是交换环,代码如下:

```
sage: a.is_commutative()
True
```

cover()函数用于返回覆盖环同态和区间,代码如下:

```
sage: a.cover()
Ring morphism:
  From: Integer Ring
  To:   Quotient of Integer Ring by the ideal (7)
  Defn: Natural quotient map
```

lifting_map()函数用于返回提升的映射,代码如下:

```
sage: a.lifting_map()
Set-theoretic ring morphism:
  From: Quotient of Integer Ring by the ideal (7)
  To:   Integer Ring
  Defn: Choice of lifting map
```

lift()函数用于返回提升,代码如下:

```
sage: a.lift()
Set-theoretic ring morphism:
```

```
  From: Quotient of Integer Ring by the ideal (7)
  To:   Integer Ring
  Defn: Choice of lifting map
```

retract()函数用于返回商映射下的覆盖环的元素的像,代码如下:

```
sage: a.retract(2)
2
```

characteristic()函数用于返回特征,代码如下:

```
sage: a.characteristic()
NotImplementedError:
```

defining_ideal()函数用于返回定义理想,代码如下:

```
sage: a.defining_ideal()
Principal ideal (7) of Integer Ring
```

is_field()函数用于判断是不是域,代码如下:

```
sage: a.is_field()
True
```

商环是积分域,代码如下:

```
sage: a.is_integral_domain()
True
```

商环是诺瑟环,代码如下:

```
sage: a.is_noetherian()
True
```

cover_ring()函数用于返回覆盖环,代码如下:

```
sage: a.cover_ring()
Integer Ring
```

ideal()函数用于在环上创建一个理想,代码如下:

```
sage: a.ideal()
Principal ideal (0) of Quotient of Integer Ring by the ideal (7)
```

ngens()函数用于返回生成器的总数,代码如下:

```
sage: a.ngens()
1
```

gen()函数用于返回某个生成器,代码如下:

```
sage: a.gen()
1
```

12.11.2 商环元素

商环元素要在商环上创建,代码如下:

```
sage: a.<b,c> = QQ[]
sage: d.<e,f> = a.quo(b^2 + c)
sage: e
e
```

商环元素支持的符号运算。

(1) 加法的代码如下:

```
sage: e + e
2 * e
```

(2) 减法的代码如下:

```
sage: e - e
0
```

(3) 乘法的代码如下:

```
sage: e * e
-f
```

(4) 除法的代码如下:

```
sage: e/e
1
```

lift()函数用于返回提升,代码如下:

```
sage: e.lift()
b
```

bool()函数用于判断是不是非0,代码如下:

```
sage: bool(e)
True
```

is_unit()函数用于判断是不是一个单位,代码如下:

```
sage: e.is_unit()
False
```

lt()函数用于返回商环元素的前导项,代码如下:

```
sage: e.lt()
e
```

lm()函数用于返回商环元素的前导单项式,代码如下:

```
sage: e.lm()
e
```

lc()函数用于返回商环元素的前导系数,代码如下:

```
sage: e.lc()
1
```

variables()函数用于返回商环元素中的所有变量,代码如下:

```
sage: e.variables()
(e,)
```

monomials()函数用于返回商环元素中的单项式,代码如下:

```
sage: e.monomials()
[e]
```

第13章 常用域

CHAPTER 13

13.1 有限域

FiniteField 即有限域(伽罗瓦域),简写为 GF,代码如下：

```
sage: a = GF(3)
sage: a
Finite Field of size 3
```

is_perfect()函数用于返回有限域是否完美,代码如下：

```
sage: a.is_perfect()
True
```

fetch_int()函数用于返回在有限域中等于某个数的元素,代码如下：

```
sage: a.fetch_int(2)
2
```

Hom()函数用于返回 Homspace,代码如下：

```
sage: a.Hom(a)
Automorphism group of Finite Field of size 3
```

gen()函数用于返回某个生成器,代码如下：

```
sage: a.gen()
1
```

zeta_order()函数用于返回 zeta order,代码如下：

```
sage: a.zeta_order()
2
```

zeta()函数用于返回 ζ 函数的结果,代码如下：

```
sage: a.zeta()
2
```

multiplicative_generator()函数用于返回有限域的一个基元，即乘法群的一个生成器，代码如下：

```
sage: a.multiplicative_generator()
2
```

ngens()函数用于返回生成器的总数，代码如下：

```
sage: a.ngens()
1
```

is_field()函数用于判断是不是域，代码如下：

```
sage: a.is_field()
True
```

order()函数用于返回阶，代码如下：

```
sage: a.order()
3
```

factored_order()函数用于返回有限域的因式分解顺序，代码如下：

```
sage: a.factored_order()
3
```

factored_unit_order()函数用于返回有限域的因式分解，代码如下：

```
sage: a.factored_unit_order()
(2,)
```

cardinality()函数用于返回集合中的元素个数，代码如下：

```
sage: a.cardinality()
3
```

is_prime_field()函数用于判断有限域是不是素数环，代码如下：

```
sage: a.is_prime_field()
True
```

modulus()函数用于返回素数有限域上的生成元的最小多项式，代码如下：

```
sage: a.modulus()
x + 2
```

polynomial()函数用于返回多项式，代码如下：

```
sage: a.polynomial()
x
```

unit_group_exponent()函数用于返回有限域的单位群的阶数，代码如下：

```
sage: a.unit_group_exponent()
2
```

random_element()函数用于返回一个随机元素，代码如下：

```
sage: a.random_element()
0
```

some_elements()函数用于返回一些元素，代码如下：

```
sage: a.some_elements()
[0, 2, 2, 1]
```

polynomial_ring()函数用于返回与有限域相同变量的素数子域上的多项式环，代码如下：

```
sage: a.polynomial_ring()
Univariate Polynomial Ring in x over Finite Field of size 3
```

free_module()函数用于返回同构于有限域的子域上的向量空间作为向量空间，以及同构，代码如下：

```
sage: a.free_module()
Vector space of dimension 1 over Finite Field of size 3
```

construction()函数用于返回构造，代码如下：

```
sage: a.construction()
(QuotientFunctor, Integer Ring)
```

subfield()函数用于返回某个度的有限域的子域，代码如下：

```
sage: a.subfield(1)
Finite Field of size 3
```

subfields()函数用于返回给定某个度的有限域的所有子域，代码如下：

```
sage: a.subfields()
[(Finite Field of size 3, Identity endomorphism of Finite Field of size 3)]
```

algebraic_closure()函数用于返回代数闭包，代码如下：

```
sage: a.algebraic_closure()
Algebraic closure of Finite Field of size 3
```

is_conway()函数用于判断有限域是否满足 Conway 多项式，代码如下：

```
sage: a.is_conway()
False
```

frobenius_endomorphism()函数用于判断有限域是否为 Frobenius 自同构，代码如下：

```
sage: a.frobenius_endomorphism()
Identity endomorphism of Finite Field of size 3
```

dual_basis()函数用于返回某个基数的对偶基数，如果没有提供基数，则返回幂基数的对偶基数，代码如下：

```
sage: a.dual_basis()
[1]
```

13.2 代数闭包有限域及其元素

13.2.1 代数闭包有限域

在有限域上调用 algebraic_closure()函数即可创建一个代数闭包有限域,代码如下:

```
sage: a = GF(3).algebraic_closure()
sage: a
Algebraic closure of Finite Field of size 3
```

characteristic()函数用于返回代数闭包有限域的特征,代码如下:

```
sage: a.characteristic()
3
```

subfield()函数用于返回代数闭包有限域的某个唯一度的子域及其在代数闭包有限域中的规范嵌入,代码如下:

```
sage: a.subfield(2)
(Finite Field in z2 of size 3^2,
Ring morphism:
  From: Finite Field in z2 of size 3^2
  To:   Algebraic closure of Finite Field of size 3
  Defn: z2 |--> z2)
```

inclusion()函数用于返回从 m 次子域到 n 次子域的规范嵌入映射,代码如下:

```
sage: a.inclusion(2,2)
Ring endomorphism of Finite Field in z2 of size 3^2
  Defn: z2 |--> z2
```

ngens()函数用于返回生成器的总数,代码如下:

```
sage: a.ngens()
+Infinity
```

gen()函数用于返回某个生成器,代码如下:

```
sage: a.gen(1)
1
```

gens()函数用于返回全部生成器,代码如下:

```
sage: a.gens()
Lazy family (<lambda>(i))_{i in Positive integers}
```

algebraic_closure()函数用于返回代数闭包,代码如下:

```
sage: a.algebraic_closure()
Algebraic closure of Finite Field of size 3
```

some_elements()函数用于返回有限域的一些元素，代码如下：

```
sage: a.some_elements()
(1, z2, z3 + 1)
```

13.2.2 代数闭包有限域中的元素

代数闭包有限域中的元素要在代数闭包有限域中创建。创建代数闭包有限域中的元素，代码如下：

```
sage: a = GF(3).algebraic_closure()
sage: a
Algebraic closure of Finite Field of size 3
sage: a.gen(2)
z2
sage: b = a.gen(2)
sage: c = a.gen(3)
```

代数闭包有限域中的元素支持的符号运算。

(1) 幂运算的代码如下：

```
sage: b ** 4
2
```

(2) 加法的代码如下：

```
sage: b + b
2 * z2
```

(3) 减法的代码如下：

```
sage: b - b
0
```

(4) 乘法的代码如下：

```
sage: b * b
z2 + 1
```

(5) 除法的代码如下：

```
sage: b/b
1
```

change_level()函数用于返回作为 n 阶的元素的表示，代码如下：

```
sage: b.change_level(4)
2 * z4^3 + 2 * z4^2 + 1
```

minpoly()函数用于返回最小多项式，代码如下：

```
sage: b.minpoly()
x^2 + 2*x + 2
```

is_square()函数用于判断是不是平方数，代码如下：

```
sage: b.is_square()
True
```

sqrt()函数用于返回平方根，代码如下：

```
sage: b.sqrt()
z4^3 + z4 + 1
```

nth_root()函数用于返回第 n 个根，代码如下：

```
sage: b.nth_root(2)
z4^3 + z4 + 1
```

multiplicative_order()函数用于返回乘法顺序，代码如下：

```
sage: b.multiplicative_order()
8
```

pth_power()函数用于返回元素的 p^k 次方，其中 p 是代数闭包有限域的特征，代码如下：

```
sage: b.pth_power(2)
z2
```

pth_root()函数用于返回元素的第 p^k 个根，其中 p 是代数闭包有限域的特征，代码如下：

```
sage: b.pth_root(2)
z2
```

as_finite_field_element()函数用于将元素作为有限域元素返回，代码如下：

```
sage: b.as_finite_field_element()
(Finite Field in z2 of size 3^2,
z2,
Ring morphism:
  From: Finite Field in z2 of size 3^2
  To:   Algebraic closure of Finite Field of size 3
  Defn: z2 |--> z2)
```

13.3　代数数域和代数数

13.3.1　代数数域

AlgebraicField 即代数数域，简写为 QQbar，代码如下：

```
sage: a = QQbar
sage: a
Algebraic Field
```

completion()函数用于返回在 p 处的完备，代码如下：

```
sage: a.completion(infinity, 500)
Complex Field with 500 bits of precision
```

algebraic_closure()函数用于返回代数闭包，代码如下：

```
sage: a.algebraic_closure()
Algebraic Field
```

construction()函数用于返回构造，代码如下：

```
sage: a.construction()
(AlgebraicClosureFunctor, Rational Field)
```

gens()函数用于返回全部生成器，代码如下：

```
sage: a.gens()
(I,)
```

gen()函数用于返回某个生成器，代码如下：

```
sage: a.gen(0)
I
```

ngens()函数用于返回生成器的总数，代码如下：

```
sage: a.ngens()
1
```

zeta()函数用于返回 ζ 函数的结果，代码如下：

```
sage: a.zeta()
I
```

13.3.2 代数数

调用 AlgebraicNumber()函数或 QQbar()函数即可创建一个代数数，代码如下：

```
sage: a = QQbar(1)
sage: a
1
```

代数数支持的符号运算。

(1) 幂运算的代码如下：

```
sage: a^3
1
```

（2）乘法的代码如下：

```
sage: a * a
1
```

（3）除法的代码如下：

```
sage: a/a
1
```

（4）乘法逆的代码如下：

```
sage: ~a
1
```

（5）加法的代码如下：

```
sage: a + a
2
```

（6）减法的代码如下：

```
sage: a - a
0
```

（7）一元减法的代码如下：

```
sage: -a
-1
```

real()函数用于返回实部，代码如下：

```
sage: a.real()
1
```

imag()函数用于返回虚部，代码如下：

```
sage: a.imag()
0
```

conjugate()函数用于返回共轭，代码如下：

```
sage: a.conjugate()
1
```

norm()函数用于返回范数，代码如下：

```
sage: a.norm()
1
```

interval_exact()函数用于计算数字在给定区间域中的最佳近似值，代码如下：

```
sage: a.interval_exact(CIF)
1
```

complex_number()函数用于计算数字在给定复数域中的精确近似值，代码如下：

```
sage: a.complex_number(RDF)
1.0
```

complex_exact()函数用于计算数字在给定复数域中的最佳近似值，代码如下：

```
sage: a.complex_exact(CIF)
1
```

multiplicative_order()函数用于返回乘法顺序，代码如下：

```
sage: a.multiplicative_order()
1
```

rational_argument()函数用于返回数字除以 π 再乘以 2，代码如下：

```
sage: a.rational_argument()
0
```

abs()函数用于返回绝对值，代码如下：

```
sage: abs(a)
1
```

bool()函数用于判断是不是非 0，代码如下：

```
sage: bool(a)
True
```

is_square()函数用于判断是不是平方数，代码如下：

```
sage: a.is_square()
True
```

is_integer()函数用于判断是不是整数，代码如下：

```
sage: a.is_integer()
True
```

sqrt()函数用于返回平方根，代码如下：

```
sage: a.sqrt()
1
```

nth_root()函数用于返回第 n 个根，代码如下：

```
sage: a.nth_root(1)
1
```

as_number_field_element()函数用于将当前数字作为数环中的元素返回，代码如下：

```
sage: a.as_number_field_element()
(Rational Field,
```

```
 1,
 Ring morphism:
   From: Rational Field
   To:   Algebraic Real Field
   Defn: 1 |--> 1)
```

exactify()函数用于返回数字的精确表示，代码如下：

```
sage: a.exactify()
sage: a
1
```

simplify()函数用于在尽可能小的数域中计算该数字的精确表示，代码如下：

```
sage: a.simplify()
sage: a
1
```

minpoly()函数用于返回最小多项式，代码如下：

```
sage: a.minpoly()
x - 1
```

degree()函数用于返回阶，代码如下：

```
sage: a.degree()
1
```

interval_fast()函数至少使用域精度的区间算术来计算数字的值，并返回该域中的值，代码如下：

```
sage: a.interval_fast(RDF)
1.0
```

interval_diameter()函数用于计算数字的区间表示，代码如下：

```
sage: a.interval_diameter(2)
1
```

interval()函数用 diameter()函数计算最多 2^{-p} 的区间表示，代码如下：

```
sage: a.interval(RDF)
1.0
```

radical_expression()函数用于尝试使用部首获得符号表达式，代码如下：

```
sage: a.radical_expression()
1
```

13.3.3　代数实数域

AlgebraicRealField 即代数实数域，简写为 AA，代码如下：

```
sage: a = AA
sage: a
Algebraic Real Field
```

completion()函数用于返回在某处的完备，代码如下：

```
sage: a.completion(infinity, 500)
Real Field with 500 bits of precision
```

algebraic_closure()函数用于返回代数闭包，代码如下：

```
sage: a.algebraic_closure()
Algebraic Field
```

gens()函数用于返回全部生成器，代码如下：

```
sage: a.gens()
(1,)
```

gen()函数用于返回某个生成器，代码如下：

```
sage: a.gen(0)
1
```

ngens()函数用于返回生成器的总数，代码如下：

```
sage: a.ngens()
1
```

zeta()函数用于返回 ζ 函数的结果，代码如下：

```
sage: a.zeta()
-1
```

13.3.4 代数实数

调用 AlgebraicReal()函数或 AA()函数即可创建一个代数实数，代码如下：

```
sage: a = AA(1)
sage: a
1
```

代数实数支持的符号运算。

(1) 乘法的代码如下：

```
sage: a * a
1
```

(2) 除法的代码如下：

```
sage: a/a
1
```

(3) 乘法逆的代码如下:

```
sage: ~a
1
```

(4) 加法的代码如下:

```
sage: a + a
2
```

(5) 减法的代码如下:

```
sage: a - a
0
```

(6) 一元减法的代码如下:

```
sage: -a
-1
```

floor()函数用于向下取整,代码如下:

```
sage: a.floor()
1
```

ceil()函数用于向上取整,代码如下:

```
sage: a.ceil()
1
```

round()函数用于四舍五入取整,代码如下:

```
sage: a.round()
1
```

trunc()函数用于截断取整,代码如下:

```
sage: a.trunc()
1
```

real()函数用于返回实部,代码如下:

```
sage: a.real()
1
```

imag()函数用于返回虚部,代码如下:

```
sage: a.imag()
0
```

conjugate()函数用于返回共轭,代码如下:

```
sage: a.conjugate()
1
```

multiplicative_order()函数用于返回乘法顺序,代码如下:

```
sage: a.multiplicative_order()
1
```

sign()函数用于返回符号,代码如下:

```
sage: a.sign()
1
```

interval_exact()函数用于计算数字在给定 CIF 域中的最佳近似值,代码如下:

```
sage: a.interval_exact(RIF)
1
```

real_number()函数用于返回实数,代码如下:

```
sage: a.real_number(RIF)
1
```

real_exact()函数用于计算数字在给定实数域中的最佳近似值,代码如下:

```
sage: a.real_exact(RIF)
1
```

abs()函数用于返回绝对值,代码如下:

```
sage: abs(a)
1
```

bool()函数用于判断是不是非 0,代码如下:

```
sage: bool(a)
True
```

is_square()函数用于判断是不是平方数,代码如下:

```
sage: a.is_square()
True
```

is_integer()函数用于判断是不是整数,代码如下:

```
sage: a.is_integer()
True
```

sqrt()函数用于返回平方根,代码如下:

```
sage: a.sqrt()
1
```

nth_root()函数用于返回第 n 个根,代码如下:

```
sage: a.nth_root(1)
1
```

as_number_field_element()函数用于将当前数字作为数环中的元素返回，代码如下：

```
sage: a.as_number_field_element()
(Rational Field,
1,
Ring morphism:
  From: Rational Field
  To:   Algebraic Real Field
  Defn: 1 |--> 1)
```

exactify()函数用于返回数字的精确表示，代码如下：

```
sage: a.exactify()
sage: a
1
```

simplify()函数用于在尽可能小的数域中计算该数字的精确表示，代码如下：

```
sage: a.simplify()
sage: a
1
```

minpoly()函数用于返回最小多项式，代码如下：

```
sage: a.minpoly()
x - 1
```

degree()函数用于返回阶，代码如下：

```
sage: a.degree()
1
```

interval_fast()函数至少使用域精度的区间算术来计算数字的值，并返回该域中的值，代码如下：

```
sage: a.interval_fast(RDF)
1.0
```

interval_diameter()函数用于计算数字的区间表示，代码如下：

```
sage: a.interval_diameter(2)
1
```

interval()函数用 diameter()函数计算最多 2^{-p} 的区间表示，代码如下：

```
sage: a.interval(RDF)
1.0
```

radical_expression()函数用于尝试使用部首获得符号表达式，代码如下：

```
sage: a.radical_expression()
1
```

13.4 复数域和复数

13.4.1 复数域

ComplexField 即复数域，简写为 CC，代码如下：

```
sage: a = CC()
sage: a
Complex Field with 53 bits of precision
```

is_exact()函数用于返回是否精确，代码如下：

```
sage: a.is_exact()
False
```

prec()函数用于返回精度，代码如下：

```
sage: a.prec()
53
```

to_prec()函数用于设置精度，代码如下：

```
sage: a.to_prec(100)
Complex Field with 100 bits of precision
```

characteristic()函数用于返回特征，代码如下：

```
sage: a.characteristic()
0
```

gen()函数用于返回某个生成器，代码如下：

```
sage: a.gen()
1.00000000000000 * I
```

construction()函数用于返回构造，代码如下：

```
sage: a.construction()
(AlgebraicClosureFunctor, Real Field with 53 bits of precision)
```

random_element()函数用于返回一个随机元素，代码如下：

```
sage: a.random_element()
-0.588614678019084 - 0.940472041528793 * I
```

pi()函数用于返回当前精度的 π，代码如下：

```
sage: a.pi()
3.14159265358979
```

ngens()函数用于返回生成器的总数，代码如下：

```
sage: a.ngens()
1
```

zeta()函数用于返回 ζ 函数的结果，代码如下：

```
sage: a.zeta()
-1.00000000000000
```

scientific_notation()函数用于设置是否使用科学记数法输出，代码如下：

```
sage: a.scientific_notation()
False
```

algebraic_closure()函数用于返回代数闭包，代码如下：

```
sage: a.algebraic_closure()
Complex Field with 53 bits of precision
```

13.4.2 复数

调用 ComplexNumber()函数或 CC()函数即可创建一个复数，代码如下：

```
sage: a = ComplexNumber(1)
sage: a
1.00000000000000
```

复数支持的符号运算。

(1) 加法的代码如下：

```
sage: a + b
3.00000000000000
```

(2) 减法的代码如下：

```
sage: a - b
-1.00000000000000
```

(3) 乘法的代码如下：

```
sage: a * b
2.00000000000000
```

(4) 除法的代码如下：

```
sage: a/b
2.00000000000000
```

(5) 幂运算的代码如下：

```
sage: a^2
1.00000000000000
```

(6) 一元减法的代码如下：

```
sage: - a
- 1.00000000000000
```

(7) 一元加法的代码如下：

```
sage: + a
1.00000000000000
```

(8) 乘法逆的代码如下：

```
sage: ~a
1.00000000000000
```

multiplicative_order()函数用于返回乘法顺序，代码如下：

```
sage: a.multiplicative_order()
1
```

norm()函数用于返回范数，代码如下：

```
sage: a.norm()
1.00000000000000
```

bool()函数用于判断是否不等于0，代码如下：

```
sage: bool(a)
True
```

prec()函数用于返回精度，代码如下：

```
sage: a.prec()
53
```

real()函数用于返回实部，代码如下：

```
sage: a.real()
1.00000000000000
```

imag()函数用于返回虚部，代码如下：

```
sage: a.imag()
0.000000000000000
```

abs()函数用于返回绝对值，代码如下：

```
sage: abs(a)
1.00000000000000
```

multiplicative_order()函数用于返回乘法顺序，代码如下：

```
sage: a.multiplicative_order()
1
```

cos()函数用于返回余弦值，代码如下：

```
sage: a.cos()
0.540302305868140
```

sin()函数用于返回正弦值，代码如下：

```
sage: a.sin()
0.841470984807897
```

tan()函数用于返回正切值，代码如下：

```
sage: a.tan()
1.55740772465490
```

cosh()函数用于返回双曲余弦值，代码如下：

```
sage: a.cosh()
1.54308063481524
```

sinh()函数用于返回双曲正弦值，代码如下：

```
sage: a.sinh()
1.17520119364380
```

tanh()函数用于返回双曲正切值，代码如下：

```
sage: a.tanh()
0.761594155955765
```

arccos()函数用于返回反余弦值，代码如下：

```
sage: a.arccos()
0.000000000000000
```

arcsin()函数用于返回反正弦值，代码如下：

```
sage: a.arcsin()
1.57079632679490
```

arctan()函数用于返回反正切值，代码如下：

```
sage: a.arctan()
0.785398163397448
```

arccosh()函数用于返回反双曲余弦值，代码如下：

```
sage: a.arccosh()
0.000000000000000
```

arcsinh()函数用于返回反双曲正弦值，代码如下：

```
sage: a.arcsinh()
0.881373587019543
```

arctanh()函数用于返回反双曲正切值,代码如下:

```
sage: a.arctanh()
PariError: domain error in atanh: argument = 1
```

coth()函数用于返回双曲余切值,代码如下:

```
sage: a.coth()
1.31303528549933
```

arccoth()函数用于返回反双曲余切值,代码如下:

```
sage: a.arccoth()
PariError: domain error in atanh: argument = 1
```

csc()函数用于返回余割值,代码如下:

```
sage: a.csc()
1.18839510577812
```

csch()函数用于返回双曲余割值,代码如下:

```
sage: a.csch()
0.850918128239322
```

arccsch()函数用于返回反双曲余割值,代码如下:

```
sage: a.arccsch()
0.881373587019543
```

sec()函数用于返回正割值,代码如下:

```
sage: a.sec()
1.85081571768093
```

sech()函数用于返回双曲正割值,代码如下:

```
sage: a.sech()
0.648054273663885
```

arcsech()函数用于返回反双曲正割值,代码如下:

```
sage: a.arcsech()
0.000000000000000
```

cot()函数用于返回余切值,代码如下:

```
sage: a.cot()
0.642092615934331
```

eta()函数用于返回复数上的 Dedekind η 函数的值,代码如下:

```
sage: a.eta()
ValueError: value must be in the upper half plane
```

agm()函数用于返回算术几何平均值,代码如下：

```
sage: a.agm(b)
1.45679103104691
```

argument()函数用于返回自变量,代码如下：

```
sage: a.argument()
0.000000000000000
```

conjugate()函数用于返回共轭,代码如下：

```
sage: a.conjugate()
1.00000000000000
```

dilog()函数用于返回复数的二重对数,或 Spence 函数,代码如下：

```
sage: a.dilog()
1.64493406684823
```

exp()函数用于计算指数,代码如下：

```
sage: a.exp()
2.71828182845905
```

gamma()函数用于返回 Γ 函数的结果,代码如下：

```
sage: a.gamma()
1.00000000000000
```

gamma_inc()函数用于返回在复数上计算的不完全 Γ 函数的结果,代码如下：

```
sage: a.gamma_inc(2)
0.135335283236613
```

log()函数用于计算对数,代码如下：

```
sage: a.log()
0.000000000000000
```

additive_order()函数用于返回加法顺序,代码如下：

```
sage: a.additive_order()
+ Infinity
```

sqrt()函数用于返回平方根,代码如下：

```
sage: a.sqrt()
1.00000000000000
```

nth_root()函数用于返回第 n 个根,代码如下：

```
sage: a.nth_root(2)
1.00000000000000
```

is_square()函数用于判断是不是平方数，代码如下：

```
sage: a.is_square()
True
```

is_real()函数用于判断是不是虚部为 0，代码如下：

```
sage: a.is_real()
True
```

is_imaginary()函数用于判断是不是实部为 0，代码如下：

```
sage: a.is_imaginary()
False
```

is_integer()函数用于判断是不是整数，代码如下：

```
sage: a.is_integer()
True
```

is_positive_infinity()函数用于判断是不是正无穷大，代码如下：

```
sage: a.is_positive_infinity()
False
```

is_negative_infinity()函数用于判断是不是负无穷大，代码如下：

```
sage: a.is_negative_infinity()
False
```

is_infinity()函数用于判断是不是无穷大，代码如下：

```
sage: a.is_infinity()
False
```

is_NaN()函数用于判断是不是 NaN，代码如下：

```
sage: a.is_NaN()
False
```

zeta()函数用于返回 ζ 函数的结果，代码如下：

```
sage: a.zeta()
Infinity
```

algebraic_dependency()函数用于返回一个至多 n 次的不可约多项式，多项式由这个数近似满足，代码如下：

```
sage: a.algebraic_dependency(2)
x - 1
```

13.4.3 复数 double 域

ComplexDoubleField 即复数 double 域，简写为 CDF，代码如下：

```
sage: a = CDF
sage: a
Complex Double Field
```

is_exact()函数用于判断所有元素是不是都精确,代码如下:

```
sage: a.is_exact()
False
```

characteristic()函数用于返回特征,代码如下:

```
sage: a.characteristic()
0
```

random_element()函数用于返回一个随机元素,代码如下:

```
sage: a.random_element()
-0.7122427987205955 + 0.14413843148344907*I
```

prec()函数用于返回精度,代码如下:

```
sage: a.prec()
53
```

to_prec()函数用于设置精度,代码如下:

```
sage: a.to_prec(100)
Complex Field with 100 bits of precision
```

gen()函数用于返回某个生成器,代码如下:

```
sage: a.gen()
1.0*I
```

ngens()函数用于返回生成器的总数,代码如下:

```
sage: a.ngens()
1
```

algebraic_closure()函数用于返回代数闭包,代码如下:

```
sage: a.algebraic_closure()
Complex Double Field
```

real_double_field()函数用于返回实数 double 域,可以将其视为复数 double 域的子域,代码如下:

```
sage: a.real_double_field()
Real Double Field
```

pi()函数用于返回当前精度的 π,代码如下:

```
sage: a.pi()
3.141592653589793
```

construction()函数用于返回构造，代码如下：

```
sage: a.construction()
(AlgebraicClosureFunctor, Real Double Field)
```

zeta()函数用于返回 ζ 函数的结果，代码如下：

```
sage: a.zeta()
-1.0
```

13.4.4 double 复数

调用 CDF()函数即可创建一个 double 复数，代码如下：

```
sage: a = CDF(1.2)
sage: a
1.2
```

double 复数支持的符号运算。

(1) 加法的代码如下：

```
sage: a + a
2.4
```

(2) 减法的代码如下：

```
sage: a - a
0.0
```

(3) 乘法的代码如下：

```
sage: a * a
1.44
```

(4) 除法的代码如下：

```
sage: a/a
1.0
```

(5) 乘法逆的代码如下：

```
sage: ~a
0.8333333333333334
```

(6) 一元减法的代码如下：

```
sage: -a
-1.2
```

(7) 幂运算的代码如下：

```
sage: a^3
1.7279999999999998
```

prec()函数用于返回精度，代码如下：

```
sage: a.prec()
53
```

conjugate()函数用于返回共轭，代码如下：

```
sage: a.conjugate()
1.2
```

conj()函数用于返回共轭，代码如下：

```
sage: a.conj()
1.2
```

arg()函数用于返回自变量，代码如下：

```
sage: a.arg()
0.0
```

abs()函数用于返回绝对值，代码如下：

```
sage: a.abs()
1.2
```

argument()函数用于返回自变量，代码如下：

```
sage: a.argument()
0.0
```

abs2()函数用于返回复数的范数，代码如下：

```
sage: a.abs2()
1.44
```

norm()函数用于返回范数，代码如下：

```
sage: a.norm()
1.44
```

logabs()函数用于返回绝对值的对数，代码如下：

```
sage: a.logabs()
0.1823215567939546
```

real()函数用于返回实部，代码如下：

```
sage: a.real()
1.2
```

imag()函数用于返回虚部，代码如下：

```
sage: a.imag()
0.0
```

sqrt()函数用于返回平方根，代码如下：

```
sage: a.sqrt()
1.0954451150103321
```

nth_root()函数用于返回第 n 个根，代码如下：

```
sage: a.nth_root(1)
1.2
```

is_square()函数用于判断是不是平方数，代码如下：

```
sage: a.is_square()
True
```

is_integer()函数用于判断是不是整数，代码如下：

```
sage: a.is_integer()
False
```

is_positive_infinity()函数用于判断是不是正无穷大，代码如下：

```
sage: a.is_positive_infinity()
False
```

is_negative_infinity()函数用于判断是不是负无穷大，代码如下：

```
sage: a.is_negative_infinity()
False
```

is_infinity()函数用于判断是不是无穷大，代码如下：

```
sage: a.is_infinity()
False
```

is_NaN()函数用于判断是不是 NaN，代码如下：

```
sage: a.is_NaN()
False
```

exp()函数用于计算指数，代码如下：

```
sage: a.exp()
3.3201169227365472
```

log()函数用于计算对数，代码如下：

```
sage: a.log()
0.1823215567939546
```

log10()函数用于计算对数 log10，代码如下：

```
sage: a.log10()
0.0791812460476248
```

log_b()函数用于计算以 b 为底数的对数，代码如下：

```
sage: a.log_b(2)
0.2630344058337938
```

sin()函数用于返回正弦值，代码如下：

```
sage: a.sin()
0.9320390859672263
```

cos()函数用于返回余弦值，代码如下：

```
sage: a.cos()
0.3623577544766736
```

tan()函数用于返回正切值，代码如下：

```
sage: a.tan()
2.5721516221263183
```

sec()函数用于返回正割值，代码如下：

```
sage: a.sec()
2.759703601332406
```

csc()函数用于返回余割值，代码如下：

```
sage: a.csc()
1.0729163777098973
```

cot()函数用于返回余切值，代码如下：

```
sage: a.cot()
0.388779569368205
```

arcsin()函数用于返回反正弦值，代码如下：

```
sage: a.arcsin()
1.5707963267948966 - 0.6223625037147786 * I
```

arccos()函数用于返回反余弦值，代码如下：

```
sage: a.arccos()
0.6223625037147786 * I
```

arctan()函数用于返回反正切值，代码如下：

```
sage: a.arctan()
0.8760580505981934
```

arccos()函数用于返回反余割值，代码如下：

```
sage: a.arccsc()
0.9851107833377457
```

arccos()函数用于返回反余切值，代码如下：

```
sage: a.arccot()
0.6947382761967033
```

arccos()函数用于返回反正割值，代码如下：

```
sage: a.arcsec()
0.5856855434571508
```

sinh()函数用于返回双曲正弦值，代码如下：

```
sage: a.sinh()
1.5094613554121725
```

cosh()函数用于返回双曲余弦值，代码如下：

```
sage: a.cosh()
1.8106555673243747
```

tanh()函数用于返回双曲正切值，代码如下：

```
sage: a.tanh()
0.8336546070121552
```

sech()函数用于返回双曲正割值，代码如下：

```
sage: a.sech()
0.5522861542782048
```

csch()函数用于返回双曲余割值，代码如下：

```
sage: a.csch()
0.6624879771943154
```

coth()函数用于返回双曲余切值，代码如下：

```
sage: a.coth()
1.1995375441923508
```

arcsinh()函数用于返回反双曲正弦值，代码如下：

```
sage: a.arcsinh()
1.015973134179692
```

arccosh()函数用于返回反双曲余弦值，代码如下：

```
sage: a.arccosh()
0.6223625037147786
```

arctanh()函数用于返回反双曲正切值，代码如下：

```
sage: a.arctanh()
1.1989476363991853 - 1.5707963267948966 * I
```

arctanh()函数用于返回反双曲正割值,代码如下:

```
sage: a.arcsech()
0.5856855434571508 * I
```

arctanh()函数用于返回反双曲余割值,代码如下:

```
sage: a.arccsch()
0.7584861371937422
```

arctanh()函数用于返回反双曲余切值,代码如下:

```
sage: a.arccoth()
1.1989476363991853
```

eta()函数用于返回复数上的 Dedekind η 函数的值,代码如下:

```
sage: a.eta()
ValueError: value must be in the upper half plane
```

agm()函数用于返回算术几何平均值,代码如下:

```
sage: a.agm(2)
1.5744942014598222
```

dilog()函数用于返回复数的二重对数,即计算 Spence 函数,代码如下:

```
sage: a.dilog()
2.1291694303839597 - 0.572780063414942 * I
```

gamma()函数用于返回 Γ 函数的结果,代码如下:

```
sage: a.gamma()
0.9181687423997607
```

gamma_inc()函数用于返回不完全 Γ 函数的结果,代码如下:

```
sage: a.gamma_inc(2)
0.16738329375795136
```

zeta()函数用于返回 ζ 函数的结果,代码如下:

```
sage: a.zeta()
5.591582441177752
```

algdep()函数用于返回近似满足当前数的至多 n 次多项式,代码如下:

```
sage: a.algdep(2)
5 * x - 6
```

13.4.5 复数球域

ComplexBallField 即复数球域,简写为 CBF,代码如下:

```
sage: a = CBF
sage: a
Complex ball field with 53 bits of precision
```

construction()函数用于返回构造,代码如下:

```
sage: a.construction()
(AlgebraicClosureFunctor, Real ball field with 53 bits of precision)
```

complex_field()函数用于返回复数域,代码如下:

```
sage: a.complex_field()
Complex ball field with 53 bits of precision
```

precision()函数用于返回精度,代码如下:

```
sage: a.precision()
53
```

is_exact()函数用于返回是否精确,代码如下:

```
sage: a.is_exact()
False
```

characteristic()函数用于返回特征,代码如下:

```
sage: a.characteristic()
0
```

some_elements()函数用于返回一些元素,代码如下:

```
sage: a.some_elements()
[1.000000000000000,
 - 0.5000000000000000 * I,
1.000000000000000 + [0.3333333333333333 +/- 1.49e-17] * I,
```

pi()函数用于返回一个包含 π 的球,代码如下:

```
sage: a.pi()
[3.141592653589793 +/- 3.39e-16]
```

integral()函数用于返回积分,代码如下:

```
sage: a.integral(lambda x, _: x, 0, 1)
[0.500000000000000 +/- 2.09e-16]
```

13.4.6 复数球

调用 ComplexBall()函数或 CBF()函数即可创建一个复数球,代码如下:

```
sage: a = CBF(1)
sage: a
1.000000000000000
```

复数球支持的符号运算。

(1) 一元减法,返回球的反面的代码如下:

```
sage: - a
-1.000000000000000
```

(2) 加法的代码如下:

```
sage: a + b
3.000000000000000
```

(3) 减法的代码如下:

```
sage: a - b
-1.000000000000000
```

(4) 乘法的代码如下:

```
sage: a * b
2.000000000000000
```

(5) 除法的代码如下:

```
sage: a/b
-1.000000000000000 * I
```

(6) 求逆的代码如下:

```
sage: ~a
1.000000000000000
```

(7) 左移的代码如下:

```
sage: a << 2
4.000000000000000
```

(8) 右移的代码如下:

```
sage: a >> 2
0.2500000000000000
```

(9) 幂运算的代码如下:

```
sage: a^3
1.000000000000000
```

real()函数用于返回球的实部,代码如下:

```
sage: a.real()
1.000000000000000
```

imag()函数用于返回球的虚部,代码如下:

```
sage: a.imag()
0
```

abs()函数用于返回绝对值，代码如下：

```
sage: abs(a)
1.00000000000000
```

below_abs()函数用于返回球的绝对值的下限，代码如下：

```
sage: a.below_abs()
1.00000000000000
```

above_abs()函数用于返回球的绝对值的上限，代码如下：

```
sage: a.above_abs()
1.00000000000000
```

arg()函数用于返回球的参数，代码如下：

```
sage: a.arg()
0
```

mid()函数用于返回球的中点，代码如下：

```
sage: a.mid()
1.00000000000000
```

squash()函数用于返回一个中点与球相同的精确球，代码如下：

```
sage: a.squash()
1.00000000000000
```

rad()函数用于返回球的误差半径的上限，代码如下：

```
sage: a.rad()
0.00000000
```

diameter()函数用于返回直径，代码如下：

```
sage: a.diameter()
0.00000000
```

union()函数用于返回一个包含两个球的凸包的球，代码如下：

```
sage: a.union(0)
[+/- 1.01]
```

nbits()函数用于返回整数的比特数，代码如下：

```
sage: a.nbits()
1
```

round()函数用于四舍五入取整，代码如下：

```
sage: a.round()
1.00000000000000
```

accuracy()函数用于返回有效相对精度，代码如下：

```
sage: a.accuracy()
9223372036854775807
```

trim()函数用于返回球的修剪副本，代码如下：

```
sage: a.trim()
1.000000000000000
```

add_error()函数用于增加球的半径，代码如下：

```
sage: a.add_error(1)
[+/- 2.01] + [+/- 1.01]*I
```

is_NaN()函数用于判断是不是 NaN，代码如下：

```
sage: a.is_NaN()
False
```

is_zero()函数用于判断中点和半径是否均为 0，代码如下：

```
sage: a.is_zero()
False
```

is_nonzero()函数用于判断 0 是否不包含在球当中，代码如下：

```
sage: a.is_nonzero()
True
```

bool()函数用于判断是否不是 0 球，代码如下：

```
sage: bool(a)
True
```

is_exact()函数用于返回是否精确，代码如下：

```
sage: a.is_exact()
True
```

is_real()函数用于判断球的虚部是否为 0，代码如下：

```
sage: a.is_real()
True
```

identical()函数用于返回两个球是否代表同一个球，代码如下：

```
sage: a.identical(a)
True
```

overlaps()函数用于判断两个球是不是含有部分相同的点，代码如下：

```
sage: a.overlaps(a)
True
```

contains_exact()函数用于返回一个球是否真包含于另一个球，代码如下：

```
sage: a.contains_exact(a)
True
```

contains_zero()函数用于判断是否包含 0，代码如下：

```
sage: a.contains_zero()
False
```

contains_integer()函数用于返回球是否包含整数，代码如下：

```
sage: a.contains_integer()
True
```

conjugate()函数用于返回共轭，代码如下：

```
sage: a.conjugate()
1.000000000000000
```

sqrt()函数用于返回平方根，代码如下：

```
sage: a.sqrt()
1.000000000000000
```

rsqrt()函数用于返回倒数平方根，代码如下：

```
sage: a.rsqrt()
1.000000000000000
```

cube()函数用于返回三次幂，代码如下：

```
sage: a.cube()
1.000000000000000
```

rising_factorial()函数用于返回球的第 n 个上升阶乘幂，代码如下：

```
sage: a.rising_factorial(20)
2.432902008176640e+18
```

log()函数用于计算对数，代码如下：

```
sage: a.log()
0
```

log1p()函数用于计算对数 $\log(1+p)$，代码如下：

```
sage: a.log1p()
[0.693147180559945 +/- 4.12e-16]
```

exp()函数用于计算指数，代码如下：

```
sage: a.exp()
[2.718281828459045 +/- 5.41e-16]
```

exppii()函数用于计算 exp(πi self),代码如下:

```
sage: a.exppii()
-1.000000000000000
```

sin()函数用于返回正弦值,代码如下:

```
sage: a.sin()
[0.841470984807897 +/- 6.08e-16]
```

cos()函数用于返回余弦值,代码如下:

```
sage: a.cos()
[0.540302305868140 +/- 4.59e-16]
```

tan()函数用于返回正切值,代码如下:

```
sage: a.tan()
[1.557407724654902 +/- 3.26e-16]
```

cot()函数用于返回余切值,代码如下:

```
sage: a.cot()
[0.642092615934331 +/- 4.79e-16]
```

sec()函数用于返回正割值,代码如下:

```
、sage: a.sec()
[1.850815717680925 +/- 7.00e-16]
```

csc()函数用于返回余割值,代码如下:

```
sage: a.csc()
[1.188395105778121 +/- 2.52e-16]
```

sinh()函数用于返回双曲正弦值,代码如下:

```
sage: a.sinh()
[1.175201193643801 +/- 6.18e-16]
```

cosh()函数用于返回双曲余弦值,代码如下:

```
sage: a.cosh()
[1.543080634815244 +/- 5.28e-16]
```

tanh()函数用于返回双曲正切值,代码如下:

```
、sage: a.tanh()
[0.761594155955765 +/- 2.81e-16]
```

coth()函数用于返回双曲余切值,代码如下:

```
sage: a.coth()
[1.313035285499331 +/- 4.97e-16]
```

sech()函数用于返回双曲正割值，代码如下：

```
sage: a.sech()
[0.648054273663885 +/- 4.67e-16]
```

csch()函数用于返回双曲余割值，代码如下：

```
sage: a.csch()
[0.850918128239321 +/- 5.70e-16]
```

arcsin()函数用于返回反正弦值，代码如下：

```
sage: a.arcsin()
[1.570796326794897 +/- 5.54e-16]
```

arccos()函数用于返回反余弦值，代码如下：

```
sage: a.arccos()
0
```

arctan()函数用于返回反正切值，代码如下：

```
sage: a.arctan()
[0.7853981633974483 +/- 7.66e-17]
```

arcsinh()函数用于返回反双曲正弦值，代码如下：

```
sage: a.arcsinh()
[0.881373587019543 +/- 1.87e-16]
```

arccosh()函数用于返回反双曲余弦值，代码如下：

```
sage: a.arccosh()
0
```

arctanh()函数用于返回反双曲正切值，代码如下：

```
sage: a.arctanh()
nan + nan*I
```

gamma()函数用于返回 Γ 函数的结果，代码如下：

```
sage: a.gamma()
1.000000000000000
```

log_gamma()函数用于返回对数 Γ 函数的结果，代码如下：

```
sage: a.log_gamma()
0
```

rgamma()函数用于返回 1/Γ 函数的结果，代码如下：

```
sage: a.rgamma()
1.000000000000000
```

psi()函数用于返回双伽马函数的结果，代码如下：

```
sage: a.psi()
[-0.577215664901533 +/- 3.85e-16]
```

zeta()函数用于返回 ζ 函数的结果，代码如下：

```
sage: a.zeta()
nan
```

zetaderiv()函数用于通过 Riemann 函数的 k 阶导数返回球的像，代码如下：

```
sage: a.zetaderiv(4)
nan + nan*I
```

lambert_w()函数用于通过 Lambert W 函数的指定分支返回球的像，代码如下：

```
sage: a.lambert_w()
[0.567143290409784 +/- 2.72e-16]
```

polylog()函数用于返回 polylog 对数，代码如下：

```
sage: a.polylog(2)
[1.644934066848226 +/- 6.45e-16]
```

barnes_g()函数用于返回球的 Barnes G 函数，代码如下：

```
sage: a.barnes_g()
1.000000000000000
```

log_barnes_g()函数用于返回球的对数 Barnes G 函数，代码如下：

```
sage: a.log_barnes_g()
0
```

agm1()函数用于返回 1 和球的算术几何平均值，代码如下：

```
sage: a.agm1()
1.000000000000000
```

hypergeometric()函数用于返回球的广义超几何函数，代码如下：

```
sage: a.hypergeometric([], [])
[2.718281828459045 +/- 5.41e-16]
```

erf()函数用于返回误差函数的值，代码如下：

```
sage: a.erf()
[0.842700792949715 +/- 3.71e-16]
```

erfc()函数用于返回互补误差函数的值，代码如下：

```
sage: a.erfc()
[0.1572992070502851 +/- 5.22e-17]
```

airy()函数用于返回 Airy 函数 Ai、Ai′、Bi、Bi′的值，代码如下：

```
sage: a.airy()
([0.1352924163128814 +/- 4.17e-17],
[-0.1591474412967932 +/- 2.95e-17],
[1.207423594952871 +/- 3.27e-16],
[0.932435933392776 +/- 5.83e-16])
```

airy_ai()函数用于返回 Airy 函数 Ai 的值，代码如下：

```
sage: a.airy_ai()
[0.1352924163128814 +/- 4.17e-17]
```

airy_ai_prime()函数用于返回 Airy 函数导数 Ai′的值，代码如下：

```
sage: a.airy_ai_prime()
[-0.1591474412967932 +/- 2.95e-17]
```

airy_bi()函数用于返回 Airy 函数 Bi 的值，代码如下：

```
sage: a.airy_bi()
[1.207423594952871 +/- 3.27e-16]
```

airy_bi_prime()函数用于返回 Airy 函数导数 Bi′的值，代码如下：

```
sage: a.airy_bi_prime()
[0.932435933392776 +/- 5.83e-16]
```

bessel_J()函数用于计算第一类贝塞尔函数，参数为球，索引为另一个值，代码如下：

```
sage: a.bessel_J(2)
[0.1149034849319005 +/- 4.04e-17]
```

bessel_J_Y()函数用于计算第一类和第二类贝塞尔函数，参数为球，索引为另一个值，代码如下：

```
sage: a.bessel_J_Y(2)
([0.1149034849319005 +/- 4.04e-17], [-1.65068260681625 +/- 8.21e-15])
```

bessel_Y()函数用于计算第二类贝塞尔函数，参数为球，索引为另一个值，代码如下：

```
sage: a.bessel_Y(2)
[-1.65068260681625 +/- 8.21e-15]
```

bessel_I()函数用于计算修改后的第一类贝塞尔函数，参数为球，索引为另一个值，代码如下：

```
sage: a.bessel_I(2)
[0.1357476697670383 +/- 7.42e-17]
```

bessel_K()函数用于计算修改后的第二类贝塞尔函数，参数为球，索引为另一个值，代码如下：

```
sage: a.bessel_K(2)
[1.62483889863518 +/- 8.77e-15]
```

exp_integral_e()函数用于通过索引为另一个值的广义指数积分返回球的像，代码如下：

```
sage: a.exp_integral_e(2)
[0.148495506775922 +/- 6.48e-16]
```

ei()函数用于计算球的指数积分，代码如下：

```
sage: a.ei()
[1.89511781635594 +/- 4.94e-15]
```

si()函数用于计算球的正弦积分，代码如下：

```
sage: a.si()
[0.946083070367183 +/- 9.22e-16]
```

ci()函数用于计算球的余弦积分，代码如下：

```
sage: a.ci()
[0.337403922900968 +/- 3.25e-16]
```

shi()函数用于计算球的双曲正弦积分，代码如下：

```
sage: a.shi()
[1.05725087537573 +/- 2.77e-15]
```

chi()函数用于计算球的双曲余弦积分，代码如下：

```
sage: a.chi()
[0.837866940980208 +/- 4.72e-16]
```

li()函数用于计算球的对数积分，代码如下：

```
sage: a.li()
nan
```

jacobi_theta()函数用于计算在变元为球和应位于上半平面的参数处评估的 4 个 Jacobi θ 函数，代码如下：

```
sage: a.jacobi_theta(2)
(nan + nan*I, nan + nan*I, nan + nan*I, nan + nan*I)
```

modular_j()函数用于计算由球给出的带有 τ 的模 j 不变量，代码如下：

```
sage: a.modular_j()
nan + nan*I
```

modular_eta()函数用于计算 Dedekind η 函数，其中 τ 由球给定，代码如下：

```
sage: a.modular_eta()
[+/- inf] + [+/- inf]*I
```

modular_lambda()函数用于计算由球给定的带有 τ 的模 λ 函数，代码如下：

```
sage: a.modular_lambda()
nan + nan * I
```

modular_delta()函数用于计算由球给定的带有 τ 的判别式，代码如下：

```
sage: a.modular_delta()
nan + nan * I
```

eisenstein()函数用于计算 Eisenstein 级数中的前若干条目，其中 τ 由球给出，代码如下：

```
sage: a.eisenstein(2)
[nan + nan * I, nan + nan * I]
```

elliptic_p()函数用于计算具有参数 τ 的 Weierstrass 椭圆函数，代码如下：

```
sage: a.elliptic_p(2)
nan + nan * I
```

elliptic_invariants()函数用于返回椭圆不变量，代码如下：

```
sage: a.elliptic_invariants()
(nan + nan * I, nan + nan * I)
```

elliptic_roots()函数用于返回椭圆根，代码如下：

```
sage: a.elliptic_roots()
(nan + nan * I, nan + nan * I, nan + nan * I)
```

elliptic_k()函数用于返回由球给出的在 m 处求值的第一类完全椭圆积分，代码如下：

```
sage: a.elliptic_k()
nan
```

elliptic_e()函数用于返回由球给出的在 m 处求值的第二类完全椭圆积分，代码如下：

```
sage: a.elliptic_e()
1.000000000000000
```

elliptic_pi()函数用于返回由球给出的在 m 处求值的第三类完全椭圆积分，代码如下：

```
sage: a.elliptic_pi(2)
nan + nan * I
```

elliptic_f()函数用于返回计算第一类勒让德不完全椭圆积分，代码如下：

```
sage: a.elliptic_f(2)
[1.3110287771461 +/- 4.99e-14] + [-0.65716341864866 +/- 8.74e-15] * I
```

elliptic_e_inc()函数用于计算第二类勒让德不完全椭圆积分，代码如下：

```
sage: a.elliptic_e_inc(2)
[0.5990701173678 +/- 1.57e-14] + [0.09311292177218 +/- 8.66e-15] * I
```

elliptic_pi_inc()函数用于计算第三类勒让德不完全椭圆积分,代码如下:

```
sage: a.elliptic_pi_inc(2,3)
nan + nan*I
```

elliptic_rf()函数用于计算在(self, y, z)处求值的第一类 Carlson 对称椭圆积分,代码如下:

```
sage: a.elliptic_rf(2,3)
[0.726945935468908 +/- 2.89e-16]
```

elliptic_rg()函数用于计算在(self, y, z)处求值的第二类 Carlson 对称椭圆积分,代码如下:

```
sage: a.elliptic_rg(2,3)
[1.401847099990895 +/- 2.61e-16]
```

elliptic_rj()函数用于计算在(self, y, z, p)处求值的第三类 Carlson 对称椭圆积分,代码如下:

```
sage: a.elliptic_rj(2,3,4)
[0.2398480997495678 +/- 7.80e-17]
```

elliptic_zeta()函数用于计算 Weierstrass ζ 函数在(self, τ)处的值,代码如下:

```
sage: a.elliptic_zeta(2)
nan + nan*I
```

elliptic_sigma()函数用于计算 Weierstrass σ 函数在(self, τ)处的值,代码如下:

```
sage: a.elliptic_sigma(2)
nan + nan*I
```

chebyshev_T()函数用于计算第一类 n 阶 Chebyshev 函数,代码如下:

```
sage: a.chebyshev_T(2)
1.00000000000000
```

chebyshev_U()函数用于计算第二类 n 阶 Chebyshev 函数,代码如下:

```
sage: a.chebyshev_U(2)
3.00000000000000
```

jacobi_P()函数用于计算雅可比多项式,代码如下:

```
sage: a.jacobi_P(2,3,4)
10.0000000000000
```

gegenbauer_C()函数用于计算 Gegenbauer 多项式,代码如下:

```
sage: a.gegenbauer_C(2,3)
21.0000000000000
```

laguerre_L()函数用于计算 Laguerre 多项式，代码如下：

```
sage: a.laguerre_L(2)
-0.500000000000000
```

hermite_H()函数用于计算 n 阶 Hermite 函数(或多项式)，代码如下：

```
sage: a.hermite_H(2)
2.00000000000000
```

legendre_P()函数用于计算第一类勒让德函数，代码如下：

```
sage: a.legendre_P(2)
1.00000000000000
```

legendre_Q()函数用于计算第二类勒让德函数，代码如下：

```
sage: a.legendre_Q(2)
nan + nan*I
```

spherical_harmonic()函数用于计算在 θ 处求值的球面调和函数，代码如下：

```
sage: a.spherical_harmonic(2,3,4)
0
```

13.4.7 复数区间域

ComplexIntervalField 即复数区间域，简写为 CIF，代码如下：

```
sage: a = CIF
sage: a
Complex Interval Field with 53 bits of precision
```

construction()函数用于返回构造，代码如下：

```
sage: a.construction()
(AlgebraicClosureFunctor, Real Interval Field with 53 bits of precision)
```

is_exact()函数用于返回是否精确，代码如下：

```
sage: a.is_exact()
False
```

prec()函数用于返回精度，代码如下：

```
sage: a.prec()
53
```

to_prec()函数用于设置精度，代码如下：

```
sage: a.to_prec(150)
Complex Interval Field with 150 bits of precision
```

real_field()函数用于返回实区间域，代码如下：

May all your wishes
come true

读书破万卷

```
sage: a.real_field()
Real Interval Field with 53 bits of precision
```

middle_field()函数用于返回相同精度的复数区间域，代码如下：

```
sage: a.middle_field()
Complex Field with 53 bits of precision
```

characteristic()函数用于返回特征，代码如下：

```
sage: a.characteristic()
0
```

gen()函数用于返回某个生成器，代码如下：

```
sage: a.gen(0)
1 * I
```

random_element()函数用于返回一个随机元素，代码如下：

```
sage: a.random_element()
- 0.53956306749521344? + 0.90623751584720425? * I
```

is_field()函数用于判断是不是域，代码如下：

```
sage: a.is_field()
True
```

pi()函数用于返回当前精度的 π，代码如下：

```
sage: a.pi()
3.141592653589794?
```

ngens()函数用于返回生成器的总数，代码如下：

```
sage: a.ngens()
1
```

zeta()函数用于返回 ζ 函数的结果，代码如下：

```
sage: a.zeta()
- 1
```

scientific_notation()函数用于设置是否使用科学记数法打印，代码如下：

```
sage: a.scientific_notation()
False
```

13.4.8　复数区间

ComplexIntervalFieldElement 即复数区间域中的元素，即复数区间，代码如下：

```
sage: a = CIF(1)
sage: a
1
```

复数区间支持的符号运算。

(1) 加法的代码如下：

```
sage: a + a
2
```

(2) 减法的代码如下：

```
sage: a - a
0
```

(3) 乘法的代码如下：

```
sage: a * a
1
```

(4) 除法的代码如下：

```
sage: a/a
1
```

(5) 幂运算的代码如下：

```
sage: a^3
1
```

(6) 一元加法的代码如下：

```
sage: +a
1
```

(7) 一元减法的代码如下：

```
sage: -a
-1
```

(8) 乘法逆的代码如下：

```
sage: ~a
1
```

bisection()函数用于将复数区间的平分返回为4个区间，其并集为复数区间，交集为center()函数的返回值，代码如下：

```
sage: a.bisection()
(1, 1, 1, 1)
```

is_exact()函数用于返回是否精确，代码如下：

```
sage: a.is_exact()
True
```

endpoints()函数用于返回由该区间定义的复数平面中矩形的4个角,代码如下:

```
sage: a.endpoints()
(1.00000000000000, 1.00000000000000, 1.00000000000000, 1.00000000000000)
```

edges()函数用于返回由该区间定义的复数平面中矩形的4条边作为区间,代码如下:

```
sage: a.edges()
(1, 1, 1, 1)
```

diameter()函数用于返回直径,代码如下:

```
sage: a.diameter()
0.000000000000000
```

overlaps()函数用于判断两个区间是不是含有部分相同的点,代码如下:

```
sage: a.overlaps(a)
True
```

union()函数用于返回两个复数区间中的最小的复数区间,代码如下:

```
sage: a.union(a)
1
```

magnitude()函数用于返回区间元素的最大绝对值,代码如下:

```
sage: a.magnitude()
1.00000000000000
```

mignitude()函数用于返回区间元素的最小绝对值,代码如下:

```
sage: a.mignitude()
1.00000000000000
```

center()函数用于返回最接近区间中心的浮点近似值,代码如下:

```
sage: a.center()
1.00000000000000
```

contains_zero()函数用于判断是否包含0,代码如下:

```
sage: a.contains_zero()
False
```

norm()函数用于返回范数,代码如下:

```
sage: a.norm()
1
```

prec()函数用于返回精度,代码如下:

```
sage: a.prec()
53
```

real()函数用于返回实部，代码如下：

```
sage: a.real()
1
```

imag()函数用于返回虚部，代码如下：

```
sage: a.imag()
0
```

abs()函数用于返回绝对值，代码如下：

```
sage: abs(a)
1
```

bool()函数用于判断是否不是零区间，代码如下：

```
sage: bool(a)
True
```

lexico_cmp()函数用于将区间在 4 元组上按字典进行比较，代码如下：

```
sage: a.lexico_cmp(b)
-1
```

argument()函数用于返回自变量，代码如下：

```
sage: a.argument()
0
```

crosses_log_branch_cut()函数用于判断区间是否跨越 log()和参数的标准分支切割，代码如下：

```
sage: a.crosses_log_branch_cut()
False
```

conjugate()函数用于返回共轭，代码如下：

```
sage: a.conjugate()
1
```

exp()函数用于计算指数，代码如下：

```
sage: a.exp()
2.718281828459046?
```

log()函数用于计算对数，代码如下：

```
sage: a.log()
0
```

sqrt()函数用于返回平方根，代码如下：

```
sage: a.sqrt()
1
```

is_square()函数用于判断是不是平方数，代码如下：

```
sage: a.is_square()
True
```

is_NaN()函数用于判断是否为 NaN，代码如下：

```
sage: a.is_NaN()
False
```

cos()函数用于返回余弦值，代码如下：

```
sage: a.cos()
0.5403023058681397?
```

sin()函数用于返回正弦值，代码如下：

```
sage: a.sin()
0.8414709848078966?
```

tan()函数用于返回正切值，代码如下：

```
sage: a.tan()
1.557407724654902?
```

cosh()函数用于返回双曲余弦值，代码如下：

```
sage: a.cosh()
1.543080634815244?
```

sinh()函数用于返回双曲正弦值，代码如下：

```
sage: a.sinh()
1.175201193643802?
```

tanh()函数用于返回双曲正切值，代码如下：

```
sage: a.tanh()
0.761594155955765?
```

zeta()函数用于返回 ζ 函数的结果，代码如下：

```
sage: a.zeta()
[.. NaN ..]
```

13.4.9 基于 MPC 库的复数域

MPComplexField 即基于 MPC 库的复数域，代码如下：

```
sage: a = MPComplexField(4)
sage: a
Complex Field with 4 bits of precision
```

gens()函数用于在实子域上返回此复域的生成器，代码如下：

```
sage: a.gen()
1.0 * I
```

ngens()函数用于返回生成器的总数，代码如下：

```
sage: a.ngens()
1
```

random_element()函数用于返回一个随机复数，实数和虚数均匀分布在最小值和最大值之间，默认值为 0～1，代码如下：

```
sage: a.random_element()
0.75 + 0.69 * I
```

is_exact()函数用于返回 MPComplexField 是否精确，返回值始终为 False，代码如下：

```
sage: a.is_exact()
False
```

MPComplexField 具有特征 0，代码如下：

```
sage: a.characteristic()
0
```

name()函数用于返回名称，代码如下：

```
sage: a.name()
'MPComplexField4_RNDNN'
```

prec()函数用于返回精度，代码如下：

```
sage: a.prec()
4
```

rounding_mode()函数用于返回用于复数的每部分的舍入模式，代码如下：

```
sage: a.rounding_mode()
'RNDNN'
```

rounding_mode_real()函数用于返回用于实部的返回舍入模式，代码如下：

```
sage: a.rounding_mode_real()
'RNDN'
```

rounding_mode_imag()函数用于返回用于虚部的返回舍入模式，代码如下：

```
sage: a.rounding_mode_imag()
'RNDN'
```

13.4.10 基于 MPC 库的复数

MPComplexNumber 即基于 MPC 库的复数,代码如下:

```
sage: a = MPComplexField(4)
sage: b = a(1.2 + 2.3j)
sage: b
1.1 + 2.2 * I
```

基于 MPC 库的复数支持的符号运算。

(1) 加法的代码如下:

```
sage: b + c
2.5
```

(2) 减法的代码如下:

```
sage: b - c
-0.12 + 4.5 * I
```

(3) 乘法的代码如下:

```
sage: b * c
6.5 + 0.28 * I
```

(4) 除法的代码如下:

```
sage: b/c
-0.56 + 0.81 * I
```

(5) 一元减法的代码如下:

```
sage: -b
-1.1 - 2.2 * I
```

(6) 乘法逆的代码如下:

```
sage: ~b
0.17 - 0.34 * I
```

(7) 幂运算的代码如下:

```
sage: b^c
30. - 24. * I
```

(8) 左移的代码如下:

```
sage: b << 2
4.5 + 9.0 * I
```

(9) 右移的代码如下:

```
sage: b >> 2
0.28 + 0.56 * I
```

prec()函数用于返回复数的精度,代码如下:

```
sage: b.prec()
4
```

real()函数用于返回实部,代码如下:

```
sage: b.real()
1.1
```

imag()函数用于返回虚部,代码如下:

```
sage: b.imag()
2.2
```

is_square()函数用于判断是不是平方数,代码如下:

```
sage: b.is_square()
True
```

is_real()函数用于判断复数是否是实数,代码如下:

```
sage: b.is_real()
False
```

is_imaginary()函数用于判断复数是否是纯虚数,代码如下:

```
sage: b.is_imaginary()
False
```

algebraic_dependency()函数用于返回一个至多为 n 次的不可约多项式,代码如下:

```
sage: b.algebraic_dependency(2)
64 * x^2 - 144 * x + 405
```

abs()函数用于返回绝对值,代码如下:

```
sage: abs(b)
2.5
```

norm()函数用于返回复数的范数,使用实部的舍入模式进行舍入,代码如下:

```
sage: b.norm()
6.5
```

cos()函数用于返回复数的余弦,代码如下:

```
sage: cos(b)
2.0 - 4.0 * I
```

sin()函数用于返回复数的正弦,代码如下:

```
sage: sin(b)
4.5 + 2.0 * I
```

tan()函数用于返回复数的正切,代码如下:

```
sage: tan(b)
0.018 + 1.0 * I
```

cosh()函数用于返回复数的双曲余弦,代码如下:

```
sage: cosh(b)
-1.1 + 1.1 * I
```

sinh()函数用于返回复数的双曲正弦,代码如下:

```
sage: sinh(b)
-0.88 + 1.4 * I
```

tanh()函数用于返回复数的双曲正切,代码如下:

```
sage: tanh(b)
1.0 - 0.22 * I
```

arccos()函数用于返回复数的反余弦,代码如下:

```
sage: arccos(b)
1.1 - 1.6 * I
```

arcsin()函数用于返回复数的反正弦,代码如下:

```
sage: arcsin(b)
0.44 + 1.6 * I
```

arctan()函数用于返回复数的反正切,代码如下:

```
sage: arctan(b)
1.4 + 0.34 * I
```

arccosh()函数用于返回复数的反双曲余弦,代码如下:

```
sage: arccosh(b)
1.6 + 1.1 * I
```

arcsinh()函数用于返回复数的反双曲正弦,代码如下:

```
sage: arcsinh(b)
1.6 + 1.1 * I
```

arctanh()函数用于返回复数的反双曲正切,代码如下:

```
sage: arctanh(b)
0.16 + 1.2 * I
```

coth()函数用于返回复数的双曲余切,代码如下:

```
sage: coth(b)
1.4
```

arccoth()函数用于返回复数的反双曲余切，代码如下：

```
sage: coth(b)
0.94 + 0.20 * I
```

csc()函数用于返回复数的余割，代码如下：

```
sage: csc(b)
0.19 - 0.086 * I
```

csch()函数用于返回复数的双曲余割，代码如下：

```
sage: csch(b)
-0.34 - 0.50 * I
```

arccsch()函数用于返回复数的反双曲余割，代码如下：

```
sage: arccsch(b)
0.19 - 0.34 * I
```

sec()函数用于返回复数的正割，代码如下：

```
sage: sec(b)
0.10 + 0.20 * I
```

sech()函数用于返回复数的双曲正割，代码如下：

```
sage: sech(b)
-0.44 - 0.44 * I
```

arcsech()函数用于返回复数的反双曲正割，代码如下：

```
sage: arcsech(b)
0.34 - 1.4 * I
```

cot()函数用于返回复数的余切，代码如下：

```
sage: cot(b)
0.018 - 1.0 * I
```

argument()函数用于返回复数代表的角度，代码如下：

```
sage: b.argument()
1.1
```

conjugate()函数用于返回复数的复共轭，代码如下：

```
sage: b.conjugate()
1.1 - 2.2 * I
```

sqr()函数用于返回复数的平方，代码如下：

```
sage: b.sqr()
-3.8 + 5.0 * I
```

sqrt()函数用于返回平方根，分支切割为负实轴，代码如下：

```
sage: b.sqrt()
1.4 + 0.81*I
```

exp()函数用于返回复数的指数，代码如下：

```
sage: b.exp()
-1.9 + 2.5*I
```

log()函数用于返回复数的对数，分支切割为负实轴，代码如下：

```
sage: b.log()
0.94 + 1.1*I
```

nth_root()函数用于返回第 n 个根，代码如下：

```
sage: b.nth_root(2)
1.4 + 0.94*I
```

dilog()函数用于返回复数的二重对数，或 Spence 函数，代码如下：

```
sage: b.dilog()
-0.14 + 2.2*I
```

eta()函数用于返回复数上的 Dedekind η 函数的值，代码如下：

```
sage: b.eta()
0.50 + 0.16*I
```

gamma()函数用于返回 Γ 函数的结果，代码如下：

```
sage: b.gamma()
0.11 + 0.059*I
```

gamma_inc()函数用于返回在复数上计算的不完全 Γ 函数的结果，代码如下：

```
sage: b.gamma_inc(2)
-0.086 + 0.086*I
```

zeta()函数用于返回 ζ 函数的结果，代码如下：

```
sage: b.zeta()
0.62 - 0.28*I
```

agm()函数用于返回两个复数的代数几何平均值，代码如下：

```
sage: b.agm(c)
1.8 + 0.023*I
```

13.5　分式域和分式

13.5.1　分式域

FractionField 即分式域，简写为 Frac，代码如下：

```
sage: a = Frac(QQ['x'])
sage: a
Fraction Field of Univariate Polynomial Ring in x over Rational Field
```

is_field()函数用于判断是不是域,代码如下:

```
sage: a.is_field()
True
```

is_finite()函数用于判断是不是有穷的,代码如下:

```
sage: a.is_finite()
False
```

base_ring()函数用于返回基环,代码如下:

```
sage: a.base_ring()
Rational Field
```

characteristic()函数用于返回特征,代码如下:

```
sage: a.characteristic()
0
```

ring()函数用于返回对应的环,代码如下:

```
sage: a.ring()
Univariate Polynomial Ring in x over Rational Field
```

is_exact()函数用于返回是否精确,代码如下:

```
sage: a.is_exact()
True
```

construction()函数用于返回构造,代码如下:

```
sage: a.construction()
(FractionField, Univariate Polynomial Ring in x over Rational Field)
```

ngens()函数用于返回生成器的总数,代码如下:

```
sage: a.ngens()
1
```

gen()函数用于返回某个生成器,代码如下:

```
sage: a.gen()
x
```

random_element()函数用于返回一个随机元素,代码如下:

```
sage: a.random_element()
0
```

some_elements()函数用于返回一些元素,代码如下:

```
sage: a.some_elements()
[0,
1,
x,
2 * x,
]
```

13.5.2 分式

FractionFieldElement 即分式,代码如下:

```
sage: a = Frac(QQ['x'])
sage: b = a.gen()
sage: c = b^2
sage: c
(x^2 + 2 * x + 1)/x
```

分式支持的符号运算。

(1) 加法的代码如下:

```
sage: c + c
(2 * x^2 + 4 * x + 2)/x
```

(2) 减法的代码如下:

```
sage: c - c
0
```

(3) 乘法的代码如下:

```
sage: c * c
(x^4 + 4 * x^3 + 6 * x^2 + 4 * x + 1)/x^2
```

(4) 除法的代码如下:

```
sage: c/c
1
```

(5) 幂运算的代码如下:

```
sage: c^3
(x^6 + 6 * x^5 + 15 * x^4 + 20 * x^3 + 15 * x^2 + 6 * x + 1)/x^3
```

(6) 一元减法的代码如下:

```
sage: - c
( - x^2 - 2 * x - 1)/x
```

(7) 乘法逆的代码如下:

```
sage: ~c
x/(x^2 + 2 * x + 1)
```

numerator()函数用于返回分子，代码如下：

```
sage: c.numerator()
x^2 + 2*x + 1
```

denominator()函数用于返回分母，代码如下：

```
sage: c.denominator()
x
```

reduce()函数用于化简多项式，代码如下：

```
sage: c.reduce()
```

is_square()函数用于判断是不是平方数，代码如下：

```
sage: c.is_square()
False
```

nth_root()函数用于返回第 n 个根，代码如下：

```
sage: c.nth_root(1)
(x^2 + 2*x + 1)/x
```

valuation()函数用于返回估计，代码如下：

```
sage: c.valuation()
-1
sage: c.is_zero()
False
sage: c.is_one()
False
```

specialization()函数用于求解，代码如下：

```
sage: c.specialization({'x':3})
16/3
```

13.5.3 一元多项式环上的分式域

如果分式域在单元多项式环上，则将直接创建一元多项式环上的分式域，代码如下：

```
sage: a = FractionField(GF(5)['t'])
sage: a
Fraction Field of Univariate Polynomial Ring in t over Finite Field of size 5
```

ring_of_integers()函数用于返回此分式域中的整数域，代码如下：

```
sage: a.ring_of_integers()
Univariate Polynomial Ring in t over Finite Field of size 5
```

maximal_order()函数用于返回最大阶，代码如下：

```
sage: a.maximal_order()
Univariate Polynomial Ring in t over Finite Field of size 5
```

class_number()函数用于返回类数,代码如下:

```
sage: a.class_number()
1
```

function_field()函数用于返回分式域,代码如下:

```
sage: a.function_field()
Rational function field in t over Finite Field of size 5
```

13.5.4 一元多项式环上的分式

通过一元多项式环上的分式域可以创建一元多项式环上的分式,代码如下:

```
sage: a = Frac(QQ['x'])
sage: b = a.gen()
sage: c = b^2 + b + 2
sage: c
x^2 + x + 2
```

is_integral()函数用于判断是否可积,代码如下:

```
sage: c.is_integral()
True
```

support()函数用于返回支撑集,代码如下:

```
sage: c.support()
[x^2 + x + 2]
```

reduce()函数用于化简多项式,代码如下:

```
sage: c.reduce()
```

13.5.5 FpT 分式域上的分式

创建 FpT 分式域上的分式,代码如下:

```
sage: a = Frac(GF(5)['t'])
sage: b = a.gen()
sage: c = b^2/3/b
sage: c
2 * t
```

FpT 分式域上的分式支持的符号运算。

（1）一元减法的代码如下：

```
sage: -c
3*t
```

（2）乘法逆的代码如下：

```
sage: ~c
1/2*t
```

（3）加法的代码如下：

```
sage: c+c
4*t
```

（4）减法的代码如下：

```
sage: c-c
0
```

（5）乘法的代码如下：

```
sage: c*c
4*t^2
```

（6）除法的代码如下：

```
sage: c/c
1
```

（7）幂运算的代码如下：

```
sage: c^3
3*t^3
```

numer()函数用于返回分子，代码如下：

```
sage: c.numer()
2*t
```

numerator()函数用于返回分子，代码如下：

```
sage: c.numerator()
2*t
```

denom()函数用于返回分母，代码如下：

```
sage: c.denom()
1
```

denominator()函数用于返回分母，代码如下：

```
sage: c.denominator()
1
```

subs()函数用于替换变量,代码如下:

```
sage: c.subs()
2 * t
```

valuation()函数用于返回在某个值上的估计,代码如下:

```
sage: c.valuation(c)
1
```

factor()函数用于返回因式分解,代码如下:

```
sage: c.factor()
(2) * t
```

next()函数用于返回下一个元素,代码如下:

```
sage: c.next()
3 * t
```

is_square()函数用于判断是不是平方数,代码如下:

```
sage: c.is_square()
False
```

sqrt()函数用于返回平方根,代码如下:

```
sage: c.sqrt()
NotImplementedError: function fields not yet implemented
```

13.6 函数域及其元素

13.6.1 函数域

FunctionField 即函数域,代码如下:

```
sage: a.<b> = FunctionField(QQ)
sage: a
Rational function field in b over Rational Field
```

is_perfect()函数用于返回域是否完美,即其 p 特征为 0,代码如下:

```
sage: a.is_perfect()
True
```

some_elements()函数用于返回一些元素,代码如下:

```
sage: a.some_elements()
[1,
b,]
```

characteristic()函数用于返回特征，代码如下：

```
sage: a.characteristic()
0
```

is_finite()函数用于判断是不是有穷的，代码如下：

```
sage: a.is_finite()
False
```

is_global()函数用于返回函数域是否为全局，代码如下：

```
sage: a.is_global()
False
```

order()函数用于返回阶，代码如下：

```
sage: a.order(b)
Order in Rational function field in b over Rational Field
```

order_infinite()函数用于返回 x 在最大无穷阶上生成的阶，代码如下：

```
sage: a.order_infinite(b)
Infinite order in Rational function field in b over Rational Field
```

rational_function_field()函数用于返回有理函数域，代码如下：

```
sage: a.rational_function_field()
Rational function field in b over Rational Field
```

valuation()函数用于返回在某个值上的估计，代码如下：

```
sage: a.valuation(2)
(b - 2)-adic valuation
```

space_of_differentials()函数用于返回附加到函数域的微分空间，代码如下：

```
sage: a.space_of_differentials()
Space of differentials of Rational function field in b over Rational Field
```

divisor_group()函数用于返回附加到函数域的除列表，代码如下：

```
sage: a.divisor_group()
Divisor group of Rational function field in b over Rational Field
```

place_set()函数用于返回函数域所有位置的集合，代码如下：

```
sage: a.place_set()
Set of places of Rational function field in b over Rational Field
```

13.6.2 函数域中的元素

调用 FunctionField()函数即可创建一个函数域中的元素，代码如下：

```
sage: a.<c> = FunctionField(QQ)
sage: b = a.gen()
sage: b
c
```

matrix()函数用于返回右乘矩阵,代码如下:

```
sage: b.matrix()
[c]
```

trace()函数用于返回迹,代码如下:

```
sage: b.trace()
c
```

norm()函数用于返回范数,代码如下:

```
sage: b.norm()
c
```

degree()函数用于返回阶,代码如下:

```
sage: b.degree()
1
```

characteristic_polynomial()函数用于返回元素的特征多项式,代码如下:

```
sage: b.characteristic_polynomial()
x - c
```

minimal_polynomial()函数用于返回元素的最小多项式,代码如下:

```
sage: b.minimal_polynomial()
x - c
```

is_integral()函数用于判断是否可积,代码如下:

```
sage: b.is_integral()
True
```

differential()函数用于返回微分,代码如下:

```
sage: b.differential()
d(c)
```

derivative()函数用于返回元素的导数,代码如下:

```
sage: b.derivative()
1
```

higher_derivative()函数用于返回元素相对于离散元素的第 i 个导数,代码如下:

```
sage: b.higher_derivative(2)
0
```

divisor()函数用于返回元素的除数,代码如下：

```
sage: b.divisor()
- Place (1/c)
+ Place (c)
```

divisor_of_zeros()函数用于返回元素的零除数,代码如下：

```
sage: b.divisor_of_zeros()
Place (c)
```

divisor_of_poles()函数用于返回元素的极点除数,代码如下：

```
sage: b.divisor_of_poles()
Place (1/c)
```

zeros()函数用于返回元素的零列表,代码如下：

```
sage: b.zeros()
[Place (c)]
```

poles()函数用于返回元素的极点列表,代码如下：

```
sage: b.poles()
[Place (1/c)]
```

valuation()函数用于返回在某个值上的估计,代码如下：

```
sage: b.valuation(b)
1
```

is_nth_power()函数用于判断是不是 n 次方,代码如下：

```
sage: b.is_nth_power(2)
False
```

nth_root()函数用于返回第 n 个根,代码如下：

```
sage: b.nth_root(1)
c
```

13.6.3 有理数域上的函数域

在有理数域上调用 FunctionField()函数即可创建一个有理数域上的函数域,代码如下：

```
sage: a.<b> = FunctionField(QQ)
sage: a
Rational function field in b over Rational Field
```

polynomial_ring()函数用于返回多项式环,代码如下：

```
sage: a.polynomial_ring()
Univariate Polynomial Ring in x over Rational function field in b over Rational Field
```

free_module()函数用于返回向量空间 V 及从域到 V 和从 V 到域的同构,代码如下:

```
sage: a.free_module()
(Vector space of dimension 1 over Rational function field in b over Rational Field,
 Isomorphism:
   From: Vector space of dimension 1 over Rational function field in b over Rational Field
   To:   Rational function field in b over Rational Field,
Isomorphism:
   From: Rational function field in b over Rational Field
   To:   Vector space of dimension 1 over Rational function field in b over Rational Field)
```

random_element()函数用于返回一个随机元素,代码如下:

```
sage: a.random_element()
0
```

degree()函数用于返回阶,代码如下:

```
sage: a.degree()
1
```

gen()函数用于返回某个生成器,代码如下:

```
sage: a.gen()
b
```

ngens()函数用于返回生成器的总数,代码如下:

```
sage: a.ngens()
1
```

base_field()函数用于返回基域,它只是函数域本身,代码如下:

```
sage: a.base_field()
Rational function field in b over Rational Field
```

hom()函数用于返回 Homspace,代码如下:

```
sage: a.hom(b^2 + 1)
Function Field endomorphism of Rational function field in b over Rational Field
  Defn: b |--> b^2 + 1
```

field()函数用于返回底层域,代码如下:

```
sage: a.field()
Fraction Field of Univariate Polynomial Ring in b over Rational Field
```

maximal_order()函数用于返回最大阶,代码如下:

```
sage: a.maximal_order()
Maximal order of Rational function field in b over Rational Field
```

maximal_order_infinite()函数用于返回函数域的最大无穷阶,代码如下:

```
sage: a.maximal_order_infinite()
Maximal infinite order of Rational function field in b over Rational Field
```

constant_base_field()函数用于返回有理函数域的超越扩张的域，代码如下：

```
sage: a.constant_base_field()
Rational Field
```

different()函数用于返回差分，代码如下：

```
sage: a.different()
0
```

genus()函数用于返回函数域的亏格，即 0，代码如下：

```
sage: a.genus()
0
```

change_variable_name()函数用于修改变量名，代码如下：

```
sage: a.change_variable_name('z')
(Rational function field in z over Rational Field,
 Function Field morphism:
   From: Rational function field in z over Rational Field
   To:   Rational function field in b over Rational Field
   Defn: z |--> b,
 Function Field morphism:
   From: Rational function field in b over Rational Field
   To:   Rational function field in z over Rational Field
   Defn: b |--> z)
```

derivation()函数用于返回有理函数域在常数基域上的导数，代码如下：

```
sage: a.derivation()
Derivation map:
  From: Rational function field in b over Rational Field
  To:   Rational function field in b over Rational Field
  Defn: b |--> 1
```

13.6.4 有理数域上的函数域中的元素

在有理数域上调用 FunctionField()函数即可创建一个有理数域上的函数域中的元素，代码如下：

```
sage: a.<c> = FunctionField(QQ)
sage: d = c^2 + 1
sage: d
c^2 + 1
```

有理函数域中的元素支持的符号运算。

（1）加法的代码如下：

```
sage: d+d
2*c^2 + 2
```

（2）减法的代码如下：

```
sage: d-d
0
```

（3）乘法的代码如下：

```
sage: d*d
c^4 + 2*c^2 + 1
```

（4）除法的代码如下：

```
sage: d/d
1
```

element()函数用于返回其元素，代码如下：

```
sage: d.element()
c^2 + 1
```

list()函数用于返回元素的列表，代码如下：

```
sage: d.list()
[c^2 + 1]
```

bool()函数用于判断是否非0，代码如下：

```
sage: bool(d)
True
```

numerator()函数用于返回分子，代码如下：

```
sage: d.numerator()
c^2 + 1
```

denominator()函数用于返回分母，代码如下：

```
sage: d.denominator()
1
```

valuation()函数用于返回在某个值上的估计，代码如下：

```
sage: d.valuation(c)
0
```

is_square()函数用于判断是不是平方数，代码如下：

```
sage: d.is_square()
False
```

sqrt()函数用于返回平方根，代码如下：

```
sage: d.sqrt(all = False)
TypeError: Polynomial is not a square. You must specify the name of the square root when using
the default extend = True
```

is_nth_power()函数用于判断是不是 n 次方，代码如下：

```
sage: d.is_nth_power(1)
True
```

nth_root()函数用于返回第 n 个根，代码如下：

```
sage: d.nth_root(1)
c^2 + 1
```

factor()函数用于返回因式分解，代码如下：

```
sage: d.factor()
c^2 + 1
```

inverse_mod()函数用于计算模逆，代码如下：

```
sage: d.inverse_mod(ideal([d]))
0
```

13.7 理想域

13.7.1 理想

调用 ideal()函数可以创建理想，代码如下：

```
sage: a.<b> = ZZ[]
sage: b = a.ideal([x, x^2 + 1])
sage: b
Ideal (b, b^2 + 1) of Univariate Polynomial Ring in b over Integer Ring
```

理想支持的符号运算。

（1）加法的代码如下：

```
sage: b + c
Ideal (b, b^2 + 1, b, b^2 + 1) of Univariate Polynomial Ring in b over Integer Ring
```

（2）乘法的代码如下：

```
sage: b * c
Ideal (b^2, b^3 + b, b^3 + b, b^4 + 2 * b^2 + 1) of Univariate Polynomial Ring in b over
Integer Ring
```

random_element()函数用于返回一个随机元素，代码如下：

```
sage: b.random_element()
-b^3 + b^2 - b
```

bool()函数用于判断是不是非0，代码如下：

```
sage: bool(b)
True
```

base_ring()函数用于返回基环，代码如下：

```
sage: b.base_ring()
Integer Ring
```

ring()函数用于返回对应的环，代码如下：

```
sage: b.ring()
Univariate Polynomial Ring in b over Integer Ring
```

reduce()函数用于返回简化，代码如下：

```
sage: b.reduce(2)
2
```

gens()函数用于返回全部生成器，代码如下：

```
sage: b.gens()
(b, b^2 + 1)
```

gen()函数用于返回某个生成器，代码如下：

```
sage: b.gen(1)
b^2 + 1
```

ngens()函数用于返回生成器的总数，代码如下：

```
sage: b.ngens()
2
```

is_trivial()函数用于判断理想是不是0或1，代码如下：

```
sage: b.is_trivial()
False
```

category()函数用于返回理想的范畴，代码如下：

```
sage: b.category()
Category of ring ideals in Univariate Polynomial Ring in b over Integer Ring
```

norm()函数用于返回范数，代码如下：

```
sage: b.norm()
Ideal (b, b^2 + 1) of Univariate Polynomial Ring in b over Integer Ring
```

13.7.2 主理想

调用 ideal()函数可以创建主理想，代码如下：

```
sage: a.<x> = ZZ[]
sage: b = a.ideal(x)
sage: c = a.ideal(x)
sage: b
Principal ideal (x) of Univariate Polynomial Ring in x over Integer Ring
```

主理想是主理想，代码如下：

```
sage: b.is_principal()
True
```

gen()函数用于返回某个生成器，代码如下：

```
sage: b.gen()
x
```

divides()函数用于判断两个理想是否整除，代码如下：

```
sage: b.divides(c)
True
```

13.7.3 整数环的主理想

特别地，在整数环上创建主理想将创建整数环的主理想，代码如下：

```
sage: a = 8 * ZZ
sage: a
Principal ideal (8) of Integer Ring
```

整数环的主理想支持的符号运算。
加法的代码如下：

```
sage: b = 2 * ZZ
sage: a + b
Principal ideal (2) of Integer Ring
```

reduce()函数用于返回缩减，代码如下：

```
sage: a.reduce(2)
2
```

gcd()函数用于返回最大公约数，代码如下：

```
sage: a.gcd(b)
Principal ideal (2) of Integer Ring
```

is_prime()函数用于判断理想是不是素数，代码如下：

```
sage: a.is_prime()
False
```

is_maximal()函数用于返回理想是否为最大值,代码如下:

```
sage: a.is_maximal()
False
```

is_maximal()函数用于返回理想的剩余类域,它必须是素数。

```
sage: c.residue_field()
Residue field of Integers modulo 3
```

13.8 数域

13.8.1 数域的基类

SageMath 将数域分为绝对数域和相对数域,这两种数域均继承了数域的基类方法。construction()函数用于返回构造,代码如下:

```
sage: a.construction()
(AlgebraicExtensionFunctor, Rational Field)
```

hom()函数用于返回 Homset,代码如下:

```
sage: c.<d> = QQ.extension(x^2 + 1)
sage: c.hom([d])
Ring endomorphism of Number Field in d with defining polynomial x^2 + 1
  Defn: d |--> d
```

structure()函数用于返回数域的结构,代码如下:

```
sage: a.structure()
(Identity endomorphism of Number Field in b with defining polynomial x^3 - 2,
Identity endomorphism of Number Field in b with defining polynomial x^3 - 2)
```

completion()函数用于返回在 p 处的完备,代码如下:

```
sage: a.completion(infinity, 100)
ValueError: No embedding into the complex numbers has been specified
```

primitive_element()函数用于返回 1 个素数,代码如下:

```
sage: a.primitive_element()
b
```

random_element()函数用于返回 1 个随机元素,代码如下:

```
sage: a.random_element()
1/10 * b + 5
```

subfield()函数用于返回一个子域,代码如下:

```
sage: a.subfield(10)
(Number Field in b0 with defining polynomial x - 10 with b0 = 10,
 Ring morphism:
   From: Number Field in b0 with defining polynomial x - 10 with b0 = 10
   To:   Number Field in b with defining polynomial x^3 - 2
   Defn: 10 |--> 10)
```

change_generator()函数用于更改生成器,代码如下:

```
sage: a.change_generator(b)
(Number Field in b0 with defining polynomial x^3 - 2 with b0 = b,
 Ring morphism:
   From: Number Field in b0 with defining polynomial x^3 - 2 with b0 = b
   To:   Number Field in b with defining polynomial x^3 - 2
   Defn: b0 |--> b,
 Ring morphism:
   From: Number Field in b with defining polynomial x^3 - 2
   To:   Number Field in b0 with defining polynomial x^3 - 2 with b0 = b
   Defn: b |--> b0)
```

subfield_from_elements()函数用于返回由某个元素生成的子域,代码如下:

```
sage: a.subfield_from_elements(b)
(Rational Field,
 [0, 1, 0],
 Coercion map:
   From: Rational Field
   To:   Number Field in b with defining polynomial x^3 - 2)
```

is_absolute()函数用于判断是不是绝对数域,代码如下:

```
sage: a.is_absolute()
True
```

is_relative()函数用于判断是不是相对域,代码如下:

```
sage: a.is_relative()
False
```

quadratic_defect()函数用于返回 a 在 p 处的二次缺陷的值,代码如下:

```
sage: a.quadratic_defect(b,a.primes_above(2)[0])
1
```

absolute_field()函数用于返回绝对数域,代码如下:

```
sage: a.absolute_field('z')
Number Field in z with defining polynomial x^3 - 2
```

is_isomorphic()函数用于判断是否同构,代码如下:

```
sage: a.is_isomorphic(a)
True
```

is_totally_real()函数用于判断是不是完全实数域,代码如下:

```
sage: a.is_totally_real()
False
```

is_totally_imaginary()函数用于判断是不是完全虚数域,代码如下:

```
sage: a.is_totally_imaginary()
False
```

is_CM()函数用于判断数域是不是 CM 域,代码如下:

```
sage: a.is_CM()
False
```

complex_conjugation()函数用于返回复共轭,代码如下:

```
sage: a.complex_conjugation()
ValueError: Complex conjugation is only well-defined for fields contained in CM fields
```

maximal_totally_real_subfield()函数用于返回最大全实子域,并嵌入数域中,代码如下:

```
sage: a.maximal_totally_real_subfield()
[Rational Field,
 Coercion map:
   From: Rational Field
   To:   Number Field in b with defining polynomial x^3 - 2]
```

complex_embeddings()函数用于返回所有复数域的嵌入,代码如下:

```
sage: a.complex_embeddings()
[
Ring morphism:
  From: Number Field in b with defining polynomial x^3 - 2
  To:   Complex Field with 53 bits of precision
  Defn: b |--> -0.629960524947437 - 1.09112363597172*I,
Ring morphism:
  From: Number Field in b with defining polynomial x^3 - 2
  To:   Complex Field with 53 bits of precision
  Defn: b |--> -0.629960524947437 + 1.09112363597172*I,
Ring morphism:
  From: Number Field in b with defining polynomial x^3 - 2
  To:   Complex Field with 53 bits of precision
  Defn: b |--> 1.25992104989487
]
```

real_embeddings()函数用于返回所有实数域的嵌入,代码如下:

```
sage: a.real_embeddings()
[
Ring morphism:
  From: Number Field in b with defining polynomial x^3 - 2
  To:   Real Field with 53 bits of precision
  Defn: b |--> 1.25992104989487
]
```

specified_complex_embedding()函数用于返回一个复数域的嵌入,代码如下:

```
sage: a.specified_complex_embedding()
```

gen_embedding()函数用于返回嵌入的生成器的像,代码如下:

```
sage: a.gen_embedding()
```

algebraic_closure()函数用于返回代数闭包,代码如下:

```
sage: a.algebraic_closure()
Algebraic Field
```

conductor()函数用于计算阿贝尔域的 conductor,代码如下:

```
sage: a.conductor()
ValueError: The conductor is only defined for abelian fields
```

dirichlet_group()函数用于计算阿贝尔域并返回与 K/Q 的 Galois 群的特征相对应的所有狄利克雷特征的集合,代码如下:

```
sage: a.dirichlet_group()
ValueError: The conductor is only defined for abelian fields
```

ideal()函数用于返回域的分式理想,或零理想,代码如下:

```
sage: a.ideal()
Ideal (0) of Number Field in b with defining polynomial x^3 - 2
```

idealchinese()函数用于返回一个数域中理想的中国剩余定理问题的解,代码如下:

```
sage: a.idealchinese([a.ideal(1),a.ideal(2)],[b,2])
0
```

fractional_ideal()函数用于返回由一个或多个生成器生成的域的分式理想,代码如下:

```
sage: a.fractional_ideal(2)
Fractional ideal (2)
```

ideals_of_bdd_norm()函数用于返回所有积分理想,其范数不超过给定的上界,代码如下:

```
sage: a.ideals_of_bdd_norm(2)
{1: [Fractional ideal (1)], 2: [Fractional ideal (b)]}
```

primes_above()函数用于返回全部在 x 之上的素数理想，代码如下：

```
sage: a.primes_above(2)
[Fractional ideal (b)]
```

prime_above()函数用于返回 1 个在 x 之上的素数理想，代码如下：

```
sage: a.prime_above(2)
Fractional ideal (b)
```

primes_of_bounded_norm()函数用于返回所有素数理想的排序列表，其范数不超过上界，代码如下：

```
sage: a.primes_of_bounded_norm(2)
[Fractional ideal (b)]
```

primes_of_bounded_norm_iter()函数用于返回产生所有素数理想的迭代器，其范数不超过上界，代码如下：

```
sage: a.primes_of_bounded_norm_iter(2)
<generator object NumberField_generic.primes_of_bounded_norm_iter at 0x6ffdc9f86f50>
```

primes_of_degree_one_iter()函数用于返回一个迭代器，用于生成一阶绝对素数理想和小范数，代码如下：

```
sage: a.primes_of_degree_one_iter()
<sage.rings.number_field.small_primes_of_degree_one.Small_primes_of_degree_one_iter object
at 0x6ffdc9ec9f50>
```

primes_of_degree_one_list()函数用于返回 n 个一阶绝对素数理想和小范数，代码如下：

```
sage: a.primes_of_degree_one_list(2)
[Fractional ideal (-b^2 - 1), Fractional ideal (b^2 + b - 1)]
```

completely_split_primes()函数用于返回在数域中完全分裂的有理素数的列表，代码如下：

```
sage: a.completely_split_primes()
[31, 43, 109, 127, 157]
```

pari_polynomial()函数用于返回 PARI 多项式，代码如下：

```
sage: a.pari_polynomial()
x^3 - 2
```

pari_nf()函数用于返回 NF 分解，代码如下：

```
sage: a.pari_nf()
[y^3 - 2, [1, 1], -108, 1, [[1, 1.25992104989487, 1.58740105196820; 1, -0.629960524947437 +
1.09112363597172*I, -0.793700525984100 - 1.37472963699860*I], [1, 1.25992104989487,
```

```
1.58740105196820; 1, 0.461163111024285, -2.16843016298270; 1, -1.72108416091916, 0.581029111014503], [1, 1, 2; 1, 0, -2; 1, -2, 1], [3, 0, 0; 0, 0, 6; 0, 6, 0], [6, 0, 0; 0, 6, 0; 0, 0, 3], [2, 0, 0; 0, 0, 1; 0, 1, 0], [2, [0, 0, 2; 1, 0, 0; 0, 1, 0]], [ ]], [1.25992104989487, -0.629960524947437 + 1.09112363597172*I], [1, y, y^2], [1, 0, 0; 0, 1, 0; 0, 0, 1], [1, 0, 0, 0, 0, 2, 0, 2, 0; 0, 1, 0, 1, 0, 0, 0, 0, 2; 0, 0, 1, 0, 1, 0, 1, 0, 0]]
```

pari_zk()函数用于返回 ZK 分解，代码如下：

```
sage: a.pari_zk()
[1, y, y^2]
```

pari_bnf()函数用于返回 BNF 分解，代码如下：

```
sage: a.pari_bnf()
[[;], matrix(0,5), [-1.34737734832938; 1.34737734832938 + 5.10337648109046*I], [0.414174612930353 + 3.14159265358979*I, -0.185561346340652, 0.314011682570840, 3.98272977783113E-59, 0.449125782776461; -0.414174612930353 + 3.43950064170976*I, 0.185561346340652 + 6.51615690578219*I, -0.314011682570840 + 3.37868978550436*I, 7.96545955566226E-59 + 4.18879020478639*I, -0.449125782776461 + 2.48766471108957*I], [[5, [2, 1, 0]~, 1, 1, [-1, 2, -4; -2, -1, 2; 1, -2, -1]], [11, [4, 1, 0]~, 1, 1, [5, 2, -8; -4, 5, 2; 1, -4, 5]], [17, [-8, 1, 0]~, 1, 1, [-4, 2, 16; 8, -4, 2; 1, 8, -4]], [2, [0, 1, 0]~, 3, 1, [0, 2, 0; 0, 0, 2; 1, 0, 0]], [3, [1, 1, 0]~, 3, 1, [1, 2, -2; -1, 1, 2; 1, -1, 1]]], 0, [y^3 - 2, [1, 1], -108, 1, [[1, 1.25992104989487, 1.58740105196820; 1, -0.629960524947437 + 1.09112363597172*I, -0.793700525984100 - 1.37472963699860*I], [1, 1.25992104989487, 1.58740105196820; 1, 0.461163111024285, -2.16843016298270; 1, -1.72108416091916, 0.581029111014503], [1, 1, 2; 1, 0, -2; 1, -2, 1], [3, 0, 0; 0, 0, 6; 0, 6, 0], [6, 0, 0; 0, 6, 0; 0, 0, 3], [2, 0, 0; 0, 0, 1; 0, 1, 0], [2, [0, 0, 2; 1, 0, 0; 0, 1, 0]], [2, 3]], [1.25992104989487, -0.629960524947437 + 1.09112363597172*I], [1, y, y^2], [1, 0, 0; 0, 1, 0; 0, 0, 1], [1, 0, 0, 0, 0, 2, 0, 2, 0; 0, 1, 0, 1, 0, 0, 0, 0, 2; 0, 0, 1, 0, 1, 0, 1, 0, 0]], [[1, [], []], 1.34737734832938, 1, [2, -1], [y - 1]], [[;], [], []], [0, [], [-1, [-1, 1, 0]~]]]
```

pari_rnfnorm_data()函数用于返回 RNF 数据，代码如下：

```
sage: a.pari_rnfnorm_data(a.extension(x^2 + 1, 'z'))
[[[;], matrix(0,5), [-1.34737734832938;, [], [], [], 1]
```

characteristic()函数用于返回特征，代码如下：

```
sage: a.characteristic()
0
```

class_group()函数用于返回数域的整数域的类群，代码如下：

```
sage: a.class_group()
Class group of order 1 of Number Field in b with defining polynomial x^3 - 2
```

class_number()函数用于返回数域的类数，代码如下：

```
sage: a.class_number()
1
```

S_class_group()函数用于返回数域的 S 类群，代码如下：

```
sage: a.S_class_group([])
S - class group of order 1 of Number Field in b with defining polynomial x^3 - 2
```

S_units()函数用于返回 S 单位，代码如下：

```
sage: a.S_units([])
[ -1, b - 1]
```

selmer_group()函数用于计算 Selmer 群，代码如下：

```
sage: a.selmer_group([],2)
[ -1, b - 1]
```

selmer_group_iterator()函数用于返回 Selmer 群的迭代器，代码如下：

```
sage: a.selmer_group_iterator([],23)
< generator object NumberField_generic.selmer_group_iterator at 0x6ffdc9cf88d0 >
```

composite_fields()函数用于返回由两个数域组成的可能的复合域，代码如下：

```
sage: a.composite_fields(a)
[Number Field in b with defining polynomial x^3 - 2,
 Number Field in b0 with defining polynomial x^6 + 40 * x^3 + 1372]
```

absolute_degree()函数用于返回绝对阶数，代码如下：

```
sage: a.absolute_degree()
3
```

degree()函数用于返回数域的阶数，代码如下：

```
sage: a.degree()
3
```

different()函数用于返回差分，代码如下：

```
sage: a.different()
Fractional ideal (3 * b^2)
```

discriminant()函数用于返回数域的整数域的判别式，或者如果指定了列表 v，则返回 v 的元素上的迹配对的行列式，代码如下：

```
sage: a.discriminant()
 - 108
```

disc()函数和 discriminant()函数相同，代码如下：

```
sage: a.disc()
 - 108
```

trace_dual_basis()函数用于计算数域的基相对于轨迹配对的对偶基，代码如下：

```
sage: a.trace_dual_basis([1, x, x^2])
[1/3, 1/6 * x^2, 1/6 * x]
```

elements_of_norm()函数用于返回范数为 n 的元素列表，代码如下：

```
sage: a.elements_of_norm(2)
[b]
```

extension()函数用于通过多项式返回域的相对扩张，代码如下：

```
sage: a.extension(x, 'z')
Number Field in z with defining polynomial x over its base field
```

factor()函数用于返回由 n 生成的主理想的因式分解，代码如下：

```
sage: a.factor(2)
(Fractional ideal (b))^3
```

prime_factors()函数用于返回一个自素理想的列表除以 x 生成的理想列表，代码如下：

```
sage: a.prime_factors(2)
[Fractional ideal (b)]
```

gen()函数用于返回数域的生成器，代码如下：

```
sage: a.gen()
b
```

数域是域，代码如下：

```
sage: a.is_field()
True
```

is_galois()函数用于判断数域是不是伽罗瓦域扩张，代码如下：

```
sage: a.is_galois()
False
```

is_abelian()函数用于判断数域是不是阿贝尔域扩张和伽罗瓦域扩张，代码如下：

```
sage: a.is_abelian()
False
```

galois_group()函数用于返回数域的伽罗瓦闭包的伽罗瓦群，代码如下：

```
sage: a.galois_group()
Galois group 3T2 (S3) with order 6 of x^3 - 2
```

power_basis()函数用于返回数域在其基域上的幂基，代码如下：

```
sage: a.power_basis()
[1, b, b^2]
```

integral_basis()函数用于返回一个包含数域的整数基的列表，代码如下：

```
sage: a.integral_basis()
[1, b, b^2]
```

reduced_basis()函数用于返回数域的最大阶的 Minkowski 嵌入的 LLL 缩减基，代码如下：

```
sage: a.reduced_basis()
[1, b, b^2]
```

reduced_gram_matrix()函数用于返回数域最大阶的 Minkowski 嵌入的 LLL 缩减基的 Gram 矩阵，代码如下：

```
sage: a.reduced_gram_matrix()
[    3.00000000000000     0.000000000000000     8.88178419700125e-16]
[   0.000000000000000     4.76220315590460     4.44089209850063e-16]
[8.88178419700125e-16     4.44089209850063e-16     7.55952629936924]
```

narrow_class_group()函数用于返回域的窄类群，代码如下：

```
sage: a.narrow_class_group()
Trivial Abelian group
```

ngens()函数用于返回生成器的总数，代码如下：

```
sage: a.ngens()
1
```

order()函数用于返回阶，代码如下：

```
sage: a.order()
+Infinity
```

absolute_polynomial_ntl()函数和 polynomial_ntl()函数相同，代码如下：

```
sage: a.absolute_polynomial_ntl()
([-2 0 0 1], 1)
```

polynomial_ntl()函数用于返回一个 NTI 多项式和一个分母，代码如下：

```
sage: a.polynomial_ntl()
([-2 0 0 1], 1)
```

polynomial()函数用于返回数域的定义多项式，代码如下：

```
sage: a.polynomial()
x^3 - 2
```

defining_polynomial()函数用于返回数域的定义多项式，代码如下：

```
sage: a.defining_polynomial()
x^3 - 2
```

polynomial_ring()函数用于返回数域是主理想的商的多项式环，代码如下：

```
sage: a.polynomial_ring()
Univariate Polynomial Ring in x over Rational Field
```

polynomial_quotient_ring()函数用于返回同构于数域的多项式商环，代码如下：

```
sage: a.polynomial_quotient_ring()
Univariate Quotient Polynomial Ring in b over Rational Field with modulus x^3 - 2
```

regulator()函数用于返回数域的调节器，代码如下：

```
sage: a.regulator()
1.34737734832938
```

residue_field()函数用于返回数域在素数处的残差域，代码如下：

```
sage: a.residue_field(1 + b)
Residue field of Fractional ideal (b + 1)
```

signature()函数用于返回实数域的嵌入和复数域的嵌入的数量，代码如下：

```
sage: a.signature()
(1, 1)
```

trace_pairing()函数用于返回列表中的元素上的迹配对的矩阵，代码如下：

```
sage: a.trace_pairing([1,b])
[3 0]
[0 0]
```

uniformizer()函数用于返回一个正规化子，代码如下：

```
sage: a.uniformizer(b)
b
```

units()函数用于返回单位，代码如下：

```
sage: a.units()
(b - 1,)
```

unit_group()函数用于返回数域的单位群(包括扭转)，代码如下：

```
sage: a.unit_group()
Unit group with structure C2 x Z of Number Field in b with defining polynomial x^3 - 2
```

S_unit_group()函数用于返回数域的 S 单位群(包括扭转)，代码如下：

```
sage: a.S_unit_group()
Unit group with structure C2 x Z of Number Field in b with defining polynomial x^3 - 2
```

S_unit_solutions()函数用于返回 S 单位方程 $x+y=1$ 的所有解，代码如下：

```
sage: a.S_unit_solutions()
Couldn't find enough split primes. Bumping to  15
[]
```

zeta()函数用于返回 ζ 函数的结果，代码如下：

```
sage: a.zeta()
-1
```

zeta_order()函数用于返回 zeta order，代码如下：

```
sage: a.zeta_order()
2
```

primitive_root_of_unity()函数用于返回本原单位根，代码如下：

```
sage: a.primitive_root_of_unity()
-1
```

roots_of_unity()函数用于返回单位根，代码如下：

```
sage: a.roots_of_unity()
[-1, 1]
```

zeta_coefficients()函数用于将域的 Dedekind ζ 函数的前 n 个系数计算为狄利克雷级数，代码如下：

```
sage: a.zeta_coefficients(2)
[1, 1]
```

solve_CRT()函数用于求解中国剩余问题，代码如下：

```
sage: a.solve_CRT([0,1],[a.ideal(1), a.ideal(2)])
1
```

valuation()函数用于返回由素数定义的域的估计，代码如下：

```
sage: a.valuation(b)
2-adic valuation
```

some_elements()函数用于返回数域中的一些元素，代码如下：

```
sage: a.some_elements()
[1,
b,
2*b,
]
```

lmfdb_page()函数用于在浏览器中打开数域的 LMFDB 网页，代码如下：

```
sage: a.lmfdb_page()
```

13.8.2　数域中的元素

SageMath 将数域中的元素分为绝对数域中的元素和相对数域中的元素，这两种数域中的元素均继承了数域中的元素的基类方法。

创建数域中的元素，代码如下：

```
sage: a.<b> = NumberField(x^3 + x^2 - 1)
sage: b
b
```

数域中的元素支持的符号运算。

（1）下标索引的代码如下：

```
sage: b[1]
1
```

（2）幂运算的代码如下：

```
sage: d^3
-d^2 + 1
```

（3）加法的代码如下：

```
sage: d + d
2 * d
```

（4）减法的代码如下：

```
sage: d - d
0
```

（5）乘法的代码如下：

```
sage: d * d
d^2
```

（6）除法的代码如下：

```
sage: d/d
1
```

（7）一元减法，代码如下：

```
sage: -d
-d
```

（8）乘法逆，代码如下：

```
sage: ~d
d^2 + d
```

abs()函数用于返回绝对值，代码如下：

```
sage: abs(b)
1.15096392525776
```

sign()函数用于返回符号，代码如下：

```
sage: c.<d> = NumberField(x^3 + x^2 - 1, embedding = AA(2) ** (1/3))
sage: d.sign()
1
```

floor()函数用于向上取整，代码如下：

```
sage: d.floor()
0
```

ceil()函数用于向下取整，代码如下：

```
sage: d.ceil()
1
```

ceil()函数用于四舍五入取整，代码如下：

```
sage: d.round()
1
```

abs()函数用于返回绝对值，代码如下：

```
sage: d.abs()
d
```

coordinates_in_terms_of_powers()函数用于返回坐标函数，代码如下：

```
sage: b.coordinates_in_terms_of_powers()
Coordinate function that writes elements in terms of the powers of b
```

complex_embeddings()函数用于返回所有复数域的嵌入，代码如下：

```
sage: d.complex_embeddings()
[-0.877438833123346 - 0.744861766619744*I,
-0.877438833123346 + 0.744861766619744*I,
0.754877666246693]
```

complex_embedding()函数用于返回一个复数域的嵌入，代码如下：

```
sage: d.complex_embedding()
-0.877438833123346 - 0.744861766619744*I
```

is_unit()函数用于判断是不是一个单位，代码如下：

```
sage: d.is_unit()
True
```

is_norm()函数用于判断是不是 L/K 中元素的相对范数，代码如下：

```
sage: d.is_norm(c)
True
```

factor()函数用于返回因式分解，代码如下：

```
sage: d.factor()
d
```

gcd()函数用于返回最大公约数，代码如下：

```
sage: d.gcd(d)
1
```

is_totally_positive()函数用于判断所有实数域的嵌入是不是都为正,代码如下:

```
sage: d.is_totally_positive()
True
```

is_square()函数用于判断是不是平方数,代码如下:

```
sage: d.is_square()
False
```

is_padic_square()函数用于判断是不是 p 进数的平方,代码如下:

```
sage: d.is_padic_square(ideal([d-2]))
False
```

sqrt()函数用于返回平方根,代码如下:

```
sage: d.sqrt()
sqrt(1/3*(1/2)^(1/3)*(3*sqrt(23)*sqrt(3) + 25)^(1/3) + 2/3*(1/2)^(2/3)/(3*sqrt
(23)*sqrt(3) + 25)^(1/3) - 1/3)
```

nth_root()函数用于返回第 n 个根,代码如下:

```
sage: d.nth_root(1)
d
```

is_nth_power()函数用于判断是不是 n 次方,代码如下:

```
sage: d.is_nth_power(1)
True
```

bool()函数用于判断是不是非零,代码如下:

```
sage: bool(d)
True
```

galois_conjugates()函数用于返回数域中的元素的所有伽罗瓦共轭,代码如下:

```
sage: d.galois_conjugates(c)
[d]
```

polynomial()函数用于返回多项式,代码如下:

```
sage: d.polynomial()
x
```

denominator()函数用于返回分母,代码如下:

```
sage: d.denominator()
1
```

multiplicative_order()函数用于返回乘法顺序,代码如下:

```
sage: d.multiplicative_order()
2
```

additive_order()函数用于返回元素的加法顺序，代码如下：

```
sage: d.additive_order()
+Infinity
```

is_one()函数用于判断是否等于1，代码如下：

```
sage: d.is_one()
False
```

is_rational()函数用于判断是不是有理数，代码如下：

```
sage: d.is_rational()
False
```

is_integer()函数用于判断是不是整数，代码如下：

```
sage: d.is_integer()
False
```

trace()函数用于返回绝对或相对的迹，代码如下：

```
sage: d.trace()
-1
```

norm()函数用于返回绝对或相对的范数，代码如下：

```
sage: d.norm()
1
```

absolute_norm()函数用于返回绝对范数，代码如下：

```
sage: d.absolute_norm()
1
```

relative_norm()函数用于返回相对范数，代码如下：

```
sage: d.relative_norm()
1
```

vector()函数用于返回向量表示，代码如下：

```
sage: d.vector()
(0, 1, 0)
```

charpoly()函数用于返回数域中的元素的特征多项式，代码如下：

```
sage: d.charpoly()
x^3 + x^2 - 1
```

minpoly()函数用于返回最小多项式，代码如下：

```
sage: d.minpoly()
x^3 + x^2 - 1
```

is_integral()函数用于判断是否可积，代码如下：

```
sage: d.is_integral()
True
```

matrix()函数用于返回右乘矩阵，代码如下：

```
sage: d.matrix()
[ 0  1   0]
[ 0  0   1]
[ 1  0  -1]
```

valuation()函数用于返回给定素数理想 P 下的估计，代码如下：

```
sage: d.valuation(ideal([d - 2]))
0
```

local_height()函数用于返回在素数理想位置的局部高度，代码如下：

```
sage: d.local_height(ideal([d - 2]))
0.000000000000000
```

local_height_arch()函数用于返回在无穷位置的局部高度，代码如下：

```
sage: d.local_height_arch(1)
0.140599787161481
```

global_height_non_arch()函数用于返回全局高度的总非阿基米德分量，代码如下：

```
sage: d.global_height_non_arch()
0.000000000000000
```

global_height_arch()函数用于返回全局高度的总阿基米德分量，代码如下：

```
sage: d.global_height_arch()
0.281199574322962
```

global_height()函数用于返回全局高度，代码如下：

```
sage: d.global_height()
0.0937331914409874
```

numerator_ideal()函数用于返回数域中的元素的理想分子，代码如下：

```
sage: d.numerator_ideal()
Fractional ideal (1)
```

denominator_ideal()函数用于返回数域中的元素的理想分母，代码如下：

```
sage: d.denominator_ideal()
Fractional ideal (1)
```

support()函数用于返回支撑集，代码如下：

```
sage: d.support()
[]
```

inverse_mod()函数用于计算模逆，代码如下：

```
sage: d.inverse_mod(2)
-d^2 - d
```

residue_symbol()函数用于返回残差的符号，代码如下：

```
sage: d.residue_symbol(ideal([d-2]),2)
-1
```

descend_mod_power()函数用于返回模幂的降模，代码如下：

```
sage: d.descend_mod_power()
[]
```

different()函数用于返回差分，代码如下：

```
sage: d.different()
3*d^2 + 2*d
```

absolute_different()函数用于返回绝对差分，代码如下：

```
sage: d.absolute_different()
3*d^2 + 2*d
```

13.8.3　绝对数域

用确定了环的多项式即可创建绝对数域，代码如下：

```
sage: x = polygen(QQ)
sage: a.<b> = NumberField(x^3 - 2)
sage: a
Number Field in b with defining polynomial x^3 - 2
```

base_field()函数用于返回数域的基域，代码如下：

```
sage: a.base_field()
Rational Field
```

绝对数域是绝对数域，代码如下：

```
sage: a.is_absolute()
True
```

absolute_polynomial()函数和 polynomial()函数相同，代码如下：

```
sage: a.absolute_polynomial()
x^3 - 2
```

absolute_generator()函数用于返回绝对生成器，代码如下：

```
sage: a.absolute_generator()
b
```

optimized_representation()函数会尽可能地用更好的定义多项式返回同构于数域的域，以及从新域到当前域和从当前域到新域的域同构，代码如下：

```
sage: a.optimized_representation()
(Number Field in b1 with defining polynomial x^3 - 2,
 Ring morphism:
   From: Number Field in b1 with defining polynomial x^3 - 2
   To:   Number Field in b with defining polynomial x^3 - 2
   Defn: b1 |--> b,
 Ring morphism:
   From: Number Field in b with defining polynomial x^3 - 2
   To:   Number Field in b1 with defining polynomial x^3 - 2
   Defn: b |--> b1)
```

optimized_subfields()函数用于返回某个次数的数域的多个子域的优化表示，如果次数为0，则返回所有可能次数的优化表示，代码如下：

```
sage: a.optimized_subfields()
[
(Number Field in b0 with defining polynomial x, Ring morphism:
  From: Number Field in b0 with defining polynomial x
  To:   Number Field in b with defining polynomial x^3 - 2
  Defn: 0 |--> 0, None),
(Number Field in b1 with defining polynomial x^3 - 2, Ring morphism:
  From: Number Field in b1 with defining polynomial x^3 - 2
  To:   Number Field in b with defining polynomial x^3 - 2
  Defn: b1 |--> b, Ring morphism:
  From: Number Field in b with defining polynomial x^3 - 2
  To:   Number Field in b1 with defining polynomial x^3 - 2
  Defn: b |--> b1)
]
```

change_names()函数用于返回同构于数域但具有指定名称的数域，代码如下：

```
sage: a.change_names('z')
Number Field in z with defining polynomial x^3 - 2
```

subfields()函数用于返回某个次数的数域的所有子域，如果次数为0，则返回所有可能次数的所有子域，代码如下：

```
sage: a.subfields()
[
(Number Field in b0 with defining polynomial x, Ring morphism:
  From: Number Field in b0 with defining polynomial x
```

```
   To:    Number Field in b with defining polynomial x^3 - 2
   Defn: 0 |--> 0, None),
 (Number Field in b1 with defining polynomial x^3 - 2, Ring morphism:
   From: Number Field in b1 with defining polynomial x^3 - 2
   To:    Number Field in b with defining polynomial x^3 - 2
   Defn: b1 |--> b, Ring morphism:
   From: Number Field in b with defining polynomial x^3 - 2
   To:    Number Field in b1 with defining polynomial x^3 - 2
   Defn: b |--> b1)
 ]
```

maximal_order()函数用于返回与数域相关的最大阶，代码如下：

```
sage: a.maximal_order()
Maximal Order in Number Field in b with defining polynomial x^3 - 2
```

order()函数用于返回阶，代码如下：

```
sage: a.order()
+Infinity
```

free_module()函数用于返回一个向量空间 V 和同构，代码如下：

```
sage: a.free_module()
(Vector space of dimension 3 over Rational Field,
 Isomorphism map:
   From: Vector space of dimension 3 over Rational Field
   To:    Number Field in b with defining polynomial x^3 - 2,
 Isomorphism map:
   From: Number Field in b with defining polynomial x^3 - 2
   To:    Vector space of dimension 3 over Rational Field)
```

absolute_vector_space()函数用于返回数域上对应的向量空间，以及从空间到数域和其他方向的映射，代码如下：

```
sage: a.absolute_vector_space()
(Vector space of dimension 3 over Rational Field,
 Isomorphism map:
   From: Vector space of dimension 3 over Rational Field
   To:    Number Field in b with defining polynomial x^3 - 2,
 Isomorphism map:
   From: Number Field in b with defining polynomial x^3 - 2
   To:    Vector space of dimension 3 over Rational Field)
```

galois_closure()函数用于返回数域的 Galois 闭包，代码如下：

```
sage: a.galois_closure('z')
Number Field in z with defining polynomial x^6 + 108
```

automorphisms()函数用于计算数域的所有 Galois Frobenius 自同构，代码如下：

```
sage: a.automorphisms()
[
Ring endomorphism of Number Field in b with defining polynomial x^3 - 2
  Defn: b |--> b
]
```

embeddings()函数用于计算数域到数域中的所有域嵌入，可以不是数域，例如复数，代码如下：

```
sage: a.embeddings(ZZ)
[]
```

minkowski_embedding()函数用于在 RDF 上返回 Minkowski 嵌入，代码如下：

```
sage: a.minkowski_embedding()
[   1.00000000000000    1.25992104989487    1.58740105196820]
[   1.41421356237309  -0.890898718140339   -1.12246204830937]
[ 0.000000000000000    1.54308184421705   -1.94416129723967]
```

places()函数用于返回所有无穷位，代码如下：

```
sage: a.places()
[Ring morphism:
   From: Number Field in b with defining polynomial x^3 - 2
   To:   Real Field with 106 bits of precision
   Defn: b |--> 1.259921049894873164767210607278,
 Ring morphism:
   From: Number Field in b with defining polynomial x^3 - 2
   To:   Complex Field with 53 bits of precision
   Defn: b |--> -0.629960524947437 + 1.09112363597172*I]
```

real_places()函数用于将数域的所有实位作为同态返回 RIF 中，代码如下：

```
sage: a.real_places()
[Ring morphism:
   From: Number Field in b with defining polynomial x^3 - 2
   To:   Real Field with 106 bits of precision
   Defn: b |--> 1.259921049894873164767210607278]
```

abs_val()函数用于返回 ι，代码如下：

```
sage: a.abs_val(a.places()[0],b)
1.25992104989487
```

relativize()函数用于返回数域的相对化，代码如下：

```
sage: a.relativize(1,'z')
Number Field in z0 with defining polynomial x^3 - 2 over its base field
```

absolute_degree()函数和 degree()函数相同，代码如下：

```
sage: a.absolute_degree()
3
```

relative_degree()函数和 degree()函数相同，代码如下：

```
sage: a.relative_degree()
3
```

relative_polynomial()函数和 polynomial()函数相同，代码如下：

```
sage: a.relative_polynomial()
x^3 - 2
```

relative_vector_space()函数和 vector_space()函数相同，代码如下：

```
sage: a.relative_vector_space()
(Vector space of dimension 3 over Rational Field,
 Isomorphism map:
   From: Vector space of dimension 3 over Rational Field
   To:   Number Field in b with defining polynomial x^3 - 2,
 Isomorphism map:
   From: Number Field in b with defining polynomial x^3 - 2
   To:   Vector space of dimension 3 over Rational Field)
```

absolute_discriminant()函数和 discriminant()函数相同，代码如下：

```
sage: a.absolute_discriminant()
-108
```

discriminant()函数和 discriminant()函数相同，代码如下：

```
sage: a.relative_discriminant()
-108
```

absolute_different()函数和 different()函数相同，代码如下：

```
sage: a.absolute_different()
Fractional ideal (3 * b^2)
```

relative_different()函数和 different()函数相同，代码如下：

```
sage: a.relative_different()
Fractional ideal (3 * b^2)
```

hilbert_symbol()函数用于返回数域的素数 P 和数域的非零元素 a 和 b 的希尔伯特符号，代码如下：

```
sage: a.hilbert_symbol(1,b)
1
```

hilbert_symbol_negative_at_S()函数用于返回 a，使 a 和 b 的希尔伯特因子是 S，代码如下：

```
sage: a.hilbert_symbol_negative_at_S([a.primes_above(2)[0],a.primes_above(11)[0]
....: ],b)
b^2 + b - 1
```

hilbert_conductor()函数用于返回希尔伯特符号为－1的所有有穷素数的乘积，代码如下：

```
sage: a.hilbert_conductor(1,b)
Fractional ideal (1)
```

elements_of_bounded_height()函数用于返回一个在数域中的元素上的迭代器，代码如下：

```
sage: a.elements_of_bounded_height()
KeyError: 'bound'
```

13.8.4 绝对数域中的元素

在绝对数域上调用 NumberField()函数即可创建一个绝对数域中的元素，代码如下：

```
sage: a.<b> = NumberField(x^3 + x^2 - 1)
sage: b
b
```

absolute_charpoly()函数用于返回绝对特征多项式，代码如下：

```
sage: b.absolute_charpoly()
x^3 + x^2 - 1
```

absolute_minpoly()函数用于返回绝对最小多项式，代码如下：

```
sage: b.absolute_minpoly()
x^3 + x^2 - 1
```

charpoly()函数用于返回特征多项式，代码如下：

```
sage: b.charpoly()
x^3 + x^2 - 1
```

minpoly()函数用于返回最小多项式，代码如下：

```
sage: b.minpoly()
x^3 + x^2 - 1
```

list()函数用于返回元素的列表，代码如下：

```
sage: b.lift()
x
```

lift()函数用于返回提升，代码如下：

```
sage: b.lift()
x
```

is_real_positive()函数用于判断是不是正实数，代码如下：

```
sage: b.is_real_positive()
ValueError: Complex conjugation is only well - defined for fields contained in CM fields.
cdef class NumberFieldElement_relative(NumberFieldElement):
```

13.8.5 相对数域

用不确定环的多项式即可创建相对数域,代码如下:

```
sage: a.<b> = NumberField([x^2 + 1, x^4 + 2])
sage: a
Number Field in b0 with defining polynomial x^2 + 1 over its base field
```

change_names()函数用于返回同构于相对数域但具有给定生成器名称的相对数域,代码如下:

```
sage: a.change_names('z,x')
Number Field in z with defining polynomial x^2 + 1 over its base field
```

subfields()函数用于返回相对数域的所有子域,如果度为0,则返回所有可能度的子域,代码如下:

```
sage: a.subfields()
[
(Number Field in b0_0 with defining polynomial x, Ring morphism:
  From: Number Field in b0_0 with defining polynomial x
  To:   Number Field in b0 with defining polynomial x^2 + 1 over its base field
  Defn: 0 |--> 0, None),
]
```

is_absolute()函数用于判断是不是绝对数域,代码如下:

```
sage: a.is_absolute()
False
```

gens()函数用于返回相对数域的生成器,代码如下:

```
sage: a.gens()
(b0, b1)
```

ngens()函数用于返回生成器的总数,代码如下:

```
sage: a.ngens()
1
```

gen()函数用于返回数域的生成器,代码如下:

```
sage: a.ngens()
2
```

galois_closure()函数用于返回数域的 Galois 闭包,代码如下:

```
sage: a.galois_closure('z')
Number Field in z with defining polynomial x^8 + 4 * x^6 + 10 * x^4 - 20 * x^2 + 9
```

composite_fields()函数用于返回由两个相对数域形成的所有可能的复数域的列表，代码如下：

```
sage: a.composite_fields(a)
[Number Field in b0 with defining polynomial x^2 + 1 over its base field]
```

absolute_degree()函数用于返回绝对阶数，代码如下：

```
sage: a.absolute_degree()
8
```

relative_degree()函数用于返回相对阶数，代码如下：

```
sage: a.relative_degree()
2
```

故意不实现相对数域的 degree()函数，代码如下：

```
sage: a.degree()
NotImplementedError: For a relative number field you must use relative_degree or absolute_
degree as appropriate
```

maximal_order()函数用于返回最大阶数，代码如下：

```
sage: a.maximal_order()
Maximal Relative Order in Number Field in b0 with defining polynomial x^2 + 1 over its
base field
```

故意不实现相对数域的 is_galois()函数，代码如下：

```
sage: a.is_galois()
NotImplementedError: For a relative number field L you must use either L.is_galois_relative()
or L.is_galois_absolute() as appropriate
```

对于相对扩张 L/K，判断 L 是不是 K 的 Galois 扩张，代码如下：

```
sage: a.is_galois_relative()
True
```

对于相对扩张 L/K，判断 L 是不是 Q 的 Galois 扩张，代码如下：

```
sage: a.is_galois_absolute()
True
```

对于相对扩张 L/K 和另一个相对扩张 M/K，判断是不是存在从 L 到 M 的 K-线性同构，代码如下：

```
sage: a.is_isomorphic_relative(c)
True
```

is_CM_extension()函数用于判断是不是 CM 扩张,代码如下:

```
sage: a.is_CM_extension()
False
```

free_module()函数用于返回指定子域上的向量空间,子域同构于数域,以及每个方向上的同构,代码如下:

```
sage: a.free_module()
(Vector space of dimension 2 over Number Field in b1 with defining polynomial x^4 + 2,
 Isomorphism map:
   From: Vector space of dimension 2 over Number Field in b1 with defining polynomial x^4 + 2
   To:   Number Field in b0 with defining polynomial x^2 + 1 over its base field,
 Isomorphism map:
   From: Number Field in b0 with defining polynomial x^2 + 1 over its base field
   To:   Vector space of dimension 2 over Number Field in b1 with defining polynomial x^4 + 2)
```

relative_vector_space()函数用于返回自基域上的向量空间和从向量空间到相对数域和在另一个方向上的同构,代码如下:

```
sage: a.relative_vector_space()
(Vector space of dimension 2 over Number Field in b1 with defining polynomial x^4 + 2,
 Isomorphism map:
   From: Vector space of dimension 2 over Number Field in b1 with defining polynomial x^4 + 2
   To:   Number Field in b0 with defining polynomial x^2 + 1 over its base field,
 Isomorphism map:
   From: Number Field in b0 with defining polynomial x^2 + 1 over its base field
   To:   Vector space of dimension 2 over Number Field in b1 with defining polynomial x^4 + 2)
```

absolute_vector_space()函数用于返回相对数域的 Q 上的向量空间,以及从向量空间到相对数域和其他方向的同构,代码如下:

```
sage: a.absolute_vector_space()
(Vector space of dimension 8 over Rational Field,
 Isomorphism map:
   From: Vector space of dimension 8 over Rational Field
   To:   Number Field in b0 with defining polynomial x^2 + 1 over its base field,
 Isomorphism map:
   From: Number Field in b0 with defining polynomial x^2 + 1 over its base field
   To:   Vector space of dimension 8 over Rational Field)
```

故意不实现相对数域的 vector_space()函数,代码如下:

```
sage: a.vector_space()
NotImplementedError: For a relative number field L you must use either L.relative_vector_space()
or L.absolute_vector_space() as appropriate
```

absolute_base_field()函数用于返回相对扩张的基域,被视为 Q 上的绝对数域,代码如下:

```
sage: a.absolute_base_field()
(Number Field in b1 with defining polynomial x^4 + 2,
 Identity endomorphism of Number Field in b1 with defining polynomial x^4 + 2,
 Identity endomorphism of Number Field in b1 with defining polynomial x^4 + 2)
```

pari_rnf()函数用于返回 PARI RNF 对象，代码如下：

```
sage: a.pari_rnf()
[x^2 + 1,]
```

pari_absolute_base_polynomial()函数用于返回定义绝对基域的 PARI 多项式，符号为 y，代码如下：

```
sage: a.pari_absolute_base_polynomial()
y^4 + 2
```

pari_relative_polynomial()函数用于返回与数域关联的 PARI 相对多项式，代码如下：

```
sage: a.pari_relative_polynomial()
Mod(1, y^4 + 2) * x^2 + Mod(1, y^4 + 2)
```

number_of_roots_of_unity()函数用于返回相对域中的单位根数，代码如下：

```
sage: a.number_of_roots_of_unity()
8
```

roots_of_unity()函数用于返回相对领域中统一的所有根源，无论是否原始，代码如下：

```
sage: a.roots_of_unity()
[1/2 * d1^2 * d0 - 1/2 * d1^2,
 d0,
 - 1/2 * d1^2 * d0 - 1/2 * d1^2,
 - 1,
 - 1/2 * d1^2 * d0 + 1/2 * d1^2,
 - d0,
 1/2 * d1^2 * d0 + 1/2 * d1^2,
 1]
```

absolute_generator()函数用于返回绝对生成器，代码如下：

```
sage: a.absolute_generator()
b0 - b1
```

absolute_field()函数用于返回绝对数域，代码如下：

```
sage: a.absolute_field('z')
Number Field in z with defining polynomial x^8 + 4 * x^6 + 10 * x^4 - 20 * x^2 + 9
```

absolute_polynomial_ntl()函数用于返回一个 NTL 多项式和一个分母，代码如下：

```
sage: a.absolute_polynomial_ntl()
([9 0 -20 0 10 0 4 0 1], 1)
```

absolute_polynomial()函数用于返回 Q 上的多项式，多项式将域定义为有理数的扩张，代码如下：

```
sage: a.absolute_polynomial()
x^8 + 4*x^6 + 10*x^4 - 20*x^2 + 9
```

relative_polynomial()函数用于返回相对数域在其基域上的定义多项式，代码如下：

```
sage: a.relative_polynomial()
x^2 + 1
```

defining_polynomial()函数和 relative_polynomial()函数相同，代码如下：

```
sage: a.defining_polynomial()
x^2 + 1
```

故意不实现相对数域的 polynomial()函数，代码如下：

```
sage: a.polynomial()
NotImplementedError: For a relative number field L you must use either L.relative_polynomial()
or L.absolute_polynomial() as appropriate
```

base_field()函数用于返回相对数域的基域，代码如下：

```
sage: a.base_field()
Number Field in b1 with defining polynomial x^4 + 2
```

base_ring()函数与 base_field()函数相同，代码如下：

```
sage: a.base_ring()
Number Field in b1 with defining polynomial x^4 + 2
```

embeddings()函数用于计算相对数域到域 K 中的所有域嵌入。K 不需要是数域，例如可以是复数，代码如下：

```
sage: a.embeddings(a)
[
Relative number field endomorphism of Number Field in b0 with defining polynomial x^2 + 1 over
its base field
  Defn: b0 |--> b0
        b1 |--> b1,
]
```

automorphisms()函数用于计算基域上的所有 Galois Frobenius 自同构，代码如下：

```
sage: a.automorphisms()
[
Relative number field endomorphism of Number Field in b0 with defining polynomial x^2 + 1 over
its base field
  Defn: b0 |--> b0
        b1 |--> b1,
```

```
Relative number field endomorphism of Number Field in b0 with defining polynomial x^2 + 1 over
its base field
  Defn: b0 |--> -b0
        b1 |--> b1
]
```

places()函数用于返回相对数域的所有无限位置的集合，代码如下：

```
sage: a.places()
[Relative number field morphism:
  From: Number Field in b0 with defining polynomial x^2 + 1 over its base field
  To:   Complex Field with 53 bits of precision
  Defn: b0 |--> -5.55111512312578e-17 + 1.00000000000000*I
      b1 |--> 0.840896415253715 + 0.840896415253715*I,
]
```

absolute_different()函数用于返回绝对差分，代码如下：

```
sage: a.absolute_different()
Fractional ideal (8)
```

relative_different()函数用于返回相对差分，代码如下：

```
sage: a.relative_different()
Fractional ideal (b1*b0)
```

故意不实现相对数域的 different()函数，代码如下：

```
sage: a.different()
NotImplementedError: For a relative number field you must use relative_different or absolute_
different as appropriate
```

absolute_discriminant()函数用于返回绝对判别式，代码如下：

```
sage: a.absolute_discriminant()
16777216
```

relative_discriminant()函数用于返回相对判别式，代码如下：

```
sage: a.relative_discriminant()
Fractional ideal (b1^2)
```

故意不实现相对数域的 discriminant()函数，代码如下：

```
sage: a.discriminant()
NotImplementedError: For a relative number field you must use relative_discriminant or absolute_
discriminant as appropriate
```

故意不实现相对数域的 disc()函数，代码如下：

```
sage: a.disc()
NotImplementedError: For a relative number field you must use relative_discriminant or absolute_
discriminant as appropriate
```

order()函数用于返回阶,代码如下:

```
sage: a.order()
+Infinity
```

is_free()函数用于判断是否自由,代码如下:

```
sage: a.is_free()
True
```

relativize()函数用于返回数域的相对化,代码如下:

```
sage: a.relativize(1,'z')
Number Field in z0 with defining polynomial x^8 + 4*x^6 + 10*x^4 - 20*x^2 + 9 over its
base field
```

13.8.6 相对数域中的元素

在相对数域上调用 NumberField()函数即可创建一个相对数域中的元素,代码如下:

```
sage: a.<b> = NumberField([x^2+1, x^4+2])
sage: b
b0
```

list()函数用于返回系数的列表,代码如下:

```
sage: b.list()
[0, 1]
```

lift()函数用于返回提升,代码如下:

```
sage: b.lift()
x
```

charpoly()函数用于返回特征多项式,代码如下:

```
sage: b.charpoly()
x^2 + 1
```

absolute_charpoly()函数用于返回绝对特征多项式,代码如下:

```
sage: b.absolute_charpoly()
x^8 + 4*x^6 + 6*x^4 + 4*x^2 + 1
```

absolute_minpoly()函数用于返回绝对最小多项式,代码如下:

```
sage: b.absolute_minpoly()
x^2 + 1
```

valuation()函数用于返回给定素数理想下的估计,代码如下:

```
sage: b.valuation(ideal(b+2))
0
```

13.8.7 分圆域

CyclotomicField 即分圆域，代码如下：

```
sage: a = CyclotomicField(5)
sage: a
Cyclotomic Field of order 5 and degree 4
```

construction()函数用于返回构造，代码如下：

```
sage: a.construction()
(AlgebraicExtensionFunctor, Rational Field)
```

Hom()函数用于返回 Homset，代码如下：

```
sage: a.Hom(a)
Automorphism group of Cyclotomic Field of order 5 and degree 4
```

分圆域是 Galois 域，代码如下：

```
sage: a.is_galois()
True
```

分圆域是阿贝尔域扩张，代码如下：

```
sage: a.is_abelian()
True
```

is_isomorphic()函数用于判断是否同构，代码如下：

```
sage: a.is_isomorphic(a)
True
```

complex_embedding()函数用于返回一个复数域的嵌入，代码如下：

```
sage: a.complex_embedding()
Ring morphism:
  From: Cyclotomic Field of order 5 and degree 4
  To:   Complex Field with 53 bits of precision
  Defn: zeta5 |--> 0.309016994374947 + 0.951056516295154*I
```

embeddings()函数用于返回另一个数域的嵌入，代码如下：

```
sage: a.embeddings(a)
[
Ring endomorphism of Cyclotomic Field of order 5 and degree 4
  Defn: zeta5 |--> zeta5,
Ring endomorphism of Cyclotomic Field of order 5 and degree 4
  Defn: zeta5 |--> zeta5^2,
```

```
Ring endomorphism of Cyclotomic Field of order 5 and degree 4
  Defn: zeta5 |--> zeta5^3,
Ring endomorphism of Cyclotomic Field of order 5 and degree 4
  Defn: zeta5 |--> -zeta5^3 - zeta5^2 - zeta5 - 1
]
```

complex_embeddings()函数用于返回所有复数域的嵌入，代码如下：

```
sage: a.complex_embeddings()
[
Ring morphism:
  From: Cyclotomic Field of order 5 and degree 4
  To:   Complex Field with 53 bits of precision
  Defn: zeta5 |--> 0.309016994374947 + 0.951056516295154*I,
Ring morphism:
  From: Cyclotomic Field of order 5 and degree 4
  To:   Complex Field with 53 bits of precision
  Defn: zeta5 |--> -0.809016994374947 + 0.587785252292473*I,
Ring morphism:
  From: Cyclotomic Field of order 5 and degree 4
  To:   Complex Field with 53 bits of precision
  Defn: zeta5 |--> -0.809016994374947 - 0.587785252292473*I,
Ring morphism:
  From: Cyclotomic Field of order 5 and degree 4
  To:   Complex Field with 53 bits of precision
  Defn: zeta5 |--> 0.309016994374947 - 0.951056516295154*I
]
```

real_embeddings()函数用于返回所有实数域的嵌入，代码如下：

```
sage: a.real_embeddings()
[
]
```

signature()函数用于返回实数域的嵌入和复数域的嵌入的数量，代码如下：

```
sage: a.signature()
(0, 2)
```

different()函数用于返回差分，代码如下：

```
sage: a.different()
Fractional ideal (zeta5^3 - 3*zeta5^2 + 3*zeta5 - 1)
```

discriminant()函数用于返回分圆域的整数域的判别式，或者如果指定了一个列表，则返回列表的元素上的迹配对的行列式，代码如下：

```
sage: a.discriminant()
125
```

next_split_prime()函数用于返回在分圆域中完全分裂的下一个素数 p，代码如下：

```
sage: a.next_split_prime()
11
```

zeta_order()函数用于返回 zeta order,代码如下:

```
sage: a.zeta_order()
10
```

zeta()函数用于返回 ζ 函数的结果,代码如下:

```
sage: a.zeta()
-zeta5^3
```

number_of_roots_of_unity()函数用于返回分圆域中的单位根数量,代码如下:

```
sage: a.number_of_roots_of_unity()
10
```

roots_of_unity()函数用于返回分圆域中统一的所有根,代码如下:

```
sage: a.roots_of_unity()
[1,
 zeta5,
 zeta5^2,
 zeta5^3,
 -zeta5^3 - zeta5^2 - zeta5 - 1,
 -1,
 -zeta5,
 -zeta5^2,
 -zeta5^3,
 zeta5^3 + zeta5^2 + zeta5 + 1]
```

13.8.8 二次域

QuadraticField 即二次域,代码如下:

```
sage: a.<b> = QuadraticField(3)
sage: a
Number Field in b with defining polynomial x^2 - 3 with b = 1.732050807568878?
```

discriminant()函数用于返回数域的整数域的判别式,或者如果指定了一个列表,则返回列表的元素上的迹配对的行列式,代码如下:

```
sage: a.discriminant()
12
```

二次域是 Galois 域,代码如下:

```
sage: a.is_galois()
True
```

class_number()函数用于返回二次域的类数,代码如下:

```
sage: a.class_number()
1
```

hilbert_class_field_defining_polynomial()函数用于返回 QQ 上的多项式,其根生成二次域的希尔伯特类域作为二次域的扩张,代码如下:

```
sage: a.hilbert_class_field_defining_polynomial()
x
```

hilbert_class_field()函数用于返回二次域的希尔伯特类域作为二次域的扩张,代码如下:

```
sage: a.hilbert_class_field('z')
Number Field in z with defining polynomial x over its base field
```

hilbert_class_polynomial()函数用于计算二次域的希尔伯特类多项式,代码如下:

```
sage: a.hilbert_class_polynomial('z')
NotImplementedError: Hilbert class polynomial is not implemented for real quadratic fields
```

number_of_roots_of_unity()函数用于返回此二次域中的单位根数,代码如下:

```
sage: a.number_of_roots_of_unity()
2
```

13.8.9 分圆域或二次域中的元素

CyclotomicField 即分圆域中的元素,QuadraticField 即二次域中的元素,代码如下:

```
sage: a.<b> = CyclotomicField(3)
sage: b
b
sage: c.<d> = QuadraticField(3)
sage: d
d
```

分圆域或二次域中的元素支持的符号运算。

(1) 加法的代码如下:

```
sage: b + d
2 * b
```

(2) 减法的代码如下:

```
sage: b - d
0
```

（3）一元减法的代码如下：

```
sage: - b
- b
```

（4）乘法的代码如下：

```
sage: b * d
3
```

（5）乘法逆的代码如下：

```
sage: ~b
1/3 * b
```

parts()函数用于返回一对有理数，代码如下：

```
sage: d.parts()
(0, 1)
```

sign()函数用于返回符号，代码如下：

```
sage: d.sign()
1
```

continued_fraction_list()函数用于返回连分式列表，代码如下：

```
sage: d.continued_fraction_list()
((1,), (1, 2))
```

continued_fraction()函数用于返回连分式，代码如下：

```
sage: d.continued_fraction()
[1; (1, 2) * ]
```

bool()函数用于判断是不是非零，代码如下：

```
sage: bool(b)
True
```

is_one()函数用于判断是否等于1，代码如下：

```
sage: b.is_one()
False
```

is_rational()函数用于判断是不是有理数，代码如下：

```
sage: b.is_rational()
False
```

is_integer()函数用于判断是不是整数，代码如下：

```
sage: b.is_integer()
False
```

real()函数用于返回实部,代码如下:

```
sage: b.real()
b
```

imag()函数用于返回虚部,代码如下:

```
sage: b.imag()
0
```

denominator()函数用于返回分母,代码如下:

```
sage: b.denominator()
1
```

numerator()函数用于返回分子,代码如下:

```
sage: b.numerator()
b
```

trace()函数用于返回迹,代码如下:

```
sage: b.trace()
0
```

norm()函数用于返回范数,代码如下:

```
sage: b.norm()
-3
```

is_integral()函数用于判断是否可积,代码如下:

```
sage: b.is_integral()
True
```

charpoly()函数用于返回特征多项式,代码如下:

```
sage: b.charpoly()
x^2 - 3
```

minpoly()函数用于返回最小多项式,代码如下:

```
sage: b.minpoly()
x^2 - 3
```

abs()函数用于返回绝对值,代码如下:

```
sage: abs(b)
b
```

floor()函数用于向下取整,代码如下:

```
sage: b.floor()
1
```

ceil()函数用于向上取整，代码如下：

```
sage: b.ceil()
2
```

round()函数用于四舍五入取整，代码如下：

```
sage: b.round()
2
```

13.9 有理数域和有理数

13.9.1 有理数域

RationalField 即有理数域，简写为 QQ，代码如下：

```
sage: a = QQ
sage: a
Rational Field
```

construction()函数用于返回构造，代码如下：

```
sage: a.construction()
(FractionField, Integer Ring)
```

completion()函数用于返回在 p 处的完备，代码如下：

```
sage: a.completion(2,2)
2 - adic Field with capped relative precision 2
```

range_by_height()函数用于返回按高度排序的高度范围，代码如下：

```
sage: a.range_by_height(2)
< generator object RationalField.range_by_height at 0x6ffe4b5dead0 >
```

primes_of_bounded_norm_iter()函数用于返回所有小于或等于指定边界的素数，代码如下：

```
sage: a.primes_of_bounded_norm_iter(2)
< generator object RationalField.primes_of_bounded_norm_iter at 0x6ffe4b67d950 >
```

discriminant()函数用于返回判别式，代码如下：

```
sage: a.discriminant()
1
```

absolute_discriminant()函数用于返回绝对判别式，代码如下：

```
sage: a.absolute_discriminant()
1
```

relative_discriminant()函数用于返回相对判别式，代码如下：

```
sage: a.relative_discriminant()
1
```

class_number()函数用于返回类数，代码如下：

```
sage: a.class_number()
1
```

signature()函数用于返回有理数域的 signature，即(1,0)，因为有一个实数域的嵌入，所以没有复数域的嵌入，代码如下：

```
sage: a.signature()
(1, 0)
```

embeddings()函数用于返回有理数域嵌入 K 中的一个列表，代码如下：

```
sage: a.embeddings(a)
[Identity endomorphism of Rational Field]
```

automorphisms()函数用于返回有理数域的所有 Frobenius 自同构，代码如下：

```
sage: a.automorphisms()
[
Ring endomorphism of Rational Field
  Defn: 1 |--> 1
]
```

places()函数用于返回有理数域的所有无穷位置的集合，代码如下：

```
sage: a.places()
[Ring morphism:
  From: Rational Field
  To:   Real Field with 53 bits of precision
  Defn: 1 |--> 1.00000000000000]
```

complex_embedding()函数用于返回一个复数域的嵌入，代码如下：

```
sage: a.complex_embedding()
Ring morphism:
  From: Rational Field
  To:   Complex Field with 53 bits of precision
  Defn: 1 |--> 1.00000000000000
```

residue_field()函数用于返回素数 p 处的有理数域的剩余域，以与其他数域保持一致，代码如下：

```
sage: a.residue_field(2)
Residue field of Integers modulo 2
```

hilbert_symbol_negative_at_S()函数用于返回一个整数，该整数相对于给定有理数和给定素数集具有负希尔伯特符号，代码如下：

```
sage: a.hilbert_symbol_negative_at_S([3,5],2)
15
```

gens()函数用于返回全部生成器，代码如下：

```
sage: a.gens()
(1,)
```

gen()函数用于返回某个生成器，代码如下：

```
sage: a.gen()
1
```

ngens()函数用于返回生成器的总数，代码如下：

```
sage: a.ngens()
1
```

degree()函数用于返回阶，代码如下：

```
sage: a.degree()
1
```

absolute_degree()函数用于返回绝对阶数，代码如下：

```
sage: a.absolute_degree()
1
```

is_absolute()函数用于判断是不是绝对数域，代码如下：

```
sage: a.is_absolute()
True
```

有理数域是一个素数域，代码如下：

```
sage: a.is_prime_field()
True
```

characteristic()函数用于返回特征，代码如下：

```
sage: a.characteristic()
0
```

maximal_order()函数用于返回最大阶，代码如下：

```
sage: a.maximal_order()
Integer Ring
```

number_field()函数用于返回关联的数域，代码如下：

```
sage: a.number_field()
Rational Field
```

power_basis()函数用于返回数域在其基域上的幂基，代码如下：

```
sage: a.power_basis()
[1]
```

algebraic_closure()函数用于返回代数闭包,代码如下:

```
sage: a.algebraic_closure()
Algebraic Field
```

order()函数用于返回阶,代码如下:

```
sage: a.order()
+ Infinity
```

polynomial()函数用于返回多项式,代码如下:

```
sage: a.polynomial()
x
```

some_elements()函数用于返回一些元素,代码如下:

```
sage: a.some_elements()
<generator object RationalField.some_elements at 0x6ffe4b2bb9d0>
```

random_element()函数用于返回一个随机元素,代码如下:

```
sage: a.random_element()
-1
```

zeta()函数用于返回 ζ 函数的结果,代码如下:

```
sage: a.zeta()
-1
```

selmer_group()函数用于计算 Selmer 群,代码如下:

```
sage: a.selmer_group((3,),2)
[-1, 3]
```

selmer_group_iterator()函数用于计算群 Q(S, m)并返回迭代器,代码如下:

```
sage: a.selmer_group_iterator((3,),2)
<generator object RationalField.selmer_group_iterator at 0x6ffe4c0c77d0>
```

quadratic_defect()函数用于返回 a 在 p 处的二次缺陷的值,代码如下:

```
sage: a.quadratic_defect(1,2)
+ Infinity
```

valuation()函数用于返回在某个值上的估计,代码如下:

```
sage: a.valuation(2)
2-adic valuation
```

13.9.2 有理数

Rational 即有理数，代码如下：

```
sage: a = - 2/3
sage: a
- 2/3
```

有理数支持的符号运算。

(1) 加法的代码如下：

```
sage: a + b
- 1
```

(2) 减法的代码如下：

```
sage: a - b
- 1/3
```

(3) 一元减法的代码如下：

```
sage: - a
2/3
```

(4) 乘法的代码如下：

```
sage: a * b
2/9
```

(5) 除法的代码如下：

```
sage: a/b
2
```

(6) 乘法逆的代码如下：

```
sage: ~a
- 3/2
```

(7) 取模的代码如下：

```
sage: a % 2
0
```

(8) 幂运算的代码如下：

```
sage: a^2.1
0.405895915931267 + 0.131883577706565 * I
```

(9) 一元加法的代码如下：

```
sage: + a
- 2/3
```

（10）一元减法的代码如下：

```
sage: - a
2/3
```

（11）左移的代码如下：

```
sage: a << 2
- 8/3
```

（12）右移的代码如下：

```
sage: a >> 2
- 1/6
```

continued_fraction_list()函数用于返回连分式列表，代码如下：

```
sage: a.continued_fraction_list()
[ - 1, 3]
```

continued_fraction()函数用于返回连分式，代码如下：

```
sage: a.continued_fraction()
[ - 1; 3]
```

content()函数用于返回唯一的正有理数，使两个有理数是互质整数，代码如下：

```
sage: a.content(b)
1/3
```

valuation()函数用于返回在某个值上的估计，代码如下：

```
sage: a.valuation(2)
1
```

local_height()函数用于返回有理数在素数 p 处的局部高度，代码如下：

```
sage: a.local_height(2)
0.000000000000000
```

local_height_arch()函数用于返回有理数在无穷大处的阿基米德局部高度，代码如下：

```
sage: a.local_height_arch()
0.000000000000000
```

global_height_non_arch()函数用于返回有理数高度的总非阿基米德分量，代码如下：

```
sage: a.global_height_non_arch()
1.09861228866811
```

global_height_arch()函数用于返回有理数的高度的总阿基米德分量，代码如下：

```
sage: a.global_height_arch()
0.000000000000000
```

global_height()函数用于返回全局高度，代码如下：

```
sage: a.global_height()
1.09861228866811
```

is_square()函数用于判断是不是平方数，代码如下：

```
sage: a.is_square()
False
```

is_perfect_power()函数用于判断有理数是不是完全幂，代码如下：

```
sage: a.is_perfect_power()
False
```

squarefree_part()函数用于返回有理数的无平方部分，代码如下：

```
sage: a.squarefree_part()
-6
```

is_padic_square()函数用于判断是不是 p 进数的平方，代码如下：

```
sage: a.is_padic_square(2)
False
```

val_unit()函数用于返回有理数的 p 进数数值和 p 进数单位，代码如下：

```
sage: a.val_unit(2)
(1, -1/3)
```

prime_to_S_part()函数用于返回有理数并去掉 S 中所有素数的所有幂，代码如下：

```
sage: a.prime_to_S_part()
-2/3
```

sqrt()函数用于返回平方根，代码如下：

```
sage: a.sqrt()
sqrt(-2/3)
```

period()函数用于返回有理数小数展开的重复部分的句点，代码如下：

```
sage: a.period()
1
```

nth_root()函数用于返回第 n 个根，代码如下：

```
sage: a.nth_root(1)
-2/3
```

is_nth_power()函数用于判断是不是 n 次方，代码如下：

```
sage: a.is_nth_power(2)
False
```

bool()函数用于判断是否不等于 0,代码如下:

```
sage: bool(a)
True
```

abs()函数用于返回绝对值,代码如下:

```
sage: abs(a)
2/3
```

sign()函数用于返回符号,代码如下:

```
sage: a.sign()
-1
```

mod_ui()函数用于返回有理数除以无符号长整型变量 n 后的余数,代码如下:

```
sage: a.mod_ui(2)
0
```

norm()函数用于返回范数,代码如下:

```
sage: a.norm()
-2/3
```

relative_norm()函数用于返回相对范数,代码如下:

```
sage: a.relative_norm()
-2/3
```

absolute_norm()函数用于返回绝对范数,代码如下:

```
sage: a.absolute_norm()
-2/3
```

trace()函数用于返回迹,代码如下:

```
sage: a.trace()
-2/3
```

charpoly()函数用于返回特征多项式,代码如下:

```
sage: a.charpoly()
x + 2/3
```

minpoly()函数用于返回最小多项式,代码如下:

```
sage: a.minpoly()
x + 2/3
```

numerator()函数用于返回分子,代码如下:

```
sage: a.numerator()
-2
```

denominator()函数用于返回分母，代码如下：

```
sage: a.denominator()
3
```

as_integer_ratio()函数用于返回分子和分母，代码如下：

```
sage: a.as_integer_ratio()
(-2, 3)
```

factor()函数用于返回因式分解，代码如下：

```
sage: a.factor()
-1 * 2 * 3^-1
```

support()函数用于返回支撑集，代码如下：

```
sage: a.support()
[2, 3]
```

log()函数用于计算对数，代码如下：

```
sage: a.log()
I*pi + log(2/3)
```

gamma()函数用于返回 Γ 函数的结果，代码如下：

```
sage: a.gamma()
gamma(-2/3)
```

floor()函数用于向下取整，代码如下：

```
sage: a.floor()
-1
```

ceil()函数用于向上取整，代码如下：

```
sage: a.ceil()
0
```

trunc()函数用于截断取整，代码如下：

```
sage: a.trunc()
0
```

round()函数用于四舍五入取整，代码如下：

```
sage: a.round()
-1
```

real()函数用于返回实部，代码如下：

```
sage: a.real()
-2/3
```

imag()函数用于返回虚部，代码如下：

```
sage: a.imag()
0
```

height()函数用于返回有理数的分子和分母的最大绝对值，代码如下：

```
sage: a.height()
3
```

additive_order()函数用于返回加法顺序，代码如下：

```
sage: a.additive_order()
+Infinity
```

multiplicative_order()函数用于返回乘法顺序，代码如下：

```
sage: a.multiplicative_order()
+Infinity
```

is_one()函数用于判断是否等于1，代码如下：

```
sage: a.is_one()
False
```

is_integral()函数用于判断是否可积，代码如下：

```
sage: a.is_integral()
False
```

有理数是有理数，代码如下：

```
sage: a.is_rational()
True
```

is_S_integral()函数用于判断有理数是不是S积分，代码如下：

```
sage: a.is_S_integral()
False
```

is_S_unit()函数用于判断有理数是不是S单位，代码如下：

```
sage: a.is_S_unit()
False
```

conjugate()函数用于返回共轭，代码如下：

```
sage: a.conjugate()
-2/3
```

13.10　懒惰数域

13.10.1　懒惰实数域

RealLazyField即懒惰实数域，简写为RLF，代码如下：

```
sage: a = RLF
sage: a
Real Lazy Field
```

algebraic_closure()函数用于返回代数闭包，代码如下：

```
sage: a.algebraic_closure()
Complex Lazy Field
```

interval_field()函数用于返回区间域，代码如下：

```
sage: a.interval_field()
Real Interval Field with 53 bits of precision
```

construction()函数用于返回构造，代码如下：

```
sage: a.construction()
(Completion[ + Infinity, prec = + Infinity], Rational Field)
```

gen()函数用于返回某个生成器，代码如下：

```
sage: a.gen()
1
```

13.10.2 懒惰复数域

ComplexLazyField 即懒惰复数域，简写为 CLF，代码如下：

```
sage: a = CLF
sage: a
Complex Lazy Field
```

algebraic_closure()函数用于返回代数闭包，代码如下：

```
sage: a.algebraic_closure()
Complex Lazy Field
```

interval_field()函数用于返回区间域，代码如下：

```
sage: a.interval_field()
Complex Interval Field with 53 bits of precision
```

construction()函数用于返回构造，代码如下：

```
sage: a.construction()
(AlgebraicClosureFunctor, Real Lazy Field)
```

gen()函数用于返回某个生成器，代码如下：

```
sage: a.gen()
1 * I
```

13.10.3 懒惰数

调用 RealLazyField()函数、RLF()函数、ComplexLazyField()函数或 CLF()函数即可创建一个懒惰数，代码如下：

```
sage: a = RLF(1)
sage: a
1
```

懒惰数支持的符号运算。

（1）加法的代码如下：

```
sage: a + a
2
```

（2）减法的代码如下：

```
sage: a - a
0
```

（3）乘法的代码如下：

```
sage: a * a
1
```

（4）除法的代码如下：

```
sage: a/a
1
```

（5）幂运算的代码如下：

```
sage: a^3
1
```

（6）一元减法的代码如下：

```
sage: - a
- 1
```

（7）乘法逆的代码如下：

```
sage: ~a
1
```

approx()函数用于返回自身实例并作为一个区间域中的元素，代码如下：

```
sage: a.approx()
1
```

eval()函数用于将自身实例转换到环 R，代码如下：

```
sage: a.eval(RR)
1.00000000000000
```

depth()函数用于返回自身实例转换为数学表达式的深度，代码如下：

```
sage: a.depth()
0
```

continued_fraction()函数用于返回连分式，代码如下：

```
sage: a.continued_fraction()
[0; 0, 0, 0, 0, 0, 0, 0, 0, 0, 0, 0, 0, 0, 0, 0, 0, 0, 0, 0, ...]
```

13.11 实数域和实数

13.11.1 实数域

RealField 即实数域，简写为 RR，代码如下：

```
sage: a = RR
sage: a
Real Field with 53 bits of precision
```

is_exact()函数用于判断所有元素是不是都精确，代码如下：

```
sage: a.is_exact()
False
```

construction()函数用于返回构造，代码如下：

```
sage: a.construction()
(Completion[ + Infinity, prec = 53], Rational Field)
```

gen()函数用于返回某个生成器，代码如下：

```
sage: a.gen()
1.00000000000000
```

complex_field()函数用于返回复数域，代码如下：

```
sage: a.complex_field()
Complex Field with 53 bits of precision
```

algebraic_closure()函数用于返回代数闭包，代码如下：

```
sage: a.algebraic_closure()
Complex Field with 53 bits of precision
```

ngens()函数用于返回生成器的总数，代码如下：

```
sage: a.ngens()
1
```

gens()函数用于返回全部生成器，代码如下：

```
sage: a.gens()
[1.00000000000000]
```

characteristic()函数用于返回特征，代码如下：

```
sage: a.characteristic()
0
```

name()函数用于返回名称，代码如下：

```
sage: a.name()
'RealField53_0'
```

precision()函数用于返回精度，代码如下：

```
sage: a.precision()
53
```

to_prec()函数用于设置精度，代码如下：

```
sage: a.to_prec(100)
Real Field with 100 bits of precision
```

pi()函数用于返回当前精度的 π，代码如下：

```
sage: a.pi()
3.14159265358979
```

euler_constant()函数用于返回当前精度的欧拉常量，代码如下：

```
sage: a.euler_constant()
0.577215664901533
```

catalan_constant()函数用于返回卡特兰常数的当前精度值，代码如下：

```
sage: a.catalan_constant()
0.915965594177219
```

log2()函数用于计算对数 log2，代码如下：

```
sage: a.log2()
0.693147180559945
```

random_element()函数用于返回一个随机元素，代码如下：

```
sage: a.random_element()
-0.630984897259165
```

factorial()函数用于返回阶乘，代码如下：

```
sage: a.factorial(10)
3.62880000000000e6
```

rounding_mode()函数用于返回当前的舍入模式，代码如下：

```
sage: a.rounding_mode()
'RNDN'
```

scientific_notation()函数用于设置是否使用科学记数法打印，代码如下：

```
sage: a.scientific_notation()
False
```

zeta()函数用于返回 ζ 函数的结果，代码如下：

```
sage: a.zeta()
-1.00000000000000
```

13.11.2 实数

调用 RealNumber()函数或 RR()函数即可创建一个实数，代码如下：

```
sage: a = RR(1.2)
sage: a
1.20000000000000
```

实数支持的符号运算。

（1）加法的代码如下：

```
sage: a + a
2.40000000000000
```

（2）减法的代码如下：

```
sage: a - a
0.000000000000000
```

（3）乘法的代码如下：

```
sage: a * a
1.44000000000000
```

（4）除法的代码如下：

```
sage: a/a
1.00000000000000
```

（5）乘法逆的代码如下：

```
sage: ~a
0.833333333333333
```

（6）一元减法的代码如下：

```
sage: -a
-1.20000000000000
```

（7）左移的代码如下：

```
sage: a << 2
4.80000000000000
```

（8）右移的代码如下：

```
sage: a >> 2
0.300000000000000
```

（9）模运算的代码如下：

```
sage: a % a
0.000000000000000
```

（10）幂运算的代码如下：

```
sage: a^3
1.72800000000000
```

real()函数用于返回实部，代码如下：

```
sage: a.real()
1.20000000000000
```

imag()函数用于返回虚部，代码如下：

```
sage: a.imag()
0
```

integer_part()函数用于返回整数部分，代码如下：

```
sage: a.integer_part()
1
```

fp_rank()函数用于计算当前数字的 FPRank，代码如下：

```
sage: a.fp_rank()
2076918743413931051502270524235 4484
```

fp_rank()函数用于计算两个数字的 FPRank 的差异，代码如下：

```
sage: a.fp_rank_delta(a)
0
```

abs()函数用于返回绝对值，代码如下：

```
sage: abs(a)
1.20000000000000
```

multiplicative_order()函数用于返回乘法顺序，代码如下：

```
sage: a.multiplicative_order()
+ Infinity
```

sign()函数用于返回符号,代码如下:

```
sage: a.sign()
1
```

precision()函数用于返回精度,代码如下:

```
sage: a.precision()
53
```

conjugate()函数用于返回共轭,代码如下:

```
sage: a.conjugate()
1.20000000000000
```

ulp()函数用于返回最小精度单位,代码如下:

```
sage: a.ulp()
2.22044604925031e-16
```

epsilon()函数用于返回无穷小,代码如下:

```
sage: a.epsilon()
1.33226762955019e-16
```

round()函数用于四舍五入取整,代码如下:

```
sage: a.round()
1
```

floor()函数用于向下取整,代码如下:

```
sage: a.floor()
1
```

ceil()函数用于向上取整,代码如下:

```
sage: a.ceil()
2
```

trunc()函数用于截断取整,代码如下:

```
sage: a.trunc()
1
```

frac()函数用于返回截断取整剩余的小数部分,代码如下:

```
sage: a.frac()
0.200000000000000
```

nexttoward()函数用于返回相邻的浮点数,代码如下:

```
sage: a.nexttoward(a)
1.20000000000000
```

nextabove()函数用于返回相邻的更大的浮点数,代码如下:

```
sage: a.nextabove()
1.20000000000000
```

nextbelow()函数用于返回相邻的更大的浮点数,代码如下:

```
sage: a.nextbelow()
1.20000000000000
```

sign_mantissa_exponent()函数用于返回符号、底数和指数,代码如下:

```
sage: a.sign_mantissa_exponent()
(1, 5404319552844595, -52)
```

exact_rational()函数用于返回精确有理表示形式,代码如下:

```
sage: a.exact_rational()
5404319552844595/4503599627370496
```

as_integer_ratio()函数用于返回分子和分母,代码如下:

```
sage: a.as_integer_ratio()
(5404319552844595, 4503599627370496)
```

simplest_rational()函数用于返回最简整数比,代码如下:

```
sage: a.simplest_rational()
6/5
```

nearby_rational()函数用于返回一个接近自身实例的有理数,代码如下:

```
sage: a.nearby_rational(1)
1
```

is_NaN()函数用于判断是不是 NaN,代码如下:

```
sage: a.is_NaN()
False
```

is_positive_infinity()函数用于判断是不是正无穷大,代码如下:

```
sage: a.is_positive_infinity()
False
```

is_negative_infinity()函数用于判断是不是负无穷大,代码如下:

```
sage: a.is_negative_infinity()
False
```

is_infinity()函数用于判断是不是无穷大,代码如下:

```
sage: a.is_infinity()
False
```

is_unit()函数用于判断是不是一个单位，代码如下：

```
sage: a.is_unit()
True
```

real()函数用于返回实部，代码如下：

```
sage: a.is_real()
True
```

is_integer()函数用于判断是不是整数，代码如下：

```
sage: a.is_integer()
False
```

bool()函数用于判断是否不等于0，代码如下：

```
sage: bool(a)
True
```

sqrt()函数用于返回平方根，代码如下：

```
sage: a.sqrt()
1.09544511501033
```

is_square()函数用于判断是不是平方数，代码如下：

```
sage: a.is_square()
True
```

cube_root()函数用于计算三次方根，代码如下：

```
sage: a.cube_root()
1.06265856918261
```

log()函数用于计算对数，代码如下：

```
sage: a.log()
0.182321556793955
```

log2()函数用于计算对数log2，代码如下：

```
sage: a.log2()
0.263034405833794
```

log10()函数用于计算对数log10，代码如下：

```
sage: a.log10()
0.0791812460476248
```

log1p()函数用于计算对数 $\log(1+p)$，代码如下：

```
sage: a.log1p()
0.788457360364270
```

exp()函数用于计算指数，代码如下：

```
sage: a.exp()
3.32011692273655
```

exp2()函数用于计算指数 exp2，代码如下：

```
sage: a.exp2()
2.29739670999407
```

exp10()函数用于计算指数 exp10，代码如下：

```
sage: a.exp10()
15.8489319246111
```

expm1()函数用于计算指数 exp($m-1$)，代码如下：

```
sage: a.expm1()
2.32011692273655
```

eint()函数计算指数积分，代码如下：

```
sage: a.eint()
2.44209228519265
```

cos()函数用于返回余弦值，代码如下：

```
sage: a.cos()
0.362357754476674
```

sin()函数用于返回正弦值，代码如下：

```
sage: a.sin()
0.932039085967226
```

tan()函数用于返回正切值，代码如下：

```
sage: a.tan()
2.57215162212632
```

sincos()函数用于返回正弦值和余弦值，代码如下：

```
sage: a.sincos()
(0.932039085967226, 0.362357754476674)
```

arccos()函数用于返回反余弦值，代码如下：

```
sage: a.arccos()
NaN
```

arcsin()函数用于返回反正弦值，代码如下：

```
sage: a.arcsin()
NaN
```

arctan()函数用于返回反正切值，代码如下：

```
sage: a.arctan()
0.876058050598193
```

cosh()函数用于返回双曲余弦值，代码如下：

```
sage: a.cosh()
1.81065556732437
```

sinh()函数用于返回双曲正弦值，代码如下：

```
sage: a.sinh()
1.50946135541217
```

tanh()函数用于返回双曲正切值，代码如下：

```
sage: a.tanh()
0.833654607012155
```

coth()函数用于返回双曲余切值，代码如下：

```
sage: a.coth()
1.19953754419235
```

arccoth()函数用于返回反双曲余切值，代码如下：

```
sage: a.arccoth()
1.19894763639919
```

cot()函数用于返回余切值，代码如下：

```
sage: a.cot()
0.388779569368205
```

csch()函数用于返回双曲余割值，代码如下：

```
sage: a.csch()
0.662487977194316
```

arccsch()函数用于返回反双曲余割值，代码如下：

```
sage: a.arccsch()
0.758486137193742
```

csc()函数用于返回余割值，代码如下：

```
sage: a.csc()
1.07291637770990
```

sech()函数用于返回双曲正割值，代码如下：

```
sage: a.sech()
0.552286154278205
```

arcsech()函数用于返回反双曲正割值，代码如下：

```
sage: a.arcsech()
NaN
```

sec()函数用于返回正割值，代码如下：

```
sage: a.sec()
2.75970360133241
```

arccosh()函数用于返回反双曲余弦值，代码如下：

```
sage: a.arccosh()
0.622362503714779
```

arcsinh()函数用于返回反双曲正弦值，代码如下：

```
sage: a.arcsinh()
1.01597313417969
```

arctanh()函数用于返回反双曲正切值，代码如下：

```
sage: a.arctanh()
NaN
```

agm()函数用于返回算术几何平均值，代码如下：

```
sage: a.agm(2)
1.57449420145982
```

erf()函数用于返回误差函数的值，代码如下：

```
sage: a.erf()
0.910313978229635
```

erfc()函数用于返回互补误差函数的值，代码如下：

```
sage: a.erfc()
0.0896860217703646
```

j0()函数用于返回 0 阶贝塞尔 J 函数的值，代码如下：

```
sage: a.j0()
0.671132744264363
```

j1()函数用于返回 1 阶贝塞尔 J 函数的值，代码如下：

```
sage: a.j1()
0.498289057567215
```

jn()函数用于返回 n 阶贝塞尔 J 函数的值，代码如下：

```
sage: a.jn(2)
0.159349018347663
```

y0()函数用于返回 0 阶贝塞尔 Y 函数的值，代码如下：

```
sage: a.y0()
0.228083503227197
```

y1()函数用于返回 1 阶贝塞尔 Y 函数的值，代码如下：

```
sage: a.y1()
-0.621136379748848
```

yn()函数用于返回 n 阶贝塞尔 Y 函数的值，代码如下：

```
sage: a.yn(2)
-1.26331080280861
```

gamma()函数用于返回 Γ 函数的结果，代码如下：

```
sage: a.gamma()
0.918168742399761
```

log_gamma()函数用于返回对数 Γ 函数的结果，代码如下：

```
sage: a.log_gamma()
-0.0853740900033158
```

zeta()函数用于返回 ζ 函数的结果，代码如下：

```
sage: a.zeta()
5.59158244117775
```

algebraic_dependency()函数用于返回一个至多 n 次的不可约多项式，多项式由这个数近似满足，代码如下：

```
sage: a.algebraic_dependency(2)
5*x - 6
```

nth_root()函数用于返回第 n 个根，代码如下：

```
sage: a.nth_root(2)
1.09544511501033
```

13.11.3 实数 double 域

RealDoubleField 即实数 double 域，简写为 RDF，代码如下：

```
sage: a = RDF
sage: a
Real Double Field
```

is_exact()函数用于判断所有元素是不是都精确，代码如下：

```
sage: a.is_exact()
False
```

construction()函数用于返回构造，代码如下：

```
sage: a.construction()
(Completion[ + Infinity, prec = 53], Rational Field)
```

complex_field()函数用于返回复数域，代码如下：

```
sage: a.complex_field()
Complex Double Field
```

algebraic_closure()函数用于返回代数闭包，代码如下：

```
sage: a.algebraic_closure()
Complex Double Field
```

precision()函数用于返回精度，代码如下：

```
sage: a.precision()
53
```

to_prec()函数用于设置精度，代码如下：

```
sage: a.to_prec(100)
Real Field with 100 bits of precision
```

gen()函数用于返回某个生成器，代码如下：

```
sage: a.gen()
1.0
```

ngens()函数用于返回生成器的总数，代码如下：

```
sage: a.ngens()
1
```

characteristic()函数用于返回特征，代码如下：

```
sage: a.characteristic()
0
```

random_element()函数用于返回一个随机元素，代码如下：

```
sage: a.random_element()
0.4138203358559338
```

name()函数用于返回名称，代码如下：

```
sage: a.name()
'RealDoubleField'
```

pi()函数用于返回当前精度的 π，代码如下：

```
sage: a.pi()
3.141592653589793
```

euler_constant()函数用于返回当前精度的欧拉常量，代码如下：

```
sage: a.euler_constant()
0.5772156649015329
```

log2()函数用于计算对数 log2，代码如下：

```
sage: a.log2()
0.6931471805599453
```

factorial()函数用于返回阶乘，代码如下：

```
sage: a.factorial(23)
2.585201673888498e+22
```

zeta()函数用于返回 ζ 函数的结果，代码如下：

```
sage: a.zeta()
-1.0
```

NaN()函数用于返回 NaN，代码如下：

```
sage: a.NaN()
NaN
```

13.11.4 double 实数

调用 RealDoubleElement()函数或 RDF()函数即可创建一个 double 实数，代码如下：

```
sage: a = RDF(1.2)
sage: a
1.2
```

double 实数支持的符号运算。

(1) 乘法逆的代码如下：

```
sage: ~a
0.8333333333333334
```

(2) 加法的代码如下：

```
sage: a + a
2.4
```

(3) 减法的代码如下：

```
sage: a - a
0.0
```

(4) 乘法的代码如下：

```
sage: a * a
1.44
```

（5）除法的代码如下：

```
sage: a/a
1.0
```

（6）一元减法的代码如下：

```
sage: -a
-1.2
```

（7）左移的代码如下：

```
sage: a<<2
TypeError: unsupported operand type(s) for <<
```

（8）右移的代码如下：

```
sage: a>>2
TypeError: unsupported operand type(s) for >>
```

（9）幂运算的代码如下：

```
sage: a^3
1.728
```

prec()函数用于返回精度，代码如下：

```
sage: a.prec()
53
```

ulp()函数用于返回最小精度单位，代码如下：

```
sage: a.ulp()
2.220446049250313e-16
```

real()函数用于返回实部，代码如下：

```
sage: a.real()
1.2
```

imag()函数用于返回虚部，代码如下：

```
sage: a.imag()
0.0
```

integer_part()函数用于返回整数部分，代码如下：

```
sage: a.integer_part()
1
```

sign_mantissa_exponent()函数用于返回符号、底数和指数，代码如下：

```
sage: a.sign_mantissa_exponent()
(1, 5404319552844595, -52)
```

as_integer_ratio()函数用于返回分子和分母，代码如下：

```
sage: a.as_integer_ratio()
(5404319552844595, 4503599627370496)
```

abs()函数用于返回绝对值，代码如下：

```
sage: a.abs()
1.2
```

multiplicative_order()函数用于返回乘法顺序，代码如下：

```
sage: a.multiplicative_order()
+ Infinity
```

sign()函数用于返回符号，代码如下：

```
sage: a.sign()
1
```

round()函数用于四舍五入取整，代码如下：

```
sage: a.round()
1
```

floor()函数用于向下取整，代码如下：

```
sage: a.floor()
1
```

ceil()函数用于向上取整，代码如下：

```
sage: a.ceil()
2
```

trunc()函数用于截断取整，代码如下：

```
sage: a.trunc()
1
```

frac()函数用于返回截断取整剩余的小数部分，代码如下：

```
sage: a.frac()
0.19999999999999996
```

is_NaN()函数用于判断是不是 NaN，代码如下：

```
sage: a.is_NaN()
False
```

is_positive_infinity()函数用于判断是不是正无穷大，代码如下：

```
sage: a.is_positive_infinity()
False
```

is_negative_infinity()函数用于判断是不是负无穷大，代码如下：

```
sage: a.is_positive_infinity()
False
```

is_infinity()函数用于判断是不是无穷大，代码如下：

```
sage: a.is_infinity()
False
```

conjugate()函数用于返回共轭，代码如下：

```
sage: a.conjugate()
1.2
```

sqrt()函数用于返回平方根，代码如下：

```
sage: a.sqrt()
1.0954451150103321
```

is_square()函数用于判断是不是平方数，代码如下：

```
sage: a.is_square()
True
```

is_integer()函数用于判断是不是整数，代码如下：

```
sage: a.is_integer()
False
```

cube_root()函数用于计算三次方根，代码如下：

```
sage: a.cube_root()
1.0626585691826111
```

nth_root()函数用于返回第 n 个根，代码如下：

```
sage: a.nth_root(10)
1.0183993761470242
```

log()函数用于计算对数，代码如下：

```
sage: a.log()
0.1823215567939546
```

log2()函数用于计算对数 log2，代码如下：

```
sage: a.log2()
0.2630344058337938
```

log10()函数用于计算对数 log10，代码如下：

```
sage: a.log10()
0.07918124604762482
```

logpi()函数用于计算对数 logπ,代码如下:

```
sage: a.logpi()
0.15927037377788936
```

exp()函数用于计算指数,代码如下:

```
sage: a.exp()
3.3201169227365472
```

exp2()函数用于计算指数 e^2,代码如下:

```
sage: a.exp2()
2.29739670999407
```

exp10()函数用于计算指数 e^{10},代码如下:

```
sage: a.exp10()
15.848931924611136
```

cos()函数用于返回余弦值,代码如下:

```
sage: a.cos()
0.3623577544766736
```

sin()函数用于返回正弦值,代码如下:

```
sage: a.sin()
0.9320390859672263
```

dilog()函数用于返回二重对数,代码如下:

```
sage: a.dilog()
2.1291694303839597
```

restrict_angle()函数用于计算角度模 2π 算得的弧度,代码如下:

```
sage: a.restrict_angle()
1.2
```

tan()函数用于返回正切值,代码如下:

```
sage: a.tan()
2.5721516221263183
```

sincos()函数用于返回正弦值和余弦值,代码如下:

```
sage: a.sincos()
(0.9320390859672263, 0.3623577544766736)
```

hypot()函数用于返回欧几里得范数,代码如下:

```
sage: a.hypot(2)
2.33238075793812
```

arccos()函数用于返回反余弦值,代码如下:

```
sage: a.arccos()
NaN
```

arcsin()函数用于返回反正弦值,代码如下:

```
sage: a.arcsin()
NaN
```

arctan()函数用于返回反正切值,代码如下:

```
sage: a.arctan()
0.8760580505981934
```

cosh()函数用于返回双曲余弦值,代码如下:

```
sage: a.cosh()
1.8106555673243747
```

sinh()函数用于返回双曲正弦值,代码如下:

```
sage: a.sinh()
1.5094613554121725
```

tanh()函数用于返回双曲正切值,代码如下:

```
sage: a.tanh()
0.8336546070121552
```

tanh()函数用于返回反双曲余弦值,代码如下:

```
sage: a.acosh()
0.6223625037147786
```

arcsinh()函数用于返回反双曲正弦值,代码如下:

```
sage: a.arcsinh()
1.015973134179692
```

arctanh()函数用于返回反双曲正切值,代码如下:

```
sage: a.arctanh()
NaN
```

sech()函数用于返回双曲正割值,代码如下:

```
sage: a.sech()
0.5522861542782048
```

csch()函数用于返回双曲余割值,代码如下:

```
sage: a.csch()
0.6624879771943155
```

coth()函数用于返回双曲余切值，代码如下：

```
sage: a.coth()
1.1995375441923508
```

agm()函数用于返回算术几何平均值，代码如下：

```
sage: a.agm(3)
1.9973982859638642
```

erf()函数用于返回误差函数的值，代码如下：

```
sage: a.erf()
0.9103139782296353
```

gamma()函数用于返回 Γ 函数的结果，代码如下：

```
sage: a.gamma()
0.9181687423997615
```

zeta()函数用于返回 ζ 函数的结果，代码如下：

```
sage: a.zeta()
5.59158244117775
```

algebraic_dependency()函数用于返回一个至多 n 次的不可约多项式，多项式由这个数近似满足，代码如下：

```
sage: a.algebraic_dependency(3)
5*x - 6
```

13.11.5 实数球域

RealBallField 即实数球域，简写为 RBF，代码如下：

```
sage: a = RBF
sage: a
Real ball field with 53 bits of precision
```

gens()函数用于返回全部生成器，代码如下：

```
sage: a.gens()
(1.000000000000000,)
```

construction()函数用于返回构造，代码如下：

```
sage: a.construction()
(Completion[+Infinity, prec=53], Rational Field)
```

complex_field()函数用于返回复数域，代码如下：

```
sage: a.complex_field()
Complex ball field with 53 bits of precision
```

precision()函数用于返回复数域的精度，代码如下：

```
sage: a.precision()
53
```

is_exact()函数用于返回是否精确，代码如下：

```
sage: a.is_exact()
False
```

characteristic()函数用于返回特征，代码如下：

```
sage: a.characteristic()
0
```

some_elements()函数用于返回实数域的多个元素，代码如下：

```
sage: a.some_elements()
[0,
1.000000000000000,
[0.3333333333333333 +/- 7.04e-17],
[-4.733045976388941e+363922934236666733021124 +/- 3.46e+363922934236666733021108],
[+/- inf],
[+/- inf],
[+/- inf],
nan]
```

pi()函数用于返回一个包含 π 的球，代码如下：

```
sage: a.pi()
[3.141592653589793 +/- 3.39e-16]
```

log2()函数用于计算对数 log2，代码如下：

```
sage: a.log2()
[0.6931471805599453 +/- 6.93e-17]
```

euler_constant()函数用于返回 1 个包含欧拉常量的球，代码如下：

```
sage: a.euler_constant()
[0.577215664901533 +/- 3.57e-16]
```

catalan_constant()函数用于返回 1 个包含卡特兰常数的球，代码如下：

```
sage: a.catalan_constant()
[0.915965594177219 +/- 1.23e-16]
```

sinpi()函数用于返回 1 个包含 $\sin\pi x$ 的球，代码如下：

```
sage: a.sinpi(2)
0
```

cospi()函数用于返回 1 个包含 $\cos\pi x$ 的球，代码如下：

```
sage: a.cospi(2)
1.000000000000000
```

gamma()函数用于返回 Γ 函数的结果，代码如下：

```
sage: a.gamma(2)
1.000000000000000
```

zeta()函数用于返回 ζ 函数的结果，代码如下：

```
sage: a.zeta(2)
[1.644934066848226 +/- 4.57e-16]
```

bernoulli()函数用于返回 1 个包含 n 阶伯努利数的球，代码如下：

```
sage: a.bernoulli(2)
[0.1666666666666667 +/- 7.04e-17]
```

fibonacci()函数用于返回 1 个包含 n 阶斐波那契数的球，代码如下：

```
sage: a.fibonacci(2)
1.000000000000000
```

bell_number()函数用于返回 1 个包含 n 阶贝尔数的球，代码如下：

```
sage: a.bell_number(2)
2.000000000000000
```

double_factorial()函数用于返回 1 个包含 n 阶双阶乘的球，代码如下：

```
sage: a.double_factorial(2)
2.000000000000000
```

maximal_accuracy()函数用于返回以位为单位的确定元素的相对精度，代码如下：

```
sage: a.maximal_accuracy()
9223372036854775807
```

13.11.6 实数球

调用 RealBall()函数或 RBF()函数即可创建一个实数球，代码如下：

```
sage: a = RBF(1.2)
sage: a
[1.200000000000000 +/- 4.45e-17]
```

实数球支持的符号运算。

(1) 一元减法的代码如下：

```
sage: -a
[-1.200000000000000 +/- 4.45e-17]
```

(2) 乘法逆的代码如下：

```
sage: ~a
[0.833333333333333 +/- 3.71e-16]
```

(3) 加法的代码如下：

```
sage: a+a
[2.400000000000000 +/- 8.89e-17]
```

(4) 减法的代码如下：

```
sage: a-a
0
```

(5) 乘法的代码如下：

```
sage: a*a
[1.440000000000000 +/- 4.98e-16]
```

(6) 除法的代码如下：

```
sage: a/a
1.000000000000000
```

(7) 幂运算的代码如下：

```
sage: a^3
[1.728000000000000 +/- 3.64e-16]
```

(8) 左移的代码如下：

```
sage: a<<2
[4.800000000000000 +/- 1.78e-16]
```

(9) 右移的代码如下：

```
sage: a>>2
[0.3000000000000000 +/- 1.12e-17]
```

mid()函数用于返回球的球心，代码如下：

```
sage: a.mid()
1.20000000000000
```

rad()函数用于返回球的半径，代码如下：

```
sage: a.rad()
0.00000000
```

diameter()函数用于返回球的直径，代码如下：

```
sage: a.diameter()
0.00000000
```

squash()函数用于返回和当前球具有相同球心的精确球,代码如下:

```
sage: a.squash()
[1.200000000000000 +/- 4.45e-17]
```

rad_as_ball()函数用于返回一个中心等于当前球半径的精确球,代码如下:

```
sage: a.rad_as_ball()
0
```

abs()函数用于返回绝对值,代码如下:

```
sage: abs(a)
[1.200000000000000 +/- 4.45e-17]
```

below_abs()函数用于返回当前球的绝对值的下界,代码如下:

```
sage: a.below_abs()
[1.200000000000000 +/- 4.45e-17]
```

above_abs()函数用于返回当前球的绝对值的上界,代码如下:

```
sage: a.above_abs()
[1.200000000000000 +/- 4.45e-17]
```

upper()函数用于返回当前球的右端点,向上取整,代码如下:

```
sage: a.upper()
1.20000000000000
```

lower()函数用于返回当前球的右端点,向下取整,代码如下:

```
sage: a.lower()
1.19999999999999
```

endpoints()函数用于返回当前球的端点,向外取整,代码如下:

```
sage: a.endpoints()
(1.19999999999999, 1.20000000000000)
```

union()函数用于返回一个包含两个球的凸包的球,代码如下:

```
sage: a.union(2)
[2e+0 +/- 0.801]
```

real()函数用于返回实部,代码如下:

```
sage: a.real()
[1.200000000000000 +/- 4.45e-17]
```

imag()函数用于返回虚部,代码如下:

```
sage: a.imag()
0
```

nbits()函数用于返回足以准确表示此球的最小精度，代码如下：

```
sage: a.nbits()
53
```

round()函数用于四舍五入取整，代码如下：

```
sage: a.round()
[1.200000000000000 +/- 4.45e-17]
```

accuracy()函数用于返回有效相对精度，代码如下：

```
sage: a.accuracy()
9223372036854775807
```

trim()函数用于返回球的修剪副本，代码如下：

```
sage: a.trim()
[1.200000000000000 +/- 4.45e-17]
```

add_error()函数用于增加球的半径，代码如下：

```
sage: a.add_error(2)
[+/- 3.21]
```

is_zero()函数用于判断中点和半径是否均为0，代码如下：

```
sage: a.is_zero()
False
```

is_nonzero()函数用于判断0是否不包含在球当中，代码如下：

```
sage: a.is_nonzero()
True
```

bool()函数用于判断是否不是0球，代码如下：

```
sage: bool(a)
True
```

is_exact()函数用于返回是否精确，代码如下：

```
sage: a.is_exact()
True
```

min()函数用于返回包含球的最小值的球，代码如下：

```
sage: a.min()
[1.200000000000000 +/- 4.45e-17]
```

max()函数用于返回包含球的最大值的球，代码如下：

```
sage: a.max()
[1.200000000000000 +/- 4.45e-17]
```

is_finite()函数用于判断球的中点和半径是不是有限的浮点数，代码如下：

```
sage: a.is_finite()
True
```

identical()函数用于返回两个球是否代表同一个球，代码如下：

```
sage: a.identical(a)
True
```

overlaps()函数用于判断两个球是不是含有部分相同的点，代码如下：

```
sage: a.overlaps(a)
True
```

contains_exact()函数用于判断一个数或球是不是包含在当前球表示的区间中，代码如下：

```
sage: a.contains_exact(a)
True
```

contains_zero()函数用于判断是否包含 0，代码如下：

```
sage: a.contains_zero()
False
```

contains_integer()函数用于判断当前球是否包含任意整数，代码如下：

```
sage: a.contains_integer()
False
```

is_negative_infinity()函数用于判断是不是负无穷大，代码如下：

```
sage: a.is_negative_infinity()
False
```

is_positive_infinity()函数用于判断是不是正无穷大，代码如下：

```
sage: a.is_positive_infinity()
False
```

is_infinity()函数用于判断是不是无穷大，代码如下：

```
sage: a.is_infinity()
False
```

is_NaN()函数用于判断是不是 NaN，代码如下：

```
sage: a.is_NaN()
False
```

sqrt()函数用于返回平方根，代码如下：

```
sage: a.sqrt()
[1.095445115010332 +/- 3.71e-16]
```

sqrtpos()函数用于返回平方根运算的结果，并假定结果一定非负，代码如下：

```
sage: a.sqrtpos()
[1.095445115010332 +/- 3.71e-16]
```

rsqrt()函数用于返回倒数平方根，代码如下：

```
sage: a.rsqrt()
[0.912870929175277 +/- 3.21e-16]
```

sqrt1pm1()函数用于返回 $\sqrt{1+\text{self}}-1$ 的结果，代码如下：

```
sage: a.sqrt1pm1()
[0.4832396974191326 +/- 4.22e-17]
```

floor()函数用于向下取整，代码如下：

```
sage: a.floor()
1.000000000000000
```

ceil()函数用于向上取整，代码如下：

```
sage: a.ceil()
2.000000000000000
```

log()函数用于计算对数，代码如下：

```
sage: a.log()
[0.1823215567939546 +/- 6.40e-17]
```

log1p()函数用于计算对数 $\log(1+p)$，代码如下：

```
sage: a.log1p()
[0.788457360364270 +/- 1.67e-16]
```

exp()函数用于计算指数，代码如下：

```
sage: a.exp()
[3.320116922736547 +/- 6.89e-16]
```

expm1()函数用于计算指数 $\exp(m-1)$，代码如下：

```
sage: a.expm1()
[2.320116922736547 +/- 6.89e-16]
```

sin()函数用于返回正弦值，代码如下：

```
sage: a.sin()
[0.932039085967226 +/- 4.02e-16]
```

cos()函数用于返回余弦值，代码如下：

```
sage: a.cos()
[0.3623577544766736 +/- 9.14e-17]
```

tan()函数用于返回正切值,代码如下:

```
sage: a.tan()
[2.572151622126318 +/- 8.04e-16]
```

cot()函数用于返回余切值,代码如下:

```
sage: a.cot()
[0.388779569368205 +/- 1.05e-16]
```

sec()函数用于返回正割值,代码如下:

```
sage: a.sec()
[2.759703601332406 +/- 5.80e-16]
```

csc()函数用于返回余割值,代码如下:

```
sage: a.csc()
[1.072916377709897 +/- 3.48e-16]
```

arcsin()函数用于返回反正弦值,代码如下:

```
sage: a.arcsin()
nan
```

arccos()函数用于返回反余弦值,代码如下:

```
sage: a.arccos()
nan
```

arctan()函数用于返回反正切值,代码如下:

```
sage: a.arctan()
[0.876058050598193 +/- 4.17e-16]
```

sinh()函数用于返回双曲正弦值,代码如下:

```
sage: a.sinh()
[1.509461355412173 +/- 7.16e-16]
```

cosh()函数用于返回双曲余弦值,代码如下:

```
sage: a.cosh()
[1.810655567324375 +/- 3.02e-16]
```

tanh()函数用于返回双曲正切值,代码如下:

```
sage: a.tanh()
[0.833654607012155 +/- 3.36e-16]
```

coth()函数用于返回双曲余切值,代码如下:

```
sage: a.coth()
[1.199537544192351 +/- 6.48e-16]
```

sech()函数用于返回双曲正割值，代码如下：

```
sage: a.sech()
[0.552286154278205 +/- 4.16e-16]
```

csch()函数用于返回双曲余割值，代码如下：

```
sage: a.csch()
[0.662487977194316 +/- 6.13e-16]
```

arcsinh()函数用于返回反双曲正弦值，代码如下：

```
sage: a.arcsinh()
[1.015973134179692 +/- 2.69e-16]
```

arccosh()函数用于返回反双曲余弦值，代码如下：

```
sage: a.arccosh()
[0.622362503714779 +/- 5.96e-16]
```

arctanh()函数用于返回反双曲正切值，代码如下：

```
sage: a.arctanh()
nan
```

erf()函数用于返回误差函数的值，代码如下：

```
sage: a.erf()
[0.910313978229635 +/- 5.15e-16]
```

gamma()函数用于返回 Γ 函数的结果，代码如下：

```
sage: a.gamma()
[0.918168742399760 +/- 8.97e-16]
```

log_gamma()函数用于返回对数 Γ 函数的结果，代码如下：

```
sage: a.log_gamma()
[-0.085374090003316 +/- 4.98e-16]
```

rgamma()函数用于返回 $1/\Gamma$ 函数的结果，代码如下：

```
sage: a.rgamma()
[1.089124421058336 +/- 9.76e-16]
```

rising_factorial()函数用于返回 n 阶升阶乘的结果，代码如下：

```
sage: a.rising_factorial(2)
[2.640000000000000 +/- 8.75e-16]
```

psi()函数用于通过自身实例返回双伽马函数的结果，代码如下：

```
sage: a.psi()
[-0.289039896592188 +/- 4.12e-16]
```

zeta()函数用于返回 ζ 函数的结果，代码如下：

```
sage: a.zeta()
[5.591582441177752 +/- 1.26e-16]
```

zetaderiv()函数用于通过黎曼 ζ 函数的第 k 阶导数返回此球的像，代码如下：

```
sage: a.zetaderiv(2)
[124.9949721525082 +/- 1.74e-14]
```

lambert_w()函数用于通过 Lambert W 函数返回此球的像，代码如下：

```
sage: a.lambert_w()
[0.635564016364870 +/- 4.13e-16]
```

polylog()函数用于返回多对数 Li_s(self)，代码如下：

```
sage: a.polylog(2)
nan
```

chebyshev_T()函数用于在当前球上评估第一类切比雪夫多项式 T_n，代码如下：

```
sage: a.chebyshev_T(2)
[1.879999999999999 +/- 8.94e-16]
```

chebyshev_U()函数用于在当前球上评估第二类切比雪夫多项式 U_n，代码如下：

```
sage: a.chebyshev_U(2)
[4.76000000000000 +/- 1.99e-15]
```

agm()函数用于返回算术几何平均值，代码如下：

```
sage: a.agm(2)
[1.574494201459822 +/- 8.47e-16]
```

13.11.7 实数区间域

RealIntervalField 即实数区间域，简写为 RIF，代码如下：

```
sage: a = RIF
sage: a
Real Interval Field with 53 bits of precision
```

lower_field()函数用于返回 RealField_class 类在取整模式 RNDD 下的引用，代码如下：

```
sage: a.lower_field()
Real Field with 53 bits of precision and rounding RNDD
```

middle_field()函数用于返回 RealField_class 类在取整模式 RNDN 下的引用，代码如下：

```
sage: a.middle_field()
Real Field with 53 bits of precision and rounding RNDN
```

upper_field()函数用于返回 RealField_class 类在取整模式 RNDU 下的引用，代码

如下：

```
sage: a.upper_field()
Real Field with 53 bits of precision and rounding RNDU
```

is_exact()函数用于判断所有元素是不是都精确，代码如下：

```
sage: a.is_exact()
False
```

algebraic_closure()函数用于返回代数闭包，代码如下：

```
sage: a.algebraic_closure()
Complex Interval Field with 53 bits of precision
```

construction()函数用于返回构造，代码如下：

```
sage: a.construction()
(Completion[ + Infinity, prec = 53], Rational Field)
```

random_element()函数用于返回一个随机元素，代码如下：

```
sage: a.random_element()
- 0.69238085322685872?
```

gen()函数用于返回一个生成器，代码如下：

```
sage: a.gen()
1
```

complex_field()函数用于返回复数域，代码如下：

```
sage: a.complex_field()
Complex Interval Field with 53 bits of precision
```

ngens()函数用于返回生成器的总数，代码如下：

```
sage: a.ngens()
1
```

gens()函数用于返回全部生成器，代码如下：

```
sage: a.gens()
[1]
```

characteristic()函数用于返回特征，代码如下：

```
sage: a.characteristic()
0
```

name()函数用于返回名称，代码如下：

```
sage: a.name()
'IntervalRealIntervalField53'
```

precision()函数用于返回精度，代码如下：

```
sage: a.precision()
53
```

to_prec()函数用于设置精度，代码如下：

```
sage: a.to_prec(2)
Real Interval Field with 2 bits of precision
```

pi()函数用于返回当前精度的 π，代码如下：

```
sage: a.pi()
3.141592653589794?
```

euler_constant()函数用于返回当前精度的欧拉常量，代码如下：

```
sage: a.euler_constant()
0.5772156649015328?
```

log2()函数用于计算对数 log2，代码如下：

```
sage: a.log2()
0.6931471805599453?
```

scientific_notation()函数用于设置是否使用科学记数法打印，代码如下：

```
sage: a.scientific_notation()
False
```

zeta()函数用于返回 ζ 函数的结果，代码如下：

```
sage: a.zeta()
-1
```

13.11.8 实数区间

调用 RealInterval()函数或 RIF()函数即可创建一个实数区间，代码如下：

```
sage: a = RIF(1.2)
sage: a
1.2000000000000000?
```

实数区间支持的符号运算。

(1) 加法的代码如下：

```
sage: a + a
2.40000000000000
```

(2) 减法的代码如下：

```
sage: a - a
0.000000000000000
```

（3）乘法的代码如下：

```
sage: a * a
1.44000000000000
```

（4）除法的代码如下：

```
sage: a/a
1.00000000000000
```

（5）乘法逆的代码如下：

```
sage: ~a
0.833333333333333
```

（6）一元减法的代码如下：

```
sage: -a
-1.20000000000000
```

（7）左移的代码如下：

```
sage: a << 2
4.80000000000000
```

（8）右移的代码如下：

```
sage: a >> 2
0.300000000000000
```

（9）幂运算的代码如下：

```
sage: a^2
1.44000000000000
```

real()函数用于返回实部，代码如下：

```
sage: a.real()
1.2000000000000000?
```

imag()函数用于返回虚部，代码如下：

```
sage: a.imag()
0
```

lower()函数用于返回区间的下界，代码如下：

```
sage: a.lower()
1.19999999999999
```

upper()函数用于返回区间的上界，代码如下：

```
sage: a.upper()
1.20000000000000
```

endpoints()函数用于返回区间的端点，代码如下：

```
sage: a.endpoints()
(1.19999999999999, 1.20000000000000)
```

edges()函数用于返回区间的下界和上界，代码如下：

```
sage: a.edges()
(1.200000000000000?, 1.200000000000000?)
```

absolute_diameter()函数用于返回区间的绝对直径，代码如下：

```
sage: a.absolute_diameter()
0.000000000000000
```

relative_diameter()函数用于返回区间的相对直径，代码如下：

```
sage: a.relative_diameter()
0.000000000000000
```

diameter()函数用于返回直径，代码如下：

```
sage: a.diameter()
0.000000000000000
```

fp_rank_diameter()函数用计算直径的方式计算 FPRank，代码如下：

```
sage: a.fp_rank_diameter()
0
```

is_exact()函数用于返回是否精确，代码如下：

```
sage: a.is_exact()
True
```

magnitude()函数用于返回区间元素的最大绝对值，代码如下：

```
sage: a.magnitude()
1.20000000000000
```

mignitude()函数用于返回区间元素的最小绝对值，代码如下：

```
sage: a.mignitude()
1.19999999999999
```

center()函数用于返回最接近区间中心的浮点近似值，代码如下：

```
sage: a.center()
1.20000000000000
```

bisection()函数用于返回二分范围，代码如下：

```
sage: a.bisection()
(1.200000000000000?, 1.200000000000000?)
```

alea()函数用于返回范围中的随机的 1 个浮点数，代码如下：

```
sage: a.alea()
1.20000000000000
```

abs()函数用于返回绝对值，代码如下：

```
sage: abs(a)
1.200000000000000?
```

square()函数用于返回平方，代码如下：

```
sage: a.square()
1.440000000000000?
```

multiplicative_order()函数用于返回乘法顺序，代码如下：

```
sage: a.multiplicative_order()
+Infinity
```

precision()函数用于返回精度，代码如下：

```
sage: a.precision()
53
```

round()函数用于四舍五入取整，代码如下：

```
sage: a.round()
1
```

floor()函数用于向下取整，代码如下：

```
sage: a.floor()
1
```

ceil()函数用于向上取整，代码如下：

```
sage: a.ceil()
2
```

trunc()函数用于截断取整，代码如下：

```
sage: a.trunc()
1
```

frac()函数用于返回截断取整剩余的小数部分，代码如下：

```
sage: a.frac()
0.1999999999999996?
```

unique_sign()函数用于返回符号，代码如下：

```
sage: a.unique_sign()
1
```

argument()函数用于返回自变量，代码如下：

```
sage: a.argument()
0
```

unique_floor()函数用于返回范围的下确界，代码如下：

```
sage: a.unique_floor()
1
```

unique_ceil()函数用于返回范围的上确界，代码如下：

```
sage: a.unique_ceil()
2
```

unique_round()函数用于返回范围内的最接近上界或下界的整数，代码如下：

```
sage: a.unique_round()
1
```

unique_trunc()函数用于返回范围内的最接近 0 的整数，代码如下：

```
sage: a.unique_trunc()
1
```

unique_integer()函数用于返回范围内的唯一整数，代码如下：

```
sage: a.unique_integer()
ValueError: interval contains no integer
```

simplest_rational()函数用于返回最简整数比，代码如下：

```
sage: a.simplest_rational()
5404319552844595/4503599627370496
```

is_NaN()函数用于判断是不是 NaN，代码如下：

```
sage: a.is_NaN()
False
```

bool()函数用于判断是否不等于 0，代码如下：

```
sage: bool(a)
True
```

lexico_cmp()函数用于按字典顺序比较两个范围的大小，代码如下：

```
sage: a.lexico_cmp(a)
0
```

contains_zero()函数用于判断是否包含 0，代码如下：

```
sage: a.contains_zero()
False
```

overlaps()函数用于判断两个区间是不是含有部分相同的点，代码如下：

```
sage: a.overlaps(a)
True
```

intersection()函数用于返回交集，代码如下：

```
sage: a.intersection(a)
1.2000000000000000?
```

union()函数用于返回并集，代码如下：

```
sage: a.union(a)
1.2000000000000000?
```

min()函数用于返回包含集合的最小值的集合，代码如下：

```
sage: a.min()
1.2000000000000000?
```

max()函数用于返回包含集合的最大值的集合，代码如下：

```
sage: a.max()
1.2000000000000000?
```

sqrt()函数用于返回平方根，代码如下：

```
sage: a.sqrt()
1.095445115010333?
```

square_root()函数用于返回平方根，代码如下：

```
sage: a.square_root()
1.095445115010333?
```

log()函数用于计算对数，代码如下：

```
sage: a.log()
0.1823215567939546?
```

log2()函数用于计算对数 log2，代码如下：

```
sage: a.log2()
0.2630344058337938?
```

log10()函数用于计算对数 log10，代码如下：

```
sage: a.log10()
0.07918124604762481?
```

exp()函数用于计算指数，代码如下：

```
sage: a.exp()
3.320116922736548?
```

exp2()函数用于计算指数 exp2，代码如下：

```
sage: a.exp2()
2.297396709994070?
```

is_int()函数用于判断是不是整数，代码如下：

```
sage: a.is_int()
(False, None)
```

cos()函数用于返回余弦值，代码如下：

```
sage: a.cos()
0.3623577544766736?
```

sin()函数用于返回正弦值，代码如下：

```
sage: a.sin()
0.9320390859672263?
```

tan()函数用于返回正切值，代码如下：

```
sage: a.tan()
2.572151622126319?
```

arccos()函数用于返回反余弦值，代码如下：

```
sage: a.arccos()
[.. NaN ..]
```

arcsin()函数用于返回反正弦值，代码如下：

```
sage: a.arcsin()
[.. NaN ..]
```

arctan()函数用于返回反正切值，代码如下：

```
sage: a.arctan()
0.8760580505981934?
```

cosh()函数用于返回双曲余弦值，代码如下：

```
sage: a.cosh()
1.810655567324375?
```

sinh()函数用于返回双曲正弦值，代码如下：

```
sage: a.sinh()
1.509461355412173?
```

tanh()函数用于返回双曲正切值，代码如下：

```
sage: a.tanh()
0.8336546070121553?
```

arccosh()函数用于返回反双曲余弦值，代码如下：

```
sage: a.arccosh()
0.6223625037147786?
```

arcsinh()函数用于返回反双曲正弦值，代码如下：

```
sage: a.arcsinh()
1.015973134179693?
```

arctanh()函数用于返回反双曲正切值，代码如下：

```
sage: a.arctanh()
[.. NaN ..]
```

sec()函数用于返回正割值，代码如下：

```
sage: a.sec()
2.759703601332407?
```

csc()函数用于返回余割值，代码如下：

```
sage: a.csc()
1.072916377709898?
```

cot()函数用于返回余切值，代码如下：

```
sage: a.cot()
0.3887795693682050?
```

sech()函数用于返回双曲正割值，代码如下：

```
sage: a.sech()
0.552286154278205?
```

csch()函数用于返回双曲余割值，代码如下：

```
sage: a.csch()
0.662487977194316?
```

coth()函数用于返回双曲余切值，代码如下：

```
sage: a.coth()
1.199537544192351?
```

arcsech()函数用于返回反双曲正割值，代码如下：

```
sage: a.arcsech()
[.. NaN ..]
```

arccsch()函数用于返回反双曲余割值，代码如下：

```
sage: a.arccsch()
0.758486137193743?
```

arccoth()函数用于返回反双曲余切值，代码如下：

```
sage: a.arccoth()
1.198947636399185?
```

algdep()函数用于返回近似满足当前数的至多 n 次多项式，代码如下：

```
sage: a.algdep(1)
ValueError: Cannot convert infinity or NaN to Python int
```

factorial()函数用于返回阶乘，代码如下：

```
sage: a.factorial()
1.101802490879713?
```

gamma()函数用于返回 Γ 函数的结果，代码如下：

```
sage: a.gamma()
0.9181687423997606?
```

psi()函数用于返回双伽马函数的结果，代码如下：

```
sage: a.psi()
-0.289039896592189?
```

zeta()函数用于返回 ζ 函数的结果，代码如下：

```
sage: a.zeta()
5.591582441177752?
```

13.12 整数域和整数

13.12.1 整数域

IntegerRing 即整数域，简写为 ZZ，代码如下：

```
sage: a = ZZ
sage: a
Integer Ring
```

range()函数用于返回范围，代码如下：

```
sage: ZZ.range(1,10)
[1, 2, 3, 4, 5, 6, 7, 8, 9]
```

random_element()函数用于返回一个随机元素，代码如下：

```
sage: ZZ.random_element()
-11
```

整数域是诺瑟环，代码如下：

```
sage: ZZ.is_noetherian()
True
```

整数域是域，代码如下：

```
sage: ZZ.is_field()
False
```

fraction_field()函数用于返回分式域，代码如下：

```
sage: ZZ.fraction_field()
Rational Field
```

extension()函数用于返回由指定的多项式列表生成的顺序，代码如下：

```
sage: ZZ.extension(x^2 - 5, 'a')
Order in Number Field in a with defining polynomial x^2 - 5
```

quotient()函数用于返回整数域与理想的商，代码如下：

```
sage: ZZ.quo(6 * ZZ)
Ring of integers modulo 6
```

residue_field()函数用于返回以给定素数为模的整数域的残差环，代码如下：

```
sage: ZZ.residue_field(2)
Residue field of Integers modulo 2
```

gens()函数用于返回全部生成器，代码如下：

```
sage: ZZ.gens()
(1,)
```

gen()函数用于返回某个生成器，代码如下：

```
sage: ZZ.gen()
1
```

ngens()函数用于返回生成器的总数，代码如下：

```
sage: ZZ.ngens()
1
```

degree()函数用于返回阶，代码如下：

```
sage: ZZ.degree()
1
```

absolute_degree()函数用于返回绝对阶数，代码如下：

```
sage: ZZ.absolute_degree()
1
```

characteristic()函数用于返回特征，代码如下：

```
sage: ZZ.characteristic()
0
```

krull_dimension()函数用于返回 Krull 维数，代码如下：

```
sage: ZZ.krull_dimension()
1
```

is_integrally_closed()函数用于返回整数域，实际上是整体闭合的，代码如下：

```
sage: ZZ.is_integrally_closed()
True
```

completion()函数用于返回在 p 处的完备，代码如下：

```
sage: ZZ.completion(2,3)
2 - adic Ring with capped relative precision 3
```

order()函数用于返回阶，代码如下：

```
sage: ZZ.order()
+ Infinity
```

zeta()函数用于返回 ζ 函数的结果，代码如下：

```
sage: ZZ.zeta()
-1
```

parameter()函数用于为整数域的欧几里得属性返回一个 1 次整数，代码如下：

```
sage: ZZ.parameter()
1
```

valuation()函数用于返回在某个值上的估计，代码如下：

```
sage: ZZ.valuation(2)
2 - adic valuation
```

13.12.2 整数

Integer 即整数，代码如下：

```
sage: a = Integer(123)
sage: a
123
```

此外，直接输入整数也会创建整数，代码如下：

```
sage: a = 123
sage: a
123
```

整数支持的符号运算。

（1）加法的代码如下：

```
sage: a + b
248
```

（2）减法的代码如下：

```
sage: a - b
-2
```

（3）一元减法的代码如下：

```
sage: -a
-123
```

（4）乘法的代码如下：

```
sage: a * b
15375
```

（5）除法的代码如下：

```
sage: a/b
123/125
```

（6）向下整除的代码如下：

```
sage: a//b
0
```

（7）幂运算的代码如下：

```
sage: a^3
1860867
```

（8）模运算的代码如下：

```
sage: a % b
123
```

（9）左移的代码如下：

```
sage: a << 2
492
```

（10）右移的代码如下：

```
sage: a >> 2
30
```

（11）乘法逆的代码如下：

```
sage: ~a
1/123
```

str()函数用于返回任意进制的字符串表示形式,代码如下:

```
sage: a.str(2)
'1111011'
```

ordinal_str()函数用于返回与整数关联的序数的字符串表示形式,代码如下:

```
sage: a.ordinal_str()
'123rd'
```

hex()函数用于返回十六进制表示的字符串,代码如下:

```
sage: a.hex()
'7b'
```

oct()函数用于返回八进制表示的字符串,代码如下:

```
sage: a.oct()
'173'
```

binary()函数用于返回二进制表示的字符串,代码如下:

```
sage: a.binary()
'1111011'
```

bits()函数用于返回二进制位列表,代码如下:

```
sage: a.bits()
[1, 1, 0, 1, 1, 1, 1]
```

nbits()函数用于返回整数的比特位数,代码如下:

```
sage: a.nbits()
7
```

trailing_zero_bits()函数用于返回整数中的尾零位数,代码如下:

```
sage: a.trailing_zero_bits()
0
```

digits()函数用于返回任意进制位列表,代码如下:

```
sage: a.digits()
[3, 2, 1]
```

balanced_digits()函数用于返回平衡数字列表,代码如下:

```
sage: a.balanced_digits()
[3, 2, 1]
```

ndigits()函数用于返回以任意进制表示后的数字的位数,代码如下:

```
sage: a.ndigits()
3
```

nth_root()函数用于返回第 n 个根，代码如下：

```
sage: a.nth_root(1)
123
```

exact_log()函数用于返回最大整数 k，使以 k 为底的对数运算结果不超过整数，代码如下：

```
sage: a.exact_log(2)
6
```

log()函数用于计算对数，代码如下：

```
sage: a.log(2)
log(123)/log(2)
```

exp()函数用于计算指数，代码如下：

```
sage: a.exp()
e^123
```

prime_to_m_part()函数用于返回一个大于 m 且小于整数的素数，代码如下：

```
sage: a.prime_to_m_part(2)
123
```

prime_divisors()函数用于将整数拆成多个素数，按递增顺序排序，代码如下：

```
sage: a.prime_divisors()
[3, 41]
```

divisors()函数用于返回整数的所有正整数除数的列表，按递增顺序排序，代码如下：

```
sage: a.divisors()
[1, 3, 41, 123]
```

euclidean_degree()函数用于将整数的阶数作为欧几里得域中的元素返回，代码如下：

```
sage: a.euclidean_degree()
123
```

sign()函数用于返回符号，代码如下：

```
sage: a.sign()
1
```

quo_rem()函数用于辗转相除，代码如下：

```
sage: a.quo_rem(b)
(0, 123)
```

powermod()函数用于返回模幂，代码如下：

```
sage: a.powermod(31,31)
30
```

rational_reconstruction()函数用于返回有理重构，代码如下：

```
sage: a.rational_reconstruction(b)
-2
```

trial_division()函数用于返回整数到某个上界的最小素数除数，代码如下：

```
sage: a.trial_division()
3
```

factor()函数用于返回因式分解，代码如下：

```
sage: a.factor()
3 * 41
```

support()函数用于返回支撑集，代码如下：

```
sage: a.support()
[3, 41]
```

coprime_integers()函数用于返回与该整数互质的非负整数，代码如下：

```
sage: a.coprime_integers(2)
[1]
```

divides()函数用于判断两个整数是否整除，代码如下：

```
sage: a.divides(b)
False
```

valuation()函数用于返回在某个值上的估计，代码如下：

```
sage: a.valuation(b)
0
```

p_primary_part()函数用于返回整数的 p 主部分，代码如下：

```
sage: a.p_primary_part(2)
1
```

val_unit()函数用于返回整数的 p 进数值和整数的 p 进数单位，代码如下：

```
sage: a.val_unit(b)
(0, 123)
```

odd_part()函数用于返回奇数部分，代码如下：

```
sage: a.odd_part()
123
```

divide_knowing_divisible_by()函数用于返回整数整除另一个整数的结果，代码如下：

```
sage: a.divide_knowing_divisible_by(b)
14314673401198612055
```

denominator()函数用于返回分母，代码如下：

```
sage: a.denominator()
1
```

numerator()函数用于返回分子，代码如下：

```
sage: a.numerator()
123
```

as_integer_ratio()函数用于返回分子和分母，代码如下：

```
sage: a.as_integer_ratio()
(123, 1)
```

factorial()函数用于返回阶乘，代码如下：

```
sage: a.factorial()
1214630436702532967576624324188129585545421708848338231532891816182923589236216766883115
6960612640202170735835221294047782591091570411651472186029519906261646730733907419814952
96000000000000000000000000000
```

multifactorial()函数用于计算 k 次阶乘，代码如下：

```
sage: a.multifactorial(b)
123
```

gamma()函数用于返回 Γ 函数的结果，代码如下：

```
sage: a.gamma()
9875044200833601362411579871448208012564404136978359605958470050267671457205014364903
3796427745042294071023050579626404736512939596842694895821378210620013388054747214795243
520000000000000000000000000000
```

floor()函数用于向下取整，代码如下：

```
sage: a.floor()
123
```

ceil()函数用于向上取整，代码如下：

```
sage: a.ceil()
123
```

trunc()函数用于截断取整，代码如下：

```
sage: a.trunc()
123
```

round()函数用于四舍五入取整，代码如下：

```
sage: a.round()
123
```

real()函数用于返回实部，代码如下：

```
sage: a.real()
123
```

imag()函数用于返回虚部，代码如下：

```
sage: a.imag()
0
```

is_one()函数用于判断是否等于 1，代码如下：

```
sage: a.is_one()
False
```

bool()函数用于判断是否不等于 0，代码如下：

```
sage: bool(a)
True
```

is_integral()函数用于判断是否可积，代码如下：

```
sage: a.is_integral()
True
```

is_rational()函数用于判断是不是有理数，代码如下：

```
sage: a.is_rational()
True
```

整数是整数，代码如下：

```
sage: a.is_integer()
True
```

is_unit()函数用于判断是不是一个单位，代码如下：

```
sage: a.is_unit()
False
```

is_square()函数用于判断是不是平方数，代码如下：

```
sage: a.is_square()
False
```

perfect_power()函数用于返回完全幂，代码如下：

```
sage: a.perfect_power()
(123, 1)
```

global_height()函数用于返回全局高度，代码如下：

```
sage: a.global_height()
4.81218435537242
```

is_power_of()函数用于判断一个整数是不是另一个整数的幂，代码如下：

```
sage: a.is_power_of(b)
False
```

is_prime_power()函数用于判断整数是不是素数幂，代码如下：

```
sage: a.is_prime_power()
False
```

is_prime()函数用于判断整数是否为素数，代码如下：

```
sage: a.is_prime()
False
```

is_irreducible()函数用于判断整数是否不可约，代码如下：

```
sage: a.is_irreducible()
False
```

is_pseudoprime()函数用于判断整数是否为伪素数，代码如下：

```
sage: a.is_pseudoprime()
False
```

is_pseudoprime_power()函数用于判断整数是否是伪素数的幂，代码如下：

```
sage: a.is_pseudoprime_power()
False
```

is_perfect_power()函数用于判断整数是不是完全幂，代码如下：

```
sage: a.is_perfect_power()
False
```

is_norm()函数用于判断整数是不是范数，代码如下：

```
sage: a.is_norm(QQ)
True
```

jacobi()函数用于计算雅可比符号，代码如下：

```
sage: a.jacobi(b)
-1
```

kronecker()函数用于计算 Kronecker 符号，代码如下：

```
sage: a.kronecker(b)
-1
```

class_number()函数用于返回类数，代码如下：

```
sage: b.class_number()
1
```

squarefree_part()函数用于返回整数的无平方部分，代码如下：

```
sage: a.squarefree_part()
123
```

next_probable_prime()函数用于返回下一个可能的素数，代码如下：

```
sage: a.next_probable_prime()
127
```

next_prime()函数用于返回下一个素数，代码如下：

```
sage: a.next_prime()
127
```

previous_prime()函数用于返回上一个素数，代码如下：

```
sage: a.previous_prime()
113
```

next_prime_power()函数用于返回下一个 prime power，代码如下：

```
sage: a.next_prime_power()
125
```

previous_prime_power()函数用于返回上一个 prime power，代码如下：

```
sage: a.previous_prime_power()
121
```

additive_order()函数用于返回加法顺序，代码如下：

```
sage: a.additive_order()
+Infinity
```

multiplicative_order()函数用于返回乘法顺序，代码如下：

```
sage: a.multiplicative_order()
+Infinity
```

is_square()函数用于判断是不是非平方，代码如下：

```
sage: a.is_squarefree()
True
```

sqrtrem()函数用于将整数拆成整数平方根和余数，代码如下：

```
sage: a.sqrtrem()
(11, 2)
```

isqrt()函数用于返回整数平方根的整数底，代码如下：

```
sage: a.isqrt()
11
```

sqrt()函数用于返回平方根，代码如下：

```
sage: a.sqrt()
sqrt(123)
```

gcd()函数用于返回扩张最大公约数，代码如下：

```
sage: a.xgcd(b)
(1, 62, -61)
```

inverse_mod()函数用于计算模逆，代码如下：

```
sage: a.inverse_mod(b)
62
```

crt()函数用于计算中国剩余问题，代码如下：

```
sage: a.crt(11,12,13)
63
```

test_bit()函数用于返回某一处的位，代码如下：

```
sage: a.test_bit(b)
0
```

popcount()函数用于返回二进制表示的位数。如果整数小于0，则返回无穷大，代码如下：

```
sage: a.popcount()
6
```

conjugate()函数用于返回共轭，代码如下：

```
sage: a.conjugate()
123
```

binomial()函数用于返回二项式系数，代码如下：

```
sage: a.binomial(1)
123
```

13.13 p 进数域

13.13.1 p 进数域的基类

所有的 p 进数域都继承了 p 进数域的基类方法。

exact_field()函数用于返回有理数域，代码如下：

```
sage: a = Zp(17)
sage: a.exact_field()
Rational Field
```

exact_ring()函数用于返回整数域，代码如下：

```
sage: a.exact_ring()
Integer Ring
```

is_isomorphic()函数用于判断是否同构，代码如下：

```
sage: a.is_isomorphic(Zp)
False
```

gen()函数用于返回数域的生成器，代码如下：

```
sage: a.gen()
17 + O(17^21)
```

modulus()函数用于返回定义扩张的多项式，代码如下：

```
sage: a.modulus()
(1 + O(17^20)) * x
```

absolute_discriminant()函数用于返回绝对判别式，代码如下：

```
sage: a.absolute_discriminant()
1
```

discriminant()函数用于返回 p 进数域在数域上的判别式，代码如下：

```
sage: a.discriminant()
1
```

is_abelian()函数用于判断 p 进数域是不是阿贝尔域扩张，代码如下：

```
sage: a.is_abelian()
True
```

is_normal()函数用于判断 p 进数域是不是正规扩张，代码如下：

```
sage: a.is_normal()
True
```

uniformizer()函数用于返回一个正规化子，代码如下：

```
sage: a.uniformizer()
17 + O(17^21)
```

uniformizer()函数用于返回一个正规化子的 n 次幂，代码如下：

```
sage: a.uniformizer_pow(2)
17^2 + O(17^22)
```

has_pth_root()函数用于返回$\mathbb{Z}p$ 是否具有基元的 p 次单位根，代码如下：

```
sage: a.has_pth_root()
False
```

has_root_of_unity()函数用于返回$\mathbb{Z}p$是否具有基元的第n个单位根，代码如下：

```
sage: a.has_root_of_unity(2)
True
```

zeta()函数用于返回ζ函数的结果，代码如下：

```
sage: a.zeta()
3 + 13*17 + 2*17^2 + 3*17^3 + 11*17^5 + 4*17^6 + 10*17^8 + 9*17^9 + 3*17^10 +
16*17^11 + 3*17^12 + 3*17^13 + 11*17^14 + 16*17^15 + 5*17^16 + 10*17^17 + 11*
17^18 + 7*17^19 + O(17^20)
```

zeta_order()函数用于返回 zeta order，代码如下：

```
sage: a.zeta_order()
16
```

13.13.2 整数环上的 p 进数域

整数环上的 p 进数域简写为 Zp，代码如下：

```
sage: a = Zp(2,4)
sage: a
2 - adic Ring with capped relative precision 4
```

其他的整数环上的 p 进数域都继承了整数环上的 p 进数域的方法。

some_elements()函数用于返回环中元素的列表，代码如下：

```
sage: a.some_elements()
[0,
 1 + O(2^4),
 2 + O(2^5),
 1 + 2^2 + 2^3 + O(2^4),
 2 + 2^2 + 2^3 + 2^4 + O(2^5)]
```

ngens()函数用于返回生成器的总数，代码如下：

```
sage: a.ngens()
1
```

gens()函数用于返回生成器的列表，代码如下：

```
sage: a.gens()
[2 + O(2^5)]
```

print_mode()函数用于以字符串形式返回当前打印模式，代码如下：

```
sage: a.print_mode()
'series'
```

characteristic()函数用于返回 p 进数域的特征，该特征始终为 0，代码如下：

```
sage: a.characteristic()
0
```

prime()函数用于返回残差域特征，代码如下：

```
sage: a.prime()
2
```

uniformizer()函数用于返回一个正规化子的 n 次幂，代码如下：

```
sage: a.uniformizer_pow(2)
2^2 + O(2^6)
```

residue_characteristic()函数用于返回残差域的特征，代码如下：

```
sage: a.residue_characteristic()
2
```

residue_class_field()函数用于返回残差类域，代码如下：

```
sage: a.residue_class_field()
Finite Field of size 2
```

residue_field()函数用于返回残差域，代码如下：

```
sage: a.residue_field()
Finite Field of size 2
```

residue_ring()函数用于返回残差环，代码如下：

```
sage: a.residue_ring(2)
Ring of integers modulo 4
```

residue_system()函数用于返回残差系统，代码如下：

```
sage: a.residue_system()
[O(2), 1 + O(2)]
```

fraction_field()函数用于返回分式域，代码如下：

```
sage: a.fraction_field()
2 - adic Ring with capped relative precision 4
```

integer_ring()函数用于返回 p 进数域或域的整数域，代码如下：

```
sage: a.integer_ring()
2 - adic Ring with capped relative precision 4
```

teichmuller()函数用于返回 x 的 teichmuller 表示，代码如下：

```
sage: a.teichmuller(2)
0
```

teichmuller_system()函数用于返回$\mathbb{Z}/p\mathbb{Z}$ 的可逆元素的一组 Teichmuller 表示，代码

如下：

```
sage: a.teichmuller_system()
[1 + O(2^4)]
```

frobenius_endomorphism()函数用于返回 Frobenius 自同构在域上的 n 次幂，代码如下：

```
sage: a.frobenius_endomorphism()
Identity endomorphism of 2 - adic Ring with capped relative precision 4
```

valuation()函数用于返回估计，代码如下：

```
sage: a.valuation()
2 - adic valuation
```

primitive_root_of_unity()函数用于返回 p 进数域中的 n 个单位根的群的生成元，代码如下：

```
sage: a.primitive_root_of_unity()
1 + 2 + 2^2 + 2^3 + O(2^4)
```

roots_of_unity()函数用于返回环中的所有 n 次单位根，代码如下：

```
sage: a.roots_of_unity()
[1 + O(2^4), 1 + 2 + 2^2 + 2^3 + O(2^4)]
```

此外，可以直接调用 ZpCR()函数快速地创建具有相对上限精度的 p 进数域，代码如下：

```
sage: a = ZpCR(5,5)
sage: a
5 - adic Ring with capped relative precision 5
```

此外，可以直接调用 ZpCA()函数快速地创建具有绝对上限精度的 p 进数域，代码如下：

```
sage: a = ZpCA(5,5)
sage: a
5 - adic Ring with capped absolute precision 5
```

此外，可以直接调用 ZpFP()函数快速地创建具有浮点精度的 p 进数域，代码如下：

```
sage: a = ZpFP(5,5)
sage: a
5 - adic Ring with floating precision 5
```

此外，可以直接调用 ZpLC()函数快速地创建具有格点精度的 p 进数域，代码如下：

```
sage: a = ZpLC(5)
< ipython - input - 4 - d31a392076b5 >:1: FutureWarning: This class/method/function is marked as
experimental. It, its functionality or its interface might change without a formal deprecation.
See https://github.com/sagemath/sage/issues/23505 for details.
  a = ZpLC(Integer(5))
sage: a
5 - adic Ring with lattice - cap precision
```

此外，可以直接调用 ZpLF()函数快速地创建具有浮点精度和格点精度的 p 进数域，代码如下：

```
sage: a = ZpLF(5)
<ipython - input - 6 - 49c89420ab9d>:1: FutureWarning: This class/method/function is marked as
experimental. It, its functionality or its interface might change without a formal deprecation.
See https://github.com/sagemath/sage/issues/23505 for details.
  a = ZpLF(Integer(5))
sage: a
5 - adic Ring with lattice - float precision
```

此外，可以直接调用 ZpFM()函数快速地创建具有固定模数的 p 进数域，代码如下：

```
sage: a = ZpFM(5,5)
sage: a
5 - adic Ring of fixed modulus 5^5
```

Zq 即整环上的 p 进数域的扩张，这个数域是唯一且非分歧的，代码如下：

```
sage: a = Zq(5,5)
sage: a
5 - adic Field with capped relative precision 5
```

此外，可以直接调用 ZqCR()函数快速地创建具有相对上限精度的 p 进数域的扩张，代码如下：

```
sage: a = ZqCR(5,5)
sage: a
5 - adic Ring with capped relative precision 5
```

此外，可以直接调用 ZqFM()函数快速地创建具有固定模数的 p 进数域的扩张，代码如下：

```
sage: a = ZqFM(5,5)
sage: a
5 - adic Ring of fixed modulus 5^5
```

此外，可以直接调用 ZqFP()函数快速地创建具有浮点精度的 p 进数域的扩张，代码如下：

```
sage: a = ZqFP(5,5)
sage: a
5 - adic Ring with floating precision 5
```

此外，可以直接调用 ZqCA()函数快速地创建具有绝对上限精度的 p 进数域的扩张，代码如下：

```
sage: a = ZqCA(5,5)
sage: a
5 - adic Ring with capped absolute precision 5
```

此外，可以直接调用 ZqCR()函数快速地创建具有相对上限精度的 p 进数域的扩张，代码如下：

```
sage: a = ZqCR(5,5)
sage: a
5 - adic Ring with capped relative precision 5
```

13.13.3　有理数环上的 p 进数域

有理数环上的 p 进数域简写为 Qp,代码如下：

```
sage: a = Qp(101)
sage: a
101 - adic Field with capped relative precision 20
```

其他的有理数环上的 p 进数域都继承了有理数环上的 p 进数域的方法。

random_element()函数用于返回随机数,代码如下：

```
sage: a.random_element()
83 * 101^ - 3 + 40 * 101^ - 2 + 80 * 101^ - 1 + 10 + 19 * 101 + 27 * 101^2 + 83 * 101^3 + 48 *
101^4 + 85 * 101^5 + 33 * 101^6 + 77 * 101^7 + 90 * 101^8 + 31 * 101^9 + 68 * 101^10 + 77
* 101^11 + 73 * 101^12 + 14 * 101^13 + 55 * 101^14 + 63 * 101^15 + 34 * 101^16 + O(101^17)
```

此外,可以直接调用 QpCR()函数快速地创建具有相对上限精度的 p 进数域,代码如下：

```
sage: a = QpCR(5,5)
sage: a
5 - adic Field with capped relative precision 5
```

此外,可以直接调用 QpFP()函数快速地创建具有浮点精度的 p 进数域,代码如下：

```
sage: a = QpFP(5,5)
sage: a
5 - adic Field with floating precision 5
```

此外,可以直接调用 QpLC()函数快速地创建具有格点精度的 p 进数域,代码如下：

```
sage: a = QpLC(5)
< ipython - input - 18 - f1a6c230e712 >:1: FutureWarning: This class/method/function is marked
as experimental. It, its functionality or its interface might change without a formal
deprecation.
See https://github.com/sagemath/sage/issues/23505 for details.
  a = QpLC(Integer(5))
sage: a
5 - adic Field with lattice - cap precision
```

此外,可以直接调用 QpLF()函数快速地创建具有浮点精度和格点精度的 p 进数域,代码如下：

```
sage: a = QpLF(5)
< ipython - input - 20 - b6260dcd0375 >:1: FutureWarning: This class/method/function is marked
as experimental. It, its functionality or its interface might change without a formal
deprecation.
See https://github.com/sagemath/sage/issues/23505 for details.
  a = QpLF(Integer(5))
sage: a
5 - adic Field with lattice - float precision
```

Qq 即有理数环上的 p 进数域的扩张，这个数域是唯一且非分歧的，代码如下：

```
sage: a = Qq(5,5)
sage: a
5 - adic Field with capped relative precision 5
```

此外，可以直接调用 QqFP()函数快速地创建具有浮点精度的 p 进数域的扩张，代码如下：

```
sage: a = QqFP(5,5)
sage: a
5 - adic Field with floating precision 5
```

此外，可以直接调用 QqCR()函数快速地创建具有相对上限精度的 p 进数域的扩张，代码如下：

```
sage: a = QqCR(5,5)
sage: a
5 - adic Field with capped relative precision 5
```

13.13.4　p 进数

调用 Zp()函数即可创建一个整数环上的 p 进数，调用 Qp()函数即可创建一个有理数环上的 p 进数，其他的 p 进数都继承了 p 进数的方法，代码如下：

```
sage: a = Zp(2,4)
sage: b = a(1)
sage: c = a(2)
sage: b
1 + O(2^4)
sage: c
2 + O(2^5)
```

p 进数支持的符号运算。

(1) 整除的代码如下：

```
sage: b//c
O(2^3)
```

（2）下标索引的代码如下：

```
sage: b[0]
1
```

（3）乘法逆的代码如下：

```
sage: ~b
1 + O(2^4)
```

（4）取模的代码如下：

```
sage: b % c
1 + O(2^4)
```

additive_order()函数用于返回加法顺序，代码如下：

```
sage: b.additive_order()
+Infinity
```

artin_hasse_exp()函数用于返回 Artin-Hasse 指数，代码如下：

```
sage: c.artin_hasse_exp()
1 + 2 + 2^2 + O(2^4)
```

minimal_polynomial()函数用于返回最小多项式，代码如下：

```
sage: b.minimal_polynomial()
(1 + O(2^4)) * x + 1 + 2 + 2^2 + 2^3 + O(2^4)
```

norm()函数用于返回范数，代码如下：

```
sage: b.norm()
1 + O(2^4)
```

trace()函数用于返回迹，代码如下：

```
sage: c.trace()
2 + O(2^5)
```

algdep()函数用于返回近似满足当前数的至多 n 次多项式，代码如下：

```
sage: c.algdep(1)
x - 2
```

algebraic_dependency()函数用于返回至多 n 次多项式，该多项式由当前数近似满足，代码如下：

```
sage: c.algebraic_dependency(1)
x - 2
```

dwork_expansion()函数用于返回 Dwork 函数的值，代码如下：

```
sage: c.dwork_expansion()
1 + 2^2 + 2^3 + O(2^4)
```

gamma()函数用于返回Γ函数的结果，代码如下：

```
sage: b.gamma()
1 + 2 + 2^2 + 2^3 + O(2^4)
```

gcd()函数用于返回最大公约数，代码如下：

```
sage: b.gcd(c)
1 + O(2^4)
```

gcd()函数用于返回扩张最大公约数，代码如下：

```
sage: b.xgcd(c)
(1 + O(2^4), 1 + O(2^4), 0)
```

is_square()函数用于判断是不是平方数，代码如下：

```
sage: b.is_square()
True
```

is_square()函数用于判断是不是非平方，代码如下：

```
sage: b.is_squarefree()
True
```

multiplicative_order()函数用于返回乘法顺序，代码如下：

```
sage: b.multiplicative_order()
1
```

valuation()函数用于返回当前数的估计，代码如下：

```
sage: b.valuation()
0
```

val_unit()函数用于返回当前数的估计和单位，代码如下：

```
sage: b.val_unit()
(0, 1 + O(2^4))
```

ordp()函数用于返回在当前数处估计为1的数，代码如下：

```
sage: b.ordp()
0
```

is_prime()函数用于判断当前数在其父元素中是不是素数，代码如下：

```
sage: b.is_prime()
False
```

rational_reconstruction()函数用于返回有理重构，代码如下：

```
sage: b.rational_reconstruction()
1
```

log()函数用于计算对数，代码如下：

```
sage: b.log()
O(2^4)
```

square_root()函数用于返回平方根，代码如下：

```
sage: b.square_root()
1 + O(2^3)
```

nth_root()函数用于返回第 n 个根，代码如下：

```
sage: b.nth_root(2)
1 + O(2^3)
```

abs()函数用于返回绝对值，代码如下：

```
sage: b.abs()
1
```

此外，可以直接从具有相对上限精度的 p 进数域中取得具有相对上限精度的 p 进数，代码如下：

```
sage: a = ZpCR(5,5)
sage: b = a(2)
sage: b
2 + O(5^5)
sage: c = QpCR(5,5)
sage: d = c(2)
sage: d
2 + O(5^5)
```

lift()函数用于返回提升，代码如下：

```
sage: b.lift()
2
```

residue()函数用于返回残差，代码如下：

```
sage: b.residue()
2
```

此外，可以直接从具有绝对上限精度的 p 进数域中取得具有绝对上限精度的 p 进数，代码如下：

```
sage: a = ZpCA(5,5)
sage: b = a(2)
sage: b
2 + O(5^5)
```

lift()函数用于返回提升，代码如下：

```
sage: b.lift()
2
```

residue()函数用于返回残差，代码如下：

```
sage: b.residue()
2
```

multiplicative_order()函数用于返回乘法顺序，代码如下：

```
sage: b.multiplicative_order()
+ Infinity
```

此外，可以直接从具有浮点精度的 p 进数域中取得具有浮点精度的 p 进数，代码如下：

```
sage: a = ZpFP(5,5)
sage: b = a(2)
sage: b
2
```

lift()函数用于返回提升，代码如下：

```
sage: b.lift()
1
```

residue()函数用于返回残差，代码如下：

```
sage: b.residue()
1
```

此外，可以直接从具有浮点精度的 p 进数域和具有浮点精度和格点精度的 p 进数域中取得具有格点精度的 p 进数，代码如下：

```
sage: a = ZpLC(5)
sage: b = a(1,2)
sage: b
1 + O(5^2)
sage: c = ZpLF(5)
< ipython - input - 11 - 8881cdee0e5c >:1: FutureWarning: This class/method/function is marked
as experimental. It, its functionality or its interface might change without a formal
deprecation.
See https://github.com/sagemath/sage/issues/23505 for details.
  c = ZpLF(Integer(5))
sage: d = c(1,2)
sage: d
1 + O(5^2)
sage: e = QpLC(5)
< ipython - input - 14 - eb229467c326 >:1: FutureWarning: This class/method/function is marked
as experimental. It, its functionality or its interface might change without a formal
deprecation.
```

```
See https://github.com/sagemath/sage/issues/23505 for details.
  e = QpLC(Integer(5))
sage: f = e(1,2)
sage: f
1 + O(5^2)
sage: g = QpLF(5)
< ipython - input - 17 - 04d5bd5a3146 >:1: FutureWarning: This class/method/function is marked
as experimental. It, its functionality or its interface might change without a formal
deprecation.
See https://github.com/sagemath/sage/issues/23505 for details.
  f = QpLF(Integer(5))
sage: h = g(1,2)
sage: h
1 + O(5^2)
```

具有格点精度的 p 进数的比较规则如下：

```
sage: c = a(3,4)
sage: b > c
False
sage: b < c
True
sage: b == c
False
sage: b >= c
False
sage: b <= c
True
sage: b!= c
True
```

具有格点精度的 p 进数支持的符号运算。

（1）加法的代码如下：

```
sage: b + c
4 + O(5^2)
```

（2）减法的代码如下：

```
sage: b - c
3 + 4*5 + O(5^2)
```

（3）乘法的代码如下：

```
sage: b * c
3 + O(5^2)
```

（4）除法的代码如下：

```
sage: b/c
2 + 3*5 + O(5^2)
```

(5) 乘法逆的代码如下：

```
sage: ~b
1 + O(5^2)
```

(6) 右移的代码如下：

```
sage: b >> 2
O(5^0)
```

(7) 左移的代码如下：

```
sage: b << 2
5^2 + O(5^4)
```

approximation()函数用于返回 p 进数的绝对精度近似值，代码如下：

```
sage: b.approximation()
1
```

value()函数用于返回 p 进数在内存中的实际近似值，代码如下：

```
sage: b.value()
1
```

residue()函数用于返回残差，代码如下：

```
sage: b.residue()
1
```

precision_lattice()函数用于返回格点精度，代码如下：

```
sage: b.precision_lattice()
Precision lattice on 2 objects
```

precision_absolute()函数用于返回绝对精度，代码如下：

```
sage: b.precision_absolute()
2
```

is_precision_capped()函数用于判断 p 进数的绝对精度是否来自父元素的上限，代码如下：

```
sage: b.is_precision_capped()
False
```

valuation()函数用于返回估计，代码如下：

```
sage: b.valuation()
0
```

precision_relative()函数用于返回相对精度，代码如下：

```
sage: b.precision_relative()
2
```

is_equal_to()函数用于判断两个 p 进数的精度是否相等,代码如下:

```
sage: b.is_equal_to(c,2)
False
```

add_bigoh()函数用于返回增加 O 之后的 p 进数,代码如下:

```
sage: b.add_bigoh(3)
1 + O(5^2)
```

lift_to_precision()函数用于返回提升精度后的元素,代码如下:

```
sage: b.lift_to_precision()
1 + O(5^20)
```

is_zero()函数用于判断 p 进数是不是无法与零区分,代码如下:

```
sage: b.is_zero()
False
```

lift()函数用于返回提升,代码如下:

```
sage: b.lift()
1
```

unit_part()函数用于返回单位部分,代码如下:

```
sage: b.unit_part()
1 + O(5^2)
```

val_unit()函数用于返回 p 进数的估计和单位,代码如下:

```
sage: b.val_unit()
(0, 1 + O(5^2))
```

expansion()函数用于返回展开的列表,代码如下:

```
sage: b.expansion()
[1, 0]
```

dist()函数用于返回两个 p 进数之间的距离,代码如下:

```
sage: b.dist(c)
1
```

此外,可以直接从具有固定模数的 p 进数域中取得具有固定模数的 p 进数,代码如下:

```
sage: a = ZpFM(5,5)
sage: b = a(2)
sage: b
2
```

lift()函数用于返回提升,代码如下:

```
sage: b.lift()
2
```

residue()函数用于返回残差,代码如下:

```
sage: b.residue()
2
```

multiplicative_order()函数用于返回乘法顺序,代码如下:

```
sage: b.multiplicative_order()
+ Infinity
```

调用 Zq()函数即可从 p 进数域的扩张中创建 p 进数,调用 Qq()函数即可从 p 进数域的扩张中创建 p 进数,代码如下:

```
sage: a.<b> = Zq(5^4,3)
sage: b
b + O(5^3)
sage: c.<d> = Qq(5^4,3)
sage: d
d + O(5^3)
```

frobenius()函数用于返回 Frobenius 自同构,代码如下:

```
sage: b.frobenius()
(b^3 + b^2 + 3 * b) + (3 * b + 1) * 5 + (2 * b^3 + 2 * b^2 + 2 * b) * 5^2 + O(5^3)
```

residue()函数用于返回残差,代码如下:

```
sage: b.residue()
b0
```

第14章 绘图

CHAPTER 14

14.1 图形对象

图形对象用于存放和绘制相关的图元等数据。调用 Graphics()函数可以创建一个图形对象，代码如下：

```
sage: a = Graphics()
sage: a
Launched png viewer for Graphics object consisting of 0 graphics primitives
```

图形对象支持的符号运算。

（1）下标索引的代码如下：

```
sage: a[0]
IndexError: list index out of range
```

（2）下标赋值的代码如下：

```
sage: a[0] = circle((1,2), 3)[0]
```

（3）加法的代码如下：

```
sage: a + circle((3,4),5)
Launched png viewer for Graphics object consisting of 2 graphics primitives
```

操作图形对象可以控制最终输出图像的效果。set_aspect_ratio()函数用于设置图形的宽高比，代码如下：

```
sage: a.set_aspect_ratio(1.2)
```

aspect_ratio()函数用于返回图形的宽高比，代码如下：

```
sage: a.aspect_ratio()
1.2
```

legend()函数用于设置是否显示图例，代码如下：

```
sage: a.legend(True)
```

get_axes_range()函数用于返回图形对象的轴范围的字典,代码如下:

```
sage: a.get_axes_range()
{'xmin': -1, 'xmax': 1, 'ymin': -1, 'ymax': 1}
```

set_axes_range()函数用于设置 x 轴和 y 轴的范围,代码如下:

```
sage: a.set_axes_range(xmin=1, xmax=2, ymin=3, ymax=4)
```

set_flip()函数用于水平或垂直镜像翻转图形对象,代码如下:

```
sage: a.set_flip(flip_x=True, flip_y=True)
```

flip()函数允许不传入参数调用,此时返回镜像翻转的状态,代码如下:

```
sage: a.flip()
(True, True)
```

此外,flip()函数还可以传入 flip_x 和/或 flip_y 参数,此时用于水平或垂直镜像翻转图形对象,代码如下:

```
sage: a.flip(flip_x=True,flip_y=True)
(True, True)
```

fontsize()函数用于设置轴标签和轴刻度的字体大小,代码如下:

```
sage: a.fontsize()
10
```

axes_labels_size()函数用于设置轴标签相对于轴刻度的相对大小,代码如下:

```
sage: a.axes_labels_size()
1.6
```

axes()函数用于设置是否显示坐标轴,True 代表显示坐标轴,False 代表不显示坐标轴,代码如下:

```
sage: a.axes(True)
sage: a.axes(False)
```

axes_color()函数用于设置轴的颜色,代码如下:

```
sage: a.axes_color()
(0, 0, 0)
```

axes_labels()函数用于设置轴标签。将轴标签设为['x','y']的代码如下:

```
sage: a.axes_labels(['$x$','$y$'])
```

axes_label_color()函数用于设置轴标签的颜色。将轴标签的颜色设为(0.1,0.2,0.3)的代码如下:

```
sage: a.axes_label_color((0.1,0.2,0.3))
```

axes_width()函数用于设置轴的宽度。将轴的宽度设为1的代码如下：

```
sage: a.axes_width(1)
```

tick_label_color()函数用于设置轴刻度标签的颜色。将轴刻度标签的颜色设为(0.1,0.2,0.3)的代码如下：

```
sage: a.tick_label_color((0.1,0.2,0.3))
```

len()函数用于返回存放的图形数量，代码如下：

```
sage: len(a)
0
```

del()函数用于删除图元，代码如下：

```
sage: del(a[0])
IndexError: list assignment index out of range
```

add_primitive()函数用于将图元添加到图形对象列表中。将直线([1,2],[3,4])添加到图形对象列表中的代码如下：

```
sage: a.add_primitive(Line([1,2],[3,4]))
```

xmin()函数用于返回x轴的最小值，代码如下：

```
sage: a.xmin()
-1
```

xmax()函数用于返回x轴的最大值，代码如下：

```
sage: a.xmax()
1
```

ymin()函数用于返回y轴的最小值，代码如下：

```
sage: a.ymin()
-1
```

ymax()函数用于返回y轴的最大值，代码如下：

```
sage: a.ymax()
1
```

get_minmax_data()函数用于返回边界盒的数据，代码如下：

```
sage: a.get_minmax_data()
{'xmin': -1, 'xmax': 1, 'ymin': -1, 'ymax': 1}
```

matplotlib()函数用于绘制Matplotlib图形，代码如下：

```
sage: a.matplotlib()
<Figure size 640x480 with 1 Axes>
```

save_image()函数用于保存图片，filename 参数代表文件名，后缀可以是.eps、.pdf、.pgf、.png、.ps、.sobj 或.svg，代码如下：

```
sage: a.save_image('1.png')
```

description()函数用于输出注释，代码如下：

```
sage: a.description()
''
```

14.1.1 设置图例选项

set_legend_options()函数用于设置图例选项。直接调用 set_legend_options()函数的代码如下：

```
sage: a.set_legend_options()
{}
```

set_legend_options()函数支持的参数如表 14-1 所示。

表 14-1 set_legend_options()函数支持的参数

键	值
title	图例文字
ncol	图例的列数
columnspacing	相邻两列之间的间隔
borderaxespad	图例和轴之间的间隔
back_color	背景颜色
handlelength	图例标记的长度
handletextpad	图例标记和图例文字之间的间隔
labelspacing	每个图例标记之间的垂直间隔
loc	图例的位置； 0 代表最佳位置； 1 代表右上角； 2 代表左上角； 3 代表左下角； 4 代表右下角； 5 代表右侧； 6 代表左侧中部； 7 代表右侧中部； 8 代表下侧中部； 9 代表上侧中部； 10 代表中心； 还可以用形如(x,y)的格式指定图例所在的坐标

续表

键	值
markerscale	图例的缩放倍数
numpoints	图例对于线的点数
borderpad	图例内部的边界间隔
font_family	字体家族； 可选 serif、sans-serif、cursive、fantasy 或 monospace
font_style	字体样式； 可选 normal、italic 或 oblique
font_variant	字体变量； 可选 normal 或 small-caps
font_weight	字重； 可选 black、black、bold、semibold、medium、normal 或 light
font_size	字号； 可选 xx-small、x-small、small、medium、large、x-large 或 xx-large； 可以直接指定数字
shadow	是否在图例上绘制阴影
fancybox	是否绘制精美的圆角图例边框

14.1.2 显示图片

show()函数用于显示图片，代码如下：

```
sage: a.show()
Launched png viewer for Graphics object consisting of 0 graphics primitives
```

show()函数支持的参数如表 14-2 所示。

表 14-2 show()函数支持的参数

键	值
dpi	每英寸点数
figsize	图片的长度(英寸)和宽度(英寸)
fig_tight	绘制的内容是否紧贴边缘； 如果值为 True，则绘制的内容将直接按照 figsize 的尺寸； 如果值为 False，则将在 figsize 的基础上再留边
aspect_ratio	纵横比
axes	是否显示坐标轴
axes_labels	轴标签； 第 1 个轴标签用于横向坐标轴； 第 2 个轴标签用于纵向坐标轴
axes_labels_size	轴标签和刻度标签的大小之比
fontsize	字号

续表

键	值
frame	是否在图像周围绘制边框
gridlines	网格线； 可选 None 或 False(不显示网格线)； 可选 True、automatic 或 major(显示主轴上的网格线)； 可选 minor(显示从轴上的网格线)； 可以用含有两个元素的列表分别指定 x 轴和 y 轴的网格线
gridlinesstyle	网格线风格
hgridlinesstyle	横向网格线风格
vgridlinesstyle	纵向网格线风格
transparent	是否不显示图像的背景
axes_pad	坐标轴末端附加的空白大小； 如果 scale 是 linear，则此参数代表坐标轴范围的百分比； 如果 scale 是 log，则此参数代表几个最小的刻度
ticks_integer	是否保证刻度是整数； 如果指定了 ticks，则此参数失效
ticks	刻度； 可以直接传入 locator； 可以传入列表或两个 locator； 可以传入数字； 可以传入数字列表
tick_formatter	刻度格式化对象； 可以直接传入刻度格式化对象； 可以传入数字； 可以传入 LaTeX 格式的字符串
title	标题
title_pos	标题的位置； 第 1 个位置代表 x 方向的位置； 第 2 个位置代表 y 方向的位置； 如果第 1 个位置是列表，则第 2 个位置也必须是列表，而且列表中的内容和刻度一一对应
show_legend	是否显示图例
legend_ *	详见 set_legend_options()函数的参数
base	对数坐标轴的对数的底
scale	坐标轴的比例尺； 可选 linear(线性坐标系)； 可选 loglog(对数坐标系)； 可选 semilogx(x 轴为对数坐标系，y 轴为线性坐标系)； 可选 semilogy(x 轴为线性坐标系，y 轴为对数坐标系)
xmin	x 轴范围的最小值

续表

键	值
xmax	x 轴范围的最大值
ymin	y 轴范围的最小值
ymax	y 轴范围的最大值
flip_x	是否翻转 x 轴
flip_y	是否翻转 y 轴
typeset	可以是 default(使用 Matplotlib 内置的 Mathtext 文字渲染器); 可以是 latex(使用 LaTeX); 可以是 type1(使用 Type 1 字体)

14.1.3　保存图片

save()函数用于保存图片,代码如下:

```
sage: a.save('1.png')
```

save()函数支持的参数如表 14-3 所示。

表 14-3　save()函数支持的参数

键	值
graphics	存放图形对象的列表
pos	形如(left, bottom, width, height)的位置; 每个位置都在 0～1
fontsize	字号

14.1.4　图形对象内插

inset()函数用于将另一个图形对象内插入当前图形对象,代码如下:

```
sage: a.insert(a)
Launched png viewer for Multigraphics with 2 elements
```

insert()函数支持的参数如表 14-4 所示。

表 14-4　insert()函数支持的参数

键	值
graphics	存放图形对象的列表
pos	形如(left, bottom, width, height)的位置; 每个位置都在 0～1
fontsize	字号

14.2 图元

14.2.1 圆弧

调用 arc()函数可以绘制一个圆弧。

绘制一个中心坐标是(1,2),第 1 个半径是 3,第 2 个半径是 4,扇形角度的范围是(5,pi)的圆弧的代码如下：

```
sage: arc((1,2),3,4,pi/2,(5,pi))
Launched png viewer for Graphics object consisting of 1 graphics primitive
```

绘制的圆弧如图 14-1 所示。

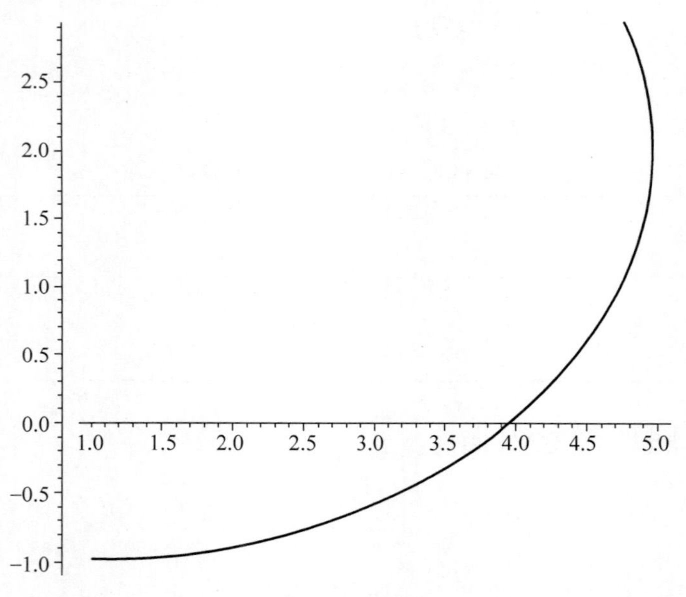

图 14-1 圆弧

特别地,如果第 4 个参数是 pi/2,则调用 arc()函数将绘制一个椭圆,代码如下：

```
sage: arc((1,2),3,4,pi/2)
Launched png viewer for Graphics object consisting of 1 graphics primitive
```

绘制的椭圆如图 14-2 所示。

arc()函数支持的参数如表 14-5 所示。

其中,options 的可选参数如表 14-6 所示。

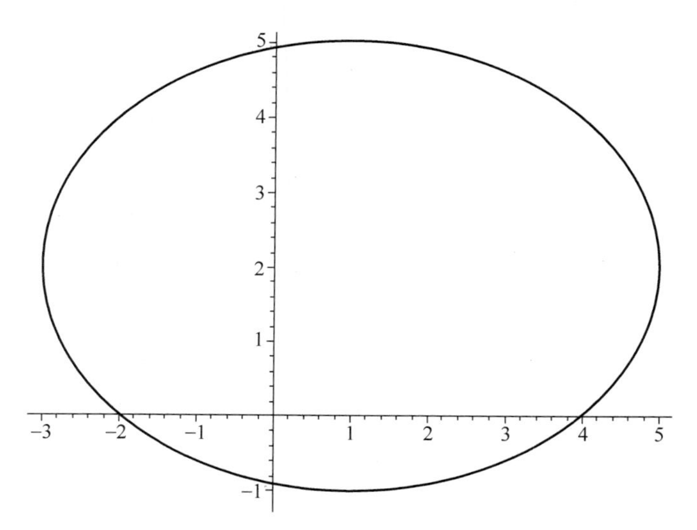

图 14-2 圆弧在特殊条件下绘制为椭圆

表 14-5 arc()函数支持的参数

键	值
center	中心坐标
r1	一个半径
r2	另一个半径； 如果仅指定 r1，则 r2 默认等于 r1，最终的圆弧就是圆上的圆弧
angle	和 r1 相关的水平面和轴线之间的角度
sector	扇形角度的范围
** options	透传的其他键-值对参数

表 14-6 options 的可选参数

键	值	键	值
alpha	透明度	rgbcolor	同 color
thickness	笔画的粗细	linestyle	线型
color	颜色		

14.2.2 箭头

调用 arrow()函数可以绘制一个箭头。

arrow()函数将根据传入的参数自动判断绘制二维版本还是绘制三维版本，代码如下：

```
sage: arrow((0,1), (2,3))
Launched png viewer for Graphics object consisting of 1 graphics primitive
```

调用 arrow2d()函数可以绘制一个二维箭头。

绘制一个起点为(0,1)且指向的点为(2,3)的二维箭头，代码如下：

```
sage: arrow2d((0,1), (2,3))
Launched png viewer for Graphics object consisting of 1 graphics primitive
```

绘制的二维箭头如图 14-3 所示。

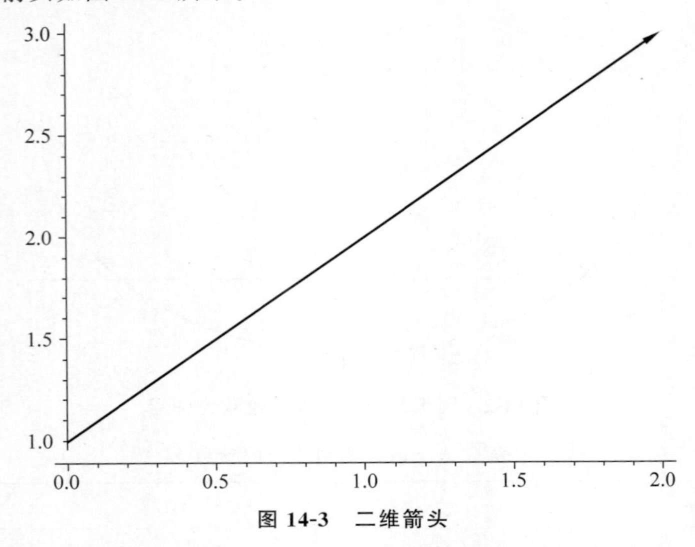

图 14-3 二维箭头

此外，如果指定 path 参数，则调用 arrow()函数将绘制一条曲线箭头。

绘制一个路径为[[(0,1), (2,−1), (4,5)]]的曲线箭头，代码如下：

```
sage: arrow(path = [[(0,1), (2, -1), (4,5)]])
Launched png viewer for Graphics object consisting of 1 graphics primitive
```

绘制的二维曲线箭头如图 14-4 所示。

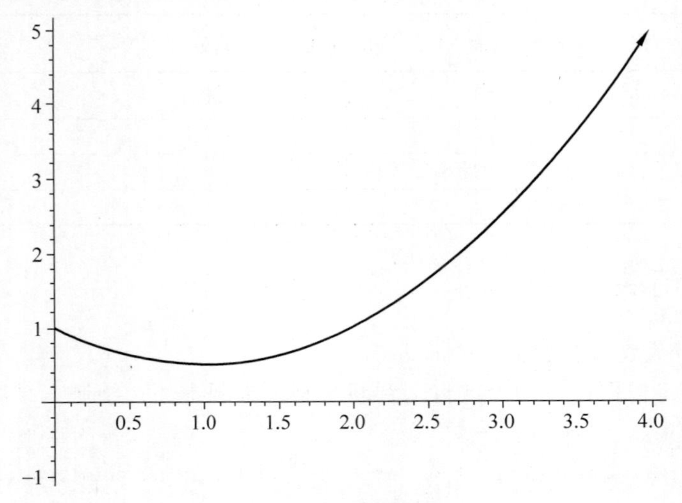

图 14-4 二维曲线箭头

arrow2d()函数支持的参数如表 14-7 所示。

表 14-7 arrow2d()函数支持的参数

键	值	键	值
tailpoint	起点	path	箭头的贝塞尔路径
headpoint	指向的点	** kwds	透传的其他键-值对参数

其中,kwds 的可选参数如表 14-8 所示。

表 14-8 kwds 的可选参数

键	值
head	0 代表在路径的首端绘制箭头; 1 代表在路径的末端绘制箭头; 2 代表在路径的两端绘制箭头
linestyle	线型
width	箭杆的宽度
color	颜色
hue	色调
arrowsize	箭头尖端的大小
arrowshorten	箭头缩短的长度; 如果指定了 path 参数,则忽略此参数
legend_label	图例文字
legend_color	图例的颜色
zorder	在哪一层绘制; 仅在二维绘图中生效

调用 arrow3d()函数可以绘制一个三维箭头。

绘制一个起点为(0,1,2)且指向的点为(3,4,5)的三维箭头,代码如下:

```
sage: arrow3d((0,1,2), (3,4,5))
Launched html viewer for Graphics3d Object
```

绘制的三维曲线箭头如图 14-5 所示。

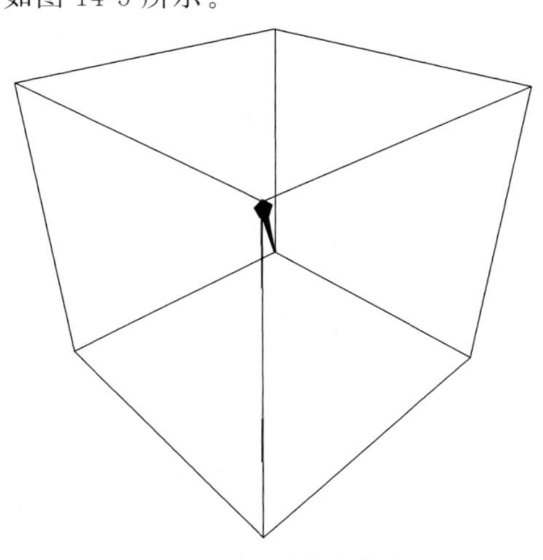

图 14-5 三维曲线箭头

arrow3d()函数支持的参数如表 14-9 所示。

表 14-9　arrow3d()函数支持的参数

键	值
start	箭头的起点
end	箭头的终点
width	箭头的宽度
radius	箭头的半径
head_radius	箭头尖端的半径
head_len	箭头尖端的长度
** kwds	透传的其他键-值对参数

14.2.3　贝塞尔路径

调用 bezier_path()函数可以绘制一个贝塞尔路径。

绘制一个贝塞尔路径[[(0,1),(2,−1),(4,5)],[(6,5),(3,4),(2,1)]],代码如下:

```
sage: bezier_path([[(0,1), (2, - 1), (4,5)], [(6,5), (3,4), (2,1)]])
Launched png viewer for Graphics object consisting of 1 graphics primitive
```

绘制的贝塞尔路径如图 14-6 所示。

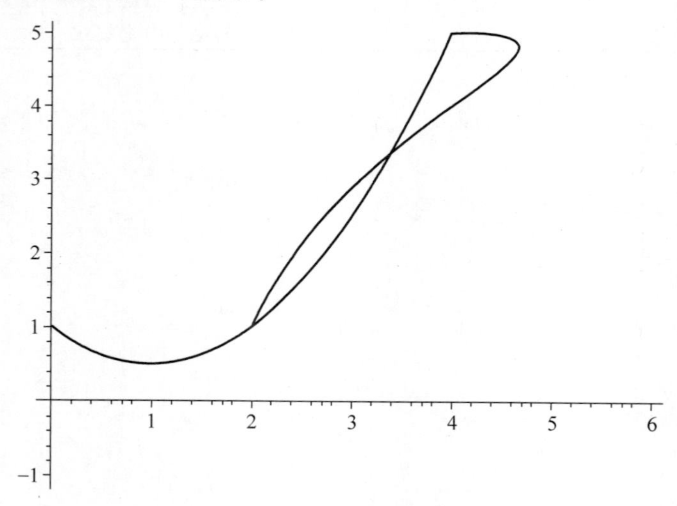

图 14-6　贝塞尔路径

bezier_path()函数支持的参数如表 14-10 所示。

表 14-10　bezier_path()函数支持的参数

键	值
path	贝塞尔路径
** options	透传的其他键-值对参数

其中，options 的可选参数如表 14-11 所示。

表 14-11 options 的可选参数

键	值	键	值
alpha	透明度	rgbcolor	颜色
fill	是否填充多边形	zorder	在哪一层绘制
thickness	笔画的粗细	linestyle	线型

调用 bezier3d()函数可以绘制一个三维贝塞尔路径。

绘制一个三维贝塞尔路径[[(1,2,3),(6,5,4),(7,8,9)]]，代码如下：

```
sage: bezier3d([[(1,2,3),(6,5,4),(7,8,9)]])
Launched html viewer for Graphics3d Object
```

绘制的三维贝塞尔路径如图 14-7 所示。

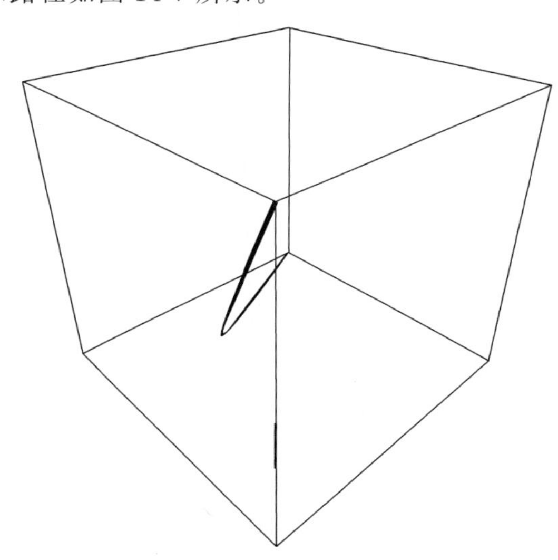

图 14-7 三维贝塞尔路径

bezier3d()函数支持的参数如表 14-12 所示。

表 14-12 bezier3d()函数支持的参数

键	值	键	值
path	贝塞尔路径	** options	透传的其他键-值对参数

其中，options 的可选参数如表 14-13 所示。

表 14-13 options 的可选参数

键	值	键	值
thickness	笔画的粗细	opacity	透明度
color	颜色	aspect_ratio	纵横比

14.2.4 圆

调用 circle()函数可以绘制一个圆。

绘制一个圆心是(1,2)、半径是 3 的圆,代码如下:

```
sage: circle((1,2), 3)
Launched png viewer for Graphics object consisting of 1 graphics primitive
```

绘制的圆如图 14-8 所示。

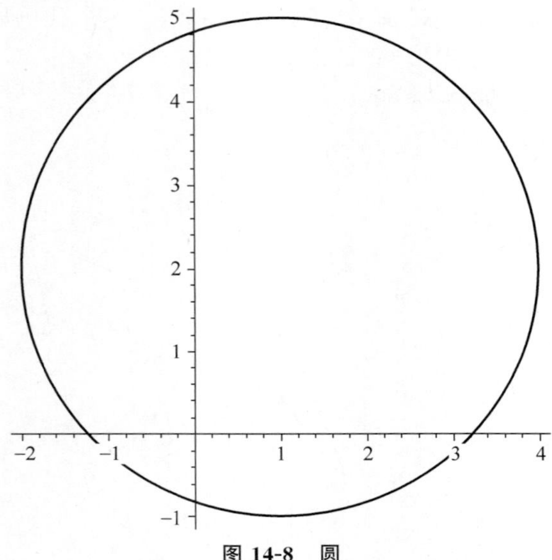

图 14-8 圆

circle()函数支持的参数如表 14-14 所示。

表 14-14 circle()函数支持的参数

键	值	键	值
center	圆心	** options	透传的其他键-值对参数
radius	半径		

其中,options 的可选参数如表 14-15 所示。

表 14-15 options 的可选参数

键	值
alpha	透明度
fill	是否填充
thickness	笔画的粗细
linestyle	线型
edgecolor	边缘颜色
facecolor	表面颜色

续表

键	值
rgbcolor	颜色； 在二维绘图中，此选项将覆盖 edgecolor 和 facecolor
legend_label	图例文字
legend_color	图例颜色

14.2.5　椭圆

调用 ellipse()函数可以绘制椭圆。

绘制一个椭圆中心是(1，2)，一个半径是 3，另一个半径是 4 的椭圆，代码如下：

```
sage: ellipse((1, 2), 3, 4)
Launched png viewer for Graphics object consisting of 1 graphics primitive
```

绘制的椭圆如图 14-9 所示。

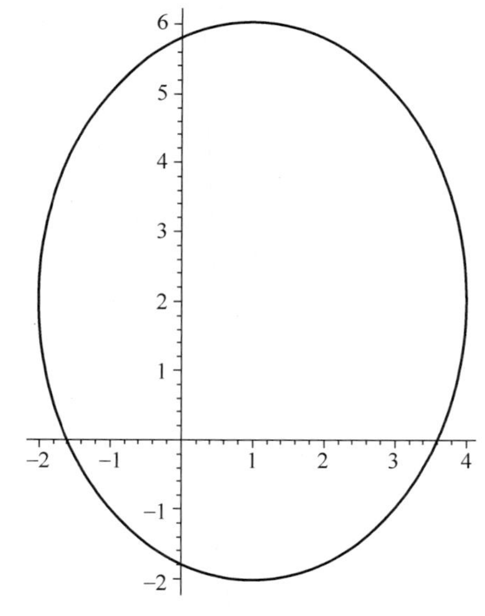

图 14-9　椭圆

ellipse()函数支持的参数如表 14-16 所示。

表 14-16　ellipse()函数支持的参数

键	值
center	椭圆中心
r1	一个半径
r2	另一个半径
angle	和 r1 相关的水平面和轴线之间的角度
** options	透传的其他键-值对参数

其中，options 的可选参数如表 14-17 所示。

表 14-17 options 的可选参数

键	值	键	值
alpha	透明度	facecolor	表面颜色
fill	是否填充	rgbcolor	颜色
thickness	笔画的粗细	legend_label	图例文字
linestyle	线型	legend_color	图例颜色
edgecolor	边缘颜色		

14.2.6 双曲弧线

调用 hyperbolic_arc()函数可以绘制双曲弧线。

绘制从 0 到 1 的双曲弧线，代码如下：

```
sage: hyperbolic_arc(0, 1)
Launched png viewer for Graphics object consisting of 1 graphics primitive
```

绘制的双曲弧线如图 14-10 所示。

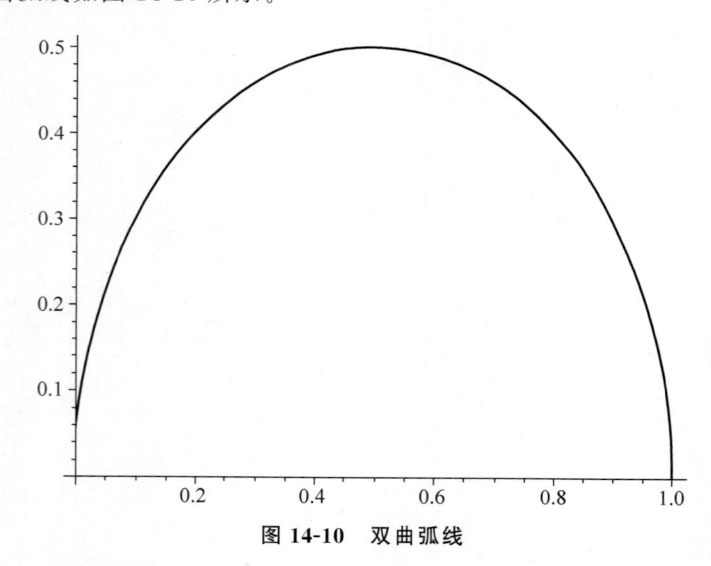

图 14-10 双曲弧线

hyperbolic_arc()函数支持的参数如表 14-18 所示。

表 14-18 hyperbolic_arc()函数支持的参数

键	值
a	第 1 个点
b	第 2 个点
** options	透传的其他键-值对参数

其中,options 的可选参数如表 14-19 所示。

表 14-19 options 的可选参数

键	值	键	值
alpha	透明度	rgbcolor	颜色
thickness	笔画的粗细	linestyle	线型

14.2.7 双曲多边形

调用 hyperbolic_polygon()函数可以绘制双曲多边形。

绘制点为[1,2,3,4,5]的双曲多边形,代码如下:

```
sage: hyperbolic_polygon([1,2,3,4,5])
Launched png viewer for Graphics object consisting of 1 graphics primitive
```

绘制的双曲多边形如图 14-11 所示。

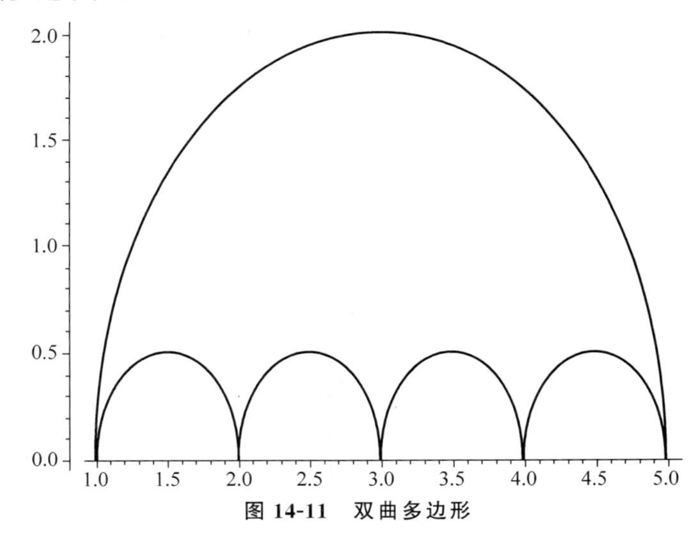

图 14-11 双曲多边形

hyperbolic_polygen()函数支持的参数如表 14-20 所示。

表 14-20 hyperbolic_polygen()函数支持的参数

键	值	键	值
pts	点	** options	透传的其他键-值对参数

其中,options 的可选参数如表 14-21 所示。

表 14-21 options 的可选参数

键	值	键	值
alpha	透明度	rgbcolor	颜色
fill	是否填充	linestyle	线型
thickness	笔画的粗细		

14.2.8 双曲三角形

调用 hyperbolic_triangle()函数可以绘制双曲三角形。

绘制点为 0、I+1 和 I−1 的双曲三角形,代码如下:

```
sage: hyperbolic_triangle(0, I + 1, I - 1)
Launched png viewer for Graphics object consisting of 1 graphics primitive
```

绘制的双曲三角形如图 14-12 所示。

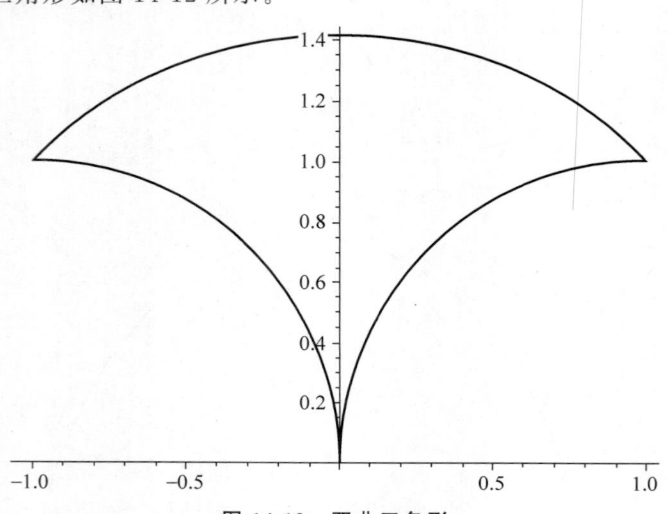

图 14-12 双曲三角形

hyperbolic_triangle()函数支持的参数如表 14-22 所示。

表 14-22 hyperbolic_triangle()函数支持的参数

键	值	键	值
a	第 1 个点	c	第 3 个点
b	第 2 个点	** options	透传的其他键-值对参数

其中,options 的可选参数如表 14-23 所示。

表 14-23 options 的可选参数

键	值	键	值
alpha	透明度	rgbcolor	颜色
fill	是否填充	linestyle	线型
thickness	笔画的粗细		

14.2.9 规则的双曲多边形

调用 hyperbolic_regular_polygon()函数可以绘制规则的双曲多边形。

绘制边数是6、内角为 pi/2 的规则的双曲多边形,代码如下:

```
sage: hyperbolic_regular_polygon(6,pi/2)
Launched png viewer for Graphics object consisting of 1 graphics primitive
```

绘制的双曲多边形如图 14-13 所示。

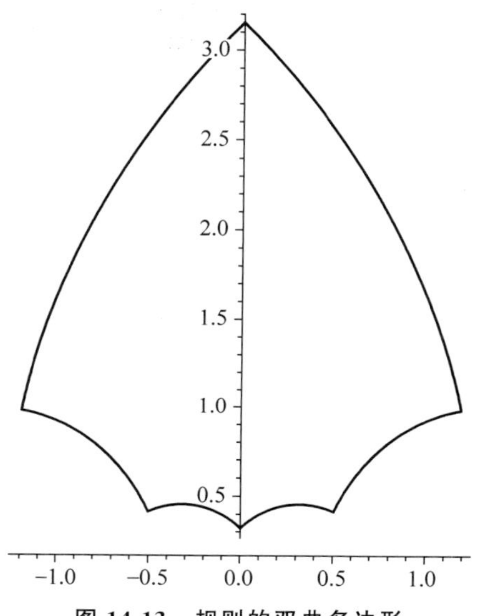

图 14-13 规则的双曲多边形

hyperbolic_regular_polygon()函数支持的参数如表 14-24 所示。

表 14-24 hyperbolic_regular_polygon()函数支持的参数

键	值	键	值
sides	边数	center	多边形的双曲中心点(复数)
i_angle	内角	** options	透传的其他键-值对参数

其中,options 的可选参数如表 14-25 所示。

表 14-25 options 的可选参数

键	值	键	值
alpha	透明度	rgbcolor	颜色
fill	是否填充	linestyle	线型
thickness	笔画的粗细		

14.2.10 直线

调用 line()函数可以绘制直线。line()函数将根据传入的参数自动判断绘制二维版本还是绘制三维版本,代码如下:

```
sage: a = line([(1,2), (3,4)])
sage: a
Launched png viewer for Graphics object consisting of 1 graphics primitive
```

调用 line2d()函数可以绘制二维直线。

绘制一个过点(1,2)和(3,4)的二维直线,代码如下:

```
sage: a = line2d([(1,2), (3,4)])
sage: a
Launched png viewer for Graphics object consisting of 1 graphics primitive
```

绘制的二维直线如图 14-14 所示。

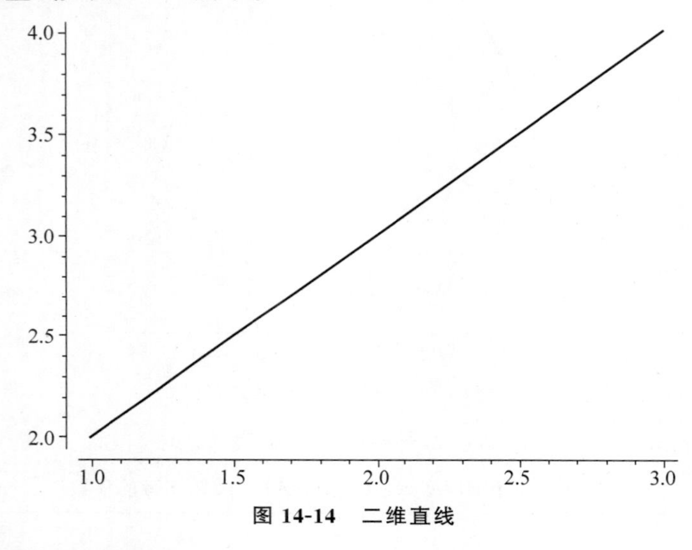

图 14-14 二维直线

line2d()函数支持的参数如表 14-26 所示。

表 14-26 line2d()函数支持的参数

键	值
points	点、点的列表、复数点或复数点的列表
** options	透传的其他键-值对参数

其中,options 的可选参数如表 14-27 所示。

表 14-27 options 的可选参数

键	值	键	值
alpha	透明度	hue	色调
thickness	笔画的粗细	legend_color	图例颜色
rgbcolor	颜色	legend_label	图例文字

调用 line3d()函数可以绘制三维直线。

绘制一个点为(1,2,3)和(4,5,6)的三维直线,代码如下:

```
sage: a = line3d([(1,2,3), (4,5,6)])
sage: a
Launched html viewer for Graphics3d Object
```

绘制的三维直线如图 14-15 所示。

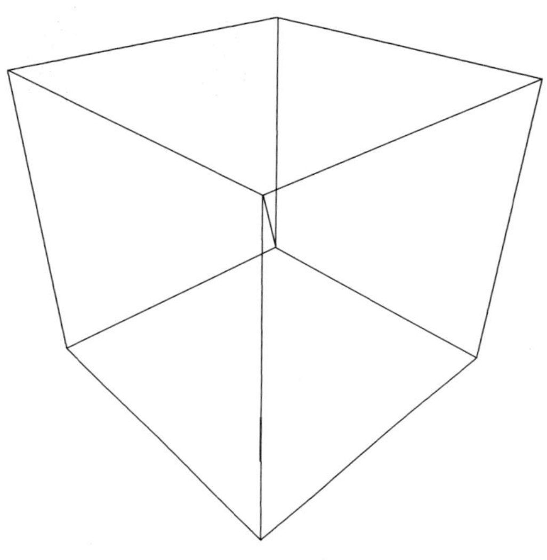

图 14-15　三维直线

line3d()函数支持的参数如表 14-28 所示。

表 14-28　line3d()函数支持的参数

键	值
points	点、点的列表、复数点或复数点的列表
thickness	笔画的粗细
radius	半径
arrow_head	是否绘制箭头
** options	透传的其他键-值对参数

其中，options 的可选参数如表 14-29 所示。

表 14-29　options 的可选参数

键	值	键	值
color	颜色	opacity	透明度

14.2.11　点

调用 point()函数可以绘制点。point()函数将根据传入的参数自动判断绘制二维版本还是绘制三维版本，代码如下：

```
sage: point((1,2))
Launched png viewer for Graphics object consisting of 1 graphics primitive
```

调用 point2d()函数可以绘制二维点。

绘制一个二维点(1,2),代码如下：

```
sage: point2d((1,2))
Launched png viewer for Graphics object consisting of 1 graphics primitive
```

绘制的二维点如图 14-16 所示。

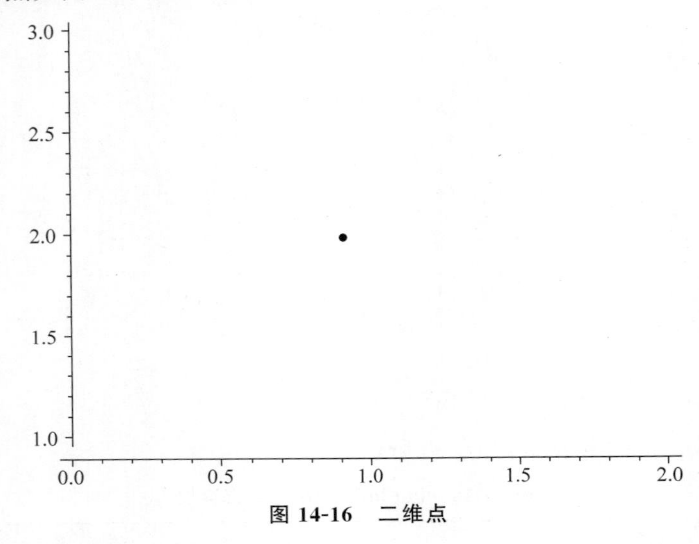

图 14-16 二维点

point2d()函数支持的参数如表 14-30 所示。

表 14-30 point2d()函数支持的参数

键	值	键	值
points	点的列表	** options	透传的其他键-值对参数

其中,options 的可选参数如表 14-31 所示。

表 14-31 options 的可选参数

键	值	键	值
alpha	透明度	marker	点标记
faceted	是否为点的边缘上色	markeredgecolor	点标记的边缘颜色
hue	色调	rgbcolor	同 color
legend_color	图例的颜色	zorder	在哪一层绘制
legend_label	图例文字		

调用 point3d()函数可以绘制三维点。point3d()函数的参数如表 14-32 所示。

绘制一个点(1,2,3),代码如下：

```
sage: point3d((1,2,3))
Launched html viewer for Graphics3d Object
```

绘制的三维点如图 14-17 所示。

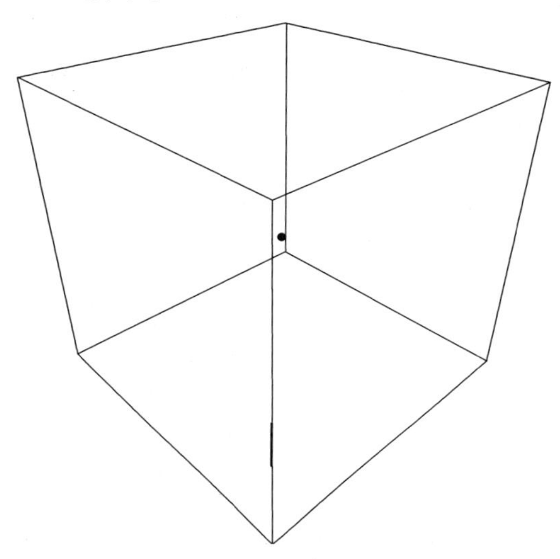

图 14-17 三维点

point3d()函数支持的参数如表 14-32 所示。

表 14-32 point3d()函数支持的参数

键	值	键	值
v	点或点的列表	** options	透传的其他键-值对参数
size	大小		

其中,options 的可选参数如表 14-33 所示。

表 14-33 options 的可选参数

键	值	键	值
color	颜色	opacity	透明度

14.2.12 多边形

调用 polygon()函数可以绘制多边形。

polygon()函数将根据传入的参数自动判断绘制二维版本还是绘制三维版本,代码如下:

```
sage: polygon([(1,2), (4,3), (5,6)])
Launched png viewer for Graphics object consisting of 1 graphics primitive
```

调用 polygon2d()函数可以绘制二维多边形。

绘制一个顶点为(1,2)、(4,3)和(5,6)的多边形,代码如下:

```
sage: polygon2d([(1,2), (4,3), (5,6)])
Launched png viewer for Graphics object consisting of 1 graphics primitive
```

绘制的二维多边形如图 14-18 所示。

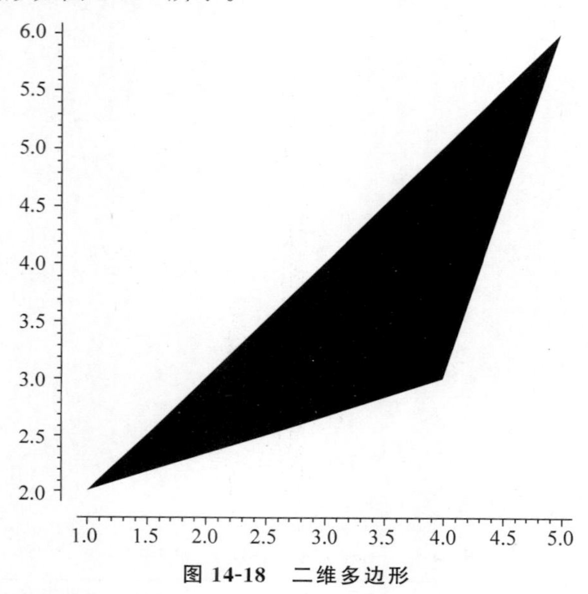

图 14-18 二维多边形

polygon2d()函数支持的参数如表 14-34 所示。

表 14-34 polygon2d()函数支持的参数

键	值	键	值
points	顶点	** options	透传的其他键-值对参数

其中,options 的可选参数如表 14-35 所示。

表 14-35 options 的可选参数

键	值	键	值
alpha	透明度	legend_color	图例的颜色
thickness	笔画的粗细	rgbcolor	同 color
edgecolor	边缘颜色	size	大小
fill	是否填充	zorder	在哪一层绘制
legend_label	图例文字		

调用 polygon3d()函数可以绘制三维多边形。

绘制一个顶点为(1,2,3)、(6,5,4)和(7,8,9)的多边形,代码如下:

```
sage: polygon3d([(1,2,3), (6,5,4), (7,8,9)])
Launched html viewer for Graphics3d Object
```

绘制的三维多边形如图 14-19 所示。

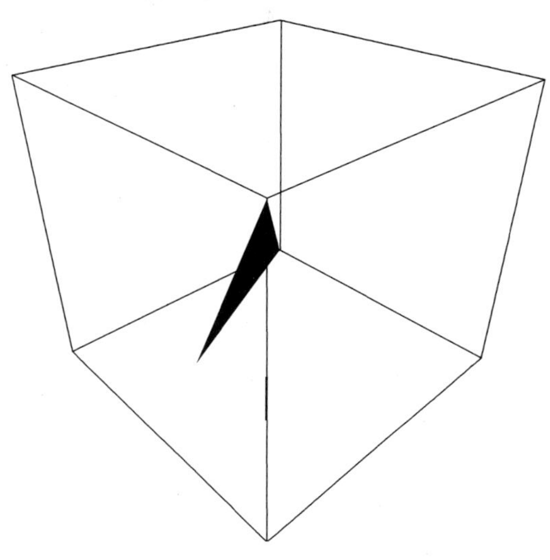

图 14-19 三维多边形

polygon3d()函数支持的参数如表 14-36 所示。

表 14-36 polygon3d()函数支持的参数

键	值
points	顶点
** options	透传的其他键-值对参数

调用 polygons3d()函数可以绘制多个三维多边形。

绘制多个面为[[0,1,2],[1,2,3]]且顶点为(−1,−2,−3)、(6,5,4)、(7,8,9)、(12,11,10)的多边形,代码如下:

```
sage: polygons3d([[0,1,2],[1,2,3]],[(-1,-2,-3), (6,5,4), (7,8,9), (12,11,10)])
Launched html viewer for Graphics3d Object
```

绘制的多个三维多边形如图 14-20 所示。

polygons3d()函数支持的参数如表 14-37 所示。

表 14-37 polygons3d()函数支持的参数

键	值
faces	面
points	顶点
** options	透传的其他键-值对参数

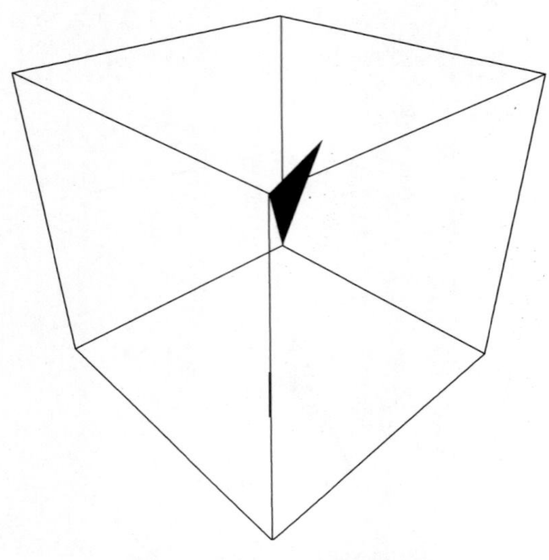

图 14-20　多个三维多边形

14.3　颜色

SageMath 主要用十六进制的色值来创建或指定颜色。创建颜色 # 123456 的代码如下：

```
sage: a = Color('#123456')
sage: a
RGB color (0.07058823529411765, 0.20392156862745098, 0.33725490196078434)
```

绘制一个圆弧，将颜色指定为 # 123456 的代码如下：

```
sage: arc((1,2),3,4,pi/2,(5,pi), color = '#123456')
Launched png viewer for Graphics object consisting of 1 graphics primitive
```

绘制的 # 123456 颜色的圆弧如图 14-21 所示。

此外，SageMath 内置了很多常用颜色，这些常用颜色使用字符串表示，一般为这些常用颜色的英文名，每个字符串对应一个色值。在使用常用颜色时，可以直接创建或指定字符串，不必写出色值。

创建紫色(purple)的代码如下：

```
sage: b = Color('purple')
sage: b
RGB color (0.5019607843137255, 0.0, 0.5019607843137255)
```

绘制一个圆弧，将颜色指定为紫色的代码如下：

```
sage: arc((1,2),3,4,pi/2,(5,pi), color = 'purple')
Launched png viewer for Graphics object consisting of 1 graphics primitive
```

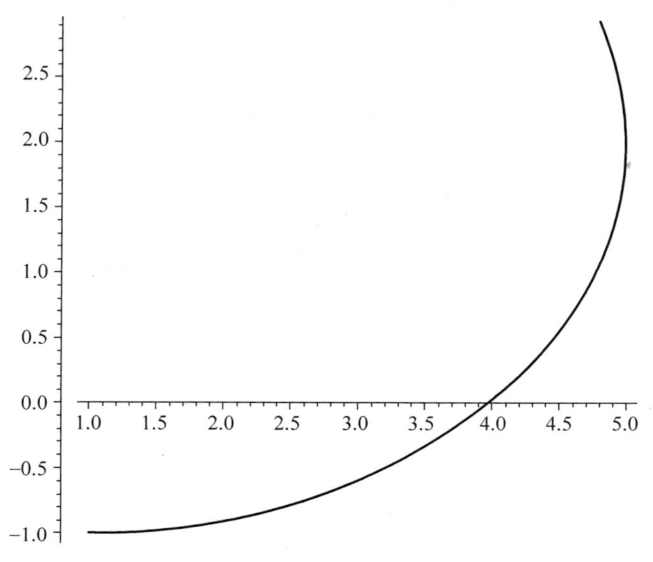

图 14-21　＃123456 颜色的圆弧

绘制的紫色圆弧如图 14-22 所示。

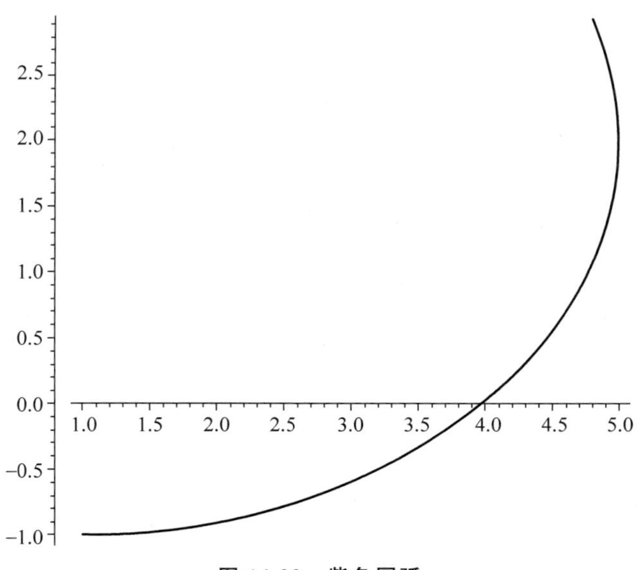

图 14-22　紫色圆弧

颜色的比较规则如下：

```
sage: a == b
False
sage: a!= b
True
```

颜色支持的符号运算。

（1）加法的代码如下：

```
sage: a + b
RGB color (0.25098039215686274, 0.25098039215686274, 0.25098039215686274)
```

（2）标量乘法的代码如下：

```
sage: a * 20
RGB color (0.039215686274509665, 0.0, 0.039215686274509665)
```

（3）标量除法的代码如下：

```
sage: a/20
RGB color (0.025098039215686277, 0.0, 0.025098039215686277)
```

（4）下标索引，用于索引红色（第0个）、绿色（第1个）或蓝色（第2个）分量，代码如下：

```
sage: a[0]
0.5019607843137255
sage: a[1]
0.0
sage: a[2]
0.5019607843137255
```

blend()函数用于混合颜色，代码如下：

```
sage: a.blend(b)
RGB color (0.28627450980392155, 0.10196078431372549, 0.4196078431372549)
```

rgb()函数用于返回此颜色的基础红、绿、蓝（RGB）坐标，代码如下：

```
sage: a.rgb()
(0.07058823529411765, 0.20392156862745098, 0.33725490196078434)
```

hls()函数用于返回此颜色的色相亮度饱和度（HLS）坐标，代码如下：

```
sage: a.hls()
(0.5833333333333334, 0.20392156862745098, 0.653846153846154)
```

hsl()函数用于返回此颜色的色相饱和度亮度（HSL）坐标，代码如下：

```
sage: a.hsl()
(0.5833333333333334, 0.653846153846154, 0.20392156862745098)
```

hsv()函数用于返回此颜色的色相饱和度明度（HSV）坐标，代码如下：

```
sage: a.hsv()
(0.5833333333333334, 0.7906976744186047, 0.33725490196078434)
```

html_color()函数用于返回此颜色的HTML十六进制表示形式，代码如下：

```
sage: a.html_color()
'#123456'
```

lighter()函数用于将颜色与白色混合，返回较浅的颜色，代码如下：

```
sage: a.lighter()
RGB color (0.3803921568627451, 0.469281045751634, 0.5581699346405229)
```

darker()函数用于将颜色与黑色混合，返回较深的颜色，代码如下：

```
sage: a.darker()
RGB color (0.04705882352941177, 0.13594771241830067, 0.22483660130718958)
```

int()函数用于返回颜色的整数表示形式，代码如下：

```
sage: int(a)
1193046
```

SageMath 的内置颜色如表 14-38 所示。

表 14-38 SageMath 的内置颜色

字　符　串	含　　义	色　　值
automatic	自动	#add8e6
aliceblue	爱丽丝蓝	#f0f8ff
antiquewhite	古董白	#faebd7
aqua	青色	#00ffff
aquamarine	碧蓝色	#7fffd4
azure	Azure	#f0ffff
beige	米色	#f5f5dc
bisque	陶坯黄	#ffe4c4
black	黑色	#000000
blanchedalmond	杏仁白	#ffebcd
blue	蓝色	#0000ff
blueviolet	蓝紫	#8a2be2
brown	褐色	#a52a2a
burlywood	硬木色	#deb887
cadetblue	军服蓝	#5f9ea0
chartreuse	查特酒绿	#7fff00
chocolate	巧克力色	#d2691e
coral	珊瑚红	#ff7f50
cornflowerblue	矢车菊蓝	#6495ed
cornsilk	玉米丝色	#fff8dc
crimson	绯红	#dc143c
cyan	青色	#00ffff
darkblue	暗蓝	#00008b
darkcyan	暗青	#008b8b
darkgoldenrod	暗金菊色	#b8860b
darkgray	暗灰	#a9a9a9
darkgreen	暗绿	#006400
darkgrey	暗灰	#a9a9a9

续表

字符串	含义	色值
darkkhaki	暗卡其色	#bdb76b
darkmagenta	暗洋红	#8b008b
darkolivegreen	暗橄榄绿	#556b2f
darkorange	暗橙	#ff8c00
darkorchid	暗蓝紫	#9932cc
darkred	暗红	#8b0000
darksalmon	暗鲑红	#e9967a
darkseagreen	暗海绿	#8fbc8f
darkslateblue	暗岩蓝	#483d8b
darkslategray	暗岩灰	#2f4f4f
darkslategrey	暗岩灰	#2f4f4f
darkturquoise	暗绿松石色	#00ced1
darkviolet	暗紫	#9400d3
deeppink	深粉红	#ff1493
deepskyblue	深天蓝	#00bfff
dimgray	昏灰	#696969
dimgrey	昏灰	#696969
dodgerblue	道奇蓝	#1e90ff
firebrick	耐火砖红	#b22222
floralwhite	花卉白	#fffaf0
forestgreen	森林绿	#228b22
fuchsia	品红	#ff00ff
gainsboro	庚斯博罗灰	#dcdcdc
ghostwhite	幽灵白	#f8f8ff
gold	金色	#ffd700
goldenrod	金菊色	#daa520
gray	灰色	#808080
green	绿色	#008000
greenyellow	绿黄	#adff2f
grey	灰色	#808080
honeydew	蜜瓜绿	#f0fff0
hotpink	暖粉红	#ff69b4
indianred	印度红	#cd5c5c
indigo	靛色	#4b0082
ivory	象牙色	#fffff0
khaki	亮卡其色	#f0e68c
lavender	薰衣草色	#e6e6fa
lavenderblush	薰衣草紫红	#fff0f5
lawngreen	草坪绿	#7cfc00
lemonchiffon	柠檬绸色	#fffacd

续表

字 符 串	含 义	色 值
lightblue	亮蓝	#add8e6
lightcoral	亮珊瑚色	#f08080
lightcyan	亮青	#e0ffff
lightgoldenrodyellow	亮金菊黄	#fafad2
lightgray	亮灰色	#d3d3d3
lightgreen	亮绿	#90ee90
lightgrey	亮灰色	#d3d3d3
lightpink	亮粉红	#ffb6c1
lightsalmon	亮鲑红	#ffa07a
lightseagreen	亮海绿	#20b2aa
lightskyblue	亮天蓝	#87cefa
lightslategray	亮岩灰	#778899
lightslategrey	亮岩灰	#778899
lightsteelblue	亮钢蓝	#b0c4de
lightyellow	亮黄	#ffffe0
lime	鲜绿色	#00ff00
limegreen	柠檬绿	#32cd32
linen	亚麻色	#faf0e6
magenta	洋红	#ff00ff
maroon	栗色	#800000
mediumaquamarine	中碧蓝色	#66cdaa
mediumblue	中蓝	#0000cd
mediumorchid	中蓝紫	#ba55d3
mediumpurple	中紫红	#9370db
mediumseagreen	中海绿	#3cb371
mediumslateblue	中岩蓝	#7b68ee
mediumspringgreen	中春绿色	#00fa9a
mediumturquoise	中绿松石色	#48d1cc
mediumvioletred	中青紫红	#c71585
midnightblue	午夜蓝	#191970
mintcream	薄荷奶油色	#f5fffa
mistyrose	雾玫瑰色	#ffe4e1
moccasin	鹿皮鞋色	#ffe4b5
navajowhite	纳瓦霍白	#ffdead
navy	藏青	#000080
oldlace	旧蕾丝色	#fdf5e6
olive	橄榄色	#808000
olivedrab	橄榄军服绿	#6b8e23
orange	橙色	#ffa500
orangered	橙红	#ff4500

续表

字 符 串	含 义	色 值
orchid	蓝紫	#da70d6
palegoldenrod	灰金菊色	#eee8aa
palegreen	灰绿色	#98fb98
paleturquoise	灰绿松石色	#afeeee
palevioletred	灰紫红	#db7093
papayawhip	番木瓜色	#ffefd5
peachpuff	粉扑桃色	#ffdab9
peru	秘鲁色	#cd853f
pink	粉色	#ffc0cb
plum	梅红色	#dda0dd
powderblue	婴儿粉蓝	#b0e0e6
purple	紫色	#800080
red	红色	#ff0000
rosybrown	玫瑰褐	#bc8f8f
royalblue	皇室蓝	#4169e1
saddlebrown	鞍褐	#8b4513
salmon	鲑红	#fa8072
sandybrown	沙褐	#f4a460
seagreen	海绿	#2e8b57
seashell	海贝色	#fff5ee
sienna	赭黄	#a0522d
silver	银色	#c0c0c0
skyblue	天蓝	#87ceeb
slateblue	岩蓝	#6a5acd
slategray	岩灰	#708090
slategrey	岩灰	#708090
snow	雪色	#fffafa
springgreen	春绿色	#00ff7f
steelblue	钢青色	#4682b4
tan	日晒色	#d2b48c
teal	鸭绿色	#008080
thistle	蓟紫	#d8bfd8
tomato	番茄红	#ff6347
turquoise	Turquoise	#40e0d0
violet	亮紫	#ee82ee
wheat	小麦色	#f5deb3
white	白色	#ffffff
whitesmoke	白烟色	#f5f5f5
yellow	黄色	#ffff00
yellowgreen	黄绿	#9acd32

14.4　点标记

在涉及点的绘图中可以指定不同的点标记。绘制一个点(1,2),将点标记指定为 * 的代码如下：

```
sage: point((1,2), marker = '*')
Launched png viewer for Graphics object consisting of 1 graphics primitive
```

绘制一个函数,将点标记指定为 * 的代码如下：

```
sage: plot(lambda z: z^2 - 1, - 2, 2, marker = '*')
Launched png viewer for Graphics object consisting of 1 graphics primitive
```

绘制的点标记为 * 的函数如图 14-23 所示。

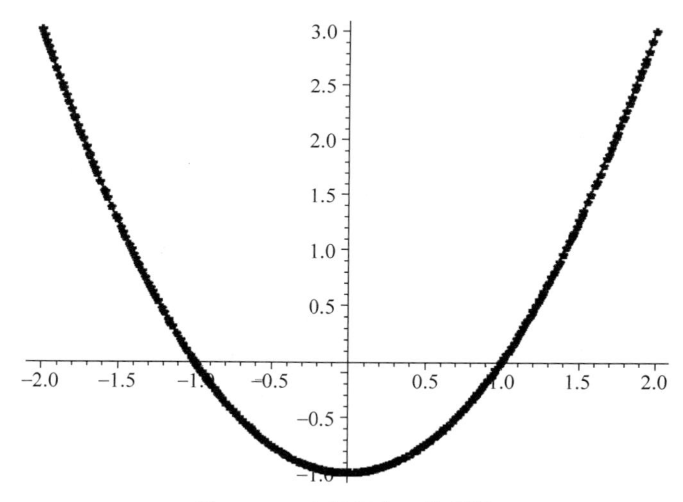

图 14-23　点标记为 * 的函数

点标记的取值如表 14-39 所示。

表 14-39　点标记的取值

点　标　记	含　　义
None、空字符串或空格	默认点标记
,	像素
.	点
_	横线
|	点竖线
o	圆圈
p	五角形

续表

点 标 记	含 义
s	正方形
x	x
+	+
*	五角星
D	钻石形
d	瘦的
H	六边形
h	另一种六边形
<	向左的三角形
>	向右的三角形
^	向上的三角形
v	向下的三角形
"1"	向下的人字形
"2"	向上的人字形
"3"	向左的人字形
"4"	向右的人字形
"5"	八边形
0	向左的记号
1	向右的记号
2	向上的记号
3	向下的记号
4	向左的^符号
5	向右的^符号
6	向上的^符号
7	向下的^符号

此外,可以使用 TeX 字符串作为点标记,例如'a_b^c'。也可以使用自定义点标记,形如(numsides, style, angle),其中 numsides 代表边数,当 style 为 0 时代表一般的多边形,当 style 为 1 时代表五角星,当 style 为 2 时代表星形,当 style 为 3 时代表圆形,angle 代表旋转角度。

14.5 线型

在涉及线的绘图中可以指定不同的线型。绘制一个圆弧,将线型指定为 dashed 的代码如下:

```
sage: arc((1,2),3,4,pi/2,(5,pi), linestyle = 'dashed')
Launched png viewer for Graphics object consisting of 1 graphics primitive
```

绘制的线型为 dashed 的圆弧如图 14-24 所示。

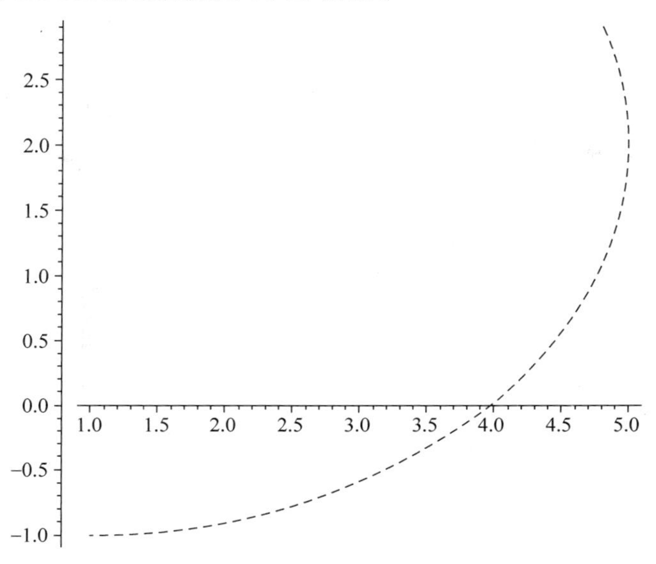

图 14-24 线型为 dashed 的圆弧

线型的取值如表 14-40 所示。

表 14-40 线型的取值

线　型	含　义	线　型	含　义
dashed	画线	--	画线
dotted	点线	:	点线
solid	实线	-	实线
dashdot	点画线	-.	点画线

14.6 函数图像

调用 plot()函数可以绘制二维函数图像。

绘制函数 z^2-1,代码如下：

```
sage: plot(lambda z: z^2 - 1, - 2, 2)
Launched png viewer for Graphics object consisting of 1 graphics primitive
```

绘制的二维函数图像如图 14-25 所示。

plot()函数支持的参数如表 14-41 所示。

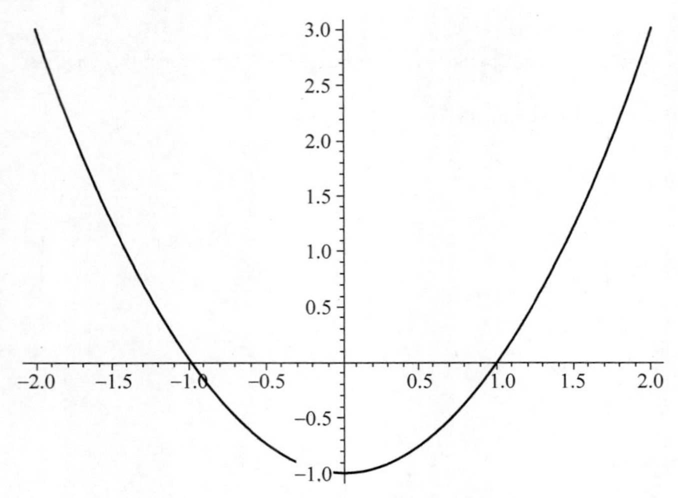

图 14-25　二维函数图像

表 14-41　plot()函数支持的参数

键	值	键	值
funcs	函数	** kwds	透传的其他键-值对参数

其中，kwds 的可选参数如表 14-42 所示。

表 14-42　kwds 的可选参数

键	值
plot_points	绘制的点
adaptive_recursion	在进行自适应细化时，在放弃之前要进行什么级别的递归； 0 代表禁用自适应细化
adaptive_tolerance	自适应细化的容差
base	对数坐标系的底
scale	坐标轴的比例尺； 可选 linear(线性坐标系)； 可选 loglog(对数坐标系)； 可选 semilogx(x 轴为对数坐标系，y 轴为线性坐标系)； 可选 semilogy(x 轴为线性坐标系，y 轴为对数坐标系)
xmin	x 轴范围的最小值
xmax	x 轴范围的最大值
ymin	y 轴范围的最小值
ymax	y 轴范围的最大值
detect_poles	是否检测极点； 如果不检测极点，则绘制垂直渐近线
legend_label	图例文字

续表

键	值
color	颜色
legend_color	图例的颜色
fillcolor	填充颜色
alpha	透明度
thickness	笔画的粗细
rgbcolor	同 color
hue	色调
linestyle	线型
marker	点标记
markersize	点标记的大小
markeredgecolor	点标记的边缘颜色
markerfacecolor	点标记的填充颜色
markeredgewidth	点标记的边缘宽度
Excelude	在绘图时排除的值
fill	填充
fillalpha	填充透明度
stylesheet	用于加载完整的 Matplotlib 样式表

调用 plot3d()函数可以绘制三维函数图像。

绘制函数 x^2+y^2,x 坐标的范围是(1,2),y 坐标的范围是(3,4),代码如下:

```
sage: plot3d(lambda x, y: x^2 + y^2, (1,2), (3,4))
Launched html viewer for Graphics3d Object
```

绘制的三维函数图像如图 14-26 所示。

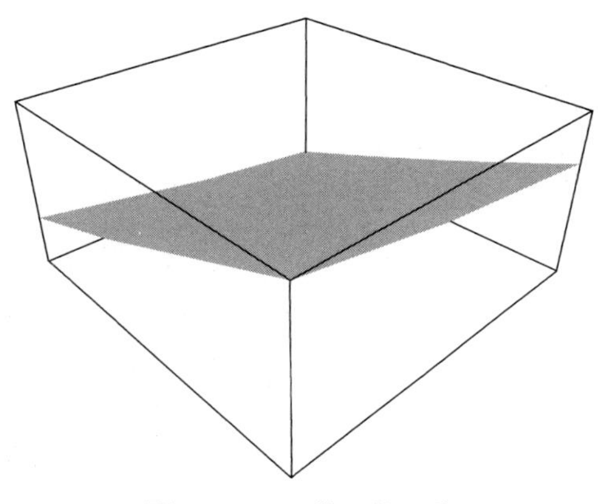

图 14-26　三维函数图像

plot3d()函数支持的参数如表 14-43 所示。

表 14-43　plot3d()函数支持的参数

键	值
f	函数或符号表达式
urange	U 坐标的范围
vrange	V 坐标的范围
adaptive	是否启用自适应优化
transformation	进行坐标变换的变换矩阵； 前 3 个分量是 x、y、z 方向的变换函数，第 4 个分量可选，用于指定自变量
** kwds	透传的其他键-值对参数

其中，kwds 的可选参数如表 14-44 所示。

表 14-44　kwds 的可选参数

键	值
mesh	是否显示网格线
dots	是否在网格的格点处显示点
plot_points	绘制几个点

14.6.1　复数域中的函数图像

调用 complex_plot()函数可以在复数域绘制函数图像。

绘制函数 z^2-1，代码如下：

```
sage: complex_plot(lambda z: z^2 - 1, ( - 2, 2), ( - 2, 2))
Launched png viewer for Graphics object consisting of 1 graphics primitive
```

在复数域绘制的函数图像如图 14-27 所示。

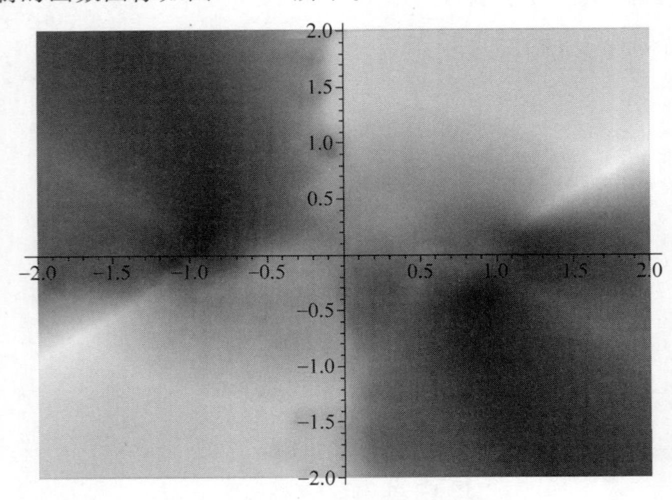

图 14-27　在复数域绘制的函数图像

complex_plot()函数支持的参数如表 14-45 所示。

表 14-45 complex_plot()函数支持的参数

键	值
f	函数
x_range	x 坐标的范围，格式是(xmin, xmax)或(x, xmin, xmax)
y_range	y 坐标的范围，格式是(ymin, ymax)或(y, ymin, ymax)
** options	透传的其他键-值对参数

其中，options 的可选参数如表 14-46 所示。

表 14-46 options 的可选参数

键	值
plot_points	绘制几个点
interpolation	插值方式； 可选 bilinear、bicubic、spline16、spline36、quadric、gaussian、sinc、bessel、mitchell、lanczos、catrom、hermite、hanning、hamming 或 kaiser

14.6.2 隐函数图像

调用 implicit_plot()函数可以绘制隐函数图像。implicit_plot()函数的参数如表 14-47 所示。

绘制函数 x^3+y^2-1，x 坐标的范围是(−10,2)，y 坐标的范围是(−3,4)，代码如下：

```
sage: x,y = var('x,y')
sage: implicit_plot(x^3 + y^2 - 1, (x, - 10,2), (y, - 3,4))
Launched png viewer for Graphics object consisting of 1 graphics primitive
```

绘制的隐函数图像如图 14-28 所示。

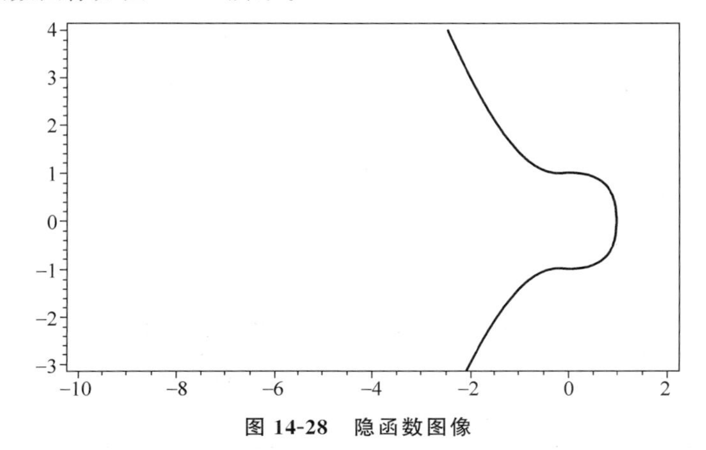

图 14-28 隐函数图像

implicit_plot()函数支持的参数如表 14-47 所示。

表 14-47 implicit_plot()函数支持的参数

键	值
f	一个两变量的函数
xrange	x 坐标的范围，格式是(xmin，xmax)或(x，xmin，xmax)
yrange	y 坐标的范围，格式是(ymin，ymax)或(y，ymin，ymax)
** options	透传的其他键-值对参数

其中，options 的可选参数如表 14-48 所示。

表 14-48 options 的可选参数

键	值
plot_points	绘制几个点
fill	是否填充
fillcolor	填充颜色
linewidth	线宽
linestyle	线型
color	颜色
legend_label	图例的标签
base	对数坐标系的底
scale	坐标轴的比例尺； 可选 linear(线性坐标系)； 可选 loglog(对数坐标系)； 可选 semilogx(x 轴为对数坐标系，y 轴为线性坐标系)； 可选 semilogy(x 轴为线性坐标系，y 轴为对数坐标系)

14.6.3 参数化的二维图像

调用 parametric_plot()函数可以绘制参数化的二维图像。

绘制函数((cos(t)，sin(t))，t 的范围是(0，2 * pi)，代码如下：

```
sage: t = var('t')
sage: parametric_plot((cos(t), sin(t)), (t, 0, 2 * pi))
Graphics object consisting of 1 graphics primitive
```

绘制的参数化的二维图像如图 14-29 所示。

parametric_plot()函数支持的参数如表 14-49 所示。

表 14-49 parametric_plot()函数支持的参数

键	值	键	值
funcs	函数	** kwargs	透传的其他键-值对参数

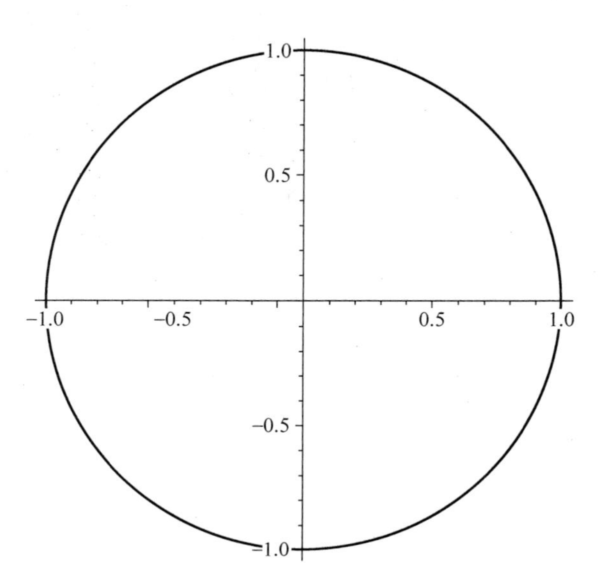

图 14-29 参数化的二维图像

调用 parametric_plot3d()函数可以绘制参数化的三维图像。

绘制函数((cos(t), sin(t), sin(t) * cos(t)),t 的范围是(0,2 * pi),代码如下:

```
sage: t = var('t')
sage: parametric_plot3d((cos(t), sin(t), sin(t) * cos(t)), (t, 0, 2 * pi))
Graphics object consisting of 1 graphics primitive
```

绘制的参数化的三维图像如图 14-30 所示。

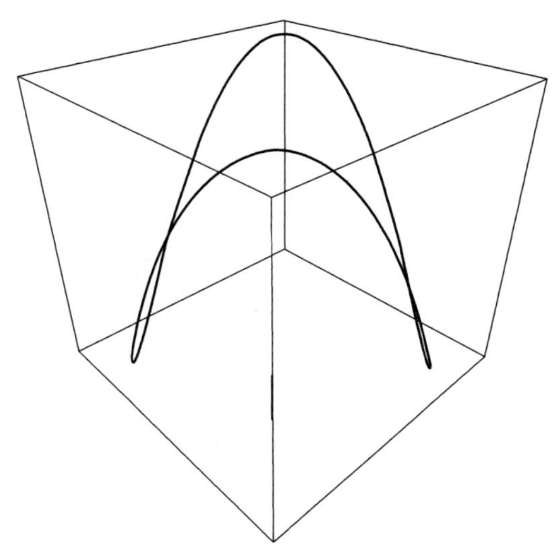

图 14-30 参数化的三维图像

parametric_plot3d()函数支持的参数如表 14-50 所示。

表 14-50　parametric_plot3d()函数支持的参数

键	值
f	函数
urange	U 坐标的范围
vrange	V 坐标的范围
plot_points	绘制几个点
boundary_style	边界的样式
mesh	是否显示网格线
dots	是否在网格的格点处显示点
** kwargs	透传的其他键-值对参数

14.6.4　极坐标图像

调用 polar_plot()函数可以绘制极坐标图像。

绘制函数 sin(5 * x) ** 2，x 的范围是(0，2 * pi)，代码如下：

```
sage: polar_plot(sin(5 * x) ** 2, (x, 0, 2 * pi))
Launched png viewer for Graphics object consisting of 1 graphics primitive
```

绘制的极坐标图像如图 14-31 所示。

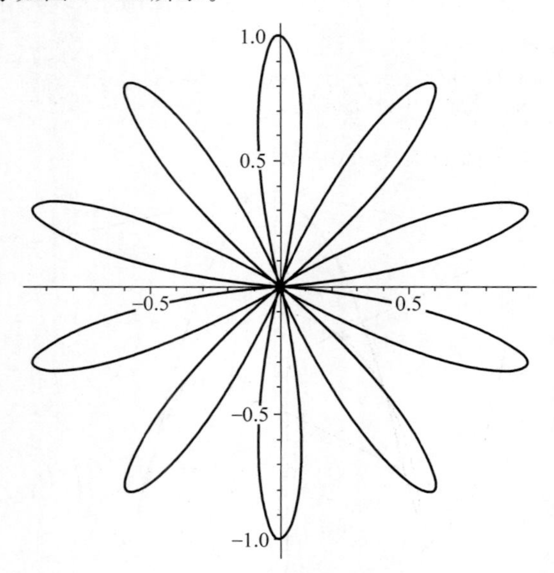

图 14-31　极坐标图像

polar_plot()函数支持的参数如表 14-51 所示。

表 14-51　polar_plot()函数支持的参数

键	值	键	值
funcs	函数	** kwargs	透传的其他键-值对参数

14.6.5 对数坐标系的函数图像

调用 plot_loglog()函数可以绘制对数坐标系之下的函数图像。

将指数函数绘制为图像,x 的范围是(1,10),代码如下:

```
sage: plot_loglog(exp, (1,10))
Launched png viewer for Graphics object consisting of 1 graphics primitive
```

绘制的对数坐标系之下的函数图像如图 14-32 所示。

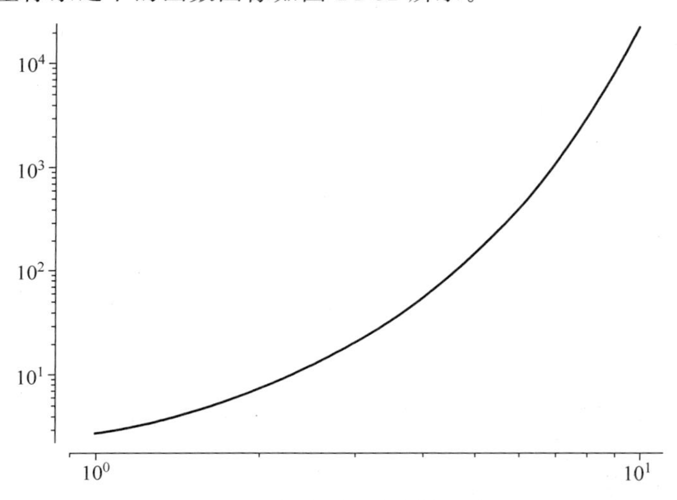

图 14-32 对数坐标系之下的函数图像

plot_loglog()函数支持的参数如表 14-52 所示。

表 14-52 plot_loglog()函数支持的参数

键	值	键	值
funcs	函数	** kwargs	透传的其他键-值对参数

14.6.6 x 轴为对数坐标系,y 轴为线性坐标系的函数图像

调用 plot_semilogx()函数可以绘制 x 轴为对数坐标系,y 轴为线性坐标系之下的函数图像。

将指数函数绘制为图像,x 的范围是(1,10),代码如下:

```
sage: plot_semilogx(exp, (1,10))
Launched png viewer for Graphics object consisting of 1 graphics primitive
```

绘制的 x 轴为对数坐标系,y 轴为线性坐标系之下的函数图像如图 14-33 所示。

plot_semilogx()函数支持的参数如表 14-53 所示。

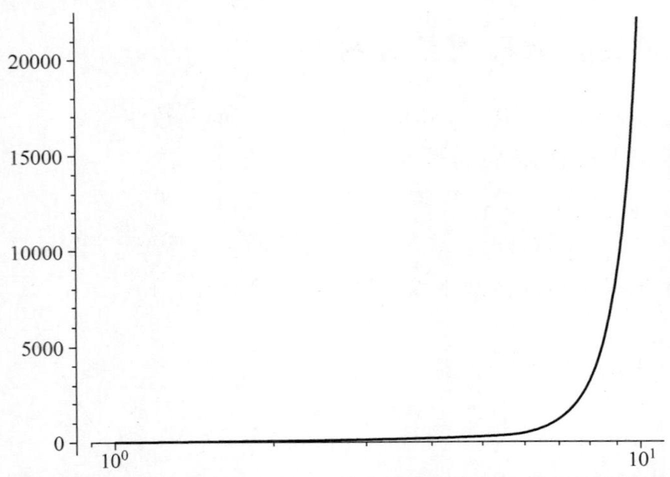

图 14-33　*x* 轴为对数坐标系，*y* 轴为线性坐标系之下的函数图像

表 14-53　plot_semilogx()函数支持的参数

键	值	键	值
funcs	函数	** kwargs	透传的其他键-值对参数

14.6.7　*x* 轴为线性坐标系，*y* 轴为对数坐标系的函数图像

调用 plot_semilogy()函数可以绘制 x 轴为线性坐标系，y 轴为对数坐标系下的图像。将指数函数绘制为图像，x 的范围是(1,10)，代码如下：

```
sage: plot_semilogy(exp, (1,10))
Launched png viewer for Graphics object consisting of 1 graphics primitive
```

绘制的 x 轴为线性坐标系，y 轴为对数坐标系之下的函数图像如图 14-34 所示。

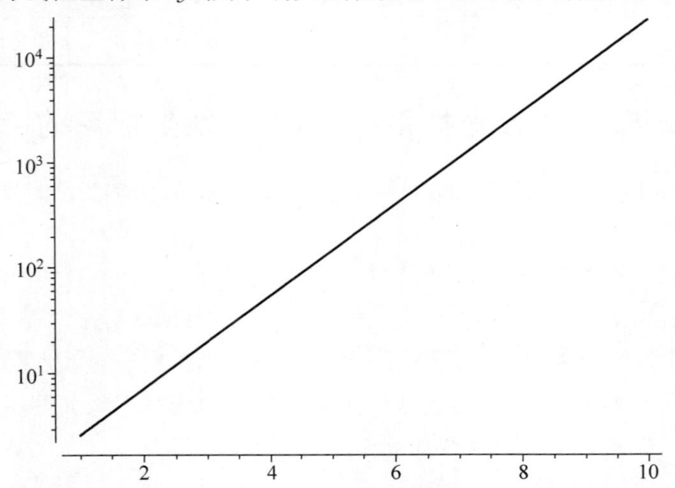

图 14-34　*x* 轴为线性坐标系，*y* 轴为对数坐标系之下的函数图像

plot_semilogy()函数支持的参数如表 14-54 所示。

表 14-54 plot_semilogy()函数支持的参数

键	值	键	值
funcs	函数	** kwargs	透传的其他键-值对参数

14.6.8 球坐标系的三维图像

调用 spherical_plot3d()函数可以在球坐标系之下绘制函数的三维图像。

绘制函数 $x * y$，x 坐标的范围是(1,2)，y 坐标的范围是(3,4)，代码如下：

```
sage: spherical_plot3d(x * y,(x,1,2),(y,3,4))
```

在球坐标系之下绘制的三维图像如图 14-35 所示。

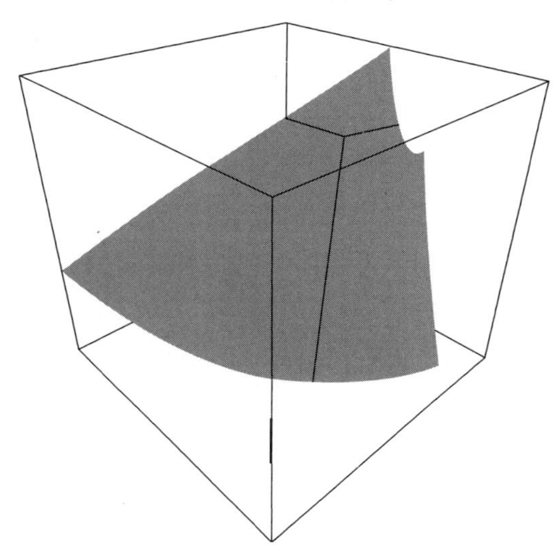

图 14-35 在球坐标系之下绘制的三维图像

spherical_plot3d()函数支持的参数如表 14-55 所示。

表 14-55 spherical_plot3d()函数支持的参数

键	值	键	值
f	函数或符号表达式	vrange	V 坐标的范围
urange	U 坐标的范围	** kwds	透传的其他键-值对参数

14.6.9 柱坐标系的三维图像

调用 cylindrical_plot3d()函数可以在柱坐标系之下绘制函数的三维图像。

绘制函数 theta * z，theta 坐标的范围是(1,2)，z 坐标的范围是(3,4)，代码如下：

```
sage: theta,z = var('theta,z')
sage: cylindrical_plot3d(theta * z,(theta,1,2),(z,3,4))
```

在柱坐标系之下绘制的三维图像如图 14-36 所示。

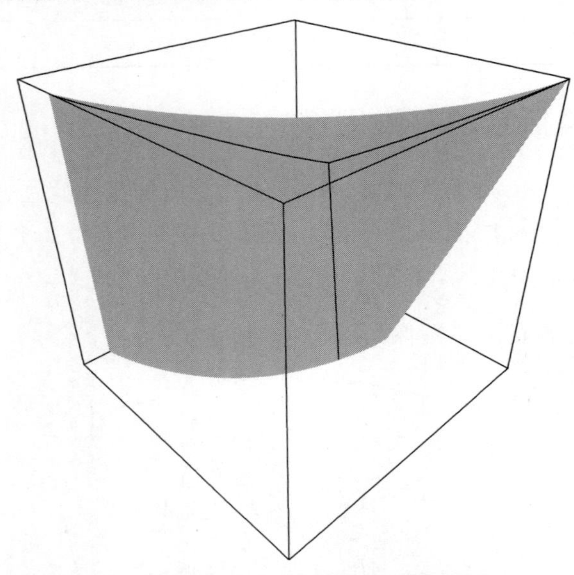

图 14-36　在柱坐标系之下绘制的三维图像

cylindrical_plot3d()函数支持的参数如表 14-56 所示。

表 14-56　cylindrical_plot3d()函数支持的参数

键	值
f	函数或符号表达式
urange	U 坐标的范围
vrange	V 坐标的范围
** kwds	透传的其他键-值对参数

14.6.10　旋转曲线三维图像

调用 revolution_plot3d()函数可以绘制旋转曲线三维图像。

绘制函数 u^2,u 的范围是(0,2),代码如下:

```
sage: u = var('u')
sage: revolution_plot3d(u^2, (u,0,2))
```

绘制的旋转曲线三维图像如图 14-37 所示。

revolution_plot3d()函数支持的参数如表 14-57 所示。

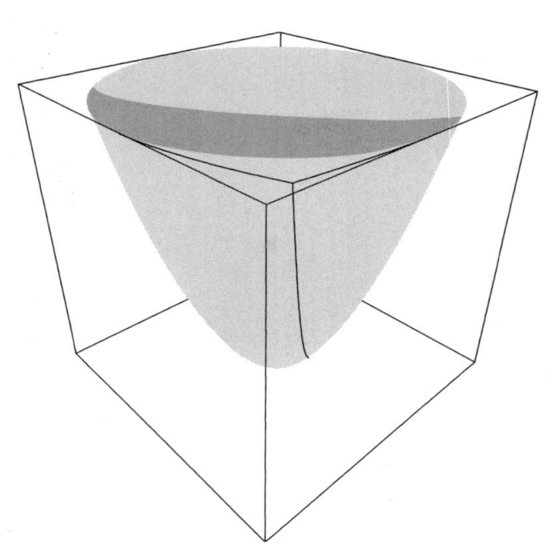

图 14-37 旋转曲线三维图像

表 14-57 revolution_plot3d()函数支持的参数

键	值
curve	曲线
trange	自变量的范围,格式是(t,tmin,tmax)
phirange	仰角的范围,格式是(phimin,phimax)
parallel_axis	指定平行轴的字符串; 可选 x、y 或 z
axis	指定旋转轴位置的二元组; 如果平行轴是 z,则旋转轴就在与 xy 平面相交的点上; 如果平行轴是 x,则旋转轴就在与 yz 平面相交的点上; 如果平行轴是 y,则旋转轴就在与 xz 平面相交的点上
print_vector	是否打印向量
show_curve	是否显示曲线
** kwds	透传的其他键-值对参数

14.7 填充选项

在涉及函数图像的绘图中可以指定不同的填充选项。绘制一个函数,将填充选项指定为 axis 的代码如下:

```
sage: plot(lambda z: z^2 - 1, - 2, 2, fill = 'axis')
Launched png viewer for Graphics object consisting of 1 graphics primitive
```

绘制的填充选项为 axis 的函数如图 14-38 所示。

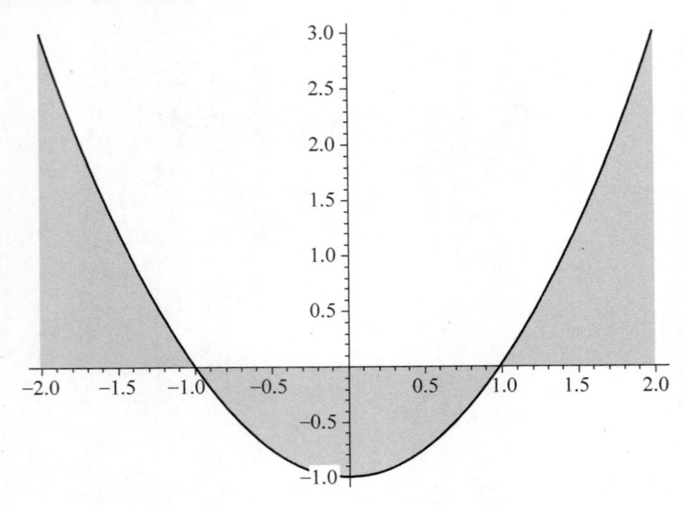

图 14-38　填充选项为 axis 的函数

填充选项的取值如表 14-58 所示。

表 14-58　填充选项的取值

填 充 选 项	含　义
axis 或 True	填充函数图像和 x 轴之间的部分
min	填充函数图像和最小值之间的部分
max	填充函数图像和最大值之间的部分
数字	填充函数图像和这条水平线之间的部分
函数	填充两个函数图像之间的部分
字典	分别指定填充的函数或水平线

14.8　数据图像

调用 list_plot()函数可以将列表中的数据绘制为图像。

将列表[i^2 for i in range(5)]绘制为图像，代码如下：

```
sage: list_plot([i^2 for i in range(5)])
Launched png viewer for Graphics object consisting of 1 graphics primitive
```

绘制的数据图像如图 14-39 所示。

list_plot()函数支持的参数如表 14-59 所示。

表 14-59　list_plot()函数支持的参数

键	值	键	值
data	数据	** kwargs	透传的其他键-值对参数
plotjoined	是否用线将绘制的点连起来		

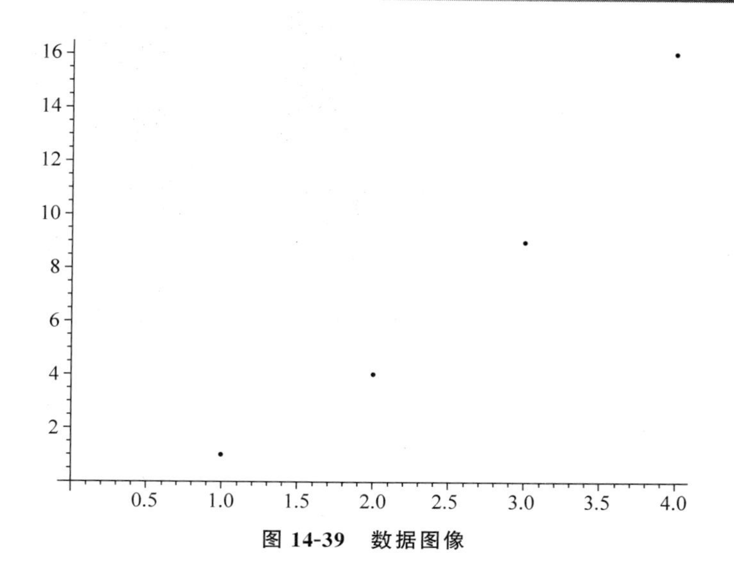

图 14-39　数据图像

14.8.1　对数坐标系的数据图像

调用 list_plot_loglog()函数可以将列表中的数据绘制为对数坐标系下的图像。

将列表[exp(i) for i in range(1,11)]绘制为图像，代码如下：

```
sage: list_plot_loglog([exp(i) for i in range(1,11)])
Launched png viewer for Graphics object consisting of 1 graphics primitive
```

在对数坐标系之下绘制的数据图像如图 14-40 所示。

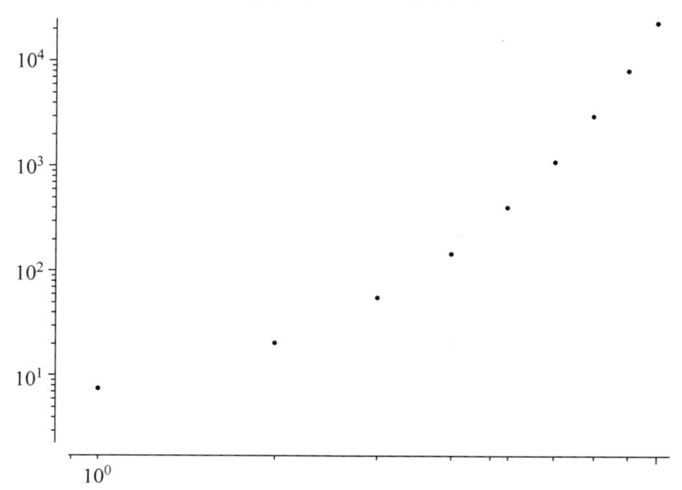

图 14-40　在对数坐标系之下绘制的数据图像

list_plot_loglog()函数支持的参数如表 14-60 所示。

表 14-60 list_plot_loglog()函数支持的参数

键	值	键	值
data	数据	** kwargs	透传的其他键-值对参数
plotjoined	是否用线将绘制的点连起来		

14.8.2 *x* 轴为对数坐标系，*y* 轴为线性坐标系的数据图像

调用 list_plot_semilogx()函数可以将列表中的数据绘制为 x 轴为对数坐标系，y 轴为线性坐标系下的图像。

将列表[exp(i) for i in range(1,11)]绘制为图像，代码如下：

```
sage: list_plot_semilogx([exp(i) for i in range(1,11)])
Launched png viewer for Graphics object consisting of 1 graphics primitive
```

在 x 轴为对数坐标系、y 轴为线性坐标系下绘制的数据图像如图 14-41 所示。

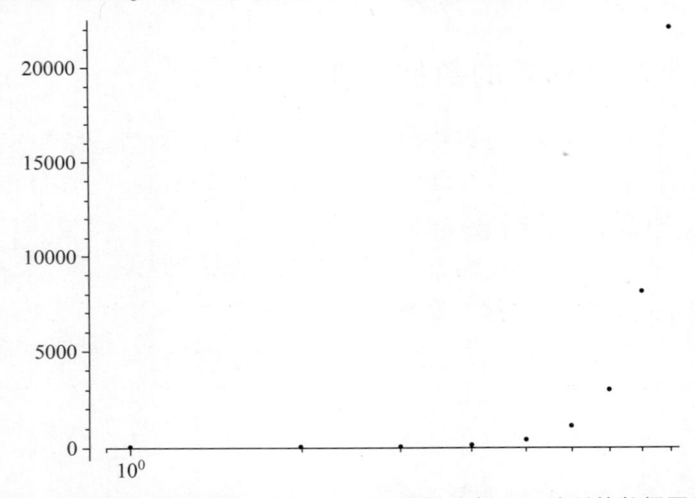

图 14-41 在 x 轴为对数坐标系、y 轴为线性坐标系下绘制的数据图像

list_plot_semilogx()函数支持的参数如表 14-61 所示。

表 14-61 list_plot_semilogx()函数支持的参数

键	值	键	值
data	数据	** kwargs	透传的其他键-值对参数
plotjoined	是否用线将绘制的点连起来		

14.8.3 *x* 轴为线性坐标系，*y* 轴为对数坐标系的数据图像

调用 list_plot_semilogy()函数可以将列表中的数据绘制为 x 轴为线性坐标系，y 轴为对数坐标系下的图像。

将列表[exp(i) for i in range(1,11)]绘制为图像，代码如下：

```
sage: list_plot_semilogy([exp(i) for i in range(1,11)])
Launched png viewer for Graphics object consisting of 1 graphics primitive
```

在 x 轴为线性坐标系、y 轴为对数坐标系下绘制的数据图像如图 14-42 所示。

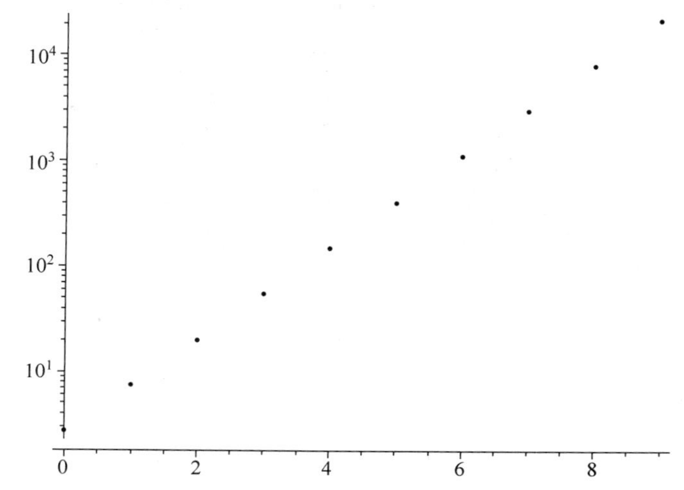

图 14-42　在 x 轴为线性坐标系、y 轴为对数坐标系下绘制的数据图像

list_plot_semilogy()函数支持的参数如表 14-62 所示。

表 14-62　list_plot_semilogy()函数支持的参数

键	值
data	数据
plotjoined	是否用线将绘制的点连起来
** kwargs	透传的其他键-值对参数

14.9　统计图

14.9.1　条形图

调用 bar_chart()函数可以绘制一个条形图。

绘制一个数据为[1,2,3,4]的条形图，代码如下：

```
sage: bar_chart([1,2,3,4])
BarChart defined by a 4 datalist
```

绘制的条形图如图 14-43 所示。

bar_chart()函数支持的参数如表 14-63 所示。

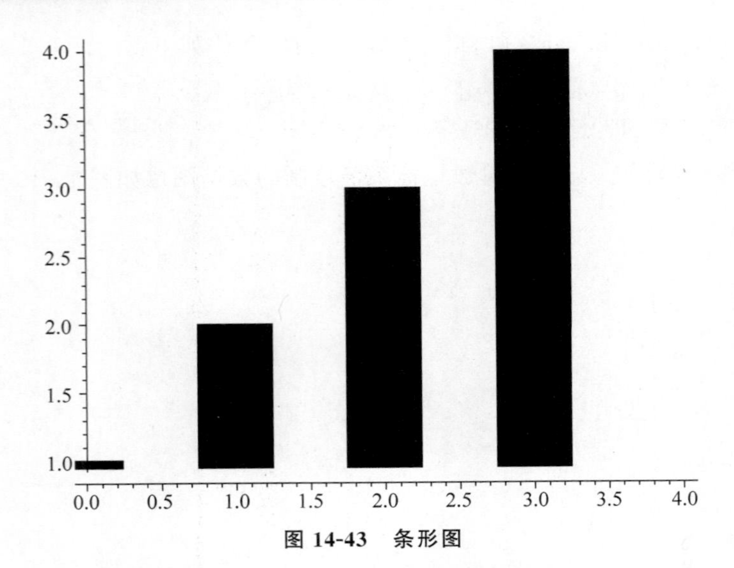

图 14-43　条形图

表 14-63　bar_chart()函数支持的参数

键	值	键	值
datalist	数据	** options	透传的其他键-值对参数

其中，options 的可选参数如表 14-64 所示。

表 14-64　options 的可选参数

键	值	键	值
rgbcolor	颜色	width	每个条的宽度
hue	色调	zorder	在哪一层绘制
legend_label	图例文字		

14.9.2　等高线图

调用 contour_plot()函数可以绘制等高线图。contour_plot()函数的参数如表 14-65 所示。

绘制函数 x^3+y^2-1 的等高线图，x 坐标的范围是(1,2)，y 坐标的范围是(3,4)，代码如下：

```
sage: x,y = var('x,y')
sage: contour_plot(x^3 + y^2 - 1, (x,1,2), (y,3,4))
Launched png viewer for Graphics object consisting of 1 graphics primitive
```

绘制的等高线图如图 14-44 所示。

contour_plot()函数支持的参数如表 14-65 所示。

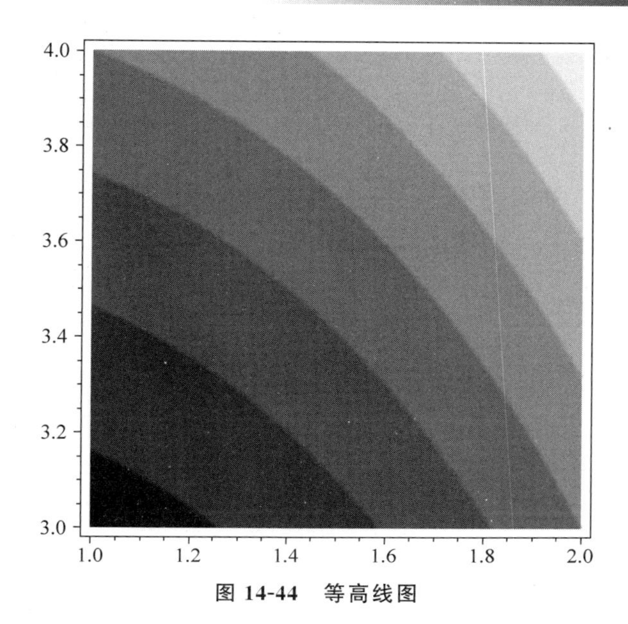

图 14-44 等高线图

表 14-65 contour_plot()函数支持的参数

键	值
f	函数
xrange	x 坐标的范围，格式是(xmin，xmax)或(x，xmin，xmax)
yrange	y 坐标的范围，格式是(ymin，ymax)或(y，ymin，ymax)
** options	透传的其他键-值对参数

其中，options 的可选参数如表 14-66 所示。

表 14-66 options 的可选参数

键	值	键	值
plot_points	绘制几个点	linestyles	线型
fill	是否填充	labels	是否显示等级标签
cmap	颜色图	colorbar	是否显示颜色条
contours	等高线	legend_label	图例的标签
linewidths	线宽	region	绘制的范围

以下可选参数仅在显示标签时才生效，如表 14-67 所示。

表 14-67 仅在显示标签时才生效的可选参数

键	值
label_fontsize	标签的字号
label_colors	标签的颜色
label_inline	是否将标签绘制到内部
label_inline_spacing	将标签绘制到内部时的留白
label_fmt	标签的格式化字符串

以下可选参数仅在显示颜色条时才生效，如表 14-68 所示。

表 14-68　仅在显示颜色条时才生效的可选参数

键	值	键	值
colorbar_orientation	颜色条的方向	colorbar_spacing	颜色条的留白
colorbar_format	颜色条的标签的格式		

14.9.3　密度图

调用 density_plot()函数可以绘制密度图。density_plot()函数的参数如表 14-69 所示。绘制函数 x^2+y^2 的密度图，x 坐标的范围是(1,2)，y 坐标的范围是(3,4)，代码如下：

```
sage: x,y = var('x,y')
sage: f(x,y) = x^2 + y^2
sage: density_plot(f, (1,2), (3,4))
Launched png viewer for Graphics object consisting of 1 graphics primitive
```

绘制的密度图如图 14-45 所示。

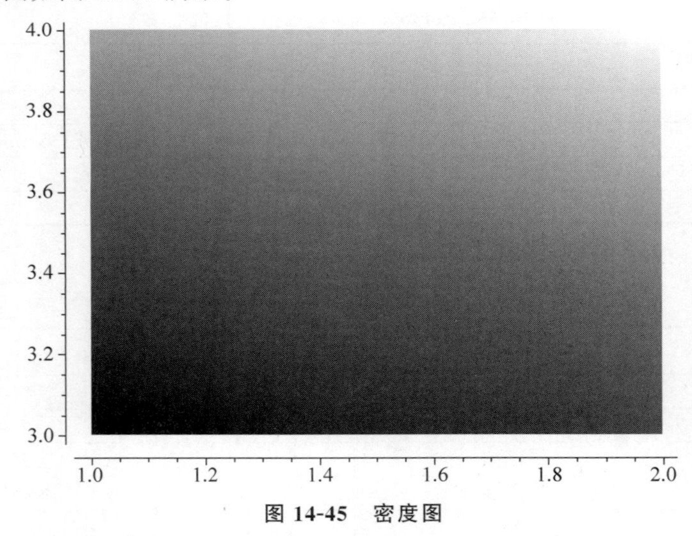

图 14-45　密度图

density_plot()函数支持的参数如表 14-69 所示。

表 14-69　density_plot()函数支持的参数

键	值
f	一个两变量的函数
xrange	x 坐标的范围，格式是(xmin, xmax)或(x, xmin, xmax)
yrange	y 坐标的范围，格式是(ymin, ymax)或(y, ymin, ymax)
** options	透传的其他键-值对参数

其中，options 的可选参数如表 14-70 所示。

表 14-70 options 的可选参数

键	值
plot_points	绘制几个点
cmap	颜色图
interpolation	插值方式； 可选 bilinear、bicubic、spline16、spline36、quadric、gaussian、sinc、bessel、mitchell、lanczos、catrom、hermite、hanning、hamming 或 kaiser

14.9.4 扇形图

调用 disk()函数可以绘制扇形图。disk()函数的参数如表 14-71 所示。

绘制一个尖端是(1,2)，半径是 3，角度范围是(4，5)的扇形，代码如下：

```
sage: disk((1,2), 3, (4, 5))
Launched png viewer for Graphics object consisting of 1 graphics primitive
```

绘制的扇形图如图 14-46 所示。

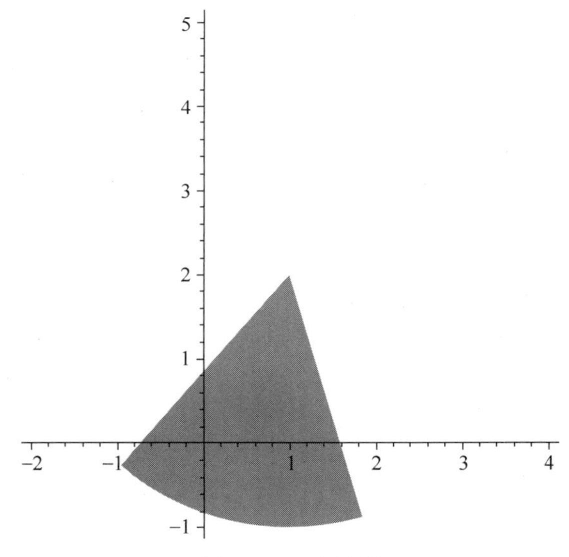

图 14-46 扇形图

disk()函数支持的参数如表 14-71 所示。

表 14-71 disk()函数支持的参数

键	值	键	值
point	扇形尖端	angle	角度范围
radius	半径	** options	透传的其他键-值对参数

其中，options 的可选参数如表 14-72 所示。

表 14-72 options 的可选参数

键	值	键	值
alpha	透明度	thickness	笔画的粗细
fill	是否填充	rgbcolor	颜色
legend_label	图例文字	hue	色调
legend_color	图例颜色	zorder	在哪一层绘制

14.9.5 直方图

调用 histogram()函数可以绘制直方图。

绘制一个数据是[1,2,3]的直方图，代码如下：

```
sage: histogram([1,2,3])
Launched png viewer for Graphics object consisting of 1 graphics primitive
```

绘制的直方图如图 14-47 所示。

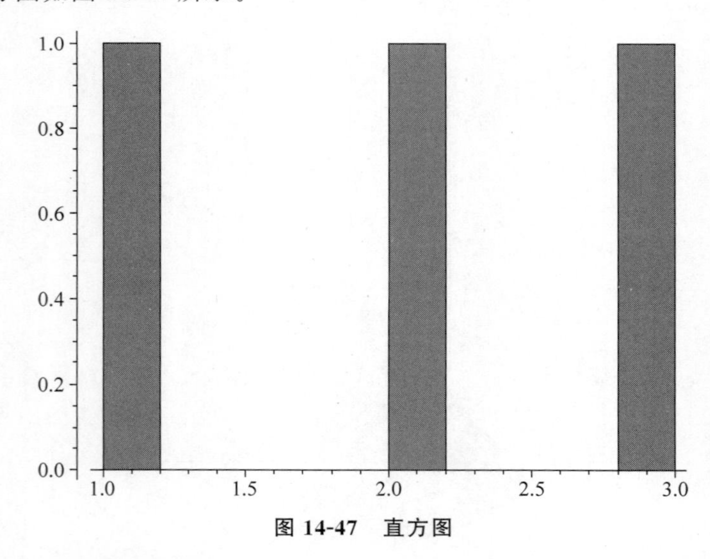

图 14-47 直方图

histogram()函数支持的参数如表 14-73 所示。

表 14-73 histogram()函数支持的参数

键	值	键	值
datalist	数据	** options	透传的其他键-值对参数

其中,options 的可选参数如表 14-74 所示。

表 14-74 options 的可选参数

键	值
color	条形表面的颜色
edgecolor	边缘的颜色
alpha	透明度
hue	用色调给出条形表面的颜色
fill	是否填充
hatch	用什么符号填充; 可选/、\\、|、—、+、x、o、O、. 或 *
linewidth	线宽
linestyle	线型
zorder	在哪一层绘制
bins	将范围分成几组
align	条形在每组中的对齐方式; 可选 left、right 和 mid
rwidth	条形相对于每组的相对高度
cumulative	是否以累积方式绘图
range	区间; 直接丢掉区间外的值
normed	-
density	如果值为 True,则对计数进行归一化以形成概率密度
weights	权重
stacked	是否将每组中的条形叠在一起
label	标签

14.9.6 散点图

调用 scatter_plot()函数可以绘制散点图。

绘制一个数据为(1,2)、(4,3)和(5,6)的散点图,代码如下:

```
sage: scatter_plot([(1,2),(4,3),(5,6)])
Launched png viewer for Graphics object consisting of 1 graphics primitive
```

绘制的散点图如图 14-48 所示。

scatter_plot()函数支持的参数如表 14-75 所示。

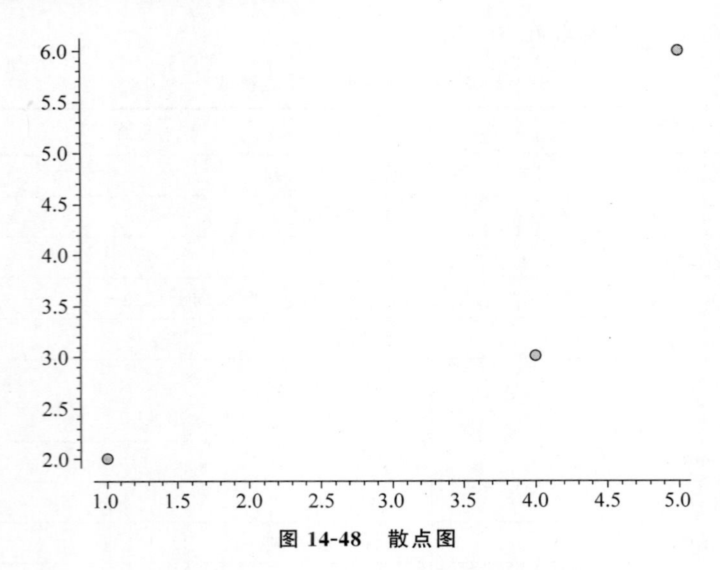

图 14-48 散点图

表 14-75 scatter_plot()函数支持的参数

键	值	键	值
datalist	数据	** options	透传的其他键-值对参数

其中,options 的可选参数如表 14-76 所示。

表 14-76 options 的可选参数

键	值	键	值
alpha	透明度	facecolor	表面颜色
markersize	点标记的大小	edgecolor	边缘颜色
marker	点标记	zorder	在哪一层绘制

14.9.7 阶梯图

调用 plot_step_function()函数可以绘制阶梯图。

绘制一个数据为[(i * j,j) for i in range(0,5) for j in range(6,10)]的阶梯图,代码如下:

```
sage: plot_step_function([(i * j,j) for i in range(0,5) for j in range(6,10)])
Launched png viewer for Graphics object consisting of 1 graphics primitive
```

绘制的阶梯图如图 14-49 所示。

plot_step_function()函数支持的参数如表 14-77 所示。

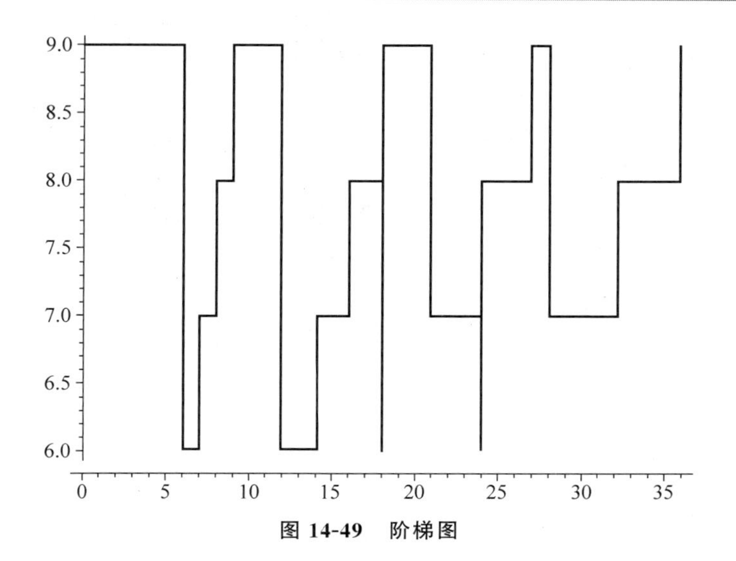

图 14-49 阶梯图

表 14-77 plot_step_function()函数支持的参数

键	值	键	值
v	数对	vertical_lines	是否绘制连接相邻阶梯的竖线

14.10 函数区域

调用 region_plot()函数可以绘制函数区域。region_plot()函数的参数如表 14-78 所示。

绘制函数 $\sin(xy)>\sin(2xy)$的区域，x 坐标的范围是(−10,10)，y 坐标的范围是(−10,10)，代码如下：

```
sage: region_plot(sin(x * y)> sin(x * y * 2), (x, - 10,10), (y, - 10,10))
Launched png viewer for Graphics object consisting of 1 graphics primitive
```

绘制的函数区域如图 14-50 所示。

region_plot()函数支持的参数如表 14-78 所示。

表 14-78 region_plot()函数支持的参数

键	值
f	一个两变量的函数
xrange	x 坐标的范围，格式是(xmin,xmax)或(x,xmin,xmax)
yrange	y 坐标的范围，格式是(ymin,ymax)或(y,ymin,ymax)
plot_points	在每个方向上绘制几个点
incol	区域内的填充颜色
outcol	区域外的填充颜色
** options	透传的其他键-值对参数

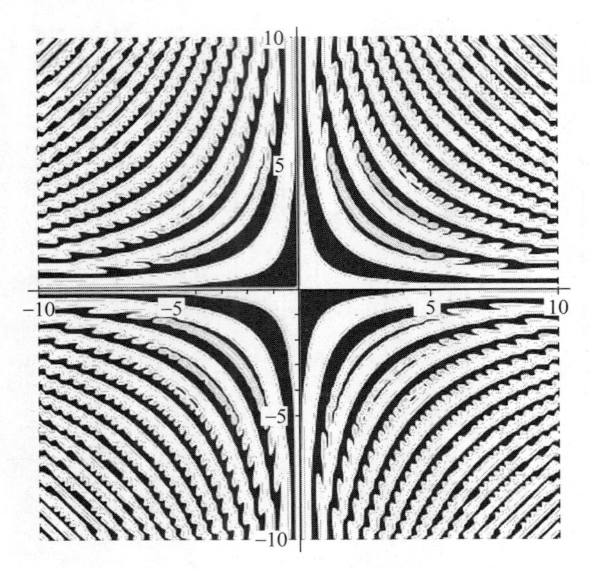

图 14-50　函数区域

其中，options 的可选参数如表 14-79 所示。

表 14-79　options 的可选参数

键	值
bordercol	边缘的颜色
borderstyle	边缘的线型
borderwidth	边缘的线宽
alpha	透明度
legend_label	图例的标签
base	对数坐标系的底
scale	坐标轴的比例尺； 可选 linear(线性坐标系)； 可选 loglog(对数坐标系)； 可选 semilogx(x 轴为对数坐标系，y 轴为线性坐标系)； 可选 semilogy(x 轴为线性坐标系，y 轴为对数坐标系)

14.11　矩阵图

调用 matrix_plot()函数可以绘制矩阵图。matrix_plot()函数的参数如表 14-80 所示。绘制二维列表[[i * j for i in range(0,5)] for j in range(6,10)]的矩阵图，代码如下：

```
sage: matrix_plot([[i * j for i in range(0,5)] for j in range(6,10)])
Launched png viewer for Graphics object consisting of 1 graphics primitive
```

绘制的矩阵图如图 14-51 所示。

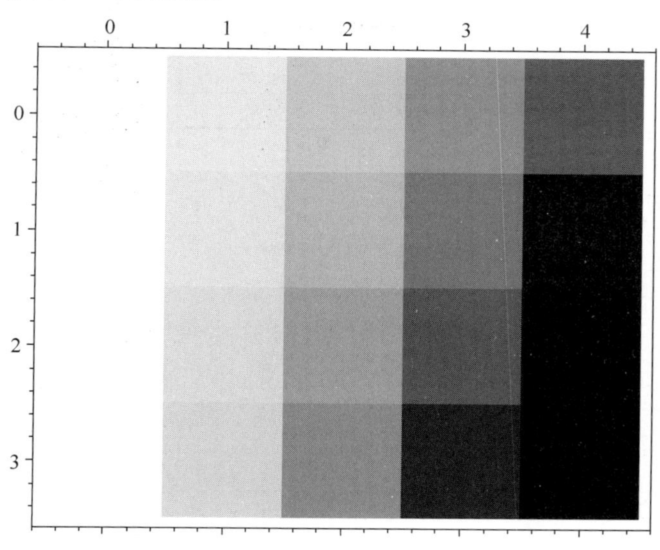

图 14-51　矩阵图

matrix_plot()函数支持的参数如表 14-80 所示。

表 14-80　matrix_plot()函数支持的参数

键	值	键	值
mat	二维矩阵或列表	yrange	y 坐标的范围
xrange	x 坐标的范围	** options	透传的其他键-值对参数

其中,options 的可选参数如表 14-81 所示。

表 14-81　options 的可选参数

键	值
cmap	颜色图
colorbar	是否显示颜色条
norm	如果为 None,则值范围按比例缩放到区间[0,1],否则不缩放
vmin	最小值; 小于这个值的均设置为这个值
vmax	最大值; 大于这个值的均设置为这个值
flip_y	反转 y 轴
subdivisions	是否将矩阵的分割绘制为线
subdivision_boundaries	第 1 个分量是行分割,第 2 个分量是列分割
subdivision_style	矩阵分割的线的样式

以下可选参数仅在显示颜色条时才生效,如表 14-82 所示。

表 14-82　仅在显示颜色条时才生效的可选参数

键	值	键	值
colorbar_orientation	颜色条的方向	colorbar_spacing	颜色条的留白
colorbar_format	颜色条的标签的格式		

14.12　向量场

调用 plot_vector_field()函数可以绘制向量场。

绘制梯度函数为(x,y)，x 坐标的范围是$(-1,2)$，y 坐标的范围是$(-3,4)$，代码如下：

```
sage: plot_vector_field((x,y),(x, - 1,2), (y, - 3,4))
Launched png viewer for Graphics object consisting of 1 graphics primitive
```

绘制的向量场如图 14-52 所示。

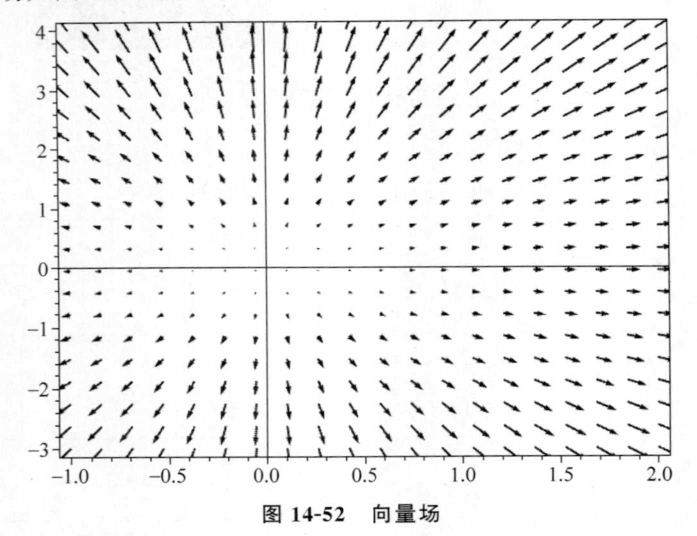

图 14-52　向量场

plot_vector_field()函数支持的参数如表 14-83 所示。

表 14-83　plot_vector_field()函数支持的参数

键	值	键	值
f_g	梯度函数	yrange	y 坐标的范围
xrange	x 坐标的范围	** options	透传的其他键-值对参数

14.13　斜率场

调用 plot_slope_field()函数可以绘制斜率场。

绘制函数为 xy，x 坐标的范围是$(-1,2)$，y 坐标的范围是$(-3,4)$，代码如下：

```
sage: plot_slope_field(x * y,(x, - 1,2), (y, - 3,4))
sage: a
Launched png viewer for Graphics object consisting of 1 graphics primitive
```

绘制的斜率场如图 14-53 所示。

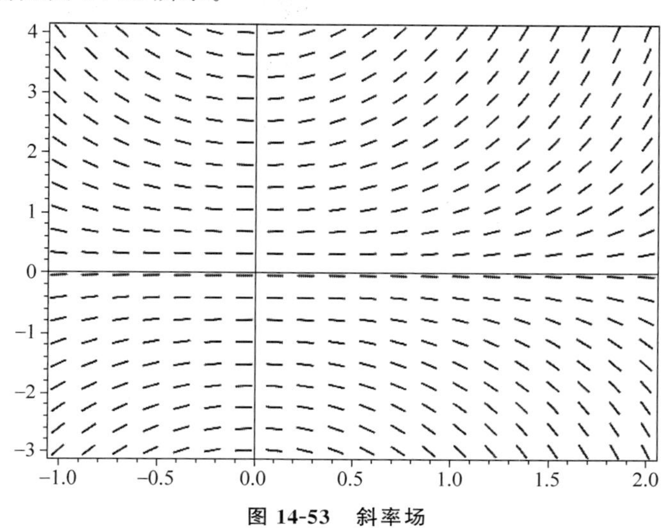

图 14-53 斜率场

plot_slope_field()函数支持的参数如表 14-84 所示。

表 14-84 plot_slope_field()函数支持的参数

键	值	键	值
f	函数	yrange	y 坐标的范围
xrange	x 坐标的范围	** options	透传的其他键-值对参数

14.14 流线图

调用 streamline_plot()函数可以绘制流线图。

绘制一个梯度函数为(xy,y),x 坐标的范围是(1,2),y 坐标的范围是(3,4)的流线图,代码如下:

```
sage: streamline_plot((x * y,y), (x,1,2), (y,3,4))
Launched png viewer for Graphics object consisting of 1 graphics primitive
```

绘制的流线图如图 14-54 所示。

streamline_plot()函数支持的参数如表 14-85 所示。

其中,options 的可选参数如表 14-86 所示。

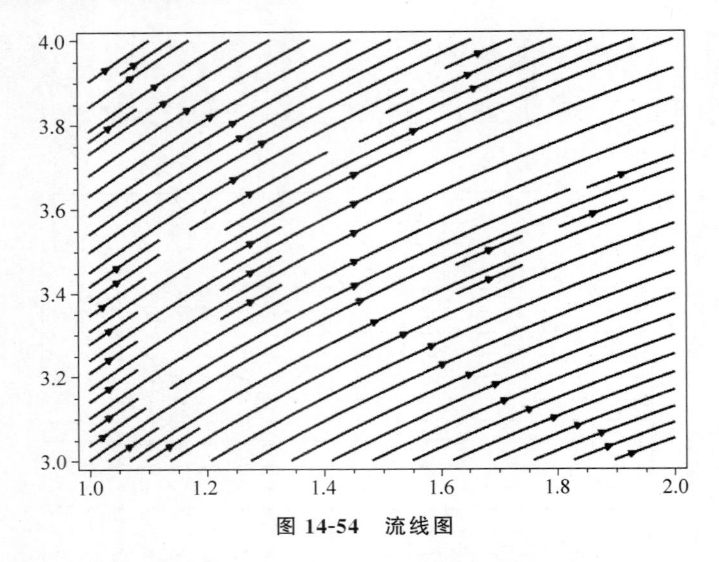

图 14-54　流线图

表 14-85　streamline_plot()函数支持的参数

键	值	键	值
f_g	梯度函数	yrange	y 坐标的范围
xrange	x 坐标的范围	** options	透传的其他键-值对参数

表 14-86　options 的可选参数

键	值	键	值
plot_points	绘制几个点	start_points	起点
density	流线的密度		

14.15　文本

调用 text()函数可以绘制文本。

绘制文本 hello world!，文本坐标为(1,2)，代码如下：

```
sage: text("hello world!",(1,2))
Launched png viewer for Graphics object consisting of 1 graphics primitive
```

绘制的文本如图 14-55 所示。

text()函数支持的参数如表 14-87 所示。

表 14-87　text()函数支持的参数

键	值	键	值
string	文本	** options	透传的其他键-值对参数
xy	坐标		

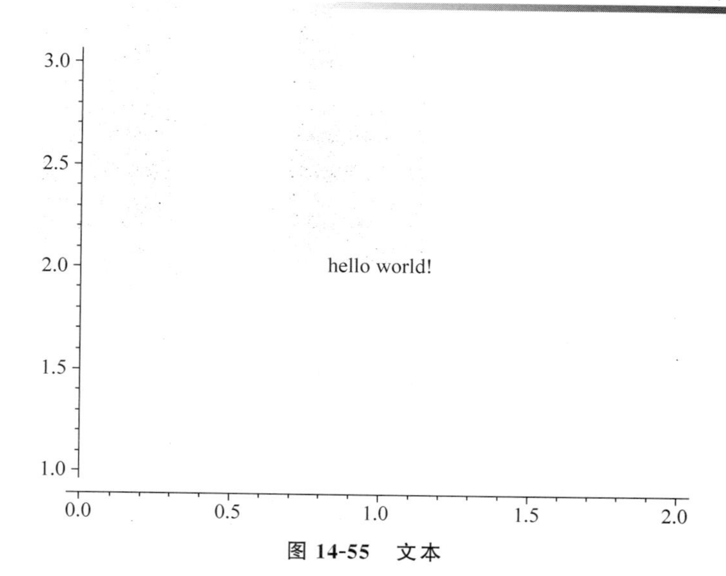

图 14-55　文本

其中，options 的可选参数如表 14-88 所示。

表 14-88　options 的可选参数

键	值
fontsize	字号
fontstyle	字体，可选 normal（正体）、italic（斜体）或 oblique（另一种斜体）
fontweight	字重； 可选 0～1000 的数字； 可选 ultralight、light、normal、regular、book、medium、roman、semibold、demibold、demi、bold、heavy、extra bold 或 black
rgbcolor	同 color
hue	色调
alpha	透明度
background_color	背景颜色
rotation	旋转角度
vertical_alignment	垂直对齐的方式； 可选 top、center 和 bottom
horizontal_alignment	水平对齐的方式； 可选 top、center 和 bottom
zorder	在哪一层绘制
clip	是否裁剪字体
axis_coords	如果值为 True，则使用轴坐标，使(0,0)为左下角，(1,1)为右上角，而不考虑绘制值的 x 和 y 范围
bounding_box	边界盒

第 15 章 SageMath 用例

CHAPTER 15

SageMath 在多个领域内有用例。以力学为例，可以使用 SageMath 进行标量和标量、标量和向量及向量和向量之间的运算，配合迭代器可以进行离散物理量的运算，配合微分或积分可以进行连续物理量的运算，配合表格函数可以实现查表功能，配合绘图函数可以使用已知数据绘图、使用函数绘图或直接使用多项式绘图。

15.1 静力学

15.1.1 汇交力系

1. 汇交力系合成

计算汇交力系合成的代码如下：

```
#第 15 章/静力学/汇交力系.py
def 汇交力系合成(f_i_list):
    return sum(f_i_list)
```

令 $\boldsymbol{F}_1=[10,20,30]$，$\boldsymbol{F}_2=[40,50,60]$，$\boldsymbol{F}_3=[70,80,90]$，则计算汇交力系合成的结果如下：

```
sage: from 第 15 章.静力学.汇交力系 import *
sage: f1 = matrix([10,20,30])
sage: f2 = matrix([40,50,60])
sage: f3 = matrix([70,80,90])
sage: f_i_list = [f1, f2, f3]
sage: 汇交力系合成(f_i_list)
[120 150 180]
```

注意：力作为向量，在进行合成时需要对力在每个方向上进行分解。这里的力使用矩阵进行定义，矩阵的每个元素代表力在某个方向上的分量。因为矩阵的加法是按元素相加，所以算得的结果符合物理意义。

2. 力的投影

计算力的投影的代码如下：

```
#第 15 章/静力学/汇交力系.py
def 力的投影(f, theta):
    return (f * cos(theta), f * sin(theta))
```

令 $F=10$，$\theta=0.1$，则计算力的投影的结果如下：

```
sage: f = 10
sage: theta = 0.1
sage: 力的投影(f, theta)
(9.95004165278026, 0.998334166468282)
```

注意：这个函数返回一个元组，元组中存放力的两个分量。当一个函数需要返回两个结果时，如果想让结果不可变，则推荐使用元组返回这些结果。

15.1.2 空间力系

1. 力矩的向量表示

计算力矩的向量表示的代码如下：

```
#第 15 章/静力学/空间力系.py
def 力矩的向量表示(r, f):
    i ,j ,k = var('i,j,k')
    return det(matrix(SR, 3, [i, j, k, r[0], r[1], r[2], f[0], f[1], f[2]]))
```

令 $\boldsymbol{r}=[10,20,30]$，$\boldsymbol{F}=[40,50,60]$，则计算力矩的向量表示的结果如下：

```
sage: r = [10,20,30]
sage: f = [40,50,60]
sage: 力矩的向量表示(r, f)
-300 * i + 600 * j - 300 * k
```

注意：在计算力矩时涉及向量的叉积。这个函数使用带 $\boldsymbol{i}$、$\boldsymbol{j}$ 和 $\boldsymbol{k}$ 的行列式形式计算叉积。

---

2. 空间力系平衡

计算空间力系平衡的代码如下：

```
#第 15 章/静力学/空间力系.py
def 空间力系平衡(f_i_list, m_i_list):
    return (-sum(f_i_list), -sum(m_i_list))
```

令 $\boldsymbol{F}_1=[10,20,30]$，$\boldsymbol{F}_2=[40,50,60]$，$\boldsymbol{F}_3=[70,80,90]$，$\boldsymbol{m}_1=[18,28,38]$，$\boldsymbol{m}_2=[48,$

58,68]，$\boldsymbol{m}_3$=[78,88,98]，则计算空间力系平衡的结果如下：

```
sage: from 第15章.静力学.空间力系 import *
sage: f1 = matrix([10,20,30])
sage: f2 = matrix([40,50,60])
sage: f3 = matrix([70,80,90])
sage: f_i_list = [f1, f2, f3]
sage: m1 = matrix([18,28,38])
sage: m2 = matrix([48,58,68])
sage: m3 = matrix([78,88,98])
sage: m_i_list = [m1, m2, m3]
sage: 空间力系平衡(f_i_list, m_i_list)
([-120 -150 -180], [-144 -174 -204])
```

注意：这个函数中的力和力矩均为向量，要同时进行2组向量的合成。

15.1.3 平面一般力系

1. 力矩平衡

计算力矩平衡的代码如下：

```
#第15章/静力学/平面一般力系.py
def 力矩平衡(m_i_list):
    return -sum(m_i_list)
```

令 m_i_list=[10,20,30]，则计算力矩平衡的结果如下：

```
sage: from 第15章.静力学.平面一般力系 import *
sage: m_i_list = [10,20,30]
sage: 力矩平衡(m_i_list)
-60
```

2. 静摩擦定律

计算静摩擦定律的代码如下：

```
#第15章/静力学/平面一般力系.py
def 静摩擦定律(f_s, f_n):
    return f_s * f_n
```

令 f_s=0.1，$\boldsymbol{F}_n$=[10,20,30]，则计算静摩擦定律的结果如下：

```
sage: f_s = 0.1
sage: f_n = matrix([10,20,30])
sage: f_s * f_n
[1.00000000000000 2.00000000000000 3.00000000000000]
```

3. 动摩擦定律

计算动摩擦定律的代码如下：

```
#第 15 章/静力学/平面一般力系.py
def 动摩擦定律(f, f_n):
    return f * f_n
```

令 $f=0.01$,$\boldsymbol{F}_n=[10,20,30]$,则计算动摩擦定律的结果如下:

```
sage: f = 0.01
sage: f_n = matrix([10,20,30])
sage: f * f_n
[0.100000000000000 0.200000000000000 0.300000000000000]
```

4. 摩擦角

计算摩擦角的代码如下:

```
#第 15 章/静力学/平面一般力系.py
def 摩擦角(f_s):
    return atan(f_s)
```

令 $f_s=0.1$,则计算摩擦角的结果如下:

```
sage: 摩擦角(f_s)
0.0996686524911620
```

15.2 运动学

15.2.1 点的运动学

1. 速度

计算速度的代码如下:

```
#第 15 章/运动学/点的运动学.py
def 速度(r):
    return r.derivative()
```

令 $r=10t^2$,则计算速度的结果如下:

```
sage: from 第 15 章.运动学.点的运动学 import *
sage: t = var('t')
sage: r = 10 * t^2
sage: 速度(r)
20 * t
```

注意:这个函数涉及求导。在求导时,需要在多项式中预先定义 1 个符号才能正确地求导。

---

2. 加速度

计算加速度的代码如下:

```
#第15章/运动学/点的运动学.py
def 加速度(r):
    return r.derivative().derivative()
```

令 $r=10t^2$，则计算加速度的结果如下：

```
sage: t = var('t')
sage: r = 10 * t^2
sage: 加速度(r)
20
```

3. 匀变速运动的速度

计算匀变速运动的速度的代码如下：

```
#第15章/运动学/点的运动学.py
def 匀变速运动的速度(v_0, a, t):
    return v_0 + a * t
```

令 $v_0=10, a=20, t=30$，则计算匀变速运动的速度的结果如下：

```
sage: v_0 = 10
sage: a = 20
sage: t = 30
sage: 匀变速运动的速度(v_0, a, t)
610
```

4. 曲线运动的加速度

计算曲线运动的加速度的代码如下：

```
#第15章/运动学/点的运动学.py
def 曲线运动的加速度(a_tau, a_n):
    return a_tau + a_n
```

令 $\boldsymbol{a}_\tau=[10,20,30], \boldsymbol{a}_n=[40,50,60]$，则计算曲线运动的加速度的结果如下：

```
sage: a_tau = matrix([10,20,30])
sage: a_n = matrix([40,50,60])
sage: 曲线运动的加速度(a_tau, a_n)
[50 70 90]
```

15.2.2 刚体的基本运动

1. 角速度

计算角速度的代码如下：

```
#第15章/运动学/刚体的基本运动.py
def 角速度(n):
    return n * pi / 30
```

令 $n=10$，则计算角速度的结果如下：

```
sage: from 第 15 章.运动学.刚体的基本运动 import *
sage: n = 10
sage: 角速度(n)
1/3 * pi
```

2. 角加速度

计算角加速度的代码如下：

```
#第 15 章/运动学/刚体的基本运动.py
def 角加速度(n):
    return 角速度(n).derivative()
```

令 $n=10t^2$，则计算角加速度的结果如下：

```
sage: t = var('t')
sage: n = 10 * t^2
sage: 角加速度(n)
2/3 * pi * t
```

3. 转数

计算转数的代码如下：

```
#第 15 章/运动学/刚体的基本运动.py
def 转数(phi, phi_0):
    return (phi - phi_0) / (2 * pi)
```

令 $\varphi=20,\varphi_0=10$，则计算转数的结果如下：

```
sage: phi = 20
sage: phi_0 = 10
sage: 转数(phi, phi_0)
5/pi
```

15.2.3　点的合成运动

1. 速度合成定理

计算速度合成定理的代码如下：

```
#第 15 章/运动学/点的合成运动.py
def 速度合成定理(v_e, v_r):
    return v_e + v_r
```

令$\boldsymbol{v}_e=[10,20,30]$，$\boldsymbol{v}_r=[40,50,60]$，则计算速度合成定理的结果如下：

```
sage: from 第 15 章.运动学.点的合成运动 import *
sage: v_e = matrix([10,20,30])
sage: v_r = matrix([40,50,60])
sage: 速度合成定理(v_e, v_r)
[50 70 90]
```

2. 加速度合成定理

计算加速度合成定理的代码如下：

```
#第 15 章/运动学/点的合成运动.py
def 加速度合成定理(an_e, atau_e, an_r, atau_r):
    return an_e + atau_e + an_r + atau_r
```

令 $\boldsymbol{a}_e^n=[10,20,30]$，$\boldsymbol{a}_e^\tau=[40,50,60]$，$\boldsymbol{a}_r^n=[18,28,38]$，$\boldsymbol{a}_r^\tau=[48,58,68]$，则计算加速度合成定理的结果如下：

```
sage: an_e = matrix([10,20,30])
sage: atau_e = matrix([40,50,60])
sage: an_r = matrix([18,28,38])
sage: atau_r = matrix([48,58,68])
sage: 加速度合成定理(an_e, atau_e, an_r, atau_r)
[116 156 196]
```

15.3 动力学

15.3.1 动力学基本方程

1. 牛顿第二定律

计算牛顿第二定律的代码如下：

```
#第 15 章/动力学/动力学基本方程.py
def 牛顿第二定律(m, a):
    return m * a
```

令 $m=10$，$a=20$，则计算牛顿第二定律的结果如下：

```
sage: from 第 15 章.动力学.动力学基本方程 import *
sage: m = 10
sage: a = 20
sage: 牛顿第二定律(m, a)
200
```

2. 重力

计算重力的代码如下：

```
#第 15 章/动力学/动力学基本方程.py
def 重力(m, g):
    return m * g
```

令 $m=10$，$g=9.8$，则计算重力的结果如下：

```
sage: m = 10
sage: g = 9.8
sage: 重力(m, g)
98.0000000000000
```

3. 质点运动的微分方程

计算质点运动的微分方程的代码如下：

```
#第 15 章/动力学/动力学基本方程.py
def 质点运动的微分方程(m, dv_dt):
    return m * dv_dt
#第 15 章/动力学/动力学基本方程.py
def 质点运动的微分方程 2(m, d2r_dt2):
    return m * d2r_dt2
```

令 $m=10, v=10t^2$，则计算质点运动的微分方程的结果如下：

```
sage: t = var('t')
sage: v = 10 * t^2
sage: dv_dt = v.derivative()
sage: m = 10
sage: 质点运动的微分方程(m, dv_dt)
200 * t
```

令 $m=10, r=10t^2$，则计算质点运动的微分方程的结果如下：

```
sage: t = var('t')
sage: r = 10 * t^2
sage: d2r_dt2 = r.derivative().derivative()
sage: m = 10
sage: 质点运动的微分方程 2(m, d2r_dt2)
200
```

4. 有心力

计算有心力的代码如下：

```
#第 15 章/动力学/动力学基本方程.py
def 有心力(m, omega, r):
    return - m * omega ^ 2 * r
```

令 $m=10, \omega=20, r=30$，则计算有心力的结果如下：

```
sage: m = 10
sage: omega = 20
sage: r = 30
sage: 有心力(m, omega, r)
- 120000
```

5. 单摆做简谐振动的周期

计算单摆做简谐振动的周期的代码如下：

```
#第 15 章/动力学/动力学基本方程.py
def 单摆做简谐振动的周期(l, g):
    return 2 * pi * sqrt(l / g)
```

令 $l=10, g=9.8$，则计算单摆做简谐振动的周期的结果如下：

```
sage: l = 10
sage: g = 9.8
sage: 单摆做简谐振动的周期(l, g)
2.02030508910442 * pi
```

15.3.2 动能定理

1. 力的功

计算力的功的代码如下：

```
#第 15 章/动力学/动能定理.py
def 力的功(f, s, theta):
    return f * s * cos(theta)
```

令 $F=10, s=20, \theta=0.3$，则计算力的功的结果如下：

```
sage: from 第 15 章.动力学.动能定理 import *
sage: f = 10
sage: s = 20
sage: theta = 0.3
sage: 力的功(f, s, theta)
191.067297825121
```

2. 重力的功

计算重力的功的代码如下：

```
#第 15 章/动力学/动能定理.py
def 重力的功(m, g, h):
    return (m * g * h, - m * g * h)
```

令 $m=10, g=9.8, h=0.3$，则计算重力的功的结果如下：

```
sage: m = 10
sage: g = 9.8
sage: h = 0.3
sage: 重力的功(m, g, h)
(29.4000000000000, - 29.4000000000000)
```

3. 弹力的功

计算弹力的功的代码如下：

```
#第 15 章/动力学/动能定理.py
def 弹力的功(k, x):
    return k * x ^ 2 / 2
```

令 $x=10, k=0.3$，则计算弹力的功的结果如下：

```
sage: x = 10
sage: k = 0.3
sage: 弹力的功(k, x)
15.0000000000000
```

4. 摩擦力的功

计算摩擦力的功的代码如下：

```
#第 15 章/动力学/动能定理.py
def 摩擦力的功(f, v, t):
    return f * v * t
```

令 $f=10$，$v=20$，$t=30$，则计算摩擦力的功的结果如下：

```
sage: f = 10
sage: v = 20
sage: t = 30
sage: 摩擦力的功(f, v, t)
6000
```

5. 质点的动能

计算质点的动能的代码如下：

```
#第 15 章/动力学/动能定理.py
def 质点的动能(m, v):
    return 1/2 * m * v ^ 2
```

令 $m=10$，$v=20$，则计算质点的动能的结果如下：

```
sage: m = 10
sage: v = 20
sage: 质点的动能(m, v)
2000
```

6. 质点系的动能

计算质点系的动能的代码如下：

```
#第 15 章/动力学/动能定理.py
def 质点系的动能(m_i_list, v_i_list):
    if len(m_i_list) != len(v_i_list):
        raise ArithmeticError('m_i 和 r_i 的数量不相等')
    return 1/2 * sum(x * y ^ 2 for x, y in zip(m_i_list, v_i_list))
```

令 m_i_list=[10,20,30]，v_i_list=[40,50,60]，则计算质点系的动能的结果如下：

```
sage: m_i_list = [10,20,30]
sage: v_i_list = [40,50,60]
sage: 质点系的动能(m_i_list, v_i_list)
87000
```

注意：这个函数涉及2组向量的对应分量计算，因此需要检查2个列表的长度是否相等。如果不检查，则不能保证计算的结果符合物理意义。

---

7. 柯尼希定理

计算柯尼希定理的代码如下：

```
#第15章/动力学/动能定理.py
def 柯尼希定理(m, v, m_i_list, v_i_list):
    if len(m_i_list) != len(v_i_list):
        raise ArithmeticError('m_i和r_i的数量不相等')
    return 1/2 * m * v ^ 2 + 1/2 * sum(x * y ^ 2 for x, y in zip(m_i_list, v_i_list))
```

令 $m=10$，$v=20$，m_i_list=[10,20,30]，v_i_list=[40,50,60]，则计算柯尼希定理的结果如下：

```
sage: m = 10
sage: v = 20
sage: m_i_list = [10,20,30]
sage: v_i_list = [40,50,60]
sage: 柯尼希定理(m, v, m_i_list, v_i_list)
89000
```

8. 刚体的动能

计算刚体的动能的代码如下：

```
#第15章/动力学/动能定理.py
def 刚体的动能(j, omega):
    return 1/2 * j * omega ^ 2
```

令 $j=10$，$\omega=20$，则计算刚体的动能的结果如下：

```
sage: j = 10
sage: omega = 20
sage: 刚体的动能(j, omega)
2000
```

9. 动能定理

计算动能定理的代码如下：

```
#第15章/动力学/动能定理.py
def 动能定理(w_i_list, t_1):
    return sum(x for x in w_i_list) + t_1
```

令 $j=10$，$\omega=20$，则计算动能定理的结果如下：

```
sage: w1 = matrix([10,20,30])
sage: w2 = matrix([40,50,60])
sage: w3 = matrix([70,80,90])
```

```
sage: w_i_list = [w1, w2, w3]
sage: t_1 = matrix([10,20,30])
sage: 动能定理(w_i_list, t_1)
[130 170 210]
```

10. 有势力的功

计算有势力的功的代码如下：

```
#第 15 章/动力学/动能定理.py
def 有势力的功(u_1, u_2):
    return u_1 - u_2
```

令 $u_1=10, u_2=20$，则计算有势力的功的结果如下：

```
sage: u_1 = 10
sage: u_2 = 20
sage: 有势力的功(u_1, u_2)
-10
```

11. 重力势能的功

计算重力势能的功的代码如下：

```
#第 15 章/动力学/动能定理.py
def 重力势能的功(m, g, z_c, z_c0):
    return m * g * (z_c - z_c0)
```

令 $m=10, g=9.8, z_c=20, z_{c0}=30$，则计算重力势能的功的结果如下：

```
sage: m = 10
sage: g = 9.8
sage: z_c = 20
sage: z_c0 = 30
sage: 重力势能的功(m, g, z_c, z_c0)
-980.000000000000
```

12. 机械能守恒定律

计算机械能守恒定律的代码如下：

```
#第 15 章/动力学/动能定理.py
def 机械能守恒定律(t_1, v_1, t_2):
    return t_1 + v_1 - t_2
def 机械能守恒定律 2(t_1, v_1, v_2):
    return t_1 + v_1 - v_2
```

令 $t_1=10, v_1=20, t_2=30$，则计算机械能守恒定律的结果如下：

```
sage: t_1 = 10
sage: v_1 = 20
sage: t_2 = 30
sage: 机械能守恒定律(t_1, v_1, t_2)
0
```

令 $t_1=10, v_1=20, v_2=30$，则计算机械能守恒定律的结果如下：

```
sage: t_1 = 10
sage: v_1 = 20
sage: v_2 = 30
sage: 机械能守恒定律 2(t_1, v_1, v_2)
0
```

15.3.3 动量定理

1. 质心

计算质心的代码如下：

```
#第 15 章/动力学/动量定理.py
def 质心(m_i_list, r_i_list, m):
    if len(m_i_list) != len(r_i_list):
        raise ArithmeticError('m_i 和 r_i 的数量不相等')
    return sum(x * y for x, y in zip(m_i_list, r_i_list)) / m
```

令 m_i_list=[10,20,30]，r_i_list=[40,50,60]，$m=70$，则计算质心的结果如下：

```
sage: from 第 15 章.动力学.动量定理 import *
sage: m_i_list = [10,20,30]
sage: r_i_list = [40,50,60]
sage: m = 70
sage: 质心(m_i_list, r_i_list, m)
320/7
```

2. 动量

计算动量的代码如下：

```
#第 15 章/动力学/动量定理.py
def 动量(m, v):
    return m * v
```

令 $m=10, v=20$，则计算动量的结果如下：

```
sage: m = 10
sage: v = 20
sage: 动量(m, v)
200
```

3. 质心运动定理

计算质心运动定理的代码如下：

```
#第 15 章/动力学/动量定理.py
def 质心运动定理(m, a_c):
    return m * a_c
```

令 $m=10, a_c=20$，则计算质心运动定理的结果如下：

```
sage: 质心运动定理(m, a_c)
200
```

15.3.4 动量矩定理

1. 转动惯量

计算转动惯量的代码如下：

```
#第 15 章/动力学/动量矩定理.py
def 转动惯量(m_i_list, r_i_list):
    if len(m_i_list) != len(r_i_list):
        raise ArithmeticError('m_i 和 r_i 的数量不相等')
    return sum(x * y.elementwise_product(y) for x, y in zip(m_i_list, r_i_list))
```

令 m_i_list=[10,20,30]，$\boldsymbol{r}_1=[10,20,30]$，$\boldsymbol{r}_2=[40,50,60]$，$\boldsymbol{r}_3=[70,80,90]$，则计算转动惯量的结果如下：

```
sage: from 第 15 章.动力学.动量矩定理 import *
sage: r1 = matrix([10,20,30])
sage: r2 = matrix([40,50,60])
sage: r3 = matrix([70,80,90])
sage: r_i_list = [r1, r2, r3]
sage: m_i_list = [10,20,30]
sage: 转动惯量(m_i_list, r_i_list)
[180000 246000 324000]
```

注意：和 2 组向量的情况类似，这个函数涉及 1 组向量和 1 组标量的计算，也需要检查 2 个列表的长度是否相等。

---

2. 刚体的转动惯量

计算刚体的转动惯量的代码如下：

```
#第 15 章/动力学/动量矩定理.py
def 刚体的转动惯量(m, rho_u):
    return m * rho_u ^ 2
```

令 $m=10$，$\rho_u=20$，则计算刚体的转动惯量的结果如下：

```
sage: m = 10
sage: rho_u = 20
sage: 刚体的转动惯量(m, rho_u)
4000
```

3. 动量矩

计算动量矩的代码如下：

```
#第15章/动力学/动量矩定理.py
def 动量矩(r, m, v):
    i ,j ,k = var('i,j,k')
    return det(matrix(SR, 3, [i, j, k, r[0], r[1], r[2], m * v[0], m * v[1], m * v[2]]))
```

令 $\boldsymbol{r}=[10,20,30]$，$m=20$，$\boldsymbol{v}=[40,50,60]$，则计算动量矩的结果如下：

```
sage: r = [10,20,30]
sage: v = [40,50,60]
sage: m = 20
sage: 动量矩(r, m, v)
- 6000 * i + 12000 * j - 6000 * k
```

4. 定轴转动刚体的动量矩

计算定轴转动刚体的动量矩的代码如下：

```
#第15章/动力学/动量矩定理.py
def 定轴转动刚体的动量矩(j, omega):
    return j * omega
```

令 $j=10$，$\omega=20$，则计算定轴转动刚体的动量矩的结果如下：

```
sage: j = 10
sage: omega = 20
sage: 定轴转动刚体的动量矩(j, omega)
200
```

15.3.5 动静法

计算达朗贝尔原理的代码如下：

```
#第15章/动力学/动静法.py
def 达朗贝尔原理(f_a, f_n):
    return - f_a - f_n
```

令 $\boldsymbol{F}_a=[10,20,30]$，$\boldsymbol{F}_n=[40,50,60]$，则计算达朗贝尔原理的结果如下：

```
sage: from 第15章.动力学.动静法 import *
sage: f_a = matrix([10,20,30])
sage: f_n = matrix([40,50,60])
sage: 达朗贝尔原理(f_a, f_n)
[ - 50  - 70  - 90]
```

15.4 材料力学

15.4.1 拉伸、压缩与剪切

1. 等直杆斜截面上正应力

等直杆受轴向力拉伸时，横截面上正应力为 σ，无剪应力。

计算斜截面上正应力的代码如下：

```
#第 15 章/材料力学/拉伸压缩与剪切.py
def 斜截面上正应力(theta, alpha):
    return theta * cos(alpha) ^ 2
```

2. 等直杆斜截面上剪应力

计算斜截面上剪应力的代码如下：

```
#第 15 章/材料力学/拉伸压缩与剪切.py
def 斜截面上剪应力(theta, alpha):
    return theta * sin(alpha * 2) * 1/2
```

令 $\theta=10$，$\alpha=20$，则计算斜截面上正应力和斜截面上剪应力的结果如下：

```
sage: from 第 15 章.材料力学.拉伸、压缩与剪切 import *
sage: theta = RDF(10)
....: alpha = RDF(20)
....: 斜截面上正应力(theta, alpha)
....: 斜截面上剪应力(theta, alpha)
1.6653096917386905
3.725565802396744
```

3. 判断低碳钢、中碳钢、高碳钢

判断低碳钢、中碳钢、高碳钢的代码如下：

```
#第 15 章/材料力学/拉伸压缩与剪切.py
def 低碳钢中碳钢高碳钢(含碳量去掉百分号):
    if 0.05 < 含碳量去掉百分号 <= 0.3:
        return "低碳钢"
    elif 0.3 < 含碳量去掉百分号 <= 0.6:
        return "中碳钢"
    elif 含碳量去掉百分号 > 0.6:
        return "高碳钢"
    else:
        return ""
```

令含碳量为 0.4%，则判断低碳钢、中碳钢、高碳钢的结果如下：

```
sage: 低碳钢中碳钢高碳钢(0.4)
'中碳钢'
```

4. 常用材料性能参数表

查常用材料性能参数表的结果如下：

```
#第 15 章/材料力学/拉伸压缩与剪切.py
sage: def 常用材料性能参数():
....:     rows = [
....:         ['材料名称', '杨氏模量/GPa', '泊松比'],
....:         ['碳钢', '196～216', '0.24～0.28'],
....:         ['合金钢', '186～206', '0.25～0.3'],
```

```
....:           ['灰铸铁', '78.5～157', '0.23～0.27'],
....:           ['铜及其合金', '72.6～128', '0.31～0.42'],
....:           ['铝合金', '70', '0.33'],
....:       ]
....:       return rows
sage: table(rows = 常用材料性能参数(), frame = True)
+--------+----------+-----------+
| 材料名称 | 杨氏模量/GPa | 泊松比       |
+--------+----------+-----------+
| 碳钢     | 196～216   | 0.24～0.28  |
+--------+----------+-----------+
| 合金钢   | 186～206   | 0.25～0.3   |
+--------+----------+-----------+
| 灰铸铁   | 78.5～157  | 0.23～0.27  |
+--------+----------+-----------+
| 铜及其合金 | 72.6～128  | 0.31～0.42  |
+--------+----------+-----------+
| 铝合金   | 70        | 0.33        |
+--------+----------+-----------+
```

注意：在使用经验数据时，提前编写查表函数将使查表非常方便。

5. 泊松比

计算泊松比，代码如下：

```
#第15章/材料力学/拉伸压缩与剪切.py
def 泊松比(epsilon, epsilon2):
    return abs(epsilon2/epsilon)
#第15章/材料力学/拉伸压缩与剪切.py
def 泊松比2(epsilon, mu):
    return - mu * epsilon
```

令 $\varepsilon=10$，$\varepsilon_2=20$，则计算泊松比的结果如下：

```
sage: epsilon = RDF(10)
....: epsilon2 = RDF(20)
....: 泊松比(epsilon, epsilon2)
2.0
```

令 $\mu=-0.2$，则计算泊松比的结果如下：

```
sage: mu = RDF( - 0.2)
....: 泊松比2(epsilon, mu)
2.0
```

6. 弹性范围内拉力做功

计算弹性范围内拉力做功，代码如下：

```
#第15章/材料力学/拉伸压缩与剪切.py
```

```
def 弹性范围内拉力做功(f, delta, l):
    return 0.5 * f * delta * l
```

令 $f=10$，$\delta=0.1$，$l=20$，则计算弹性范围内拉力做功的结果如下：

```
sage: f = RDF(10)
....: delta = RDF(0.1)
....: l = RDF(20)
....: 弹性范围内拉力做功(f, delta, l)
10.0000000000000
```

7. 应变能密度

计算应变能密度，代码如下：

```
#第 15 章/材料力学/拉伸压缩与剪切.py
def 应变能密度(f, a, delta_l, l):
    return 0.5 * f / a * delta_l / l
#第 15 章/材料力学/拉伸压缩与剪切.py
def 应变能密度 2(sigma, epsilon):
    return 0.5 * sigma * epsilon
```

令 $a=10$，$\delta_l=0.2$，则计算应变能密度的结果如下：

```
sage: a = RDF(10)
....: delta_l = RDF(0.2)
....: 应变能密度(f, a, delta_l, l)
0.00500000000000000
```

令 $\sigma=0.001$，则计算应变能密度的结果如下：

```
sage: sigma = RDF(0.001)
....: 应变能密度 2(sigma, epsilon)
0.00500000000000000
```

8. 应力集中度

计算应力集中度，代码如下：

```
#第 15 章/材料力学/拉伸压缩与剪切.py
def 应力集中度(sigma_max, sigma):
    return sigma_max / sigma
```

令 $\sigma_{max}=0.01$，则计算应力集中度的结果如下：

```
sage: sigma_max = RDF(0.01)
....: 应力集中度(sigma_max, sigma)
10.0
```

15.4.2 扭转

1. 电机扭矩

计算电机扭矩，代码如下：

```
#第15章/材料力学/扭转.py
def 电机扭矩(n, m_e):
    return 2 * pi * n / 60 * m_e
#第15章/材料力学/扭转.py
def 电机扭矩2(n, r, f):
    return 2 * pi * n / 60 * r * f
#第15章/材料力学/扭转.py
def 电机扭矩3(p):
    return p * 1000
```

令 $n=1000$，$m_e=2000$，则计算电机扭矩的结果如下：

```
sage: from 第15章.材料力学.拉伸压缩与剪切 import *
sage: n = RDF(1000)
....: m_e = RDF(2000)
....: 电机扭矩(n, m_e)
66666.66666666667 * pi
```

令 $r=100$，$f=20$，则计算电机扭矩的结果如下：

```
sage: r = RDF(100)
....: f = RDF(20)
....: 电机扭矩2(n, r, f)
66666.66666666667 * pi
```

令 $p=10$，则计算电机扭矩的结果如下：

```
sage: p = RDF(10 * pi)
....: 电机扭矩3(p)
31415.926535897932
```

2. 薄壁圆筒扭转时切应力截面积切应力半径

计算薄壁圆筒扭转时切应力截面积切应力半径，代码如下：

```
#第15章/材料力学/扭转.py
def 薄壁圆筒扭转时切应力截面积切应力半径(r, delta, tau):
    return 2 * pi * r * delta * tau * r
```

令 $\delta=10$，$\tau=20$，则计算薄壁圆筒扭转时切应力截面积切应力半径的结果如下：

```
sage: delta = RDF(10)
....: tau = RDF(20)
....: 薄壁圆筒扭转时切应力截面积切应力半径(r, delta, tau)
4000000.0 * pi
```

3. 薄壁圆筒扭转时的切应力

计算薄壁圆筒扭转时的切应力，代码如下：

```
#第15章/材料力学/扭转.py
def 薄壁圆筒扭转时切应力(m_e, r, delta):
    return m_e / (2 * pi * r ^ 2 * delta)
```

计算薄壁圆筒扭转时的切应力的结果如下：

```
sage: 薄壁圆筒扭转时切应力(m_e, r, delta)
0.01/pi
```

4. 切应变

计算切应变，代码如下：

```
#第 15 章/材料力学/扭转.py
def 切应变(r, phi, l):
    return r * phi / l
```

令 $\delta=10$，$\tau=20$，则计算切应变的结果如下：

```
sage: phi = RDF(10)
....: l = RDF(20)
....: 切应变(r, phi, l)
50.0
```

5. 剪切胡克定律

计算剪切胡克定律，代码如下：

```
#第 15 章/材料力学/扭转.py
def 剪切胡克定律(e, mu):
    return e / (2 * (1 + mu))
```

令 $e=10$，$\mu=20$，则计算剪切胡克定律的结果如下：

```
sage: e = RDF(10)
....: mu = RDF(20)
....: 剪切胡克定律(e, mu)
0.23809523809523808
```

6. 纯剪切情况下的应变能密度

计算纯剪切情况下的应变能密度，代码如下：

```
#第 15 章/材料力学/扭转.py
def 纯剪切情况下应变能密度(tau, g):
    return tau ^ 2 / (2 * g)
```

令 $e=10$，$\mu=20$，则计算纯剪切情况下的应变能密度的结果如下：

```
sage: g = RDF(10)
....: 纯剪切情况下应变能密度(tau, g)
20.0
```

7. 圆轴扭转时的切应变

计算圆轴扭转时的切应变，代码如下：

```
#第 15 章/材料力学/扭转.py
def 圆轴扭转时的切应变(rho, d_phi_d_x):
    return rho * d_phi_d_x
```

令 $\rho=10$,$\mathrm{d}\varphi/\mathrm{d}x=20$,则计算圆轴扭转时的切应变的结果如下：

```
sage: rho = RDF(10)
....: d_phi_d_x = RDF(20)
....: 圆轴扭转时的切应变(rho, d_phi_d_x)
200.0
```

8. 实心圆轴扭转时的切应变

计算实心圆轴扭转时的切应变,代码如下：

```
#第 15 章/材料力学/扭转.py
def 实心圆轴扭转时的切应变(g, rho, d_phi_d_x):
    return g * rho * d_phi_d_x
```

计算实心圆轴扭转时的切应变的结果如下：

```
sage: 实心圆轴扭转时的切应变(g, rho, d_phi_d_x)
2000.0
```

9. 实心圆轴扭转时的表面最大切应力

计算实心圆轴扭转时的表面最大切应力,代码如下：

```
#第 15 章/材料力学/扭转.py
def 实心圆轴扭转时的表面最大切应力(t, rho, i_p):
    return t * rho / i_p
#第 15 章/材料力学/扭转.py
def 实心圆轴扭转时的表面最大切应力 2(t, r, i_p):
    return t * r / i_p
#第 15 章/材料力学/扭转.py
def 实心圆轴扭转时的表面最大切应力 3(t, w_t):
    return t / w_t
```

令 $t=10$,$i_p=20$,则计算实心圆轴扭转时的表面最大切应力的结果如下：

```
sage: t = RDF(10)
....: i_p = RDF(20)
....: 实心圆轴扭转时的表面最大切应力(t, rho, i_p)
5.0
```

计算实心圆轴扭转时的表面最大切应力的结果如下：

```
sage: 实心圆轴扭转时的表面最大切应力 2(t, r, i_p)
50.0
```

令 $w_t=10$,则计算实心圆轴扭转时的表面最大切应力的结果如下：

```
sage: w_t = RDF(10)
....: 实心圆轴扭转时的表面最大切应力 3(t, w_t)
1.0
```

10. 实心圆轴横截面对圆心的极惯性矩

计算实心圆轴横截面对圆心的极惯性矩，代码如下：

```
#第 15 章/材料力学/扭转.py
def 实心圆轴横截面对圆心的极惯性矩(d):
    return pi * d ^ 4 / 32
```

令 $d=10$，则计算实心圆轴横截面对圆心的极惯性矩的结果如下：

```
sage: d = RDF(10)
....: 实心圆轴横截面对圆心的极惯性矩(d)
312.5 * pi
```

11. 空心圆轴横截面对圆心的极惯性矩

计算空心圆轴横截面对圆心的极惯性矩，代码如下：

```
#第 15 章/材料力学/扭转.py
def 空心圆轴横截面对圆心的极惯性矩(d, d2):
    return pi * (d ^ 4 - d2 ^ 4) / 32
```

令 $d_2=5$，则计算空心圆轴横截面对圆心的极惯性矩的结果如下：

```
sage: d2 = RDF(5)
....: 空心圆轴横截面对圆心的极惯性矩(d, d2)
292.96875 * pi
```

12. 实心圆轴抗扭截面系数

计算实心圆轴抗扭截面系数，代码如下：

```
#第 15 章/材料力学/扭转.py
def 实心圆轴抗扭截面系数(d):
    return pi * d ^ 3 / 16
```

计算实心圆轴抗扭截面系数的结果如下：

```
sage: 实心圆轴抗扭截面系数(d)
62.5 * pi
```

13. 空心圆轴抗扭截面系数

计算空心圆轴抗扭截面系数，代码如下：

```
#第 15 章/材料力学/扭转.py
def 空心圆轴抗扭截面系数(d, alpha):
    return pi * d ^ 3 * (1 - alpha ^ 4) / 16
```

令 $\alpha=10$，则计算空心圆轴抗扭截面系数的结果如下：

```
sage: alpha = RDF(10)
....: 空心圆轴抗扭截面系数(d, alpha)
-624937.5 * pi
```

14. 扭转角

计算扭转角,代码如下:

```
#第15章/材料力学/扭转.py
def 扭转角(t, l, g, i_p):
    return t * l / g / i_p
```

计算扭转角的结果如下:

```
sage: 扭转角(t, l, g, i_p)
1.0
```

15. 螺旋弹簧精确切应力计算公式

计算螺旋弹簧精确切应力计算公式,代码如下:

```
#第15章/材料力学/扭转.py
def 螺旋弹簧精确切应力计算公式(k, f, d, d2):
    return k * 8 * f * d / pi / d2 ^ 3
```

令 $k=10$,则计算螺旋弹簧精确切应力计算公式的结果如下:

```
sage: k = RDF(10)
....: 螺旋弹簧精确切应力计算公式(k, f, d, d2)
128.0/pi
```

16. 弹簧刚度

计算弹簧刚度,代码如下:

```
#第15章/材料力学/扭转.py
def 弹簧刚度(g, d, d2, n):
    return g * d ^ 4 / (8 * d2 ^ 3 * n)
```

计算弹簧刚度的结果如下:

```
sage: 弹簧刚度(g, d, d2, n)
0.1
```

15.4.3 弯曲内力

查梁形式分类表的结果如下:

```
#第15章/材料力学/弯曲内力.py
def 梁形式分类():
    rows = [
        ['梁形式', '特点'],
        ['悬臂梁', '一端固定, 一端自由'],
```

```
        ['简支梁', '一端固定铰支座(水平和竖直方向不能移动,可转动),一端为滑动铰支座(竖直方向不能动,水平方向可移动)'],
        ['外伸梁', '一个固定铰支座约束(水平和竖直方向不能移动,可转动),一端滑动铰支座(竖直方向不能动,水平方向可移动),一侧或者两侧可以外伸'],
        ['静定梁', '支座约束力均可由静力平衡方程完全确定,统称为静定梁;支座约束力不能完全由静力平衡方程确定的梁,称为超静定梁'],
    ]
    return rows

sage: from 第15章.材料力学.弯曲内力 import *
sage: table(rows = 梁形式分类(), frame = True)
+------+------------------------------------------------------------+
| 梁形式 | 特点                                                     |
+------+------------------------------------------------------------+
| 悬臂梁 | 一端固定, 一端自由                                        |
+------+------------------------------------------------------------+
| 简支梁 | 一端固定铰支座(水平和竖直方向不能移动,可转动),一端为滑动铰支座(竖直方向不能动,水平方向可移动)   |
+------+------------------------------------------------------------+
| 外伸梁 | 一个固定铰支座约束(水平和竖直方向不能移动,可转动),一端滑动铰支座(竖直方向不能动,水平方向可移动),一侧或者两侧可以外伸 |
+------+------------------------------------------------------------+
| 静定梁 | 支座约束力均可由静力平衡方程完全确定,统称为静定梁;支座约束力不能完全由静力平衡方程确定的梁,称为超静定梁     |
+------+------------------------------------------------------------+
```

15.4.4 弯曲应力

1. 纯弯曲变形时的截面正应力

计算纯弯曲变形时的截面正应力,代码如下:

```
#第15章/材料力学/弯曲应力.py
def 纯弯曲变形时截面正应力(m_e, w):
    return m_e / w
```

令 $m_e=10$,$w=20$,则计算纯弯曲变形时的截面正应力的结果如下:

```
sage: from 第15章.材料力学.弯曲应力 import *
sage: m_e = RDF(10)
....: w = RDF(20)
....: 纯弯曲变形时截面正应力(m_e, w)
0.5
```

2. 矩形截面轴惯性矩

计算矩形截面轴惯性矩,代码如下:

```
#第15章/材料力学/弯曲应力.py
def 矩形截面轴惯性矩(b, h):
    return b * h^3 / 12
```

令 $m_e=10, w=20$,则计算矩形截面轴惯性矩的结果如下:

```
sage: b = RDF(10)
....: h = RDF(20)
....: 矩形截面轴惯性矩(b, h)
6666.666666666667
```

3. 抗弯截面系数

若横截面是高为 h 及宽为 b 的矩形,则计算抗弯截面系数,代码如下:

```
#第 15 章/材料力学/弯曲应力.py
def 若横截面是高为 h 及宽为 b 的矩形则抗弯截面系数(b, h):
    return b * h ^ 2 / 6
```

若横截面是高为 h 宽为 b 的矩形,则计算抗弯截面系数的结果如下:

```
sage: 若横截面是高为 h 及宽为 b 的矩形则抗弯截面系数(b, h)
666.6666666666666
```

若横截面是直径为 d 的圆形,则计算抗弯截面系数,代码如下:

```
#第 15 章/材料力学/弯曲应力.py
def 若横截面是直径为 d 的圆形则抗弯截面系数(d):
    return pi * d ^ 2 / 32
```

若横截面是直径为 d 的圆形,令 $m_e=10, w=20$,则计算抗弯截面系数的结果如下:

```
sage: d = RDF(20)
....: 若横截面是直径为 d 的圆形则抗弯截面系数(d)
12.5 * pi
```

4. 剪力

计算剪力,代码如下:

```
#第 15 章/材料力学/弯曲应力.py
def 剪力(f_s, i_x, h, y):
    return f_s / (2 * i_x) * (h ^ 2 / 4 - y ^ 2)
#第 15 章/材料力学/弯曲应力.py
def 剪力 2(f_s, b, h, y):
    return 6 * f_s / (b * h ^ 3) * (h ^ 2 / 4 - y ^ 2)
```

令 $F_s=10, i_x=20, y=30$,则计算剪力的结果如下:

```
sage: f_s = RDF(10)
....: i_x = RDF(20)
....: y = RDF(30)
....: 剪力(f_s, i_x, h, y)
....: 剪力 2(f_s, b, h, y)
-200.0
-0.6
```

5. 腹板上剪力简化计算公式

计算腹板上剪力简化计算公式，代码如下：

```
#第 15 章/材料力学/弯曲应力.py
def 腹板上剪力简化计算式(f_s, b_0, h_0):
    return f_s / b_0 / h_0
```

令 $b_0=10$，$h_0=20$，则计算腹板上剪力简化计算公式的结果如下：

```
sage: b_0 = RDF(10)
....: h_0 = RDF(20)
....: 腹板上剪力简化计算式(f_s, b_0, h_0)
0.05
```

15.4.5 应力和应变分析、强度理论

1. 薄壁圆筒轴向 *mm* 截面上的主应力

计算薄壁圆筒轴向 *mm* 截面上的主应力，代码如下：

```
#第 15 章/材料力学/应力和应变分析强度理论.py
def 薄壁圆筒轴向 mm 截面上的主应力(p, d, delta):
    return p * d / 4 / delta
```

令 $p=10$，$d=20$，$\delta=30$，则计算薄壁圆筒轴向 *mm* 截面上的主应力的结果如下：

```
sage: from 第 15 章.材料力学.应力和应变分析强度理论 import *
sage: p = RDF(10)
....: d = RDF(20)
....: delta = RDF(30)
....: 薄壁圆筒轴向 mm 截面上的主应力(p, d, delta)
1.6666666666666667
```

2. 薄壁圆筒沿轴线方向切割面 *mn* 上的内力

计算薄壁圆筒沿轴线方向切割面 *mn* 上的内力，代码如下：

```
#第 15 章/材料力学/应力和应变分析强度理论.py
def 薄壁圆筒沿轴线方向切割面 mn 上的内力(p, l, d):
    return p * l * d
```

令 $l=20$，则计算薄壁圆筒沿轴线方向切割面 *mn* 上的内力的结果如下：

```
sage: l = RDF(20)
....: 薄壁圆筒沿轴线方向切割面 mn 上的内力(p, l, d)
4000.0
```

3. 薄壁圆筒沿轴线方向切割面 *mn* 上的压力

计算薄壁圆筒沿轴线方向切割面 *mn* 上的压力，代码如下：

```
#第 15 章/材料力学/应力和应变分析强度理论.py
def 薄壁圆筒沿轴线方向切割面mn上的压力(p, l, d):
    return 薄壁圆筒沿轴线方向切割面mn上的压力(p, l, d)
```

计算薄壁圆筒沿轴线方向切割面 mn 上的压力的结果如下：

```
sage: 薄壁圆筒沿轴线方向切割面mn上的压力(p, l, d)
4000.0
```

4. 广义胡克定律

计算广义胡克定律 ε_x，代码如下：

```
#第 15 章/材料力学/应力和应变分析强度理论.py
def 广义胡克定律epsilon_x(e, sigma_x, mu, sigma_y, sigma_z):
    return 1 / e * (sigma_x - mu * (sigma_y + sigma_z))
```

令 $e=10$，$\mu=20$，$\sigma_x=30$，$\sigma_y=40$，$\sigma_z=50$，$\tau_{xy}=60$，$\tau_{yz}=70$，$\tau_{xz}=80$，$g=90$，则计算广义胡克定律 ε_x 的结果如下：

```
sage: e = RDF(10)
....: mu = RDF(20)
....: sigma_x = RDF(30)
....: sigma_y = RDF(40)
....: sigma_z = RDF(50)
....: tau_xy = RDF(60)
....: tau_yz = RDF(70)
....: tau_xz = RDF(80)
....: g = RDF(90)
....: 广义胡克定律epsilon_x(e, sigma_x, mu, sigma_y, sigma_z)
-177.0
```

计算广义胡克定律 ε_y，代码如下：

```
#第 15 章/材料力学/应力和应变分析强度理论.py
def 广义胡克定律epsilon_y(e, sigma_x, mu, sigma_y, sigma_z):
    return 1 / e * (sigma_y - mu * (sigma_x + sigma_z))
```

计算广义胡克定律 ε_y 的结果如下：

```
sage: 广义胡克定律epsilon_y(e, sigma_x, mu, sigma_y, sigma_z)
-156.0
```

计算广义胡克定律 ε_z，代码如下：

```
#第 15 章/材料力学/应力和应变分析强度理论.py
def 广义胡克定律epsilon_z(e, sigma_x, mu, sigma_y, sigma_z):
    return 1 / e * (sigma_z - mu * (sigma_x + sigma_y))
```

计算广义胡克定律 ε_z 的结果如下：

```
sage: 广义胡克定律epsilon_z(e, sigma_x, mu, sigma_y, sigma_z)
-135.0
```

计算广义胡克定律 γ_{xy}，代码如下：

```
#第 15 章/材料力学/应力和应变分析强度理论.py
def 广义胡克定律 gamma_xy(tau_xy, g):
    return tau_xy / g
```

计算广义胡克定律 γ_{xy} 的结果如下：

```
sage: 广义胡克定律 gamma_xy(tau_xy, g)
0.6666666666666666
```

计算广义胡克定律 γ_{yz}，代码如下：

```
#第 15 章/材料力学/应力和应变分析强度理论.py
def 广义胡克定律 gamma_yz(tau_yz, g):
    return tau_yz / g
```

计算广义胡克定律 γ_{yz} 的结果如下：

```
sage: 广义胡克定律 gamma_yz(tau_yz, g)
0.7777777777777778
```

计算广义胡克定律 γ_{xz}，代码如下：

```
#第 15 章/材料力学/应力和应变分析强度理论.py
def 广义胡克定律 gamma_xz(tau_xz, g):
    return tau_xz / g
```

计算广义胡克定律 γ_{xz} 的结果如下：

```
sage: 广义胡克定律 gamma_xz(tau_xz, g)
0.8888888888888888
```

计算当单元体的 6 个主面皆为主平面时的广义胡克定律 ε_1，代码如下：

```
#第 15 章/材料力学/应力和应变分析强度理论.py
def 当单元体的 6 个主面皆为主平面时的广义胡克定律 epsilon_1(e, sigma_1, mu, sigma_2, sigma_3):
    return 1 / e * (sigma_1 - mu * (sigma_2 + sigma_3))
```

令 $\sigma_1=30$，$\sigma_2=40$，$\sigma_3=50$，则计算当单元体的 6 个主面皆为主平面时的广义胡克定律 ε_1 的结果如下：

```
sage: sigma_1 = RDF(30)
....: sigma_2 = RDF(40)
....: sigma_3 = RDF(50)
....: 当单元体的 6 个主面皆为主平面时的广义胡克定律 epsilon_1(e, sigma_1, mu, sigma_2, sigma_3)
-177.0
```

计算当单元体的 6 个主面皆为主平面时的广义胡克定律 ε_2，代码如下：

```
#第 15 章/材料力学/应力和应变分析强度理论.py
def 当单元体的 6 个主面皆为主平面时的广义胡克定律 epsilon_2(e, sigma_1, mu, sigma_2, sigma_3):
    return 1 / e * (sigma_2 - mu * (sigma_1 + sigma_3))
```

计算当单元体的6个主面皆为主平面时的广义胡克定律 ε_2 的结果如下：

```
sage: 当单元体的6个主面皆为主平面时的广义胡克定律epsilon_2(e, sigma_1, mu, sigma_2,
sigma_3)
-156.0
```

计算当单元体的6个主面皆为主平面时的广义胡克定律 ε_3，代码如下：

```
#第15章/材料力学/应力和应变分析强度理论.py
def 当单元体的6个主面皆为主平面时的广义胡克定律epsilon_3(e, sigma_1, mu, sigma_2, sigma_3):
    return 1 / e * (sigma_3 - mu * (sigma_1 + sigma_2))
```

计算当单元体的6个主面皆为主平面时的广义胡克定律 ε_3 的结果如下：

```
sage: 当单元体的6个主面皆为主平面时的广义胡克定律epsilon_3(e, sigma_1, mu, sigma_2, sigma_3)
-135.0
```

计算当单元体的6个主面皆为主平面时的广义胡克定律 γ_{xy}，代码如下：

```
#第15章/材料力学/应力和应变分析强度理论.py
def 当单元体的6个主面皆为主平面时的广义胡克定律gamma_xy():
    return 0
```

计算当单元体的6个主面皆为主平面时的广义胡克定律 γ_{xy} 的结果如下：

```
sage: 当单元体的6个主面皆为主平面时的广义胡克定律gamma_xy()
0
```

计算当单元体的6个主面皆为主平面时的广义胡克定律 γ_{yz}，代码如下：

```
#第15章/材料力学/应力和应变分析强度理论.py
def 当单元体的6个主面皆为主平面时的广义胡克定律gamma_yz():
    return 0
```

计算当单元体的6个主面皆为主平面时的广义胡克定律 γ_{xz} 的结果如下：

```
sage: 当单元体的6个主面皆为主平面时的广义胡克定律gamma_xz()
0
```

5. 体积胡克定律

计算体积胡克定律，代码如下：

```
#第15章/材料力学/应力和应变分析强度理论.py
def 体积胡克定律(sigma_m, k):
    return sigma_m / k
```

令 $\sigma_m=10$，$k=20$，则计算体积胡克定律的结果如下：

```
sage: sigma_m = RDF(10)
....: k = RDF(20)
....: 体积胡克定律(sigma_m, k)
0.5
```

6. 畸变能密度

计算畸变能密度,代码如下:

```
#第 15 章/材料力学/应力和应变分析强度理论.py
def 畸变能密度(mu, e, sigma_1, sigma_2, sigma_3):
    return (1 + mu) / (6 * e) * ((sigma_1 - sigma_2) ^ 2 + (sigma_2 - sigma_3) ^ 2 + (sigma_
3 - sigma_1) ^ 2)
```

计算畸变能密度的结果如下:

```
sage: 畸变能密度(mu, e, sigma_1, sigma_2, sigma_3)
210.0
```

15.4.6 压杆稳定

1. 欧拉公式

计算欧拉公式,代码如下:

```
#第 15 章/材料力学/压杆稳定.py
def 欧拉式(e, i, l):
    return pi ^ 2 * e * i / l ^ 2
```

令 $e=10$,$i=20$,$l=30$,则计算欧拉公式的结果如下:

```
sage: from 第 15 章.材料力学.压杆稳定 import *
sage: e = RDF(10)
....: i = RDF(20)
....: l = RDF(30)
....: 欧拉式(e, i, l)
0.2222222222222222 * pi^2
```

2. 欧拉公式的普遍形式

计算欧拉公式的普遍形式,代码如下:

```
#第 15 章/材料力学/压杆稳定.py
def 欧拉公式的普遍形式(e, i, mu, l):
    return pi ^ 2 * e * i / (mu * l ^ 2)
```

令 $\mu=1$,则计算欧拉公式的普遍形式的结果如下:

```
sage: mu = RDF(1)
....: 欧拉公式普遍形式(e, i, mu, l)
0.2222222222222222 * pi^2
```

3. 压杆的长度因数 μ 表

查压杆的长度因数 μ 表的结果如下:

```
#第 15 章/材料力学/压杆稳定.py
def 压杆的长度因数 mu():
```

```
    rows = [
        ['压杆的约束条件', '长度因数'],
        ['两端铰支', 'μ = 1'],
        ['一端铰支另一端自由', 'μ = 2'],
        ['两端固定', 'μ = 1/2'],
        ['一端固定另一端铰支', 'μ≈0.7'],
    ]
    return rows

sage: table(rows = 压杆的长度因数mu(), frame = True)
+------------+-------+
| 压杆的约束条件         | 长度因数  |
+------------+-------+
| 两端铰支              | μ = 1    |
+------------+-------+
| 一端铰支另一端自由    | μ = 2    |
+------------+-------+
| 两端固定              | μ = 1/2  |
+------------+-------+
| 一端固定另一端铰支    | μ≈0.7    |
+------------+-------+
```

4. 根据失效形式对杆进行分类

根据失效形式对杆进行分类的结果如下：

```
#第15章/材料力学/压杆稳定.py
def 根据失效形式对杆进行分类():
    rows = [
        ['杆', '主要失效形式'],
        ['细长杆(大柔度杆)', '屈曲失稳,根据欧拉公式计算屈曲失稳时的临界应力来判断是否失效'],
        ['中长杆(中等柔度杆)', '同时发生屈曲和塑性屈服,根据直线公式计算失效应力'],
        ['短粗杆(小柔度杆)', '塑性屈服,受压时先发生塑性屈服,然后产生裂纹,最后断裂'],
    ]
    return rows
sage: table(rows = 根据失效形式对杆进行分类(), frame = True)
+------------+---------------------------------+
| 杆                | 主要失效形式                                               |
+------------+---------------------------------+
| 细长杆(大柔度杆)  | 屈曲失稳,根据欧拉公式计算屈曲失稳时的临界应力来判断是否失效 |
+------------+---------------------------------+
| 中长杆(中等柔度杆)| 同时发生屈曲和塑性屈服,根据直线公式计算失效应力             |
+------------+---------------------------------+
| 短粗杆(小柔度杆)  | 塑性屈服,受压时先发生塑性屈服,然后产生裂纹,最后断裂        |
+------------+---------------------------------+
```

15.5 结构力学

15.5.1 简支梁

一种简支梁如图15-1所示,绘制剪力图和弯矩图。

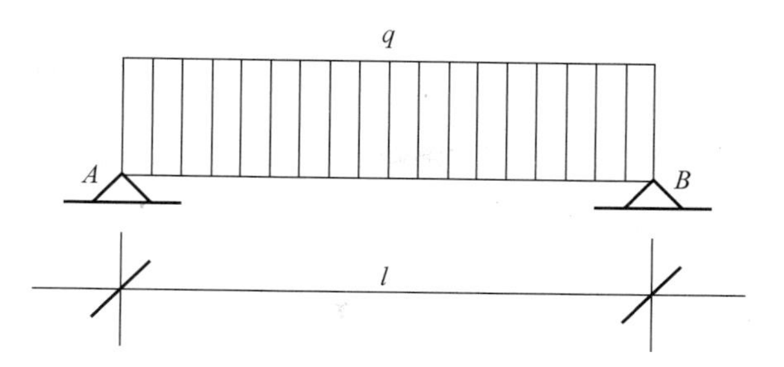

图 15-1 一种简支梁

绘制剪力图,代码如下:

```
#第 15 章/结构力学/简支梁/剪力图.py
x = polygen(RDF)
l = RDF(5)
q = RDF(20)
#剪力图
g = plot(q * (l / 2 - x), 0, l, color = (0.9, 0.1, 0.1), fill = 'axis', thickness = '4', axes =
False)
g.save('剪力图.png')
```

绘制的剪力图如图 15-2 所示。

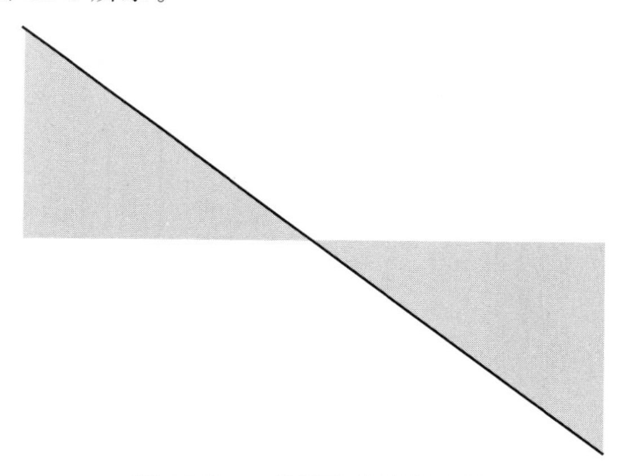

图 15-2 一种简支梁的剪力图

注意:这里先将变量 x 定义为多项式,然后将其他变量与 x 组合成新的多项式,最后直接使用多项式绘图。

绘制弯矩图,代码如下:

```
#第 15 章/结构力学/简支梁/弯矩图.py
x = polygen(RDF)
l = RDF(5)
q = RDF(20)
```

```
#弯矩图
g = plot(q / 2 * (l * x - x ^ 2), 0, l, ymax = 0, ymin = 70, fill = 'axis', thickness = '4', axes =
False)
g.save('弯矩图.png')
```

绘制的弯矩图如图 15-3 所示。

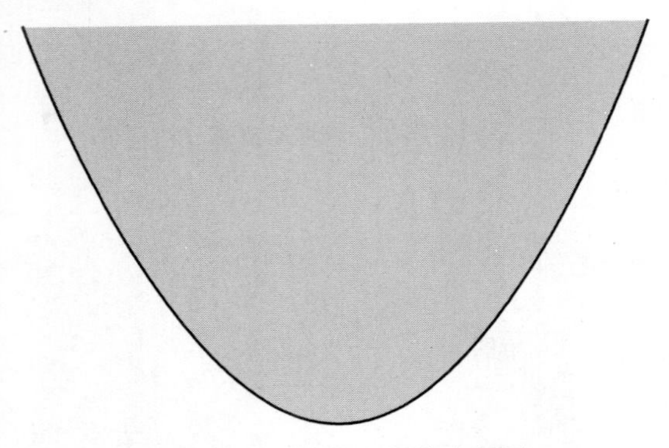

图 15-3　一种简支梁的弯矩图

15.5.2　悬臂梁

一种悬臂梁如图 15-4 所示,绘制剪力图和弯矩图。

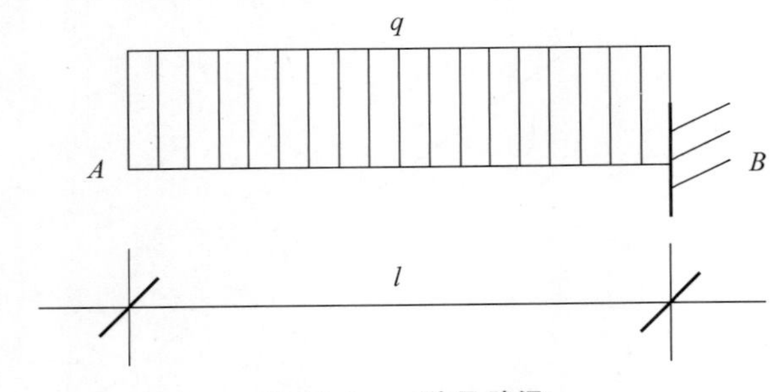

图 15-4　一种悬臂梁

绘制剪力图,代码如下:

```
#第 15 章/结构力学/悬臂梁/剪力图.py
x = polygen(RDF)
l = RDF(5)
q = RDF(20)
#剪力图
g = plot(q * x, 0, l, color = (0.9, 0.1, 0.1), ymax = 0, ymin = 100, fill = 'axis', thickness = '4',
axes = False)
g.save('剪力图.png')
```

绘制的剪力图如图 15-5 所示。

绘制弯矩图,代码如下:

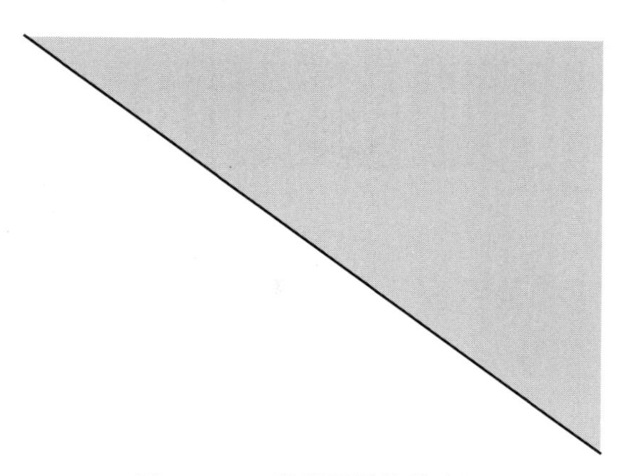

图 15-5 一种悬臂梁的剪力图

```
#第 15 章/结构力学/悬臂梁/弯矩图.py
x = polygen(RDF)
l = RDF(5)
q = RDF(20)
#弯矩图
g = plot(1 / 2 * q * x ^ 2, 0, l, fill = 'axis', thickness = '4', axes = False)
g.save('弯矩图.png')
```

绘制的弯矩图如图 15-6 所示。

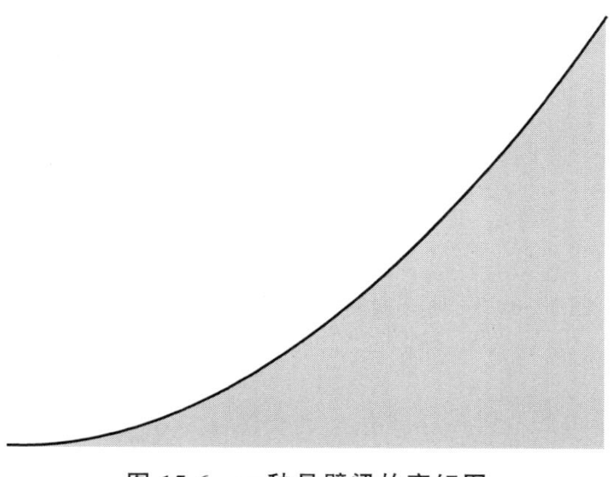

图 15-6 一种悬臂梁的弯矩图

15.5.3 一端简支、另一端固定梁

一种一端简支、另一端固定梁如图 15-7 所示，绘制剪力图和弯矩图。

绘制剪力图，代码如下：

```
#第 15 章/结构力学/一端简支另一端固定梁/剪力图.py
x = polygen(RDF)
l = RDF(5)
```

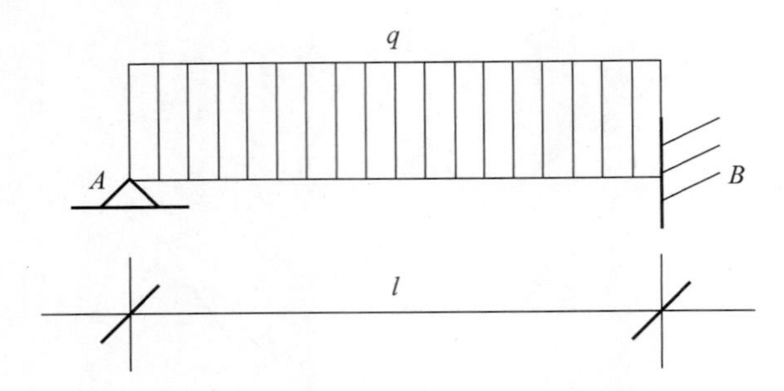

图 15-7　一种一端简支、另一端固定梁

```
q = RDF(20)
#剪力图
g = plot(q * (3 / 8 * l - x), 0, l, color = (0.9, 0.1, 0.1), fill = 'axis', thickness = '4',
axes = False)
g.save('剪力图.png')
```

绘制的剪力图如图 15-8 所示。

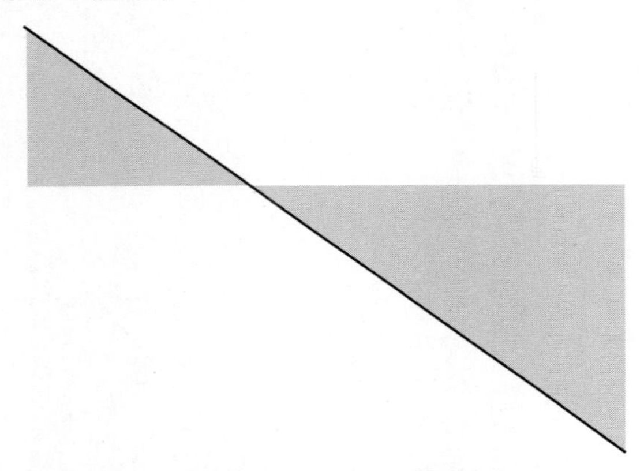

图 15-8　一种一端简支、另一端固定梁的剪力图

绘制弯矩图,代码如下：

```
#第 15 章/结构力学/一端简支另一端固定梁/弯矩图.py
x = polygen(RDF)
l = RDF(8)
q = RDF(20)
f = 1 / 2 * q * x ^ 2
h = 1 / 2 * (q * (3 / 8 * l - x) ^ 2)
#弯矩图
g = plot(h - h(0), 0, l, fill = 'axis', thickness = '4', axes = False)
g.save('弯矩图.png')
```

绘制的弯矩图如图 15-9 所示。

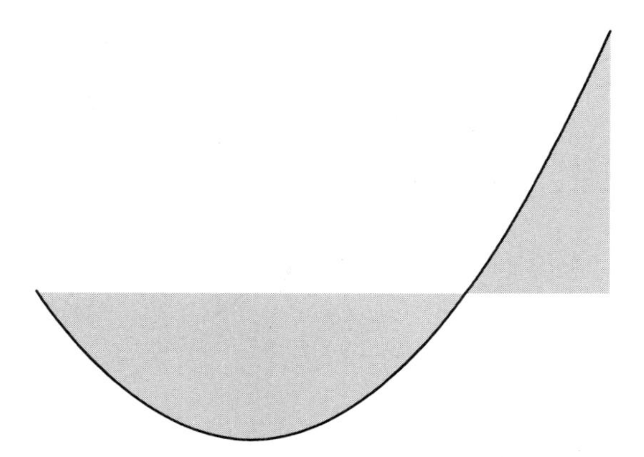

图 15-9 一种一端简支、另一端固定梁的弯矩图

15.5.4 两端固定梁

一种两端固定梁如图 15-10 所示，绘制剪力图和弯矩图。

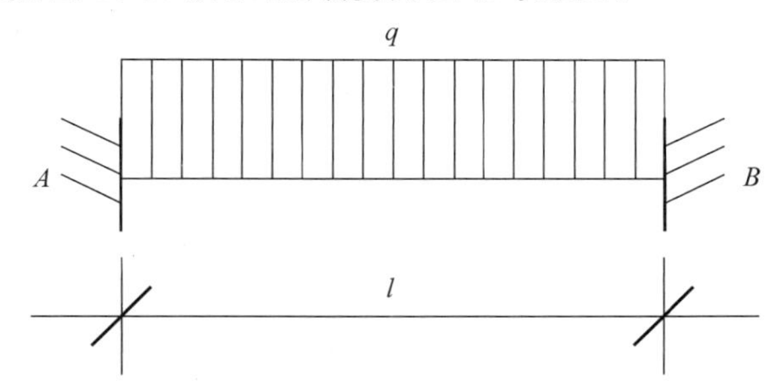

图 15-10 一种两端固定梁

绘制剪力图，代码如下：

```
#第 15 章/结构力学/两端固定梁/剪力图.py
x = polygen(RDF)
l = RDF(5)
q = RDF(20)
#剪力图
g = plot(q * ( - x), -1, l, color=(0.9, 0.1, 0.1), fill='axis', thickness='4', axes=
False)
g.save('剪力图.png')
```

绘制的剪力图如图 15-11 所示。

绘制弯矩图，代码如下：

```
#第 15 章/结构力学/两端固定梁/弯矩图.py
x = polygen(RDF)
l = RDF(5)
q = RDF(20)
f = 1 / 2 * q * x ^ 2
```

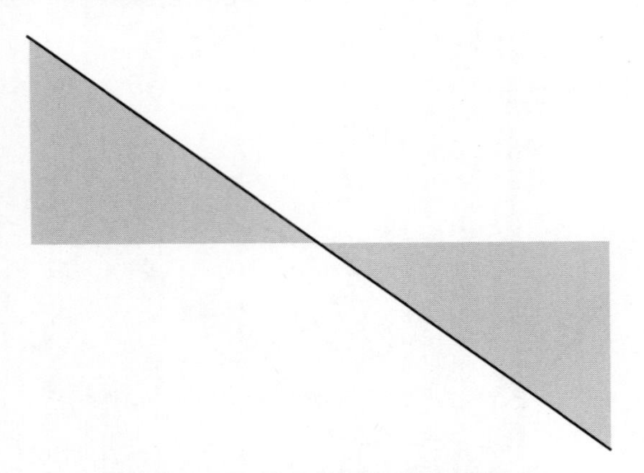

图 15-11　一种两端固定梁的剪力图

```
#弯矩图
g = plot(f - 3 / 8 * f(1), -1, 1, fill = 'axis', thickness = '4', axes = False)
g.save('弯矩图.png')
```

绘制的弯矩图如图 15-12 所示。

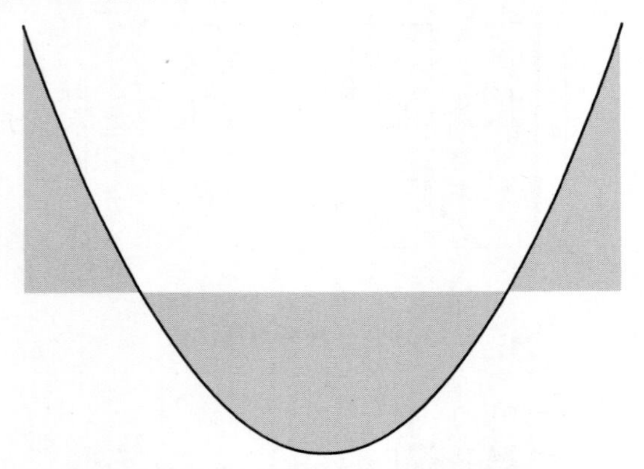

图 15-12　一种两端固定梁的弯矩图

15.5.5　外伸梁

一种外伸梁如图 15-13 所示,绘制剪力图和弯矩图。

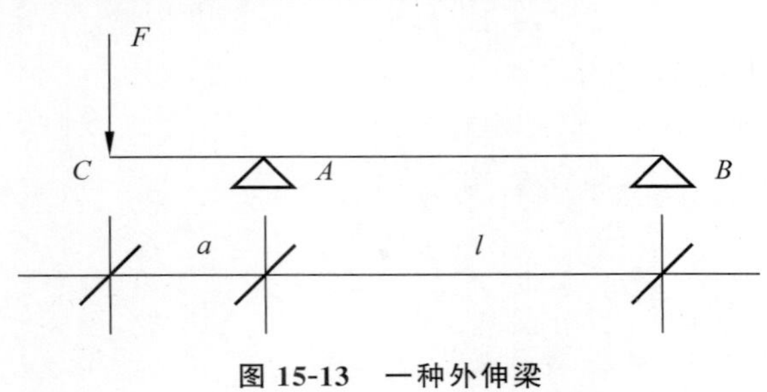

图 15-13　一种外伸梁

绘制剪力图，代码如下：

```
#第15章/结构力学/外伸梁/剪力图.py
x = polygen(RDF)
a = RDF(2)
l = RDF(5)
q = RDF(20)
f = RDF(10)

h = piecewise([((0, a), -f), ([a, a + l], a / l * f)])

#剪力图
g = plot(h, 0, a + l, color = (0.9, 0.1, 0.1), fill = 'axis', thickness = '4', axes = False)
g.save('剪力图.png')
```

绘制的剪力图如图 15-14 所示。

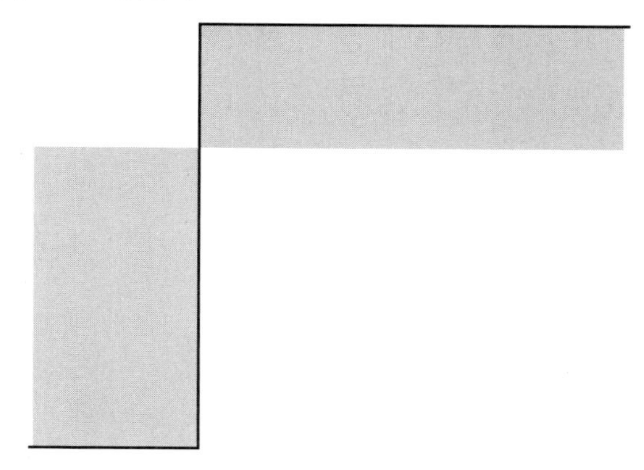

图 15-14 一种外伸梁的剪力图

注意：这里先将变量 x 定义为多项式，然后定义一个分段函数，最后使用函数绘图。使用函数绘图的效果比直接使用多项式绘图要差得多，因此要尽可能地直接使用多项式绘图。

绘制弯矩图，代码如下：

```
#第15章/结构力学/外伸梁/弯矩图.py
x = polygen(RDF)
a = RDF(2)
l = RDF(5)
q = RDF(20)
f = RDF(10)

h = piecewise([((0, a), f * x), ([a, a + l], f * a * ((a - x) / l + 1))])

#弯矩图
g = plot(h, 0, a + l, fill = 'axis', thickness = '4', axes = False)
g.save('弯矩图.png')
```

绘制的弯矩图如图 15-15 所示。

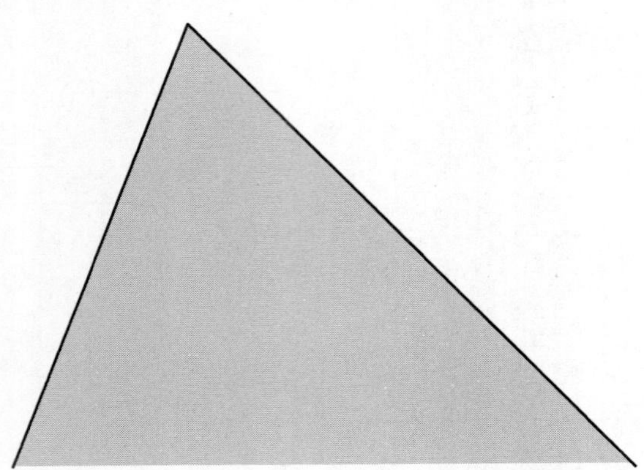

图 15-15　一种外伸梁的弯矩图

图书推荐

书名	作者
仓颉语言实战(微课视频版)	张磊
仓颉语言核心编程——入门、进阶与实战	徐礼文
仓颉语言程序设计	董昱
仓颉程序设计语言	刘安战
仓颉语言元编程	张磊
仓颉语言极速入门——UI全场景实战	张云波
HarmonyOS移动应用开发(ArkTS版)	刘安战、余雨萍、陈争艳 等
公有云安全实践(AWS版·微课视频版)	陈涛、陈庭暄
虚拟化KVM极速入门	陈涛
虚拟化KVM进阶实践	陈涛
移动GIS开发与应用——基于ArcGIS Maps SDK for Kotlin	董昱
Vue+Spring Boot前后端分离开发实战(第2版·微课视频版)	贾志杰
前端工程化——体系架构与基础建设(微课视频版)	李恒谦
TypeScript框架开发实践(微课视频版)	曾振中
精讲MySQL复杂查询	张方兴
Kubernetes API Server源码分析与扩展开发(微课视频版)	张海龙
编译器之旅——打造自己的编程语言(微课视频版)	于东亮
全栈接口自动化测试实践	胡胜强、单镜石、李睿
Spring Boot+Vue.js+uni-app全栈开发	夏运虎、姚晓峰
Selenium 3自动化测试——从Python基础到框架封装实战(微课视频版)	栗任龙
Unity编辑器开发与拓展	张寿昆
跟我一起学uni-app——从零基础到项目上线(微课视频版)	陈斯佳
Python Streamlit从入门到实战——快速构建机器学习和数据科学Web应用(微课视频版)	王鑫
Java项目实战——深入理解大型互联网企业通用技术(基础篇)	廖志伟
Java项目实战——深入理解大型互联网企业通用技术(进阶篇)	廖志伟
深度探索Vue.js——原理剖析与实战应用	张云鹏
前端三剑客——HTML5+CSS3+JavaScript从入门到实战	贾志杰
剑指大前端全栈工程师	贾志杰、史广、赵东彦
JavaScript修炼之路	张云鹏、戚爱斌
Flink原理深入与编程实战——Scala+Java(微课视频版)	辛立伟
Spark原理深入与编程实战(微课视频版)	辛立伟、张帆、张会娟
PySpark原理深入与编程实战(微课视频版)	辛立伟、辛雨桐
HarmonyOS原子化服务卡片原理与实战	李洋
鸿蒙应用程序开发	董昱
HarmonyOS App开发从0到1	张诏添、李凯杰
Android Runtime源码解析	史宁宁
恶意代码逆向分析基础详解	刘晓阳
网络攻防中的匿名链路设计与实现	杨昌家
深度探索Go语言——对象模型与runtime的原理、特性及应用	封幼林
深入理解Go语言	刘丹冰
Spring Boot 3.0开发实战	李西明、陈立为

续表

书　名	作　者
全解深度学习——九大核心算法	于浩文
HuggingFace 自然语言处理详解——基于 BERT 中文模型的任务实战	李福林
动手学推荐系统——基于 PyTorch 的算法实现(微课视频版)	於方仁
深度学习——从零基础快速入门到项目实践	文青山
LangChain 与新时代生产力——AI 应用开发之路	陆梦阳、朱剑、孙罗庚、韩中俊
图像识别——深度学习模型理论与实战	于浩文
编程改变生活——用 PySide6/PyQt6 创建 GUI 程序(基础篇・微课视频版)	邢世通
编程改变生活——用 PySide6/PyQt6 创建 GUI 程序(进阶篇・微课视频版)	邢世通
编程改变生活——用 Python 提升你的能力(基础篇・微课视频版)	邢世通
编程改变生活——用 Python 提升你的能力(进阶篇・微课视频版)	邢世通
Python 量化交易实战——使用 vn.py 构建交易系统	欧阳鹏程
Python 从入门到全栈开发	钱超
Python 全栈开发——基础入门	夏正东
Python 全栈开发——高阶编程	夏正东
Python 全栈开发——数据分析	夏正东
Python 编程与科学计算(微课视频版)	李志远、黄化人、姚明菊 等
Python 数据分析实战——从 Excel 轻松入门 Pandas	曾贤志
Python 概率统计	李爽
Python 数据分析从 0 到 1	邓立文、俞心宇、牛瑶
Python 游戏编程项目开发实战	李志远
Java 多线程并发体系实战(微课视频版)	刘宁萌
从数据科学看懂数字化转型——数据如何改变世界	刘通
Dart 语言实战——基于 Flutter 框架的程序开发(第 2 版)	亢少军
Dart 语言实战——基于 Angular 框架的 Web 开发	刘仕文
FFmpeg 入门详解——音视频原理及应用	梅会东
FFmpeg 入门详解——SDK 二次开发与直播美颜原理及应用	梅会东
FFmpeg 入门详解——流媒体直播原理及应用	梅会东
FFmpeg 入门详解——命令行与音视频特效原理及应用	梅会东
FFmpeg 入门详解——音视频流媒体播放器原理及应用	梅会东
FFmpeg 入门详解——视频监控与 ONVIF＋GB28181 原理及应用	梅会东
Python 玩转数学问题——轻松学习 NumPy、SciPy 和 Matplotlib	张骞
Pandas 通关实战	黄福星
深入浅出 Power Query M 语言	黄福星
深入浅出 DAX——Excel Power Pivot 和 Power BI 高效数据分析	黄福星
从 Excel 到 Python 数据分析：Pandas、xlwings、openpyxl、Matplotlib 的交互与应用	黄福星
云原生开发实践	高尚衡
云计算管理配置与实战	杨昌家
HarmonyOS 从入门到精通 40 例	戈帅
OpenHarmony 轻量系统从入门到精通 50 例	戈帅
AR Foundation 增强现实开发实战(ARKit 版)	汪祥春
AR Foundation 增强现实开发实战(ARCore 版)	汪祥春